Modern Arc Welding Equipment and Process

现代弧焊设备及工艺

杨文杰　主编

化学工业出版社

·北京·

《现代弧焊设备及工艺》系统地阐述了有关电弧焊的基础理论，包括焊接电弧的特性、焊丝加热、熔化、熔滴过渡、焊缝成形以及电弧焊自动控制技术；对以焊接电弧为热源的各种现代弧焊设备及工艺，包括埋弧焊、钨极氩弧焊、熔化极氩弧焊、CO_2 气体保护电弧焊、等离子弧焊及切割、螺柱焊及钢筋埋弧压力焊等，分别讲述其工作原理和特点、焊接设备、焊接材料、焊接工艺以及所派生出的新的现代电弧焊方法。本书注意理论联系实际，突出重点，并注意反映国内外新的研究成果和发展趋势。

本书可作为高等院校焊接技术与工程专业、材料成形及控制工程专业（焊接方向）的主干课教材，亦可供焊接工艺及设备等技术领域的工程技术人员参考。

图书在版编目（CIP）数据

现代弧焊设备及工艺/杨文杰主编. —北京：化学工业出版社，2017.9
ISBN 978-7-122-30329-5

Ⅰ.①现…　Ⅱ.①杨…　Ⅲ.①电弧焊-焊接设备②电弧焊-焊接工艺　Ⅳ.①TG434②TG444

中国版本图书馆 CIP 数据核字（2017）第 169887 号

责任编辑：马　波　杨　菁　闫　敏　　　　　　　文字编辑：陈　喆
责任校对：边　涛　　　　　　　　　　　　　　　装帧设计：张　辉

出版发行：化学工业出版社（北京市东城区青年湖南街 13 号　邮政编码 100011）
印　　装：三河市延风印装有限公司
787mm×1092mm　1/16　印张 17　字数 426 千字　2017 年 12 月北京第 1 版第 1 次印刷

购书咨询：010-64518888（传真：010-64519686）　售后服务：010-64518899
网　　址：http://www.cip.com.cn
凡购买本书，如有缺损质量问题，本社销售中心负责调换。

定　　价：49.00 元

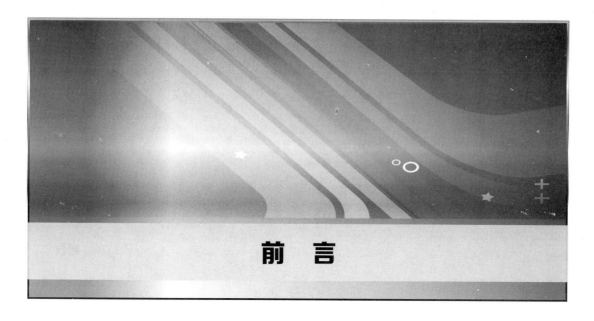

前 言

随着科学技术和工业技术的发展，特别是微电子技术和计算机技术的发展，世界各国焊接行业也得到了蓬勃的发展，出现了许多革新性技术。特别是随着经济建设的发展，新的焊接技术在企业生产中得到广泛的推广和应用，产品的新要求、新结构、新材料应用及新的工作环境，对焊接新方法、新工艺、新设备和新焊接材料的产生形成强大动力，也促进了焊接行业的进一步发展。

焊接学科是基于多学科交叉融合的产物，其发展有赖于各学科的发展，同时，随着各学科及现代科学技术的发展，又强力促进焊接新材料、新工艺的不断涌现，促进焊接工艺自动化、机器人化和智能化，使焊接技术更新更快地发展。近半个世纪以来，焊接技术在工艺、材料、设备等领域取得了很大成就，已经由过去单纯的手工作业逐步发展为机械化、自动化、机器人化甚至智能化，成为制造业必需的基本制造技术之一。目前，各国焊接结构每年消耗钢材产量近半，焊接技术的应用十分广泛，带动很多相关产业的快速发展，并对焊接专业的毕业生产生旺盛需求。

焊接技术的发展带动了焊接设备及工艺发展。弧焊设备也从简单的弧焊变压器式、晶闸管整流式，发展到 IGBT 逆变式、数字化焊机。气体保护电弧焊设备从 TIG 焊机到交流方波 TIG 焊机和变极性 TIG 焊机；GMAW 电弧焊设备从 CO_2 电弧焊设备到熔化极脉冲电弧焊设备，CO_2 电弧焊设备经历从抽头式整流式焊机和 SCR 整流式焊机，到今天的逆变式 CO_2 气体保护电弧焊机、数字化 CO_2 电弧焊机和新型的 CO_2 焊机等；PMIG 设备也出现许多种，如双脉冲、双丝 Tandem、CMT、ACMIG。总之电弧焊设备从整流式到全数字化式，这一变化是巨大的。

弧焊方法是现代焊接方法中应用最广泛、最重要的一类焊接方法。现代弧焊设备及工艺课程是焊接专业中的主干课程之一。根据焊接产业和焊接学科的现状及发展形势，本着既加强电弧焊接方法的理论基础，又注重电弧焊接方法的工程应用，培养适合现代焊接工程需要的工程技术人员的精神，同时，为了满足焊接专业教材在内容上对一些新技术的发展要求，保证教学的需要，以及适应焊接行业新技术、新工艺发展的推广和普及，编者根据多年从事焊接专业教学和科研工作的经验，编写了本书。

本书主要讨论了焊接电弧的物理本质、焊丝加热、熔化及熔滴过渡现象、埋弧焊、CO_2

气体保护电弧焊、MIG 焊、MAG 焊等熔化极电弧焊、TIG 焊、等离子弧焊等非熔化极电弧焊、螺柱焊及钢筋埋弧压力焊等机械化自动化电弧焊方法、设备和焊接工艺。并介绍了近年来发展起来的新技术和新工艺，如活性化 TIG 焊（A-TIG）、热丝 TIG 焊、表面张力过渡（SIT）、数字化焊接、双丝焊、激光电弧复合焊等，为便于对本书的阅读和理解，各章节附加了复习思考题。

本书由杨文杰教授担任主编。参加编写人员及写作分工如下：绪论、第 1、2、3 章由杨文杰编写，第 4、9 章由庄明辉编写，第 5 章由唐彪编写，第 6、10 章由李海涛编写，第 7、8 章由吴明忠编写。

李幕勤教授审阅了全书，并提出了许多宝贵的意见和建议，在此表示深切的谢意。

限于编者水平，本书难免存在不足之处，敬请读者批评指正。

编者

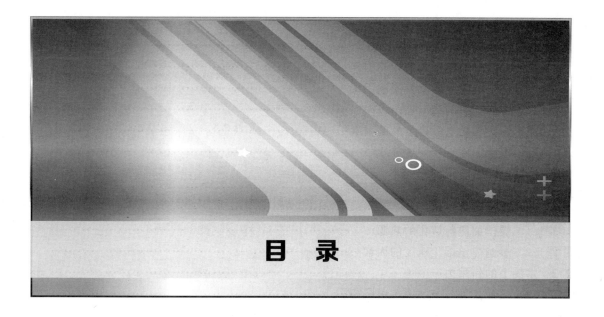

目　录

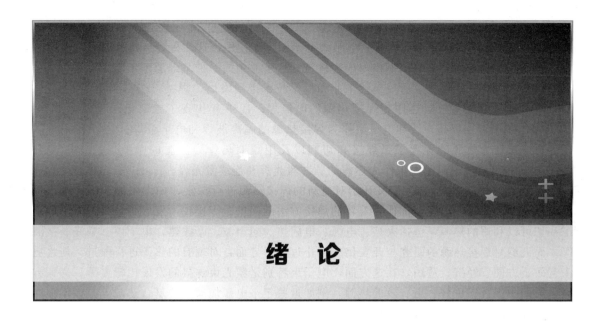

绪　论

0.1　焊接技术的发展历程

　　焊接作为一种实现材料永久性连接的工艺方法，被广泛地应用于机械制造、石油化工、桥梁、建筑、动力工程、交通车辆、船舶、航空、航天等各个工业部门，已成为现代机械制造工业中不可缺少的加工工艺方法。而且，随着国民经济的发展，其应用领域还将不断地被拓宽。

　　从1801年迪威发现电弧放电现象开始，到1885年俄国人发明的碳弧焊的出现，这被看成是电弧作为焊接热源应用的开始，是近代焊接技术的起点。19世纪中叶人们提出了利用电弧熔化金属并进行材料连接的思想，许多年后真正出现了达到实用程度的电弧焊接方法。最初可以称作电弧焊接的是：以碳电极作为阳极产生电弧，被用在铁管及容器的制造及蒸汽机车的修理中。1892年发现了金属极电弧，随之出现了金属极电弧焊；瑞典人在1907年发明了焊条，将其用作金属极电弧焊中的电极，于是出现了薄皮焊条电弧焊和厚皮焊条电弧焊；并于1912年开发出保护性能良好的厚涂层焊条，确立了焊条电弧焊技术的基础。从"利用电弧进行金属的熔化焊接"这一新思想产生开始，经历了50多年的岁月，焊接技术的基础才得以确立。电弧焊接能够减少对材料的使用、确保连接强度、缩短作业时间，因此很快被产业界所采用。1920年英国的全焊接船已下水使用。

　　焊条焊接法的成功进一步促进了电弧焊接技术的发展。由于焊条焊接采用了有限长度的焊条，所进行的焊接是不连续的，因此不适于连续焊接的要求。为克服此项难点，1935年人们发明了埋弧焊。埋弧焊的方法是向颗粒状焊剂中连续送进钢制焊丝，电弧放电所需电流从导电嘴供给。这种电流供给方式成为现在自动焊的原形。

　　从20世纪40年代初开始，惰性气体保护电弧焊开始在生产中大量应用；为了对电弧及焊接金属进行保护，使其与空气隔绝，人们很早就开始考虑利用保护气体。1930年后以美国为中心，进行了对钨电极与氦气保护的钨电极电弧焊接方法的研究。1940年该方法首先用于镁及不锈钢薄板的焊接。对于铝合金，由于表面氧化膜的存在，导致焊接困难。1945年前后人们发现了电弧放电的阴极斑点具有去除氧化膜的作用，随后出现了以铝合金为对象的交流 GTA 焊接法，以及在氩气保护气氛中采用铝焊丝的直流金属极（Gas Metal Arc）焊接法，即 GMA 焊接法。与此同时，电阻焊开始被广泛使用，这使得焊接技术的应用范围迅速扩大，在许多方面开始取代铆接，成为机械制造工业中的一种基础加工工艺。

进入 20 世纪 50 年代以后，现代工业和科学技术迅猛发展，焊接方法得到更快的发展，1951 年出现了用熔渣电阻热作为焊接热源的电渣焊；1953 年出现了二氧化碳气体保护焊；1956 年出现了分别以超声波和电子束作为焊接热源的超声波焊和电子束焊；1957 年出现了以等离子弧作为热源的等离子弧焊接和切割以及用摩擦热作为热源的摩擦焊；1965 年和 1970 年又相继出现了以激光束作为热源的脉冲激光焊和连续激光焊。

20 世纪 80 年代以后，人们又开始对更新的焊接热源进行探索，如太阳能、微波等。历史上每一种新热源的出现，都伴随着新的焊接方法的问世。焊接技术发展到今天，几乎运用了一切可以利用的热源，包括火焰、电弧、电阻热、超声波、摩擦热、电子束、激光、微波等。而人们对焊接热源的研究与开发仍未停止过。一方面，对现有的热源进行改进，使之更为有效、方便、经济、适用，在这方面，电子束特别是激光束焊接的发展比较显著；另一方面，人们积极开发更好、更有效的热源，例如近些年来电弧加激光的复合热源等，在增强能量密度和提高焊接生产率方面取得了成功。可以预料，在 21 世纪随着现代工业的发展和科学技术的进步，焊接方法将有更新的发展。

而随着各种焊接方法的不断出现，各种焊接方法的机械化、自动化水平也在不断提高。电子技术、计算机技术、传感技术、自适应控制技术以及信息和软件技术在焊接领域的应用，使焊接生产自动化程度日新月异，目前正在向焊接过程智能化控制的方向发展。特别是工业焊接机器人的引入，是焊接自动化的革命性的进步，它突破了传统的焊接刚性自动化方式，开拓了一种柔性自动化的新方式。

0.2　电弧焊方法的分类与特点

焊接作为材料连接技术，是通过某种物理化学过程使分离的材料产生原子或分子间的作用力而连接在一起的。近年来，随着焊接技术应用领域的迅猛发展，特别是新技术、新方法、新材料的不断涌现，焊接被赋予更具广泛意义的技术范畴。通常要使两个物体（相同物体或不同物体）产生原子间结合有一定的难度。为了达到这个目的，实际中可以采用在两物体的界面上加压和加热熔化的办法。

焊接方法发展到今天，其数量已有几十种。按照焊接过程中母材是否熔化以及对母材是否施加压力进行分类，可以把焊接方法分为熔焊、压焊和钎焊三大类，在每一大类方法中又分成若干小类。

① 熔焊　熔焊是在不施加压力的情况下，将待焊处的母材加热熔化形成焊缝的焊接方法。焊接时母材熔化而不施加压力是其基本特征。根据焊接热源的不同，熔焊方法又可分为：以电弧作为主要热源的电弧焊；以化学热作为热源的气焊；以熔渣电阻热作为热源的电渣焊；以高能束作为热源的电子束焊和激光焊等。

② 压焊　压焊是焊接过程中必须对焊件施加压力（加热或不加热）才能完成焊接的方法。焊接时施加压力是其基本特征。共有两种形式：一种是将被焊材料与电极接触的部分加热至塑性状态或局部熔化状态，然后施加一定的压力，使其形成牢固的焊接接头，如电阻焊、摩擦焊、气压焊、扩散焊、锻焊等；另一种是不加热，仅在被焊材料的接触面上施加足够大的压力，使接触面产生塑性变形而形成牢固的焊接接头，如冷压焊、爆炸焊、超声波

焊等。

③ 钎焊　钎焊是焊接时采用比母材熔点低的钎料，将焊件和钎料加热到高于钎料熔点但低于母材熔点的温度，利用液态钎料润湿母材，填充接头间隙，并与母材相互扩散而实现连接的方法。其特征是焊接时母材不发生熔化，仅钎料发生熔化。钎焊方法可分为硬钎焊和软钎焊，其中使用的钎料熔点高于450℃为硬钎焊，使用的钎料熔点低于450℃为软钎焊。另外，根据钎焊的热源和保护条件的不同也可分为：火焰钎焊、感应钎焊、炉中钎焊、盐浴钎焊等若干种。

电弧焊是焊接方法的一种基本形式，到目前为止，在各类焊接方法的应用量中仍居主要地位。该方法就是对能够产生连接的两个部件的一部分进行电弧熔化，熔化金属混合、凝固后就形成了两部件的冶金结合。依据电弧焊实现方式上的差异，目前已有的电弧焊方法可以归纳出如图0-1所示的分类。

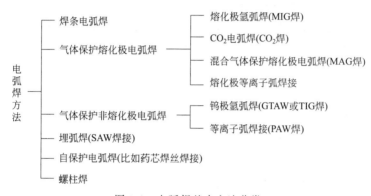

图 0-1　电弧焊基本方法分类

（1）焊条电弧焊（Shielded Metal Arc Welding-SMAW）

焊条电弧焊方法历史最久，现在实际生产中仍然在广泛使用，如结构钢、不锈钢的焊接等。

焊条电弧焊的原理是在焊条与母材（被焊材料）之间引燃电弧，利用电弧热进行熔化焊接。电弧及焊接区受到焊条药皮（药剂）分解产生的气体及熔渣的保护，使其与大气相隔离。焊芯受到电弧的加热而熔化，形成熔滴过渡到熔池，与母材熔化的金属共同形成焊缝。

焊条药皮的主要作用有如下几项。

① 有利于电弧放电的产生，提高电弧的导电性及电弧的稳定性。

② 造渣形成熔渣，隔离空气，保护电弧、熔滴及焊缝金属，防止焊缝急速冷却。

③ 通过有机物、碳酸盐造气。

④ 脱氧及合金化、精炼焊缝金属。

药皮的组成不同，电弧稳定性、焊接工艺性、焊缝裂纹倾向性等焊接特性就不同。焊接时应根据母材的材质、构造物、焊接姿势等进行焊条的选择和使用。

焊条电弧焊利用了具有下降特性的交流或者是直流电源。通常随着焊条的熔化，操作者要借助于手把运作焊条完成焊接。

（2）气体保护金属极电弧焊（GMA 焊接法）

气体保护金属极电弧（Gas Metal Arc-GMA）焊接法采用焊丝作为电极（熔化极），在焊丝与母材之间形成电弧进行焊接。为使焊接区与空气隔离，一般采用氩气和二氧化碳气体作为保护气。使用氩气等惰性气体作为保护气时，称作 MIG（Metal Inert Gas）焊接；在使用二氧化碳气体作为保护气时，称作 CO_2 电弧焊。当使用氩气与二氧化碳气等的混合气体作为保护气时，称作混合气体保护电弧焊。近年来由于混合气体保护电弧焊被广泛使用，因此也把 CO_2 电弧焊和混合气体保护电弧焊统称为 MAG（Metal Active Gas）焊接。

MIG 焊、CO_2 焊、MAG 焊统称为气体保护熔化极电弧焊。

气体保护熔化极电弧焊一般采用直流恒压特性电源，铝合金焊接也可以采用直流恒流特性电源，通常是把电极接为正极。铝及合金 MIG 焊时利用阴极清理作用，可以实现铝及合金的高质量、高效率焊接。

MAG 焊时在细径焊丝中通以大电流，并采用高速焊接，可获得高的生产率。因此，MAG 焊在桥梁、建筑、汽车等的结构钢、低合金钢的焊接中得到很好的应用，并且最适合于机器人化焊接生产。此外，由于二氧化碳气体高温下会分解成一氧化碳和氧，形成氧化性气氛，所以在进行钢材料的 MAG 焊接时应使用添加了 Si、Mn 等脱氧元素的焊丝。

（3）渣保护埋弧焊（SAW 焊接法）

埋弧焊（Submerged Arc Welding）是在焊接开始前在被焊工件上堆积颗粒状焊剂，使焊丝自动向焊剂中送进，在焊剂覆盖状态下引燃电弧进行焊接的方法。焊剂受到电弧的加热而熔化、分解，对焊接区起到保护作用。焊剂的功能和成分类似于焊条电弧焊中的药皮。由于焊剂堆积的分散性，只适用于平焊及横焊位置焊接，这是埋弧焊的一个不足之处。但是，由于电弧被焊剂覆盖，因此无弧光辐射，烟尘及飞溅也较少。此外，由于焊接以自动焊方式进行，因此能够利用大电流进行焊接。如果使用粗径焊丝，则焊接电流可以使用到 2000A，具有极高的生产率。因此，埋弧焊作为高生产率的自动焊接方法，广泛应用于船舶、桥梁、大型建筑、压力容器等的焊接中。

（4）自保护药芯焊丝电弧焊（Self Shielded Arc Welding）

自保护电弧焊接法与焊条电弧焊、埋弧焊一样，是采用焊剂进行保护的电弧焊接法。采用自保护药芯焊丝电弧焊除不需供给保护气之外，焊接装置的构成与气体保护熔化极电弧焊是相同的。自保护药芯焊丝电弧焊方法的特征是熔敷速度高，但熔深较浅。因此，该方法更多是用于角焊缝焊接，其缺点是焊接时产生较多的烟尘。

该方法与焊条电弧焊相比，能够获得高的熔敷速度，生产率高；与 MAG 焊相比，不需要保护气而更为简便，并且侧向风的影响也小，适用于在建设现场进行的焊接作业。

（5）螺柱焊（Arc Stud Welding）

螺柱焊是把螺栓或棒材焊接到母材上的方法，一般采用以下两种方式进行操作。一种是采用陶瓷套环的方式。首先，螺柱与母材接触，随后拉起引燃电弧。当螺柱及母材达到适当的熔化状态时，把螺柱压到母材中，结束焊接。陶瓷套环起到隔离空气保护电弧及焊接区的作用。另一种是采用导电药室的方式，通电后炽热的药室起到引燃电弧的作用。

在实际焊接设备中都设置有螺柱提升、下压、电弧定时等功能，实现了自动化焊接。从螺柱的定位到焊接结束只需要几秒时间，与其他方法比较，生产率较高。具有下降特性的直流或交流电源都可以作为螺柱焊焊接电源，可以焊接几毫米到 25mm 直径的低碳钢、不锈钢、黄铜、铝合金等材料的螺柱。也可以把钢条或黄铜条作为柱焊接到被焊件上。

（6）钨极氩弧焊（Gas Tungsten Arc Welding-GTAW）

非熔化极焊接多使用钨电极作为电弧的一极，并且更多是使用氩气进行保护，因此被称作钨极氩弧焊，这是在氩气或氦气这类惰性气体保护下，在钨极与母材间引燃电弧进行焊接的方法。

由于利用惰性气体（Inert Gas）保护焊接区，因此该方法也叫做 TIG（Tungsten Inert

Gas）焊。气体化学性质上的惰性，使其能够用于铝、镁等非铁合金及各种金属的焊接，这是该方法的特征。同样的原因也使得该方法能够实现高质量的焊接。然而该方法的生产效率低，这是 TIG 焊的不足之处。在需要熔敷金属的场合，可使用焊丝（但不作为电极）向熔池中填加熔敷金属。TIG 焊通过调整填加焊丝的送进速度，能够单独控制熔敷金属量。

(7) 等离子弧焊接（Plasma Arc Welding-PAW）

等离子弧焊接法是在 TIG 焊方法的基础上，使自由电弧强制通过一个孔径很小的水冷喷嘴，利用喷嘴对气体保护的钨极电弧进行拘束，形成具有更高温度和能量密度的热源。依据电弧放电的形态，可以把等离子弧分为两种：一种是把母材作为阳极的等离子电弧方式（转移弧方式）；另一种是把喷嘴作为阳极的等离子焰流方式（非转移弧方式）。等离子焰流方式对母材的热输入密度低。

0.3　焊接电弧研究在电弧焊技术发展中的作用

科学技术向前发展是永恒的，同样焊接技术也要向前发展，对电弧机理的研究同样能够促进电弧焊技术的发展。电弧产生机理、电弧特性是各种电弧焊方法应用与发展的基础，如1950 年巴顿研究所开发利用流经熔化焊剂中的电流所产生的电阻热进行焊接的电渣焊方法，就是在埋弧焊方法基础上对其进一步研究获得的结果。最初出现时，人们认为这种焊接是流经熔化焊剂中的电流产生的电阻热作用的结果，在对其导电特性的研究表明是形成了电弧的熔化焊。随着对电弧机理的深入研究，人们逐步认识到了电弧中产生的一些重要现象，例如对电子发射机理的研究促进了钨极材料的改良，把电弧中负离子的产生与阳极斑点、熔池表面张力行为结合在一起，开发的 A-TIG 焊方法，使焊接生产率得以大幅度提高。为进一步提高焊接效率，人们开辟新的途径，在综合利用能源方面已做了许多新的尝试，如热丝TIG 焊是电阻热与电弧热的结合；CMT 焊是机械能与电弧能的结合；L-MIG 焊和 L-TIG焊是激光和电弧的结合；磁控 TIME 焊是磁能与电弧能的结合等。阴极清理作用的发现，明确了电弧阴极斑点具有自动破碎氧化膜的作用，使铝合金焊接技术产生了飞跃。电弧静特性的研究对于稳定电弧长度、实现焊接自动调节起到了重要作用。探索电弧中的物理化学反应、多粒子的分解与平衡，在焊丝脱氧及防止产生焊接气孔方面都促进了 CO_2 电弧焊的应用。

为提高电弧的能量密度，采用 He 代 Ar、高频 TIG 焊和复合焊等，这些措施都能提高能源的电流密度，达到用最小的能量输入实现最快的焊接速度、最大的熔深和对生产准备条件的适应性，复合焊还可以放宽对坡口间隙的要求等。

随着对焊接自动化要求和对焊接质量要求的提高，人们在焊缝成形控制、熔滴过渡控制、降低焊接飞溅等方面不断做出努力，促进电弧热输入方式的改进和热输入量的控制研究，把电弧力控制与电弧稳定性控制、焊接电源的研制、薄件焊接等联系起来，推动了焊接技术与装备的发展。近代由于计算机科学技术的发展，通过建模、仿真，并在虚拟环境中再现焊接过程中所要了解和解决的各种电弧物理现象。总之，焊接电弧研究在电弧焊技术发展中起着重要作用，作为电弧焊领域的一门科学知识，应受到焊接工作者的重视。

0.4　课程性质、任务及内容

本课程是焊接技术与工程专业、材料成形及控制工程专业（焊接方向）以及与焊接有关的专业教学中的一门专业主干课，其选修课是大学物理、电工及电子学、弧焊电源、焊接冶金学等。

本课程的任务是使学生掌握有关现代电弧焊设备与工艺的基础理论、各种电弧焊方法的原理、电弧焊设备、焊接材料、焊接工艺以及有关的实验技能；通过学习，使学生能够根据工程的实际需要，合理选用适宜的电弧焊方法，调试和操作焊接设备，选用焊接材料以及制订焊接工艺，初步具备分析和解决焊接生产实际问题的能力。

本课程的主要内容有：

① 关于焊接电弧、熔滴过渡、焊缝成形以及电弧焊自动控制等方面的基础理论。

② 以电弧作为热源的各种电弧焊方法的基本原理、焊接设备、焊接材料和焊接工艺。

电弧焊焊接方法包括：埋弧焊、钨极氩弧焊、熔化极氩弧焊、CO_2 气体保护电弧焊和等离子弧焊，以及由它们派生出来的一些方法。

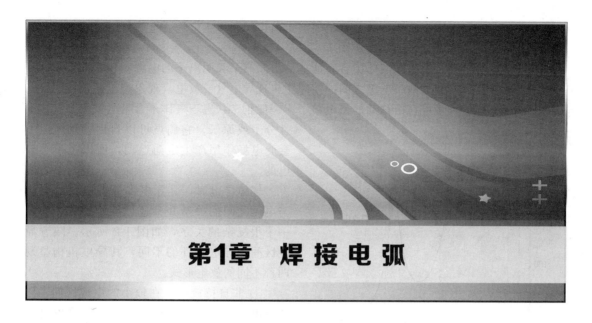

第1章 焊接电弧

电弧是所有电弧焊方法的能源。到目前为止，在各类焊接方法中电弧焊方法仍占据主要地位，一个重要的原因就是电弧能有效而简便地把弧焊电源输送的电能转换成焊接过程所需要的热能和机械能。因此，为了认识和发展电弧焊方法，首先就必须弄清楚电弧是怎样实现这种能量转换和在焊接中是如何利用这种能源的，这就需要深入了解焊接电弧的物理本质和各种特性，分析电弧的产热和产力机构、交流电弧的特点及磁场对电弧的作用等，认清电弧实现这种能量转换和在焊接中利用这种能量的过程。

1.1 焊接电弧的物理本质

把碳或钨棒制成的电极如图 1-1 所示的那样水平相对放置，串联一电阻并接一直流电源，使两电极接触一下再拉开，则两电极之间便产生了电弧。因此，电弧并不是一般的燃烧现象。电弧的实质是在一定条件下电荷通过两电极间气体空间的一种导电过程，或者说是一种气体放电现象。借助这种特殊的气体放电过程，电能转换为热能、机械能和光能。焊接主要是利用其热能和机械能来达到连接金属的目的的。

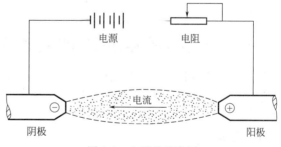

图 1-1　电弧的示意图

1.1.1 气体放电的基本概念

自然界中任何物质都是由原子组成的，原子又是由带负电的电子和原子核组成的，原子核内又由带正电的质子和中性的中子组成。电子按一定规律分布在原子核外各电子层上并围绕原子核高速旋转。金属和非金属原子结构的不同之处主要是金属原子核最外层上的电子数很少（一般只有 1、2 个，少数有 3、4 个），因此这些电子与原子核的吸引力（结合力）就较弱，容易脱离自己的轨道，成为自由电子。大量的自由电子组成了电子云（或电子气）。

所以在金属两端加上微小电压，自由电子便会定向运动，形成电流。金属导电时导电部分的电流与电压之间的关系，遵循欧姆定律 $I = U/R$。

液体导电的机理，是由于液体中含有能电离出阳离子和阴离子的电解质。

如果要在气体空间如两个电极之间的空隙中出现导电（或放电）现象，也必须使两个电极之间出现并形成大量可自由移动的带电粒子。一般正常状态下气体不含带电粒子，只是中性分子或原子，它们虽可以自由移动，但不会受电场作用产生定向运动，所以是不会导电的。

气体导电时，其导电部分即电弧的电流与电压之间的关系并不遵循欧姆定律，而是一个很复杂的关系，如图 1-2 所示。随着导电区间和导电条件的不同，其导电机构呈现两种不同的放电形式。

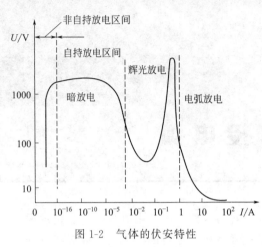

图 1-2　气体的伏安特性

① 非自持放电　在较小的电流区间，气体导电所需要的带电粒子不能通过导电过程本身产生，而需要外加措施来制造带电粒子，而且一旦外加措施撤除，放电即停止，这种气体导电现象称为非自持放电。

② 自持放电　当电流大于一定数值时，气体导电过程本身就可以产生维持导电所需要的带电粒子，这种气体放电只在开始时需要外加措施制造带电粒子，进行诱发引燃，一旦放电开始，取消外加诱发措施，放电过程仍可以继续下去，放电过程自身能够产生维持放电所需要的带电粒子，这种放电过程称为自持放电。

自持放电区间，因放电机构、电流数值的不同，其放电特性也有显著的差异，又可分为暗放电、辉光放电和电弧放电等三种基本形式。

在三种放电形式中电弧放电的特点是：电压最低、电流最大、温度最高、发光最强。因此，电弧在工业中作为热源和光源被广泛应用，在焊接技术领域电弧也作为不可缺少的能源而被利用。

1.1.2　电弧中带电粒子的产生过程

电弧中的带电粒子主要是指电子、正离子和负离子，这些带电粒子主要依靠电弧气体空间的电离和电极的电子发射两个物理过程所产生的，同时伴随着解离、激励、扩散、复合、负离子的产生等一些其他过程。

（1）解离

两电极之间的气体与其他一切物质一样，都是由原子或分子组成的，而分子是由原子组成的。当气体受到外加能量（如外加电场、光辐射、加热等）作用时，气体分子热运动加剧。当能量足够大时，由多原子构成的气体分子就会分解为原子，这个过程称为解离。

解离所需最低外加能量称为解离能。

（2）电离

原子是由带正电核的原子核和带有负电荷的电子组成的，电子按照一定的轨道环绕原子核运动。在常态下，原子核所带的正电荷与核外电子所带的负电荷相等，因此原子呈中性。但是，如果进一步增大外加能量，就会使中性原子发生电离或激励。

在一定外加能量条件下中性气体分子或原子分离为正离子和电子的现象称为电离。

第一电离能：中性气体粒子失去第一个电子所需要的最低外加能量称为第一电离能，通常以电子伏（eV）为单位，若以伏（V）表示则为电离电压。

第二电离电压：中性气体粒子失去第二个电子则需要更大的电离电压，称为第二电离电压。

在普通焊接电弧中，当焊接电流较小时只存在一次电离，而在大电流或压缩的焊接电弧中，电弧温度很高，可能出现二次或三次电离，即使如此，一次电离仍居主要地位。

不仅原子状态的气体粒子可以被电离，分子状态的气体也可以直接被电离。当电子脱离气体分子时，一般需要克服两层约束（原子对电子的约束和分子对电子的约束），所以需要的电离电压比原子状态时的电离电压要高一些，如 H（原子）的电离电压为 13.5V，而 H_2（分子）的电离电压为 15.4V。然而，也有些气体原子结合为分子时反而使电子与原子的联系减弱，故分子的电离电压反而比原子的电离电压低，如 NO 分子的电离电压为 9.5V，而 N 原子和 O 原子的电离电压分别为 14.5V 和 13.5V。

气体电离电压的大小说明电子脱离原子或分子所需要外加能量的大小，即某种气氛中产生带电粒子的难易。在相同能量条件下，低电离电压的气体提供带电粒子较容易，有利于电弧的稳定。但电离电压的高低不是唯一影响因素，因为气体的解离能、热物理性能等反过来会影响整个电弧空间的能量状态、带电粒子的产生和移动过程等。

当电弧空间同时存在电离电压不同的几种气体时，在外加能量的作用下，电离电压低的气体粒子先被电离，若这种低电离电压气体供应充分，则电弧空间的带电粒子将主要依靠这种气体的电离过程来提供，所需要的外加能量也主要取决于这种气体的电离电压。由表 1-1 可知，Fe 的电离电压为 7.9V，比 CO_2 或 Ar 的电离电压（分别为 13.7V 和 15.7V）低很多，因此在进行钢的气体保护电弧焊时，当焊接电流较大时，电弧空间将充满铁的蒸气，并将主要由铁蒸气的电离提供带电粒子，电弧气氛的电离电压也由铁蒸气的电离电压决定，所需要的外加能量可以较低。

表 1-1　常见气体粒子的电离电压　　　　　　　　　　　　　　　　　　　　　　　V

气体粒子	电离电压	气体粒子	电离电压
H	13.5	W	8.0
He	24.5(54.2)	H_2	15.4
Li	5.4(75.3,122)	C_2	12
C	11.3(24.4,48,65.4)	N_2	15.5
N	14.5(29.5,47,73,97)	O_2	12.2
O	13.5(35,55,77)	Cl	13
F	17.4(35,63,87,114)	CO	14.1
Na	5.1(47,50,72)	NO	9.5
Cl	13(22.5,40,47,68)	OH	13.8
Ar	15.7(28,41)	H_2O	12.6
K	4.3(32,47)	CO_2	13.7
Ca	6.1(12,51,67)	NO_2	11
Ni	7.6(18)	Al	5.90
Cr	7.7(20,30)	Mg	7.61
Mo	7.4	Ti	6.81
Cs	3.9(33,35,51,58)	Cu	7.68
Fe	7.9(16,30)		

（3）激励

常态下的中性气体粒子内部的原子核与电子构成一个稳定系统，当受外来能量作用失去电子而产生电离是这个稳定系统被破坏的一种可能结果。但也存在另一种可能的结果，即当中性粒子受外来能量作用其能量还不足以使电子完全脱离气体原子或分子，但可能使电子从较低的能级转移到较高的能级时，则中性粒子内部的稳定状态也被破坏，这种状态称为激励。

使中性气体粒子被激励所需要的最低外加能量称为最低激励能，若以伏（V）为单位来表示则称最低激励电压。激励电压数值低于该元素的电离电压数值，某些气体的最低激励电压如表 1-2 所示。受激励的中性气体粒子具有不同的能级状态，其存在形式有：

① 较高能级的激励粒子继续接受外来能量可以使其电离，或者将自己的能量以辐射能的形式释放出来，表现为电弧的辐射光，而粒子恢复到原来的稳定状态。

② 能级低的激励粒子，可能与其他粒子碰撞将能量传递给其他粒子而恢复其稳定状态。接受其能量的其他粒子则可能解离、激励或电离。

因此粒子的激励过程虽然不是直接产生带电粒子的过程，但也是与电离过程和电弧特性有密切关系的物理现象。

表 1-2　常见气体粒子的最低激励电压　　　　　　　　　　　　　　　　　　　　V

气体粒子	激励电压	气体粒子	激励电压	气体粒子	激励电压
H	10.2	K	1.6	CO	6.2
He	19.8	Fe	4.43	CO_2	3.0
Ne	16.6	Cu	1.4	H_2O	7.6
Ar	11.6	N_2	7.0	Cs	1.4
N	2.4	H_2	6.3	Ca	1.9
O	2.0	O_2	7.9		

任何中性粒子在接受外界一定数值能量的条件下，均会产生电离与激励。外加能量可以通过不同方式将能量传递给自由运动的气体粒子，从本质讲只有两种传递能量的途径，一种是碰撞，另一种是光辐射。

① 碰撞传递　各个粒子以某一速度运动时，具有一定的动能，而且可能互相频繁地碰撞，粒子在相互碰撞时将进行能量的转移，粒子的这种传递能量的形式称为碰撞传递。气体粒子的相互碰撞可能有两种情况：

a. 非破坏性的弹性碰撞：在气体粒子拥有较低的动能时产生；弹性碰撞时气体粒子间只产生动能的传递和再分配，碰撞后两个粒子的动能之和基本不变，粒子的内部结构不发生任何变化，只使粒子的运动速度变化，只能引起粒子温度的变化，不能产生电离与激励过程。

b. 破坏性的非弹性碰撞：当气体粒子拥有较大动能时产生；被碰撞的气体粒子的内部结构发生变化，在碰撞时部分或全部动能转换为内能，如果此内能大于激励电压则粒子被激励，如果此能量大于电离电压则粒子将被电离；被激励的粒子如果继续受到非弹性碰撞，则内能积累达到电离电压时也将产生电离。

电子与中性粒子进行非弹性碰撞时，它的动能几乎可以全部传给中性粒子，转换为中性粒子的内能，使其被激励与电离。

当中性粒子之间进行碰撞时，由于它们的质量相近，则只能将部分能量传递给被碰撞的粒子，最多不超过原动能的一半，因此在电弧中通过碰撞传递使气体粒子电离的过程中，电子的作用是所有粒子中最主要的。

② 光辐射传递 中性气体粒子接受外界以光量子形式所施加的能量，提高其内能并改变其内部结构，使气体粒子被激励或电离。这种向气体粒子传递能量的方式称为光辐射传递。

气体粒子接受光量子作用产生激励的条件是：

$$h\gamma \geqslant W_e = eU_e \tag{1-1}$$

式中　h——普朗克常数；

　　　γ——临界光辐射频率；

　　　W_e——激励能；

　　　e——电子电荷量；

　　　U_e——气体粒子的激励电压。

而气体粒子接受光量子产生电离的条件是：

$$h\gamma \geqslant W_i = eU_i \tag{1-2}$$

式中　W_i——电离能；

　　　U_i——电离电压。

以光量子形式传递给气体粒子的能量可以全部转换为粒子的内能。当光量子能量超过气体粒子的电离能时，则其多余部分将转换为电离生成的电子的动能，即：

$$h\gamma \geqslant eU_i + 1/2mv^2 \tag{1-3}$$

式中　m——电子的质量；

　　　v——被电离出来的电子运动速度。

电弧本身发出多种频率的光辐射，因此电弧本身就具有向气体粒子提供辐射能量的条件，中性粒子接受弧光辐射就可能产生激励与电离，制造带电粒子维持电弧的导电。但是在一般焊接电弧中，通过光辐射传递方式来制造带电粒子与碰撞传递相比，则是次要的。

(4) 电离种类

电弧中气体粒子的电离因外加能量种类的不同而分为三类。

① 热电离 高温条件下气体粒子受热的作用产生的电离，称为热电离。

气体的温度越高，气体粒子的运动速度越高，动能越大。由于气体粒子的热运动是无规则的，粒子之间将发生频繁碰撞，如果粒子的动能足够大，就会引起气体粒子的激励或电离，因此热电离实际上是粒子之间的碰撞而产生的电离过程。

② 电场作用电离 在电场力作用下，带电粒子受电场影响作定向运动，正、负带电粒子在电场中定向运动的方向相反，且电场对带电粒子的运动起加速作用，电能转换为带电粒子的动能。这些粒子与中性粒子碰撞而使之电离。这种电离称为电场作用下的电离。

③ 光电离 中性气体粒子接受光辐射作用而产生的电离现象，称为光电离。

并不是所有的光辐射都可发生电离，只有当接受的光辐射波长小于临界波长时，中性气体粒子才可直接被电离。因为波长越小，能量越强。电弧的光辐射波长在 $170 \sim 500nm$ 之间，包括红外线、可见光和紫外线，可使钾、钠、钙、铝等的金属蒸气直接引起光电离，而对其他气体则不能直接引起光电离。所以光电离是产生带电粒子的次要途径。

(5) 电子发射

电弧中导电的带电粒子除依靠电离产生外，还可从金属电极表面发射出来。当阴极金属表面接受一定外加能量作用时，会使电极内的电子冲破约束，飞向电弧空间，这种现象称为电子发射。

使一个电子由金属表面飞出所需要的最低外加能量称为逸出功（W_W），单位是电子伏（eV）。通常也以逸出电压 U_W（V）来表示逸出功的大小。表 1-3 所示是常见几种金属及其氧化物的逸出功。

表 1-3　常见几种金属及其氧化物的逸出功　　　　　　　　　　　　　　eV

金属种类		W	Fe	Al	Cu	K	Ca	Mg
逸出功	纯金属	4.54	4.48	4.25	4.36	2.02	2.12	3.78
	金属氧化物		3.92	3.9	3.85	0.46	1.8	3.31

根据外加能量形式不同，电子发射分为热发射、电场发射、光发射和粒子碰撞发射。

金属内部的电子，只有在接受外加能量作用后其能量超出逸出功时才能冲破金属表面而发射到外部空间。由于外加能量形式不同，电子发射机构可分为如下四种。

① 热发射　金属表面承受热作用而产生电子发射的现象称为热发射。

金属内部的自由电子受热作用后其热运动速度增加，当其动能满足下式时则电子飞出金属表面：

$$h\gamma \geqslant +\frac{1}{2}m_e v_{e^2} > eU_W \tag{1-4}$$

式中　m_e——电子质量；

　　　v_e——电子热运动速度；

　　　e——一个电子的电量；

　　　U_W——逸出功。

电子自金属表面的发射现象与被加热到沸点的水面的水蒸气蒸发现象相似。水蒸气自水面蒸发时将从水面带走蒸发热，电子发射也将从金属表面带走热量而对金属表面产生冷却作用。

② 电场发射　当金属表面空间存在一定强度的正电场时，金属内的电子受此电场静电库伦力的作用，当此力达到一定程度时，电子可飞出金属表面，这种现象称为电场发射。电场发射时，电子自阴极飞出不像热发射那样对阴极有强烈的冷却作用，电子从阴极带走的热量不再是 IU_W。

对于低沸点材料的冷阴极电弧，电场发射对阴极区提供带电粒子起重要作用。这时阴极区的电场强度可达 $10^5 \sim 10^7$ V/cm，具备产生电场发射的有利条件。

③ 光发射　当金属表面接受光辐射时，也可使金属表面自由电子能量增加，冲破金属表面的制约飞到金属外面来，这种现象称为光发射。

④ 粒子碰撞发射　高速运动的粒子（电子或离子）碰撞金属表面时，将能量传给金属表面的电子，使其能量增加而跑出金属表面，这种现象称为粒子碰撞发射。

焊接电弧中阴极将接受正离子的碰撞，带有一定运动速度的正离子到达阴极时，将其动能传递给阴极，它将首先从阴极取出一个电子与自己中和而成为中性粒子。如果这种碰撞还能使另一个电子飞出电极表面到电弧空间，则其能量必须满足下式的条件：

$$W_H + W_I = 2W_W \tag{1-5}$$

式中　W_H——正离子动能；

　　　W_I——正离子与电子中和时放出的电离能；

　　　W_W——逸出功。

可知，当正离子碰撞阴极时，要使阴极发射一个电子，必须对电极表面施加 2 倍于逸出功的能量。

(6) 负离子的产生

在一定条件下，有些中性原子或分子能吸附一个电子而形成负离子。

电子亲和能：在一定条件下，有些中性原子或分子能吸附一个电子而形成负离子，中性粒子吸附电子形成负离子时，其内部能量不是增加而是减少，减少的这部分能量称为中性粒子的电子亲和能。

中性粒子吸附电子时将释放出这部分电子亲和能，并以热或辐射能（光）的形式释放出去。

负离子的生成过程是一个中性粒子吸附电子的过程，电子又是电弧导电过程中的主要角色，所以电弧中如果负离子大量产生，必然有大量电子被中性粒子夺去，引起电弧导电困难而导致电弧稳定性降低。负离子虽然带的电荷量与电子相同，但因为它的质量比电子大得多，所以其运动速度低，不能有效地担负转送电荷的任务，负离子产生使电弧空间电子数量减少导致电弧稳定性下降。

(7) 带电粒子的扩散和复合现象

电弧的导电是通过电弧空间带电粒子的运动实现的，电弧的稳定燃烧是带电粒子产生、运动与消失的动平衡过程。带电粒子，一部分承担了导电任务，另一部分则在电弧空间消失，带电粒子在电弧空间的消失过程主要有扩散与复合两种形式。

① 扩散　带电粒子从密度高的地方向密度低的地方移动而趋向密度均匀，这种现象称为带电粒子的扩散现象。

② 复合　电弧空间的正负带电粒子（正离子、负离子、电子），在一定条件下相遇而互相结合成中性粒子的过程称为复合。

复合过程包括电子与正离子以及正离子与负离子的复合。

1.2　焊接电弧各区域的导电机构

1.2.1　焊接电弧的区域组成

当两电极之间产生电弧放电时，在电弧长度方向的电场强度并不是均匀的，实际测量得到沿弧长方向的电压分布，如图 1-3 所示。由图可以看到电弧是由三个电场强度不同的区域构成。

① 电弧阳极附近的区域为阳极区，其电压 U_A 称为阳极电压降，阳极区在电弧长度方向的尺寸为 $10^{-3} \sim 10^{-2}$ cm。

② 电弧阴极附近的区域为阴极区，其电压 U_K 称为阴极电压降，阴极区在电弧长度方向的尺寸为 $10^{-6} \sim 10^{-5}$ cm

③ 电弧中间部分为弧柱区，其电压 U_C 称为弧柱电压降。

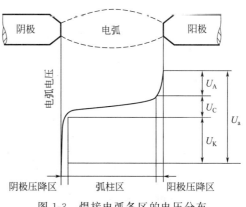

图 1-3　焊接电弧各区的电压分布

因此电弧电压等于阴极电压 U_K、弧柱电压 U_C、阳极电压 U_A 之和，即 $U_a = U_K + U_C + U_A$。

一般阴极电压降 U_K 较大，阳极电压降和弧柱电压降较小，若阴极电压降为 10V，则其电场强度可达 $10^6 \sim 10^7$ V/cm；阳极电压降比阴极电压降小，为 $2 \sim 4$ V，其电场强度为

$10^3 \sim 10^4 \mathrm{V/cm}$；电弧中间部分为弧柱区，长度很长，可以看成整个电弧长度，压降小于前两者，其电场强度也比较小只有 $5 \sim 10 \mathrm{V/cm}$。电弧的这种不均匀的电场强度说明电弧各区域的电阻是不同的。弧柱的电阻较小，电压降较小，而两个电极区的电阻较大，电压降较大。这是由于这些区域的导电机构不同所决定的。

1.2.2　弧柱区的导电机构

弧柱的温度一般较高，因气体种类、电弧压缩程度和电流大小不同，为 $5000 \sim 50000 \mathrm{K}$，故弧柱气体粒子将产生以热电离为主的电离现象，使部分中性气体粒子电离为电子和正离子。这些带电粒子大部分在外加电压作用下，正离子向阴极方向运动，而电子向阳极方向运动，从而形成电子流和正离子流，所以弧柱可以看成是导通电流的导体。另外，将由阴极区和阳极区产生相应的电子流和正离子流予以接续，保证弧柱带电粒子的动平衡，弧柱中因扩散和复合而消失的带电粒子将由弧柱自身的热电离来补偿。

①　通过弧柱的总电流是由电子流和正离子流两部分组成（负离子因占的比例很小而忽略），而且电子流约占总电流的 99.9%，而正离子流的比例很小，仅约占总电流的 0.1%。在同样外加电压的作用下，一个电子和一个正离子所受的力相同，但由于电子的质量比正离子的质量小得多，因此电子的运动速度将比正离子的运动速度大得多，导致弧柱电子流远远大于正离子流。弧柱中正负带电粒子流虽然有很大的差别，但每瞬间每个单位体积中正、负带电粒子数量仍相等，这是由于弧柱中电子流所需的电子可以从阴极区得到充分的补充，而使弧柱从整体上呈中性。

②　弧柱中的正离子流也需要从阳极区得到补充。正离子流虽然与电子流相比是微不足道的，但正离子的存在却对弧柱的性质有决定性的作用，即保证了弧柱的空间正、负电荷相平衡，从整体看弧柱空间保持中性。电子流与离子流通过弧柱时不受空间电荷电场的排斥作用，阻力小，而使电弧放电具有小电压降、大电流的特点（电压降仅几伏，电流可达上千安培）。如果弧柱区没有这样的正离子存在，而是充满带负的电子，电子流将受到负空间电荷的排斥，阻力大，则电弧放电就不能具有低电压大电流的特点。

由于弧柱的上述性质决定了弧柱导电的电压降较低。弧柱导电性能的好坏，直接表现在弧柱导电时所要求的电场强度大小，它与电弧空间气体成分和电流大小有密切关系。几种气体的弧柱电场强度与电流的关系如图 1-4 所示。由图可知，在较小电流区间，电场强度随

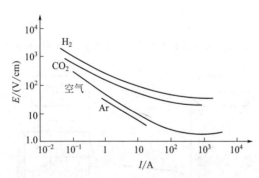

图 1-4　弧柱电场强度与气体种类和电流的关系

电流的增加而减小，在较大电流区间，电场强度随电流的增加而略微增加。电弧电场强度不仅与气体种类有关，还与气体的其他物理性质有关。

1.2.3　阴极区的导电机构

电弧燃烧时为维持电弧稳定，阴极区的任务是向弧柱区提供所需要的电子流，电子流来自阴极的电子发射，同时接受由弧柱送来的正离子流，正离子流由弧柱区和阴极区自身气体的电离提供，以满足电弧导电需要。阴极区提供的电子流与阴极材料种类、电流大小、气体介质等因素有关。

由于具体情况的不同，阴极区的导电机构可分为三大类。

（1）热发射型阴极区导电机构

当阴极采用 W、C 等高熔点材料，且电流较大时，由于阴极区可达到很高温度，弧柱区所需要的电子流主要依靠阴极热发射来提供，这样的阴极区称为热发射型阴极区，其特点为：

① 如果阴极通过热发射可提供足够数量的电子，则弧柱区与阴极之间不再存在阴极压降区。在这种情况下，阴极除了直接发射总电流的 99.9% 的电子流以外还接受 0.1% 的正离子流。

② 阴极表面以外的电弧空间与弧柱的特性完全一样，其空间电荷总和是零，对外界也表现为中性。

③ 从弧柱断面直到阴极表面不发生很大变化，此时阴极表面导电区域的电流密度也与弧柱区相近，约为 $10^3 A/cm^2$。同时阴极上也不存在阴极斑点（阴极上电流集中，电流密度很高，并发出烁亮的光辉的点称为阴极斑点）。虽然电子发射将从阴极带走相当于 IU_W 的热量（I 为阴极电流，U_W 为逸出电压），使阴极受到冷却作用，但是这些热量可以从两个主要途径得到补充：

a. 0.1% 的正离子流进入阴极区时，正离子一方面将其动能转换为热能传给阴极，另一方面正离子在阴极表面得到电子而中和，放出电离能，也使阴极加热。

b. 电流流过阴极时将产生电阻热及使阴极加热（I 为阴极电流，R 为阴极电阻），因此使阴极保持较高的温度以保证持续的热电子发射。

具有这种导电机构的阴极称为热阴极。大电流钨极氩弧焊时，这种阴极导电机构占主要地位。实际上，钨极氩弧焊也不是完全靠热发射来提供电子，还靠阴极区有一定的电场发射电子，是热发射与电场发射联合作用的结果。所谓的"热阴极"，是与"冷阴极"相比能承受更高的温度而已，因此，即使对大电流钨极氩弧焊，钨极还是有一定的阴极压降的，只是数值较小。

（2）电场发射型阴极导电机构

当阴极材料为 W、C 且电流较小时，或阴极材料采用熔点较低的 Al、Cu、Fe 时，阴极表面温度受材料沸点或条件的限制不能升得很高，只是在阴极的局部区域具有导电的有利条件，因此，阴极的导电面积显著减小。在这些局部阴极表面出现电流密度很高的阴极斑点［电流密度达 $5 \times (10^5 \sim 10^7) A/cm^2$］。但阴极温度不可能高于沸点，在较低的温度下不可能产生较强的热发射，以产生所需要的电子流，因此，无法用热发射来解释这种情况下阴极的导电机构。事实上当阴极温度降低时，它不可能单依靠热发射所产生的电子流来供应弧柱对电子流的需要。

阴极压降的产生：当单靠阴极热发射不能提供足够数量的电子时，则在靠近阴极的区域，正负电荷的平衡关系将受到破坏，正负电荷数量不等，电子数量不足，产生过剩的正离子堆积，如图 1-5 所示，此处的空间将表现正电性；这样在阴极前面形成局部较高的电场强度造成的阴极压降区，其间形

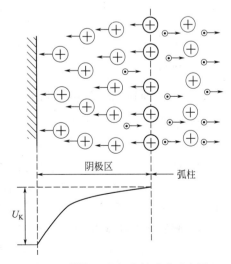

图 1-5　阴极区空间电场形成示意图

成的电压称为阴极压降。

只要弧柱得不到足够数量的电子补充，正离子就将继续堆积，此处的电场强度将继续增加。这种较强的电场将带来如下作用：

① 由于强电场的存在，可以使阴极产生电场发射。由于这种阴极压降区的长度很小，相当于电子的平均自由行程，为 $10^{-6}\sim10^{-5}$ mm，因此如果阴极压降为 10V，则阴极区的电场强度可达 $10^{6}\sim10^{7}$ V/cm，这样高的电场强度可以使阴极增大电子发射量，从而向弧柱提供所需要的电子流。

② 由于阴极前面强电场的存在，从阴极发射出来的电子将被加速。当 $U_K \geqslant U_I$ 时（U_K 为阴极压降，U_I 为气体的电离电压），在阴极区与弧柱相接的地方，一旦碰撞到中性粒子，则可能产生碰撞电离，由此而产生的电子与由阴极直接发射的电子相合并构成弧柱所需的电子流，碰撞电离所产生的正离子，在电场的作用下也将加入从弧柱来的正离子行列一起冲向阴极，因此将使阴极区的正离子流比率比弧柱区要大。设 f_e 为电子流比率（即电子流 I_e 占总电流 I 的比值），f_i 为离子流比率（即正离子流 I_i 占总电流 I 的比值），如前所述弧柱中 $f_{e柱}=0.999$、$f_i=0.001$，当存在电场发射时则阴极区的 $f_{e阴}<0.999$ 而 $f_{i阴}>0.001$，因此产生过剩正离子堆积，阴极前面形成正电场。

③ 由于阴极压降区的存在，阴极前面强电场使阴极区的正离子增加，正离子通过阴极区将被电场加速使其动能增加，当正离子到达阴极时，将有更多的动能转换为热能，加强对阴极的加热作用，从而进一步加强阴极的热发射，使阴极区提供足够数量的电子。

通过上述三方面作用，阴极区进行自身调节，直到阴极区所提供的与弧柱需要的电子流一致，则达到平衡。在进行小电流钨极氩弧焊和熔化极气体保护焊时，这种阴极导电机构起着重要作用；用 Cu+Fe、Al 材料做阴极材料进行焊接时（这种阴极也称冷阴极），实际中上述两种阴极导电机构是并存的，而且相互补充和自动调节，阴极压降区的电压值因具体条件的不同而变化，一般在几伏到十几伏之间波动，这主要决定于电极材料的种类、电流大小和气体介质的成分。当电极材料的熔点较高或逸出功较小时，则热发射的比例较大，阴极压降较小，反之，则电场发射的比例增大，阴极压降也较大。当电流较大时，一般热发射的比例增大，阴极压降将减小。

(3) 等离子型导电机构

主要产生于小电流或冷阴极材料。阴极的温度低，不能进行热发射，当电弧空间气压低时，阴极压降区大，使阴极电场强度值下降。在阴极区的前面形成一个高温区，在此处形成热电离，生成的正离子在电场作用下向阴极运动，生成的电子向阳极运动，而称为等离子型阴极导电机构。

1.2.4　阳极区的导电机构

阳极区的导电机构比阴极区要简单得多，为了维持电弧导电，阳极区的任务是接受由弧柱过来的 $0.999I$ 的电子流和向弧柱提供 $0.001I$ 的正离子流。阳极接受电子流的过程比较简单也容易理解，每一个电子到达阳极时将向阳极释放相当于逸出功 U_W 的能量。但阳极向弧柱提供 $0.001I$ 的正离子流的情况却不像接受电子那样简单，因为阳极通常不能直接发射正离子，正离子是由阳极区来提供的。阳极区提供正离子可能的机构有两种。

(1) 阳极区电场作用下的电离

当电弧导电时，由于阳极不发射正离子，因此弧柱所要求的 $0.001I$ 正离子流不能从阳极得到补充，阳极前面的电子数必将大于正离子数，造成阳极前面电子的堆积，形成负的空

间电荷与空间电场，如图1-6所示。使阳极
与弧柱之间形成一个负电性区，这就是所
谓的阳极区。阳极区的电压降称为阳极压
降U_A。只要弧柱的正离子得不到补充，阳
极区的电子数与正离子数的差值就继续增
大，则U_A继续增加。从弧柱来的电子通过
阳极区将被加速，其动能增加。随着空间
负电荷的积累，U_A达到一定程度时，使电
子进入阳极区后获得足够的动能，使它在
阳极区内与中性粒子碰撞产生电离，直到
这种碰撞电离生成足以满足弧柱要求的正
离子时，U_A不再继续增高而保持稳定。碰

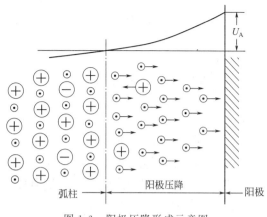

图1-6 阳极压降形成示意图

撞电离生成的电子与弧柱来的电子一起进入阳极，阳极表面的电流完全由电子流组成。在这
种情况下，阳极区电压降般较大，$U_A > U_I$（U_I为气体介质的电离电压）。阳极区的长度约
为$10^{-3} \sim 10^{-2}$cm，当电弧电流较小时，阳极区的导电常常属于这种机构。

（2）阳极区的热电离

当电流密度较大，阳极的温度很高，甚至阳极材料发生蒸发时，靠近阳极前面的空间也
被加热到很高的温度。当电流密度增加到一定程度时，聚积在这里的金属蒸气将产生热电
离，通过这种热电离生成正离子供弧柱需要，生成的电子奔向阳极。由于在这里主要是靠热
电离生成正离子，不是靠U_A来增加电子动能以产生碰撞电离，因此U_A可以较低。随着电
流密度的增加，阳极区热量继续增加，当弧柱所需要的$0.001I$的正离子流完全由这种阳极
区热电离来提供时，则U_A可以降到零。

许多实验证明，大电流熔化极焊接及大电流钨极氩弧焊时U_A皆很小，甚至接近零。另
外，在相同条件下，阳极材料的导热性能越强则U_A越大。

1.2.5 阴极斑点

电弧的各个区域（弧柱、阴极区、阳极区）的导电特点皆不相同，两个电极表面上的导
电情况也因具体条件不同而有很大的差别。电极表面的导电状况对焊接工艺有直接的影响，
所以本节将讨论阴极与阳极表面上的导电情况及其影响因素。

（1）阴极斑点形成过程

因具体条件不同，阴极区发射电子可能有三种情况：

① 当采用熔点较高的材料做阴极并用较大的电流时，阴极温度很高，依靠热发射就可
以为弧柱提供足够的电子，弧柱与阴极相接处不产生收缩，阴极上的电流密度与弧柱的相
近，此时阴极端部加热面积较大且比较均匀，不形成阴极斑点。阴极表面上也没有剧烈的局
部加热蒸发现象。阴极材料的逸出功越小，导热越弱和阴极材料承受的温度越高时，产生这
种阴极状态的倾向越大。

② 当电流较小，阴极（C、W）的温度较低时，阴极靠热发射不能提供足够数量的电
子，阴极区将靠电场发射或等离子型导电机构提供电子，同时伴随着有导电区域的自动收
缩。因为后两种导电机构皆需要一定的阴极压降，需要在阴极前面有较大密度的正离子的
堆积，所以为了保证这个条件和减少向四周散热，电弧在阴极接触处要自动收缩断面。

③ 当阴极材料熔点、沸点较低，且导热性很强时（冷阴极型），即使阴极温度达到材料

的沸点，此温度也不足以通过热发射产生足够数量的电子，阴极将进一步自动缩小其导电面积，直至阴极导电面积前面形成密度很大的正离子空间电荷和很大的阴极压降，足以产生较强的电场发射，补充热发射的不足，向弧柱提供足够的电子流。此时阴极将形成面积更小、电流密度更大的斑点来导通电流，这种导电斑点称阴极斑点。

用高熔点材料（C、W 等）做阴极时，只有在电流很小、阴极温度很低的情况下，才可能产生这种阴极斑点。

用低熔点材料（Al、Cu、Fe 等）做阴极时，大小电流均能产生这种阴极斑点。

（2）阴极斑点形成条件

① 该点应具有可能发射电子的条件（主要是场发射和热发射）。

② 其次是电弧通过该点时弧柱能量消耗较小，亦即 IEL 较小（I 为电弧电流，E 为弧柱电场强度，L 为弧柱长度）。

（3）阴极极斑点特性

阴极斑点不能沿阴极表面自由移动的特性称为阴极斑点黏着特性。

由于形成阴极斑点有上述条件，因此阴极表面上热发射性能强的物质有吸引电弧的作用，阴极斑点有自动跳向温度高、热发射性能强的物质上的性能。当金属表面有低逸出功的氧化膜存在时，阴极斑点有自动寻找氧化膜的倾向，铝合金焊接时去除氧化膜作用，就是由阴极斑点的这种特性决定的。

（4）阴极斑点压力

阴极斑点电流密度很高，又受到大量正离子的撞击，斑点上将积聚大量的热能，温度很高甚至达到材料的沸点，从阴极斑点产生大量的金属蒸气，以一定速度射出。金属蒸气流的反作用力及正离子对阴极的撞击力，对斑点有一定的压力，这种压力称为斑点压力。

1.2.6　阳极斑点

（1）阳极斑点形成过程

阳极表面上的情况不像阴极那样复杂，大多数情况下阳极的作用只是被动接受电子，阳极不能发射正离子。

① 在采用 W、C 等熔点高的材料时，当电流较大、阳极温度很高时，依靠阳极前面中性粒子的热电离就可以提供 $0.001I$ 的正离子流，则阳极压降 U_A 接近零，电弧与阳极接触处不产生任何收缩，不形成阳极斑点，只存在阳极导电区。

② 阳极斑点电流密度比阴极斑点要小，其数量级一般为 $10^2 \sim 10^3 \mathrm{A/cm^2}$。如果阳极表面的某一区域产生均匀的熔化和蒸发，则此区域可成为阳极导电区，也不形成阳极斑点。

③ 当采用 Fe、Cu、Al 等低熔点材料做阳极时，一旦阳极表面某处有熔化和蒸发现象产生，由于金属蒸气的电离能大大低于一般气体的电离能，因此在有金属蒸气存在的地方更容易产生热电离而提供正离子流，电子流更容易从这里进入阳极，阳极上的导电区将在这里集中而形成阳极斑点。

④ 当阳极材料导热能力强，使用较小电流时，阳极只能在个别点上产生熔化和蒸发现象，则在这点上可形成阳极斑点。

⑤ 如果阳极表面产生熔化区，但在熔化区中存在有蒸发强弱不匀的部位，则阳极导电区将集中到蒸发较强的部位，并在这里形成阳极斑点。

（2）低熔点阳极材料阳极斑点的形成条件

① 首先该点有金属的蒸发。

② 其次是电弧通过该点时弧柱消耗能量较低（亦即 IEL 较小）。

（3）阳极斑点特性

当阴极（电极）相对于阳极（工件）移动时，阳极斑点在工件上不能连续移动，只能产生跳动，这种特性称为阳极斑点的黏着特性。

由于阳极斑点的形成条件之一是金属的蒸发，因此当金属表面覆盖氧化膜时，与阴极斑点的情况相反，阳极斑点有自动寻找纯金属表面而避开氧化膜的倾向。因为大多数金属氧化物的熔点和沸点皆高于纯金属，且金属氧化物的电离电压较高，所以在进行铝合金氩弧焊时，当工件为阳极时没有去除氧化膜作用，这与阳极斑点的这种特点有密切的关系。

（4）阳极斑点压力

由于阳极斑点的形成往往伴随着金属蒸气的蒸发，金属蒸气蒸发产生的反作用力对阳极表现为压力，此压力称为阳极斑点压力。

由于阳极斑点的电流密度比阴极小，因此通常阳极斑点压力比阴极斑点压力小。熔化极焊接焊丝接阳极时，阻止熔滴过渡的作用力较小，而当焊丝接阴极时则阻止熔滴过渡的作用力较大。这是 MIG 焊时多采用反接的主要原因之一。

1.2.7 最小电压原理

最小电压原理的含义是：在给定电流和周围条件一定的情况下，电弧稳定燃烧时，其导电区的半径（或温度）应使电弧电场强度具有最小的数值。就是说电弧具有保持最小能量消耗的特性。

弧柱电场强度 E 的大小意味着电弧的导电难易程度。电导率与弧柱电离度及温度有关，所以 E 也是弧柱温度的函数。当电流、周围条件一定时，弧柱的断面只能在保证 E 为最小的前提下来确定。当电弧断面大于或小于其自动确定的断面时，都会引起 E 增大，即能量损失要增大，这就违背了最小电压原理。因为电弧直径变大，电弧与周围介质的接触面增大，电弧向周围介质散失的热量增加，则要求电弧产生更多的能量与之平衡，所以要求 IE 增加，电流一定只有 E 增加。相反，若电弧断面小于其自动确定的断面，则电流密度要增加，在较小断面里通过相同数量的带电粒子，电阻率增加，要维持同样的电流，也要求有更高的 E，所以电弧只能确定一个能够保证 E 为最小值的断面。

电弧过程中的一些现象可以通过最小电压原理解释。例如当电弧被周围介质强烈冷却时，要求电弧产生更多热量来补偿。按最小电压原理，电弧要自动缩小断面，减少散热，但断面又不能收缩得过小，否则电流密度大使 E 增加太多，结果是电弧自动调整收缩的断面，以最小的 E 值增加达到增加能量与散失能量增加的平衡，即体现最小的能量附加消耗。

最小电压原理也决定着电弧其他区域（阴极区、阳极区）的电场强度、温度及导电断面的自行调节作用，以达到在一定条件下向外界散失热量最小。

1.3 焊接电弧的电特性

焊接电弧的电特性主要是指焊接电弧的静特性和焊接电弧的动特性。

1.3.1 焊接电弧的静特性

（1）焊接电弧静特性曲线的变化特征

焊接电弧静特性是指稳定状态下焊接电弧的焊接电流和电弧电压特性，称作电弧静特

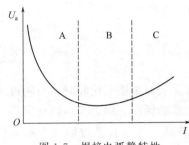

图 1-7　焊接电弧静特性

性。静特性曲线是在某一电弧长度数值下，在稳定的保护介子和电极条件下（还应包括其他稳定条件），改变焊接电流数值，在电弧达到稳定燃烧状态时所对应的电弧电压曲线。所反映的是一定条件下的电弧电压变化特征。各种工艺因素使电弧静特性曲线有不同的数值，但都有如图 1-7 所示那样的趋势，当焊接电流在很大的范围变化时，静特性曲线呈 U 形，称为 U 形特性。焊接电弧静特性曲线一般呈现 3 个区段的变化特点，分别称作下降特性区（负阻特性区）、平特性区、上升特性区。3 个特性区段的特点主要和电弧自身形态、所处环境、电弧产热与散热平衡等电弧自身性质有关。电弧电压（U_a）是由阴极压降（U_K）、弧柱压降（U_C）和阳极压降（U_A）三部分组成，即 $U_a = U_K + U_C + U_A$。电弧静特性就是这三部分电压降的总和与电流的关系。

① 在小电流区，电弧电压随电流的增大而减小，呈现负阻特性。

电流较小时，电弧温度较低，气体粒子电离度低，电弧的导电性较差，需要有较高的电场作用；在电弧极区（特别是阴极区），由于电极温度较低，不能实现大量的热电子发射，而会形成较强的极区电场（电压降），这样就在小电流时表现出电弧有较高的电压值。

当增加电流时，弧柱温度增加，电弧中的气体粒子电离度增加，电弧的导电性增强，同时电极温度升高，阴极热发射电子能力增强，U_K 值降低，阳极蒸发量增加，U_A 值降低，两极区电场相对减弱（U_K 和 U_A 在一定的电流密度范围内总是具有负阻特性），最终使电弧电压降低。也就是在电弧和电极温度提高的情况下，电弧中产生和运动等量的电荷不再需要更高的电场。

对于弧柱区从产热和散热平衡角度考虑，假定电流密度一定在小电流区，如果电流增大 4 倍，即弧柱直径增大 2 倍，弧柱向周边区的热量损失即增大 2 倍，而弧柱内的产热量却是增大 4 倍，这时如果电弧电压仍然维持原来的数值，那么产热量就超过了热损失量；而电弧自身具有产热和散热动态平衡的能力，实际电弧的产热量没有增加 4 倍，弧柱压降 U_C 不会不变，而是自动降低，从而使 U_C 表现出负阻特性，即电弧不再需要原来数值的电压就可以维持稳定燃烧，其以较少的产热量增加就能够平衡散热损失的增加，这也是小电流区出现负阻特性的原因之一。

② 当电流稍大时，电弧等离子气流增强，除电弧表面积增加造成散热损失增加之外，等离子气流的流动对电弧产生附加的冷却作用，因此在一定的电流区间，电弧电压自动维持一定的数值，保证产热量与散热量的平衡，电弧静特性曲线在一定区间内呈平特性特征。

③ 在大电流区，电弧中的等离子气流更为强烈，而由于电弧自身磁场的作用，电弧截面不能随电流的增加而同步增加，电弧的电导率减小，要保证较大的电流通过相对较小的截面积，需要有更高的电场强度，因此在大电流区间，电弧电压随电流的增加而增加，呈现上升特性。

电弧静特性曲线的 3 个变化区段，并不是在各种电弧中都能够表现出来的，主要受电弧形态和电极条件的影响。GTA 焊接在静特性曲线上一般都能明显表现出 3 个区段的特征，如图 1-8 所示。GMA 焊接由于通常采用较细的电极焊丝，可使用的电流一般在中等数值以上，电弧形态多呈圆锥状，等离子气流作用强烈，所以静特性曲线通常呈现上升特性，平特性区间较窄。图 1-9 所示为铝合金 MIG 焊的电流-电压特性，其特征是在小电流区几乎看不到负阻特性，在可用电流以上区域都呈现上升特性。

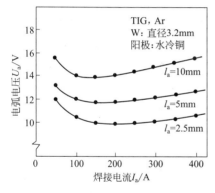

图 1-8　GTA 焊电弧静特性曲线

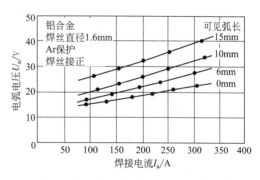

图 1-9　铝合金 MIG 焊电弧静特性曲线

SAW 电弧掩埋在焊剂层下面，受焊剂层的覆盖，电弧的散热损失小，并且电弧中基本没有 GTA、GMA 那样的等离子气流存在，一般又采用较粗直径的焊丝大电流焊接，因此其电弧静特性呈现下降特性趋势。图 1-10 所示为埋弧焊静特性曲线。

电弧静特性反映了电弧的导电性能和变化特征，电弧中发生的许多现象都与静特性变化有关，也可以用于对比解释各种电弧焊方法的差别，这是一项很重要的内容。

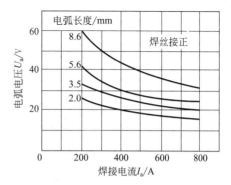

图 1-10　埋弧焊电弧静特性曲线

（2）影响电弧静特性及电弧电压的因素

① 电弧长度的影响　电弧长度改变时，主要是弧柱长度发生变化，整个弧柱的压降 EL（L 为弧柱长度）增加时，电弧电压增加，电弧静特性曲线的位置将提高。电流一定时，电弧电压随弧长的增加而增加，对熔化极和钨极都有类似的情况。

② 周围气体种类的影响　气体介质对电弧静特性的影响，是通过对弧柱电场强度的影响表现出来的。有两方面原因：一是气体电离能不同；二是气体物理性能不同。第二个原因往往是主要的。气体的热导率，解离程度及解离能等对电弧电压都有决定性的影响。双原子气体的分解吸热以及热导率大的气体对电弧冷却作用的加强，即热损失的增加，使电弧单位长度上要求有较大的 IE 与之平衡，使电弧电压升高。

③ 周围气体介质压力的影响　其他参数不变，气体介质压力的变化将引起电弧电压的变化，即引起电弧静特性的变化。气体压力增加，意味着气体粒子密度的增加，气体粒子通过散乱运动从电弧带走的总热量增加，因此，气体压力越大，冷却作用就越强，弧压就越升高。

1.3.2　焊接电弧的动特性

焊接电弧动特性是指当电弧的长度一定时，电弧电流发生连续快速变化时，电弧电压与焊接电流瞬时值之间的关系，称为焊接电弧的动特性。它反映了电弧的导电性对电流变化的响应能力。

当焊接电弧燃烧时，恒定不变的直流电弧不存在动特性问题，只有交流电弧和电流变动的直流电弧（如脉冲电流、脉动电流、高频电流等）才存在动特性问题。

（1）直流电弧的动特性

直流电弧的动特性是采用一定形式的变动电流进行焊接时的电流-电压关系曲线，恒定直流电弧没有动特性问题。变动电流的形式是多种多样的，如脉冲电流、高频电流、脉动电流等。

在直流电上叠加正弦波电流构成的变动焊接电流如图 1-11 所示，电弧瞬间电流与瞬间电压的关系即电弧动特性曲线如图 1-12 所示，呈回线特征。对于频率在 1kHz 以上的交流电弧，其瞬时的电弧电压-电流特性如图 1-13 所示，近于电阻特性。

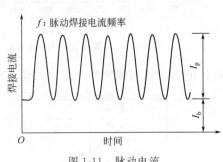

图 1-11　脉动电流

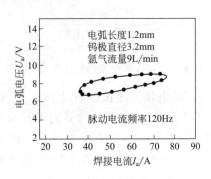

图 1-12　电弧动特性曲线

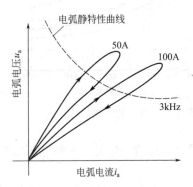

图 1-13　直流高频电弧的动特性曲线

电弧动特性中表现出的电流、电压非单值对应关系，是由于电弧等离子体的热惯性效果在发挥作用。

在焊接电流的上升过程中，由于电弧先前处于相对低温状态，电流的增加需要有较高的电场，因此表现出电弧电压有某种程度的增加；在电流下降过程中，由于电弧先前已处于较高温度状态，电弧等离子体的热惯性不能马上对电流的降低做出反应，电弧中仍然有较多的游离带电粒子，因此电弧导电性仍然很强，使电弧电压处于相对较低的水平，从而形成回线状的电弧动特性。如果电弧电流变化很快，与电弧等离子体的形成、消失的时间相比，等离子体的状态跟不上电流的变化，与电流相位无关，而维持一定的状态，其结果就呈现出近电阻特性。高频维弧电流可以达到零值，但电弧仍能够稳定燃烧，其原因就是电弧的温度稳定性和导电性已经处于稳定的状态。而低频电弧不具备这个能力。

（2）交流电弧的动特性

交流焊条电弧焊时电弧电压与焊接电流的波形曲线如图 1-14（a）所示。交流电弧动特性曲线如图 1-14（b）所示。图中，PQR 是电流从零增加到最大值期间的电弧电压曲线，RST 是电流从最大值减小至零期间的电弧电压曲线。从图 1-14（b）可以看出，PQR 曲线段的电弧电压要比 RST 曲线段的电弧电压高，在交流电弧的正负半波，电弧动特性曲线同样表现出回线特征。

交流电弧情况下，电弧等离子体的温度、电导率、阴极压降区的状态等时刻在变化着，在极性转换时，电弧电流一旦达到零值，必须使阳极表面迅速形成阴极。由此原因，在极性转换时需要加以高电压。图 1-14 中的 P 点所对应的电压称作再引燃电压。再引燃电压的数值因所使用的电极材料、保护气种类的不同而不同。对于热阴极电弧，其再引燃电压较低。而对于铝、铜之类的冷阴极电弧，其再引燃电压较高。焊条电弧焊方法中使用的焊条，其再

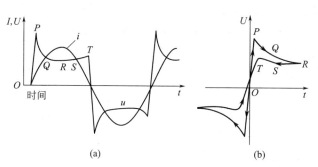

图 1-14　交流电弧的动特性曲线

引燃电压介于上述两者之间。在电流增加期间要产生新的带电粒子，需要更多的能量，相对电压较高；在电流减小期间，由于电弧具有热惯性，已处于较高温度状态的电弧中有较多的带电粒子，导电性仍然很强，因此电弧电压相对较低，这样就构成了 $OPQRST$ 回线；反之亦然。PQR 曲线与 RST 曲线越接近，反映电弧中带电粒子浓度越稳定，电弧的稳定性越好。

1.4　焊接电弧的产热及温度分布

对于电弧焊，可以把电弧看作是一个电能向热能转换的元件，由于电弧的三个组成部分（弧柱、阴极区、阳极区）导电机构不同，决定了电弧这三部分产热机构的不同。但每个的部分热量都是由电能转换而产生的。

1.4.1　焊接电弧的产热机构

焊接电弧是一个能量输出很强的导体，其能量通过电弧转换，由于电弧是由弧柱、阴极区、阳极区三个部分组成的，因此焊接电弧总的能量来自这三个组成部分，总的能量 P 可表示为：

$$P=P_K+P_C+P_A=IU_K+IU_C+IU_A \tag{1-6}$$

焊接电源通过电弧将电能转换为热能、机械能、光能、磁能等。其中，热能占总能量的绝大部分，它以对流、辐射、传导的形式传送给周围的介子；光能、机械能、磁能在能量转换过程中，对焊接过程产生着不同的影响。因此，当焊接电弧燃烧时，由焊接电源提供的能量主要转变成热能，并向外部耗散。

（1）弧柱的产热机构

弧柱的导电主要是靠电子在电场作用下的定向运动来实现的，正离子流在整个电流中占极小的比例，但它的存在却保证了弧柱空间呈中性，决定了弧柱电压降可以很小，通过的电流可以很大。正离子的密度应等于电子的密度，而正离子的体积却显著大于电子。带电粒子在外加电场的作用下运动，位能（电场能）转变为热能、动能。在弧柱中，电子实际上是在密集的粒子之间运动的，它并不是由阴极直接跑向阳极，而是在不断地与正离子或中性粒子碰撞的过程中从阴极移向阳极的。因此电子运动是由两部分组成的：一部分是与正离子（或中性粒子）碰撞过程的散乱运动；另一部分是沿电场方向定向运动。散乱运动的动能就是电子的热能，这部分能量占电子总能量的大部分。就是说，在弧柱中外加电能大部分将转变为热能。在大气中的焊接电弧，由于电子频繁地与正离子相撞，电子具有的较高动能将转移给正离子，使电子与正离子的散乱运动趋向均衡，因此电子与正离子的温度基本上是均匀的。如果电弧在低气压条件下燃烧，电子散乱运动的动能转给正离子的较少，故电子的温度将高于离子的温度，压力越低，其温度差别越大。

单位弧柱长度的电能为 IE，IE 大小就代表了弧柱产热能量的大小，它将与弧柱的热损失相平衡。弧柱的热损失分为对流、传导和辐射（包括光辐射）等几方面，根据测量的结果，弧柱部分的热能对流损失占80%以上，传导和辐射约为10%。

弧柱的产热情况不像固态导体那样，只要电流一定，其产热量也就一定。当电流一定时弧柱产热量将因热损失大小而自行调整，由于气体质量，导热性能、解离程度的不同，电弧在不同气氛中燃烧时热损失也不相同，使弧柱部分的电场强度也不相同。几种气体弧柱电场强度的比较如表 1-4 所示。电流不变时，弧柱电场强度值 E 的升高意味着弧柱产热量增加，当然也意味着弧柱温度的升高。弧柱外围有强迫气流冷却时将带来 E 的升高和弧柱温度的上升，气压升高也将带来相同的倾向。

表 1-4　不同气体弧柱电场强度的比例关系

气体种类	H_2	H_2O	O_2	CO_2	N_2	空气	Ar
电场强度之比（空气＝1）	1.0	4.0	2.0	1.5	1.1	1.0	0.5

一般电弧焊接过程中，弧柱的热量只能有很少一部分热量通过辐射传给焊条和工件。当电流较大有等离子流产生时，等离子流将把弧柱的一部分热量带到工件，增加工件的热量。

（2）阴极区的产热机构

一般情况下阴极区是由电子与正离子两种带电粒子所构成的。这两种带电粒子在阴极区不断产生、消失和运动，同时伴随着能量的转变与传递。由于阴极区的长度很小，只有 $10^{-7} \sim 10^{-6}$ mm 数量级，因此阴极区产热量直接影响焊丝的熔化或焊缝熔深。弧柱中只有 $0.001I$ 的正离子流，其数量相对整个电流是很少的，一般认为它对阴极区产热影响较小。影响阴极区能量状态的带电粒子，全部在阴极区产生，最后由阴极区提供足够数量的电子进入弧柱，实现电弧放电过程。因此可以从这些电子在阴极区的能量平衡过程来分析阴极区的产热。阴极区提供的电子流与总电流相近，因此阴极区能量结构组成为：

① 电子在阴极压降的作用下跑出阴极并受到加速作用，获得的总能量为 IU_K，这是在阴极区由电能转换热能的主要来源。

② 电子从阴极表面逸出时，克服阴极表面的束缚而消耗的能量为 IU_W。这部分能量对阴极有冷却作用。

③ 电子流离开阴极区进入弧柱区时，它具有与弧柱温度相应的热能，电子流离开阴极区时带走的这部分能量为 IU_T。

根据上述分析，电子流离开阴极区时阴极区获得的总能量为：

$$P_K = I(U_K - U_W - U_T) \tag{1-7}$$

式中　P_K——阴极区的总能量；

　　　U_K——阴极区压降；

　　　U_W——逸出电压；

　　　U_T——弧柱温度的等效电压。

式（1-7）为阴极的产热表达式。上式决定的阴极区产热量主要用于阴极的加热和阴极区的散热损失，焊接过程中直接加热、熔化焊丝或工件的热量主要由这部分能量提供。

（3）阳极区的产热机构

阳极区向弧柱输送的正离子流只占总电流的 0.001，所以可以忽略正离子流对阳极能量变化的影响，认为阳极区的电流等于电子流，只考虑接受电子流的能量转换。电子到达阳极时将带给阳极三部分能量：

① 电子经阳极压降区被 U_A 加速而获得的动能 IU_A；

② 电子发射时从阴极吸收的逸出功又传给阳极，这部分能量为 IU_W；

③ 从弧柱带来的与弧柱温度相对应的热能 IU_T。

因此阳极上的总能量为：

$$P_A = I(U_A + U_W + U_T) \tag{1-8}$$

式中　P_A——阳极接受的总能量；

　　　U_A——阳极区压降。

上式为阳极产热表达式，阳极产生的热量主要用于阳极为焊丝或工件时的加热、熔化和散热损失。这也是焊接过程中可以直接利用的能量。

一般电弧焊接过程中，弧柱的热量只能有很少一部分热量通过辐射传给焊条和工件。当电流较大有等离子流产生时，等离子流将把弧柱的一部分热量带到工件，增加工件的热量。

1.4.2　焊接电弧的热效率及能量密度

电弧焊时通过焊接电弧将电能转换为热能，利用这种热能来加热、熔化焊条与工件。对于熔化极电弧焊方法，焊接过程中焊条（或焊丝）熔化，熔滴把加热和熔化焊丝的热量带给熔池，对于非熔化极电弧焊方法如钨极氩弧焊，电极不熔化，母材只利用一部分电弧的热量，如果用 Q_o 表示电弧热量的总功率为：

$$Q_o = IU_a \tag{1-9}$$

设 Q 为加热工件和焊丝的有效功率，则：

$$Q = \eta Q_o \tag{1-10}$$

式中　η——电弧热效率系数。

η 与焊接方法、焊接规范、周围条件等有关。

$(1-\eta)Q_o$ 这部分电弧功率将消耗在辐射、对流等热损失上。各种弧焊方法的热效率系数见表1-5。

表 1-5　各种弧焊方法的热效率系数

弧焊方法	η	弧焊方法	η
药皮焊条手工焊	0.65～0.85	熔化极氩弧焊（MIC）	0.70～0.80
埋弧自动焊	0.80～0.90	钨极氩弧焊（TIG）	0.65～0.70
CO_2 气体保护焊	0.75～0.90		

当焊接电弧电压升高时电弧弧柱长度增加，则弧柱热量的辐射、对流等热损失增加。在其他条件不变的情况下，各种电弧焊方法的热效率系数随电弧电压的升高而降低。采用一定焊接热源来加热熔化工件时，单位有效面积上的热功率称为能量密度，以 W/cm^2 来表示。能量密度大时，则可更有效地将热源的有效功率用于加热熔化金属并减小热影响区以达到焊接目的。电弧的能量密度可达到 $10^2 \sim 10^4 W/cm^2$，气焊火焰的能量密度为 $1 \sim 10 W/cm^2$，激光、电子束的能量密度目前已达到 $10^6 \sim 10^7 W/cm^2$。

1.4.3 焊接电弧的温度分布

焊接电弧轴向的温度分布、能量密度分布与电流密度分布情况如图 1-15 所示。

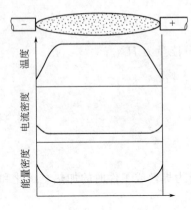

图 1-15 电弧温度、电流密度和
能量密度的轴向分布

因为电极温度的升高受到电极材料导热性能、熔点和沸点的限制，温度的轴向分布并不与能量密度分布相对应，而是与能量平衡的总结果相对应，实际是弧柱的温度较高，而两个电极上温度较低。

一般情况下阴极与阳极的温度低于电极材料的沸点，阳极的温度往往高于阴极的温度。铝的阴极与阳极的温度高，可能是由于在铝的表面有氧化铝存在对测量温度有影响的结果。

弧柱的温度受电极材料、气体介质、电流大小、弧柱压缩程度等因素的影响。在常压下当电流在 1～1000A 之间变化时，弧柱温度可在 5000～30000K 之间变化。焊接电弧温度分布示意如图 1-16 所示。弧柱的温度分布具有这样一个特点，靠近电极电弧直径小的一端，电流和能量密度高，电弧温度也高，不管焊丝（或焊条）接正或接负都有这个特点。电弧空间的温度还受电弧金属蒸气成分的影响。不同金属电离能不一样，电弧温度也有很大的差异。

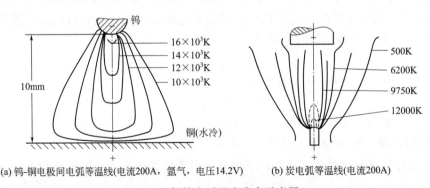

(a) 钨-铜电极间电弧等温线(电流200A，氩气，电压14.2V)　(b) 炭电弧等温线(电流200A)

图 1-16　焊接电弧温度分布示意图

如果电弧中无金属蒸气，则由于氩气的电离能较高，若电弧的电离度下降，则电场强度提高。当电极材料大量蒸发时，由于金属蒸气的电离能显著小于 Ar，因此电弧电离度增加，温度降低。若焊条药皮中含有易电离的 K、Na 等稳弧剂，电弧中有 K、Na 蒸气，则电弧温度较低。

焊接电流大小直接改变弧柱的能量密度，而影响弧柱温度的高低。焊接电流增大，则弧柱温度增加。另外，当电弧周围有高速气体流动时，如等离子弧，由于气流的冷却作用，使弧柱电场强度提高，温度上升。电弧周围气氛是多原子气体时，如 CO_2、O_2、N_2、H_2、H_2O 等，由于气体解离吸热也使电弧温度升高。

1.5　焊接电弧作用力及影响因素

在焊接过程中，电弧不仅是个热源而且也是一个力源。电弧产生的机械作用力与焊缝的熔深、熔池搅拌、熔滴过渡、焊缝成形等都有直接关系。如果对焊接电弧作用力（即电弧压力或电弧力）控制不当则将破坏焊接过程，使焊丝金属不能过渡到熔池而形成飞溅，甚至形成焊瘤、咬肉、烧穿等缺陷。焊接电弧作用力主要包括电磁力、等离子流力、斑点力、（短路）爆破力等。

1.5.1 焊接电弧作用力

（1）电弧静压力（电磁收缩力）

由电工学知道，在两根相互平行的导体中，通过同方向的电流时，导体间产生相互吸引的力；若电流方向相反，则产生排斥力。这个力的形成是由于一个导体中的电流在另一个导体的周围空间形成磁场，磁场间相互作用，使导体受到电磁力。因电流方向上的不同，电磁力表现为相互吸引或相互排斥。单位长度导体上作用力的大小由下式确定：

$$F = K \frac{I_1 I_2}{L} \tag{1-11}$$

式中，F 为单位长度导体上受力大小；I_1 为导体 1 中流过的电流；I_2 为导体 2 中流过的电流；L 为两导体间距离；K 为系数，$K = \dfrac{\mu}{4\pi}$（μ 为介质磁导率）。

当电流在一个导体中流过时，整个电流可看作由许多平行的电流线组成，这些电流线间将产生相互吸引力，使导体截面有收缩的倾向，如图 1-17 所示。对于固态导体，此收缩力不能改变导体外形，但对于液态或气态导体，其将产生截面收缩，如图 1-18 所示。这种现象称作电磁收缩效应，所产生的力称作电磁收缩力或电磁力，这种情况在 CO_2 电弧焊熔滴短路时表现最为突出。

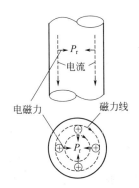

图 1-17 导体内的电弧力

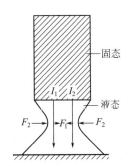

图 1-18 液体导体电磁力的收缩效应

I_1，I_2—电流；F_1，F_2—电磁力

假设导体为圆柱体，电流线在导体中的分布是均匀的，则导体内部任意半径处的电磁力数值为：

$$P_r = K \frac{I^2}{\pi R^4}(R^2 - r^2) \tag{1-12}$$

式中，P_r 为导体内任意半径 r 处的电磁力；I 为导体的总电流；R 为导体半径。

导体中心轴上（$r \approx 0$）的径向压力为：

$$P_0 = K \frac{I^2}{\pi R^2} = KjI \tag{1-13}$$

式中，P_0 为导体中心轴处的径向压力；j 为电流密度。

对于流体，其内部各点处压力各向等值，径向压力等于轴向压力，轴向压力的合力方程为：

$$F = \frac{K}{2}I^2 \tag{1-14}$$

式中，F 为轴向合力；I 为电流值。

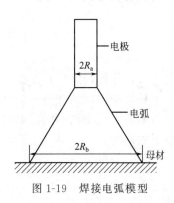

图 1-19　焊接电弧模型

实际上，焊接电弧不是圆柱体，而是截面直径变化的圆锥状的气态导体，其模型如图 1-19 所示。因为电极直径限制了导电区的扩展，而在工件上电弧可以扩展得比较宽，所以电极前端电弧截面直径小，接近工件端电弧截面直径大；由式(1-12)可知，直径不同将引起压力差，从而产生由电极指向工件的推力 F_a。其方程为：

$$F_a = KI^2 \lg \frac{R_b}{R_a} \tag{1-15}$$

式中，F_a 为指向工件的推力或电弧静压力；R_a 为锥形弧柱上底面的半径；R_b 为锥形弧柱下底面的半径。

实际上，电弧中电流密度的分布是不均匀的；特别在大电流情况下，弧柱中心区域温度很高，电导率很大，故弧柱中心电流密度高于其外缘区域。所以电弧静压力在分布上是中心轴上的压力高于周边的压力。

(2) 等离子流力（电弧动压力）

焊接电弧呈非等截面的近锥体，电磁收缩力在其内部各处分布不均匀，不同截面上存在压力梯度，靠近电极处压力大，靠近工件处压力小，形成电弧静压力。电弧中的压力差使较小截面处（如图 1-20 中所示 A 点处）的高温粒子（中性粒子为主）向工件方向（如图 1-20 中所示 B 点处）流动，并有更小截面处的气体粒子补充到该截面上来，以及保护气氛不断进入电弧空间，从而形成连续不断的气流，称作等离子气流（高温特性）；到达工件表面时形成附加的一种压力，称作等离子流力。由于等离子流力是高温粒子高速流动形成的，所以也称作电弧动压力。

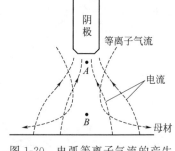

图 1-20　电弧等离子气流的产生

电弧等离子气流在各种电弧焊方法中都有不同程度的表现，气流强度与电流值大小、电弧长度、电弧形态、电极状态有密切关系，比如在 GTA 焊接中因电弧收缩程度的不同对形成的熔池形状有较大的影响，在 MIG 焊中是形成熔滴射流过渡的一项重要原因。

(3) 斑点力

当电极上形成斑点时，由于斑点上导电和导热的特点，在斑点上将产生斑点力。此斑点力在一定条件下将阻碍焊条熔化金属的过渡。斑点力也称斑点压力，它可由下面几种力组成。

① 正离子和电子对电极的撞击力　阳极接受电子的撞击，阴极接受正离子的撞击，由于正离子的质量远远大于电子的质量，同时一般情况下阴极压降 U_K 大于阳极压降 U_A，因此通常这种斑点力在阴极上表现较大，在阳极上表现较小。

② 电磁收缩力　当电极上形成熔滴并出现斑点时，焊丝、熔滴及电弧中电流线都在斑点处集中，如图 1-21 所示。根据电磁收缩力产生的原理，电磁力的合力方向是由小断面指向大断面，所以斑点处将产生向上的电磁收缩力，阻碍熔滴下落。通常阴极斑点比阳极斑点

的收缩程度大，所以阴极斑点力也大于阳极斑点力。

③ 电极材料蒸发产生的反作用力　由于斑点上的电流密度很高、局部温度很高而产生强烈的蒸发，使金属蒸气以一定速度从斑点发射出来，它将施加给斑点一定的反作用力。由于阴极斑点的电流密度比阳极斑点的高，发射要更强烈，因此阴极斑点力也比阳极斑点力大。

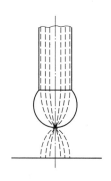

图 1-21　斑点的电磁收缩力

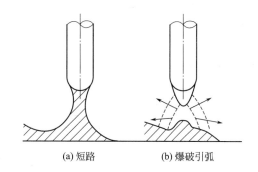

(a) 短路　　　(b) 爆破引弧

图 1-22　熔滴短路产生的爆破力

（4）爆破力

熔滴短路电弧瞬时熄灭，因短路时电流很大，短路金属液柱中电流密度很高，故在金属液柱内产生很大的电磁收缩力，使缩颈变细，电阻热使金属液柱小桥温度急剧升高，使液柱汽化爆断，此爆破力可能使液体金属形成飞溅，如图 1-22 所示。液柱爆断后电弧重新点燃，电弧空间的气体突然受高温加热而膨胀，局部压力骤然升高，对熔池和焊丝端头的液态金属会形成较大的冲击力，严重时也会造成飞溅。

（5）细熔滴的冲击力

用富 Ar 气体保护、用射流过渡焊接时，熔化金属形成连续细滴沿焊丝轴向射向熔池，每个熔滴的质量只有几十毫克，这些熔滴在等离子流力作用下，以很高的加速度（可达重力加速度的 50 倍以上）冲向熔池，到达熔池时其速度可达每秒几百米。这些细滴带有很大的动能，再加上电磁力及等离子流力的作用，使焊缝极易形成指状熔深。

1.5.2　焊接电弧作用力的影响因素

产生及影响焊接电弧作用力的因素较多，电弧形态及焊接规范参数与焊接电弧作用力大小有直接关系。

（1）气体介质

气体种类不同，其物理性能有差异。导热性强或多原子气体皆能引起弧柱收缩，导致电弧压力增加（图 1-23）。气体流量或电弧空间气体压力增加，也会引起电弧收缩并使电弧压力增加，同时引起斑点收缩进一步加大了斑点压力。这将阻止熔滴过渡，使熔滴颗粒增大、过渡困难。

（2）电流和电弧电压

电流增大时，电磁收缩力和等离子流力皆增加，故电弧力也增大；而电弧电压升高亦即电弧长度增加时，电弧压力降低（图 1-24、图 1-25）。

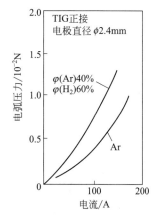

图 1-23　电弧压力与气体介质的关系

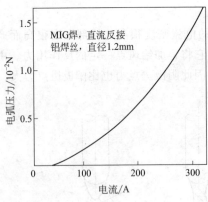

图 1-24 IG 电弧的电弧压力与电流的关系

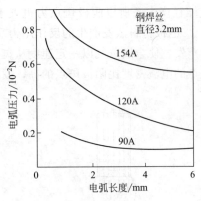

图 1-25 电弧压力与弧长的关系

（3）焊丝直径

焊丝直径越细，电流密度越大，电磁力越大，造成电弧锥形越明显，则等离子流力越大，使电弧的总压力增大。

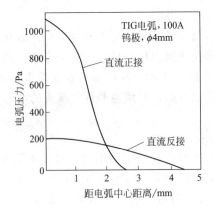

图 1-26 钨极氩弧焊电弧压力与电极极性的关系

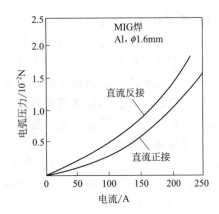

图 1-27 MIG 焊电弧压力与焊丝极性的关系

（4）焊丝的极性

钨极氩弧焊，当钨极接负（即直流正接）时允许流过的电流大，阴极导电区收缩的程度大，将形成锥度较大的锥形电弧，产生的锥向推力较大，电弧压力也大。反之钨极接正（即直流反接）则形成较小的电弧压力（图 1-26）。对熔化极气体保护焊，不仅极区的导电面积对电弧压力有影响，同时要考虑熔滴过渡形式。直流正接因焊丝接负受到较大的斑点压力，使熔滴长大不能顺利过渡，不能形成很强的电磁力与等离子流力，因此电弧压力小。直流反接因焊丝端部熔滴受到的斑点压力小，形成细小的熔滴，有较大的电磁力与等离子流力，电弧压力较大，如图 1-27 所示。

（5）钨极端部的几何形状

钨极端部的几何形状与电弧作用在熔池上的力有密切关系。钨极端头角度越小，则电弧压力越大，如图 1-28 所示。

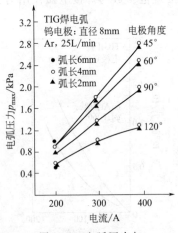

图 1-28 电弧压力与电极端部角度的关系

(6）电流的脉动

当电流以某一规律变化时，电弧压力也变化，TIG 焊时交流电弧压力低于直流正接，高于直流反接；高频钨极脉冲氩弧焊时，当脉冲电流频率达到几千赫兹时，在同样平均电流的条件下，由于高频电磁效应，随着电流脉冲频率的增加，电弧压力增大。

1.6 焊接电弧的稳定性及其影响因素

1.6.1 焊接电弧的稳定性

焊接电弧的稳定性是指焊接时在选定的焊接规范条件下，电弧保持稳定燃烧的程度。当焊接电弧的稳定性好时，电弧可在长时间内连续稳定地燃烧，不产生断弧，不产生漂移和磁偏吹等现象，使焊接电流和电弧电压保持基本不变。当焊接电弧的稳定性差时，焊接电流和电弧电压波动很大，使焊接过程常常无法进行，不仅恶化焊缝外在质量，而且也大大降低焊缝的内在质量。

1.6.2 影响焊接电弧稳定性的因素

影响焊接电弧稳定性的因素很多，除包括焊接设备本身、焊接材料、焊接规范、焊接电源的种类和极性以外，还有操作人员技术熟练程度等因素。

（1）焊接电源

焊接电源的空载电压越高，越有利于电场发射和电场电离，因此电弧的稳定性越高。此外，焊接电源的外特性还必须与焊接电弧的静特性、电弧的自动调节系统的静特性相匹配，而且还应具有合适的电源动特性，只有这样，才能使焊接电弧稳定地燃烧。

（2）焊接电流和电弧电压

大电流焊接电弧的温度要比小电流焊接电弧的温度高，因而电弧中的热电离要比小电流焊接时强烈，能够产生更多的带电粒子，因此电弧更稳定；电弧电压增大意味着电弧长度的增大，当电弧过长时，焊接保护效果变差，电弧会发生剧烈摆动，使电弧的稳定性下降。

（3）电流的种类和极性

焊接电流可分为直流、交流和脉冲直流三种类型，其中，以直流电弧为最稳定，脉冲直流次之，交流电弧稳定性最差。

直流电弧的极性对于熔化极电弧焊来说，由于受熔滴过渡稳定性的影响，通常是直流反接时的电弧稳定性好于直流正接。对于钨极氩弧焊来说，由于钨属于热阴极材料，可以流过较大的电流，而电流越大，越有利于电子热发射和热电离，因此直流正接时的电弧稳定性好于直流反接时的稳定性。

（4）焊剂和焊条药皮

当焊剂或药皮中含有较多电离电压比较高的氟化物（如 CaF_2）、氯化物（如 KCl、NaCl）时，将使电弧气氛的电离程度降低，因而会降低电弧的稳定性；当焊剂或焊条药皮中含有较多低电离电压的元素（如 K、Na、Ca 等）或它们的化合物时，由于较易电离，使电弧气氛中的带电粒子增多，因此可以提高电弧的稳定性，如酸性焊条药皮中常加入的长石、云母和烧结焊剂中加入的大理石（$CaCO_3$）就具有这样的作用。

1.6.3 电弧的刚直性与磁偏吹

(1) 电弧的刚直性

电弧刚直性是指电弧作为一个柔软导体抵抗外界干扰,力求保持焊接电流沿电极轴向流动的性能,这种性能是由电弧自身磁场决定的。电弧的等离子流力、高速气流和周围气流的冷却作用,有助于电弧刚直性的提高。电流越大,电流密度越大,这种倾向性也越大,电弧自身磁场强度越大,电弧越受拘束,电弧的刚直性就越大。在气体保护电弧焊中表现尤为显著,CO_2、H_2、N_2、He 等气氛均有利于提高电弧的刚直性。

产生电弧刚直性的原因可以用流过电极棒中的电流在电弧空间形成的磁力线与电弧电流

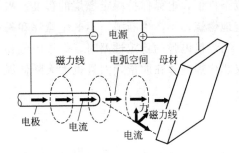

图 1-29 电弧刚直性产生原因示意图

之间产生的电磁力加以说明,图 1-29 示出这种状态。设定电极和母材间产生了电弧,电流按图中所示方向流动,则电极中流动着的电流所形成的磁力线按照右旋定律以图示箭头方向呈环形围绕着电极及其延长线。另外,假设电弧空间流动着的电流的主体成分偏离了电极的延长线而指向电极与母材间的最短距离方向,则电流与磁力线产生切割,电流受到指向中心方向的作用力,电荷又被拉回到电极轴线方向上运动,使电弧的方向与电极轴的延长线方向相一致。当电弧方向与电极轴线一致后,磁力线不再与电流形成切割,电荷也就不再受电磁力的作用而居于稳定。

电弧的刚直性随电流值的增大而增大。电流越大,电弧自身磁场强度越大,电弧越受拘束,电弧的刚直性也就越大。同时电弧的等离子气流、保护气气流、周围气流的冷却作用,也有助于电弧刚直性的提高。保护气种类也影响电弧的刚直性,如 CO_2、H_2、N_2、He 等气氛均有利于提高电弧的刚直性。充分利用这一特性,比如高速焊时使电极向前倾斜,电弧亦随之倾斜,可以得到所希望的焊缝形状,这在实际中已有广泛应用。

(2) 电弧的磁偏吹

电弧刚直性是由于电弧中流动着的电流受到其自身磁场的作用而表现出的特性,从电弧的稳定性来讲是希望得到的。然而只有电弧周围的磁场是均匀的,磁力线分布相对电弧轴线是对称的,电弧才能保持轴向对称。如果某种原因使磁力线分布的均匀性受到破坏,使电弧中的带电粒子受力不均匀,就会使电弧偏向一侧,如图 1-30 所示,这种自身磁场不对称使电弧偏离焊条轴线的现象称为电弧磁偏吹。

电弧磁偏吹总是表现为电磁力把电弧从磁力线密集的一侧推向磁力线稀疏的一侧。

电弧焊过程中因所处条件的不同,一般在如下几种情况中产生磁偏吹现象:

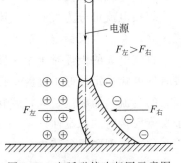

图 1-30 电弧磁偏吹起因示意图

① 导线接线位置引起的磁偏吹 主要指母材接电缆线的位置,是电弧产生磁偏吹的一项常见原因。电流通过电弧流入母材(工件)后,工件中的电流也会在空间形成磁场,该磁场与电弧段中的电流所形成的磁场相互叠加,使电弧某一侧的自身磁场得到加强,从而在电弧周围形成不均匀磁力线,造成电弧出现磁偏吹,如图 1-31(a) 所示。这种磁偏吹通常对焊

接作业是不利的，可以通过调整焊枪（电极）角度，减小磁偏吹的程度，如图 1-31（b）所示。另外，电弧长度减小，刚直性提高，磁偏吹减弱。

② 电弧附近的铁磁性物质引起的磁偏吹　电弧某一侧存在强力铁磁性物体时，电弧磁场的磁力线将较多地集中到铁磁性物体中，电弧空间另一侧的磁力线密度相对增强，磁力线分布受到破坏，电弧将产生向铁磁性物体一侧的偏吹，看上去好像铁磁性物体吸引着电弧，如图 1-32 所示。

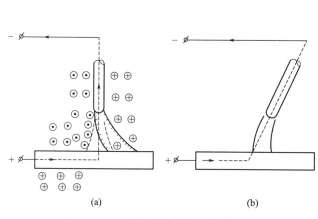

图 1-31　地线接线位置产生的磁偏吹

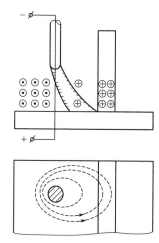

图 1-32　电弧一侧铁磁性
物体引起的磁偏吹

③ 电弧处于工件端部时产生的磁偏吹　钢材料焊接（铁磁性物体），当电弧走到工件端部时，工件对电弧磁力线的吸引产生不对称，端部以外区域的磁力线密度相对增强，电弧被推向工件面积较大的一侧，如图 1-33 所示。特别是坡口内部焊接时，工件一侧铁磁性物体所占体积较大，磁偏吹现象更为严重。

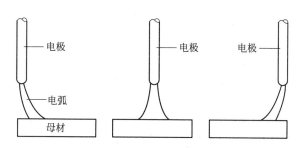

图 1-33　电弧在工件端部产生的磁偏吹

④ 平行电弧间的磁偏吹　两个平行电弧，根据电流方向的不同，相互间可能产生吸引或排斥，同样是电弧空间磁力线相互增强或相互减弱造成的。

焊接生产中经常遇到磁偏吹现象，磁偏吹严重时导致焊接过程不稳定，操作困难，焊缝成形不规则，可以采用下列办法消除和减少磁偏吹：

① 可能时用交流电源代替直流电源。

② 尽量用短弧进行焊接，电弧越短磁偏吹越小。

③ 对于长和大的工件可采用两边连接地线的方法。

④ 若工件有剩磁，则在焊前要消除工件的剩磁。

⑤ 尽量用厚皮焊条代替薄皮焊条。

⑥ 避免周围铁磁物质的影响。

复习思考题

1. 解释下列名词：焊接电弧、激励、热电离、场电离、光电离、热发射、电场发射、光发射、粒子碰撞发射、逸出功、电弧刚直性、热阴极电极、冷阴极电极。

2. 试述焊接电弧中带电粒子的产生方式。

3. 焊接电弧由哪几个区域组成？试述各区域的导电机构。

4. 何谓最小电压原理？

5. 什么是焊接电弧静特性？各种电弧焊方法的电弧静特性有什么特点？

6. 什么是焊接电弧动特性？为什么交流电弧和电流变动的直流电弧的动特性呈回线特征？

7. 分析焊接电弧三个区的产热机构以及焊接电弧的温度分布。

8. 焊接电弧能产生哪些电弧力？说明它们的产生原因以及影响焊接电弧力的因素。

9. 试述影响焊接电弧稳定性的因素。

10. 试解释焊接电弧强光及高温产生的物理原因。

11. 何谓磁偏吹？怎样引起的？如何防止？

12. 阴极压降和阳极压降怎样形成的？何谓阴极斑点和阳极斑点？各有什么特点？

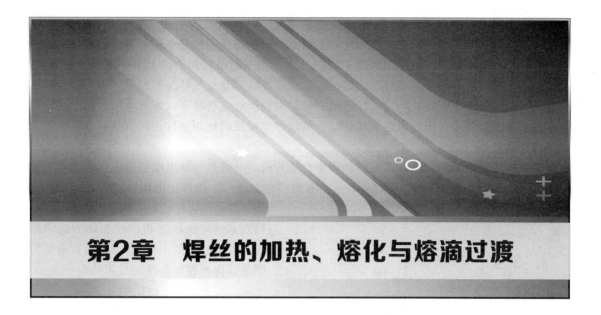

第2章 焊丝的加热、熔化与熔滴过渡

熔化极电弧焊时，焊丝的熔化及熔滴过渡是电弧焊过程中的重要物理现象，过渡的优劣会直接影响焊接生产率和焊接质量。这一章将首先讨论焊丝加热、熔化的基本特性及影响焊丝熔化的因素，然后讨论熔滴过渡的基本形式及其产生条件、熔滴过渡中的飞溅形式及影响因素、控制熔滴过渡的几种方法。

2.1 焊丝的加热与熔化

2.1.1 焊丝加热与熔化的热源

熔化极电弧焊时，焊丝主要有两方面的作用：一方面是作为电弧焊的电极起到导通电流的作用；另一方面作为填充材料向熔池提供熔化金属并和熔化的母材一起冷却结晶而形成焊缝。焊丝的加热熔化主要靠阴极区（直流正接时）或阳极区（直流反接时）所产生的热量及焊丝自身的电阻热，弧柱区产生的热量对焊丝熔化居次要地位。

非熔化极的填充丝电弧焊时，主要靠弧柱热来熔化焊丝。

(1) 电弧热

根据第 1 章中电极产热机构可知，单位时间内阳极区产生的热量 P_A 和阴极区产生的热量 P_K 分别是：

$$P_A = I(U_A + U_W + U_T)$$
$$P_K = I(U_K - U_W - U_T)$$

可知，焊丝端部的产热与焊接电流成正比，并且与焊接极性、电极材料、规范参数及气体介质等因素有关。

通常在电弧焊情况下，若弧柱温度为 6000K 时，U_T 小于 1V。当电流密度较大时，U_A 近似为零，故 $P_A = I(U_A + U_W + U_T)$、$P_K = I(U_K - U_W - U_T)$ 可简化为：

$$P_K = I(U_K - U_W)$$
$$P_A = IU_W$$

即阴极区和阳极区的产热主要决定于 U_K 和 U_W，焊丝接正时产热量多少，主要决定于

材料的逸出功 U_W 和电流大小。在电流一定的情况下，材料的逸出功也是一个固定的数值，受其他因素的影响不大，因此，当焊丝接正时，焊丝的熔化系数是个相对固定的数值。当焊丝接负时，焊丝的加热与熔化则取决于 $U_K - U_W$，由于阴极压降 U_K 大小受很多因素影响，也就必然影响阴极产热多少及焊丝的加热与熔化情况。熔化极气体保护焊时，焊丝均为冷阴极材料，$U_K > U_W$，所以 $P_K > P_A$。用同一材料和相同电流情况下，焊丝为阴极的产热将比焊丝为阳极时产热多。因为散热条件相同，所以焊丝接负时比焊丝接正时熔化快。

（2）电阻热

焊丝除了受电弧的加热外，在自动和半自动焊时，从焊丝与导电嘴接触点到电弧端头的一段焊丝（即焊丝伸出长度，用 L_S 表示）有焊接电流流过，所产生电阻热对焊丝有预热作用，从而影响焊丝的熔化速度（图 2-1）。特别是焊丝比较细和焊丝金属的电阻系数比较大时（如不锈钢），这种影响更为明显。焊丝伸出长度的电阻热为：

$$P_R = I^2 R_S$$
$$R_S = \rho L_S / S$$

式中　R_S——式中 L_S 段的电阻值；
　　　ρ——焊丝的电阻率；
　　　L_S——焊丝的伸出长度；
　　　S——焊丝的断面积。

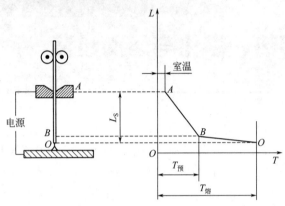

图 2-1　焊丝伸出长度的电阻热示意图

材料不同时，焊丝伸出长度部分产生的电阻热也不同。如熔化极气体保护焊时，通常 $L_S = 10 \sim 30\text{mm}$；对于导电良好的铝和铜等金属 P_R 与 P_A 或 P_K 相比是很小的，可忽略不计；而对钢和钛等材料，电阻率高。当伸出长度较大时，P_R 与 P_A 及 P_K 相比较大才有重要的作用。

因此，熔化极电弧焊时用于加热和熔化焊丝的总热量 P_m 主要由两部分组成，即：

$$P_m = I(U_m + R_S)$$

式中，U_m 是电弧热的等效电压，焊丝为阳极时 $U_m = U_W$，焊丝为阴极时 $U_m = U_K - U_W$。由上式可见，加热和熔化焊丝的热量是单位时间内由电弧热和电阻热提供的能量。

2.1.2　影响焊丝熔化速度的因素

焊丝熔化速度 v_m 通常是指单位时间内焊丝熔化的质量，以 kg/h 或 m/min 来表示；焊丝熔化系数 α_m 是单位时间内通过单位焊接电流时焊丝的熔化质量，以 g/(A·h) 来表示。由加热焊丝电弧热的表达式可知，焊丝的熔化速度与焊接条件密切相关，因此，焊接电流、电弧电压、电源极性、气体介质、电阻热及焊丝表面状态都将对焊丝熔化速度产生影响。

（1）焊接电流对熔化速度的影响

如图 2-2 和图 2-3 所示分别为不锈钢焊丝和铝焊丝熔化速度与焊接电流的关系，随着焊接电流的增大，焊丝的电阻热与电弧热增加，焊丝的熔化速度加快。

① 对不锈钢焊丝，因不锈钢的电阻率大，伸出长度部分的电阻热不能忽略，不锈钢焊丝熔化系数 α_m 因电流不同而变化，故熔化速度与电流不是直线关系，随着电流的增大，曲线斜率增大。

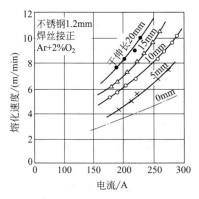

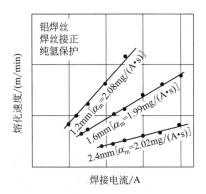

图 2-2　不锈钢焊丝熔化速度与焊接电流的关系　　图 2-3　铝焊丝熔化速度与焊接电流的关系

② 对铝焊丝，因铝电阻较小，电流与熔化速度是直线关系，但斜率不同。焊丝直径越小，电流与熔化速度直线关系的斜率越大，表明焊丝熔化系数 α_m 越大。

（2）电弧电压对熔化速度的影响

熔化极气体保护焊时，当等速送丝采用铝合金焊丝和钢焊丝进行焊接时测得的焊丝熔化速度与电弧电压和焊接电流的关系如图 2-4 所示。

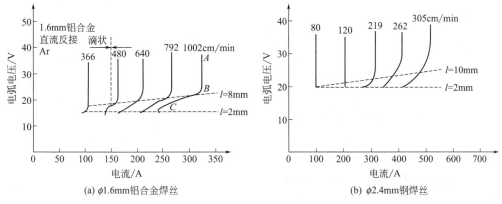

(a) ϕ1.6mm铝合金焊丝　　　　　(b) ϕ2.4mm钢焊丝

图 2-4　熔化极气体保护焊电弧的固有自调节作用

① 电弧电压较高时，即弧长较长时，曲线垂直于横轴，此时送丝速度与熔化速度平衡，焊丝熔化速度主要决定于电流大小，即曲线的 AB 段。电弧电压对焊丝熔化速度影响不大。

② 电弧电压较低范围内，弧长在 2～8mm 区间时，当电弧长度减小时，要熔化一定数量的焊丝所需要的电流减小，弧压变小，反而使焊丝熔化速度增加。也就是说，电弧较短时焊丝的熔化系数增加。这种倾向对铝合金焊丝较明显，对钢焊丝较弱 ［图 2-4(b)］。由于在 BC 段有熔化系数随电弧长度变化的现象，因此当电弧长度因受外界干扰发生变化时，电弧本身有恢复原来弧长的能力，一般称为电弧的固有自调节作用。对铝焊丝因其固有自调节作用很强，等速送丝时可以用恒流特性电源进行熔化极气体保护焊。

BC 段的这种现象是由于弧长变短时，电弧空间的热量向周围散失减少，提高了电弧的热效率，使焊丝的熔化系数增加所致。同时，由于熔滴的加热温度因电弧长度的变化而变化，单位重量熔化金属过渡时从焊丝带走热量也发生变化的结果。

a. 电弧较长时电弧向空间散热较多，弧根集中在熔滴的端头，电弧的集中加热使熔滴过热程度增加，熔滴的温度较高，带走的热量多，故熔化系数较小。

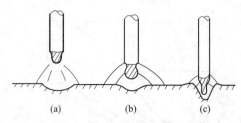

图 2-5　弧长变化与焊丝端部弧根长度的关系

b. 当电弧较短时，电弧空间散热减少，弧根扩展到熔滴上部使熔滴受热均匀，熔滴温度较低，过渡时带走的热量较少，故熔化系数提高。

c. 当进一步降低电弧长度时，则产生潜弧现象，这时电弧可见长度为负值，电弧热量向周围空间散失得很少，周围的熔化金属也向焊丝端部辐射热量，则使上述倾向更显著，熔化系数进一步增高。另外当弧长减小时，可能出现短路过渡现象，如果短路熄弧时间极短，则熔滴过热程度进一步减小，也促使熔化系数进一步加大。

d. 当电弧长度过小，使电弧短路熄弧时间较长，电弧对熔滴加热过分减少，则熔化系数降低。图 2-5 为弧长变化与焊丝端部弧根长度的关系。

（3）气体介质对焊丝熔化速度的影响

不同气体介质对阴极压降的大小和焊接电弧产热多少有直接影响，因此影响焊丝的熔化速度。熔化极气体保护焊时，Ar 与 CO_2 不同气体混合比的混合气体对焊丝熔化速度的影响如图 2-6 所示。焊丝为阴极时的熔化速度总是大于焊丝为阳极时的熔化速度，并因气体混合比不同而变化。焊丝为阳极时，其熔化速度基本不变。因为混合气体成分变化时，将主要引起阴极压降 U_K 的变化，使阴极产热受到 U_K 影响；而阳极产热与 U_W 有关，所以焊丝为阴极时，气体成分对焊丝熔化速度有很大的影响。另外，不同气体混合比还影响熔滴过渡形式，这也影响熔滴的加热及焊丝熔化，所以正极性时混合气体成分对焊丝熔化速度的影响呈现出一条复杂的曲线。

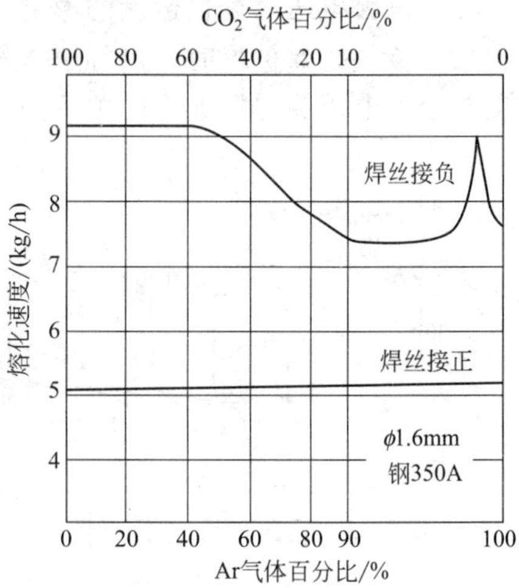

（4）焊丝直径对焊丝熔化速度的影响

电流一定时，焊丝直径越小，电流密度也就越大，使焊丝熔化速度增大，如图 2-2 所示。

（5）焊丝伸出长度对焊丝熔化速度的影响

其他条件一定时，焊丝伸出长度越长，电阻热越大，对焊丝起着预热作用，通过焊丝传导的热损失减少，所以焊丝熔化速度越快，如图 2-2 所示。

（6）焊丝材料的电阻率对焊丝熔化速度的影响

焊丝材料不同，电阻率也不同，所产生的电阻热就不同，不锈钢电阻率较大，会加快焊丝的熔化速度，尤其是伸出长度较长时影响更为明显。如焊条电弧焊使用不锈钢焊条时，若电流较大，焊条较长，将导致焊条红热，药皮开裂，不能正常焊接。所以为避免这种现象的发生，通常不锈钢焊条长度比一般碳钢焊条短。

图 2-6　Ar 与 CO_2 混合比不同对不同极性焊丝熔化速度的影响

2.2　熔滴上的作用力

焊丝或焊条端头的金属熔滴受以下几种力的作用：表面张力、重力、电磁力、斑点压力、等离子流力和其他力。

2.2.1 表面张力

表面张力是在焊丝端头上保持熔滴的主要作用力，由于表面张力的作用，焊丝端头的熔化金属呈现球形，如图 2-7 所示。

若焊丝半径为 R，这时焊丝和熔滴间的表面张力为：

$$F_\sigma = 2\pi R\sigma$$

式中，σ 为表面张力系数。σ 数值与材料成分、温度、气体介质等因素有关。在表 2-1 中列出了一些纯金属的表面张力系数资料。

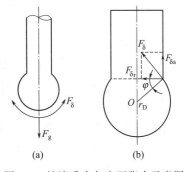

图 2-7　熔滴重力与表面张力示意图

表 2-1　纯金属的表面张力系数

金属	Mg	Za	Al	Cu	Fe	Ti	Mo	W
$\sigma/(10^{-3}\,\mathrm{N/m})$	650	770	900	1150	1220	1510	2250	2680

在熔滴上具有少量的表面活化物质时，可以大大降低表面张力系数。在液态金属钢中最大的表面活化物质是氧和硫。如纯铁被氧饱和后表面张力系数降低到 $1030\times10^{-3}\,\mathrm{N/m}$。因此影响这些杂质含量的各种因素（金属的脱氧程度、渣的成分等）将会影响熔滴过渡的特性。增加熔滴温度，会降低金属的表面张力系数，从而减小熔滴尺寸。

2.2.2 重力

当焊丝直径较大而焊接电流较小时，在平焊位置的情况下，使熔滴脱离焊丝的力主要是重力。如图 2-7(a) 所示，其大小为：

$$F_g = mg = 4/3\pi r\rho g$$

式中　r——熔滴半径；

　　　ρ——熔滴的密度；

　　　g——重力加速度。

如果熔滴的重力人于表面张力，熔滴就要脱离焊丝。假如熔滴为球形且拉断熔滴后在焊丝上不保留液体金属（理想情况），那么：

$$2\pi R\sigma = 4/3\pi r^3\rho g$$
$$r/R = (3/2P\sigma/g\rho R^2)^{1/3}$$

实际上，液体金属不能全部脱离焊丝端头，而总要残留一部分。如果焊丝直径相同，由于表面张力系数 σ 和密度 ρ 不同，则熔滴脱离之前的形态也不同。ρ/σ 越大，则过渡的熔滴越细。显然，立焊和仰焊时，重力将阻碍熔滴过渡。

2.2.3 电磁力

熔化极焊接的情况下，电流通过焊丝-熔滴-电极斑点-弧柱之间的导体时，其截面是变化的，导体各部分将产生电磁力，如图 2-8 所示。这时产生的电磁力可分解为径向和轴向的两个分力。电流在熔滴中的流动路线可以看作圆弧形，这时电磁力对熔滴过渡的影响，可以按不同部位加以分析。在焊丝与熔滴连接的缩颈处 a—a 面，形成的电磁力轴向分力 F_a 向上；b—b 面形成的电磁力轴向分力 F_b 向下，将促进熔滴与焊丝断开。

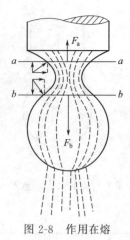

图 2-8　作用在熔滴上的电磁力

在熔滴与弧柱间形成斑点，它的面积大小决定于电流线在熔滴中的流动形式。

① 若弧根面积笼罩整个熔滴，则此处的电磁力形成的合力向下，构成斑点压力的一部分促进熔滴过渡。

② 若弧根面积小于熔滴直径，则此处的电磁力形成的合力向上，形成斑点压力的一部分会阻碍熔滴过渡，CO_2 气体保护焊时大滴状排斥过渡就属于这种情况。由此可见，电磁力对熔滴过渡的影响决定于电弧形态。

2.2.4　等离子流力

从电弧的力学特点可知，自由电弧的外形通常呈圆锥形，不等断面电弧内部的电磁力是不一样的，上边的压力大，下边的压力小，形成压力差，使电弧产生轴向推力。由于该力的作用，造成从焊丝端部向工件的气体流动，形成等离子流力。

电流较大时，高速等离子流将对熔滴产生很大的推力，使之沿焊丝轴线方向运动。这种推力的大小与焊丝直径和电流大小有密切的关系。

2.2.5　斑点压力

电极上形成斑点时，由于斑点是导电的主要通道，因此此处也是产热集中的地方。同时该处将承受电子（反接）或正离子（正接）的撞击力。又因该处电流密度很高，将使金属强烈地蒸发，金属蒸发时对金属表面产生很大的反作用力，对电极造成压力。如同时考虑电磁力的作用，使斑点压力对熔滴过渡的影响十分复杂，当斑点面积较小时（如 CO_2 焊接时的情况），斑点压力常常是阻碍熔滴过渡的力；而当斑点面积很大，笼罩整个熔滴时（如 MIG 焊喷射过渡的情况），斑点压力常常促进熔滴过渡。

2.2.6　爆破力

当熔滴内部含有易挥发金属或由于冶金反应而生成气体时，都会使熔滴内部在电弧高温作用下气体积聚和膨胀而造成较大的内力，从而使熔滴爆炸而过渡。当短路过渡焊接时，在电磁力及表面张力的作用下形成缩颈，在其中流过较大电流，使小桥爆破形成熔滴过渡，同时会造成飞溅。

通过上述情况可以看到，影响熔滴过渡的力有五六种之多。除重力和表面张力外，电磁收缩力、等离子流力和斑点压力等都与电弧形态有关。各种力对熔滴过渡的作用，根据不同的工艺条件应做具体的分析。如重力在弧焊时是促进熔滴过渡的力，而当立焊和仰焊时，重力则使过渡的金属偏离电弧的轴线方向而阻碍熔滴过渡。

在长弧时，表面张力总是阻碍熔滴从焊丝端部脱离，但当熔滴与熔池金属短路并形成液体金属过桥时，由于熔池界面很大，这时表面张力 F 有助于把液体金属拉进熔池，而促进熔滴过渡；电磁力也有同样的情况，当熔滴短路使电流线呈发散形时，也会促进液态小桥金属向熔池过渡。

综上所述，熔化极气体保护焊时，作用于熔滴的力对熔滴过渡的影响，应从焊缝的空间位置、熔滴过渡形式、电弧形态、采用的工艺条件及规范参数等方面进行具体的分析。

2.3　熔滴过渡主要形式及其特点

熔化极电弧焊中熔滴过渡现象十分复杂，当焊接规范条件变化时各种过渡形态可以相互转化，因此必须按熔滴过渡形式及电弧形态，对熔滴过渡加以分类，分别讨论各种熔滴过渡形式的特点。

2.3.1　熔滴过渡的分类

熔化极电弧焊的熔滴过渡形式可分自由过渡、接触过渡和渣壁过渡三种类型。

（1）自由过渡

熔滴经电弧空间自由飞行，焊丝端头和熔池之间不发生直接接触。这种过渡形式称为自由过渡。其中有 3 种过渡形式。

① 滴状过渡：根据熔滴尺寸和熔滴形态，区分为大滴过渡、排斥过渡和细颗粒过渡。

② 喷射过渡：因熔滴尺寸和过渡形态又区分为射滴过渡、射流过渡和旋转射流过渡。

③ CO_2 电弧焊和焊条电弧焊中经常看到的爆破过渡。

（2）接触过渡

接触过渡是熔滴通过与熔池表面接触后的过渡，其中有两种形式，如图 2-9 所示。

① 短路过渡　熔化极气体保护焊时，焊丝短路并重复引燃电弧，这种接触过渡又称为短路过渡，短路过渡主要表现在 CO_2 电弧焊中，其中在铝合金 MIG 焊亚射流过渡中也含有短路过渡成分，如图 2-9(a) 所示。

② 搭桥过渡　TIG 焊时，焊丝作为填充金属，它与工件间不引燃电弧，称为搭桥过渡。搭桥过渡是指非熔化极电弧焊中外部填加焊丝的熔滴过渡情况，如图 2-9(b) 所示。

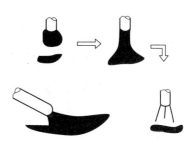

(a) 搭桥过渡　　　(b) 短路过渡

图 2-9　接触过渡

（3）渣壁过渡

熔滴是从熔渣的空腔壁上流下的。渣壁过渡的两种形态分别出现在埋弧焊和焊条电弧焊中，埋弧焊情况是部分熔滴沿着熔渣壳过渡，焊条电弧焊是部分熔滴沿药皮套筒壁过渡。

2.3.2　滴状过渡

熔化极电弧焊时，当焊接电流较小和电弧电压较高时，弧长较长，金属熔滴不易与熔池发生短路。因焊接电流较小，弧根面积的直径小于熔滴直径，熔滴与焊丝之间的电磁力不易使熔滴形成缩颈，斑点压力又阻碍熔滴过渡。随着焊丝的熔化，熔滴长大，最后重力克服表面张力的作用，而造成大滴状熔滴过渡。当保护气体介质的条件不同时，熔滴过渡形式也不同，如图 2-10 所示。

（1）大滴滴落过渡

在氩气介质中，由于电弧电场强度低，弧根比较扩展，并且在熔滴下部弧根的分布是对称于熔滴的，因而形成大滴滴落过渡，焊接过程很少有短路现象产生，如图 2-10(a) 所示。

（2）大滴排斥过渡

CO_2 气体保护焊时，由于 CO_2 气体高温分解吸热对电弧的冷却作用，使电弧电场强度

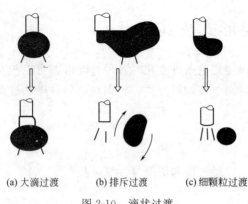

(a) 大滴过渡   (b) 排斥过渡   (c) 细颗粒过渡

图 2-10   滴状过渡

提高，电弧收缩，电弧集中在熔滴的底部，弧根面积减小，增加了斑点压力而阻碍熔滴过渡，并形成大滴状排斥过渡。熔化极气体保护焊直流正接时，由于斑点压力较大，无论用 Ar 还是 CO_2 气体保护，焊丝的熔滴过渡都有明显的大滴状排斥过渡现象，如图 2-10（b）所示。

（3）半短路过渡

中等电流规范 CO_2 气体保护焊时，因弧长较短，同时熔滴和熔池都在不停地运动，熔滴与熔池极易发生短路过程，所以 CO_2 气体保护焊除大滴状排斥过渡外，还有一部分熔滴是短路过渡。正因为这种过渡形式有一定量的短路过渡易形成飞溅，所以在焊接回路中应串联大一些的电感，使短路电流上升速度慢一些，这样可以适当地减少飞溅。

（4）细颗粒过渡

CO_2 气体保护焊时，随着焊接电流的增加，斑点面积增加，电磁力增加，熔滴过渡频率也增加，虽然由于电流增加使熔滴细化，熔滴尺寸一般也大于焊丝直径。当电流再增加时，它的电弧形态与熔滴过渡形式没有突然变化，这种过渡形式称为细颗粒过渡，如图 2-10（c）所示。

因飞溅较少，电弧稳定，焊缝成形较好，故细颗粒过渡在生产中广泛应用。对于 $\phi 1.6mm$ 焊丝，电流为 400A 时，即采用这种过渡形式。

2.3.3 喷射过渡

氩气或富氩气体保护焊时，根据不同工艺条件，能够产生射滴、射流、亚射流、旋转射流等几种喷射过渡形式。

（1）射流过渡

① 射流过渡的熔滴过渡过程   熔化极电弧焊在钢焊丝 MIG 焊电流较小时，电弧与熔滴状态如图 2-11（a）所示，电弧近似呈圆柱状。这时电磁收缩力较小，熔滴在重力作用下呈大滴状过渡。随着焊接电流的增大，电弧阳极斑点笼罩熔滴的面积逐渐扩大，可以达到熔滴的根部，如图 2-11（b）所示，这时熔滴与焊丝间形成缩颈。焊接电流全部在缩颈流过，由于缩颈电流密度很高，细颈被过热，因此表面将产生大量的金属蒸气，缩颈表面具备产生阳极斑点的有利条件。

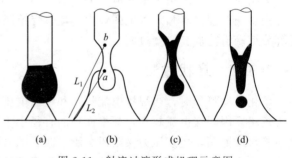

(a)   (b)   (c)   (d)

图 2-11   射流过渡形成机理示意图

这时导电通路 L_1 所消耗的能量为 IEL_1，导电通路 "$L_2—a—$细颈—b" 所消耗能量为 $IEL_2 + IU_颈$，按照最小电压原理，若电弧通过 L_1 所消耗的能量相等或小于通过 "$L_2—a—$细颈—b" 所消耗能量即如果下式成立：

$$IEL_2 + IU_颈 \geqslant IEL_1$$

经整理得到：

$$U_颈/(L_1-L_2)\geqslant E$$

式中　$U_颈$——缩颈上的电压降；

　　L_1-L_2——通过 b、a 两点的导电通路长度；

　　I，E——焊接电流、电弧的电场强度。

则弧根从 a 点跳到 b 点，阳极斑点在缩颈上部出现。因为这时导电通路 L_1 所消耗的能量与导电通路 "L_2—a—细颈—b" 上所消耗能量相等或更小。

富氩气体保护电弧焊时，燃烧的电弧电场强度 E 较低，电弧弧根容易扩展，形成的缩颈拉长变细后的电阻 R 较大，容易满足上式的条件。当缩颈表面上温度达到金属沸点时，电弧的阳极斑点将瞬时从熔滴的根部扩展到缩颈的根部，这一现象称为跳弧现象。

跳弧之后变为如图 2-11(b) 所示的形状。当第一个较大熔滴脱落之后，电弧呈 2-11(d) 所示的圆锥状，这就容易形成较强的等离子流，使焊丝端部的液态金属呈铅笔尖状。焊丝端部的熔滴表面张力很小，再加等离子气流的作用，焊丝端部液体金属以直径很细小的熔滴从焊丝尖端一个接一个向熔池过渡，过渡速度很快，熔滴过渡加速度可以达到重力加速度的几十倍，称这种过渡形式为射流过渡。

熔滴过渡的电弧可分为两层，中间由过渡频率和速度很高的细滴组成的一条流束型黑线，包围着黑线的是圆锥状的烁亮区，这个区域温度很高并充满了金属蒸气。

② 射流过渡临界电流　发生跳弧现象的最小电流称为射流过渡临界电流。

当电流达到某一数值后会突然发生电弧形态及过渡形式的变化，所以临界电流的区间比较窄。

如 $\phi1.6mm$ 低碳钢焊丝，在 $Ar+1\%O_2$ 的保护气氛中，直流反接，当电流较小时为大滴状过渡，随电流的增加熔滴的体积略有减小。当电流由 255A 增到 265A 时，熔滴数由 15 滴/s 变到 240 滴/s，熔滴过渡频率发生了突然变化，熔滴由原来的 $\phi4mm$ 突降到 $\phi1mm$。如图 2-12 所示。当电流超过 265A 后进一步增加电流时，熔滴过渡频率增加不多，所以称 265A 为射流过渡临界电流值。

③ 影响射流过渡临界电流值的因素　射流过渡临界电流与焊丝直径、焊丝材料、保护气体有直接关系。

a. 焊丝直径细，则临界电流值低。

b. 材料的熔点低，则临界电流值低。

c. 电阻率比较大的焊丝，伸出长度大时产生的电阻热比较大。如钢焊丝的电阻比较大，伸长部分将产生很大的电阻热，对焊丝起预热作用，容易形成射流过渡，使临界电流值降低。

d. 钢焊丝混合气体保护焊时，在 Ar 中加入 CO_2 和 O_2 对射流过渡临界电流值的影响是不一样的。当 Ar 中加入 CO_2 气体时，由于 CO_2 气体能提高弧柱的电场强度，使电弧收缩不易扩展，因此随着混合气体中 CO_2 比例的增加，射流过渡临界电流值增大，当 Ar 中加入的 CO_2 气体超过 30% 时，已不能形成射流过渡，而具有 CO_2 气体保护焊细颗粒过渡的特点。

在 Ar 中加入 O_2 气的混合气中，当含 O_2 量小于 5% 时，由于加入 O_2 气使钢表面张力

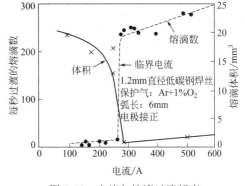

图 2-12　电流与熔滴过渡频率及熔滴尺寸关系

降低，减少过渡阻力，故可以减小临界电流。但是加入量增大时，由于解离吸热作用使弧柱电场强度提高，促使电弧收缩，难以实现跳弧条件，因此临界电流反而提高。

（2）射滴过渡

① 射滴过渡的熔滴过渡过程 射滴过渡是介于滴状过渡与射流过渡之间的一种过渡形式，其工艺条件与射流过渡基本相似。

射滴过渡时，熔滴直径接近于焊丝直径，脱离焊丝沿焊丝轴向过渡，加速度大于重力加速度。焊丝端部的熔滴大部分或全部被弧根所笼罩，典型熔滴过渡的高速摄影照片如图 2-13 所示。钢焊丝脉冲焊及铝合金熔化极氩弧焊经常是这种过渡形式。焊钢时总是一滴一滴地过渡，而焊铝及其合金时常常是每次过渡 1～2 滴，其熔滴尺寸是越来越小。这是一种稳定过渡形式。

图 2-13 熔滴射滴过渡

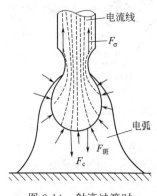

图 2-14 射滴过渡时熔滴上的作用力

从高速摄影照片中可看到，射滴过渡时电弧呈钟罩形。由于弧根面积大并包围熔滴，使流过熔滴的电流线发散，则产生的电磁收缩力 $F_{斑}$ 形成较强的推力。斑点压力 $F_{斑}$ 作用在熔滴的不同部位，不只是在下部阻碍熔滴过渡，而且在熔滴的上部和侧面压缩和推动熔滴而促进其过渡了。如图 2-14 所示，这时阻碍熔滴过渡的力主要是表面张力。由于铝合金的导热性好、熔点低，不会在焊丝端部形成很长的液态金属柱，所以常常表现为这种过渡形式。气体保护焊时，均有射滴过渡形式。对钢焊丝 MIG 焊时，它的电流区间非常窄，甚至可以认为钢焊丝 MIG 焊时没有射滴过渡。

② 射滴过渡临界电流 从大滴状过渡转变为射滴过渡的电流值称为射滴过渡临界电流。

③ 影响射滴过渡临界电流因素 射滴过渡临界电流与焊丝直径、焊丝材料、伸出长度和保护气体成分有关。

a. 低熔点和熔滴含热量小的焊丝，临界电流都比较小，如铝焊丝比钢焊丝临界电流低。

b. 随着焊丝直径的增加，临界电流也增加。

c. 电阻率比较大的焊丝，伸出长度大时产生的电阻热比较大。如钢焊丝的电阻比较大，伸长部分将产生很大的电阻热，对焊丝起预热作用，容易形成射滴过渡，使临界电流值降低。

d. 保护气体成分对射滴过渡临界电流值也有很大的影响，与射流过渡形式基本相似。

（3）旋转射流过渡

当钢焊丝伸出长度较大，焊接电流比临界电流高很多时，焊丝端部的电流产生强大的电磁收缩力，使液态金属的长度增加，射流过渡的细滴高速喷出，同时它对焊丝端部产生反作用力。此力作用在较长的滚柱上，一旦反作用力偏离焊丝轴线，则金属液柱端头产生偏斜，继续作用的反作用力将使金属液柱旋转，产生所谓的旋转射流过渡，如图2-24所示。

由于离心力的作用，将使熔滴从金属液柱端头向四周甩出，电弧不稳定，焊缝成形不良，飞溅严重等，在平焊位置无使用价值。近几年来窄间隙焊接应用旋转射流过渡取得一定进展，焊接过程稳定，焊丝熔化快，生产效率高，窄间隙焊接中有了一定应用价值。

（4）亚射流过渡

通常铝合金MIG焊时，熔滴过渡可以分为大滴状过渡、射滴过渡、短路过渡、介于短路与射滴之间的亚射滴过渡。亚射滴过渡习惯称为亚射流过渡。因其弧长较短，在电弧热作用下形成熔滴并长大，形成缩颈在即将以射滴形式过渡脱离之际与熔池短路，在电磁收缩力的作用下细颈破断，并重燃电弧完成过渡。它与正常短路过渡的差别是，正常短路过渡时在熔滴与熔池接触前并未形成已达临界状态的缩颈，因此当熔滴与熔池短路时短路时间较长，短路电流很大。而亚射流过渡时短路时间极短，电流上升得不太大就使熔滴缩颈破断。因为已形成缩颈，短路峰值电流很小，所以破断时冲击力小而发出轻微的"啪啪"声。这种熔滴过渡形式的焊缝成形美观，焊接过程稳定，在铝合金MIG焊时广泛应用。

亚射流过渡时电弧具有较强的固有自调节作用。铝合金MIG焊时，可采用等速送丝恒流特性电源进行稳定的焊接，容易得到均匀一致的熔深。

亚射流过渡时熔滴过渡频率与电压有关。当电弧电压较低时，熔滴尺寸较大，过渡频率较低，焊丝的熔化速度（即送丝速度）较快。而当电压增高时，弧长增大熔滴尺寸减小，过渡频率增高，焊丝熔化速度减慢。当电弧长度在2~8mm之间变化时，属于亚射流过渡；当弧长大于8mm时，熔化速度受电压影响较小。

2.3.4 短路过渡

短路过渡：在较小电流低电压时，熔滴未长成大滴就与熔池短路，在表面张力及电磁收缩力的作用下，熔滴向母材过渡。

这种过渡形式电弧稳定，飞溅较小，熔滴过渡频率高，焊缝成形较好，广泛用于薄板和全位置焊接过程。

（1）短路过渡过程

短路过渡的基本条件是采用细焊丝（$\phi0.8\sim1.6$mm）以较小电流和较低电压进行焊接。熔滴过渡经历电弧燃烧形成熔滴→熔滴与熔池短路熄弧→在表面张力及电磁收缩力的作用下形成缩颈小桥迅速断开过渡熔滴→电弧再引燃四个阶段。短路过渡过程的电弧电压和焊接电流动态波形如图2-15所示。

电弧引燃的瞬间（图2-15中①所示），电弧燃烧析出热量使焊丝逐渐熔化，并在焊丝端部形成熔滴（图2-15中②所示），随着焊丝的熔化和熔滴长大（图2-15中③所示），电弧向未熔化的焊丝传递热量减少，使焊丝熔化速度下降，而焊丝还是以一定速度送进，使熔滴逐渐接近熔池并造成短路（图2-15中④所示）。这时电弧熄灭，电压急剧下降，短路电流逐渐增大，形成短路液柱（图2-15中⑤所示）。随着短路电流的增加，液柱部分的电磁收缩作用，使熔滴与焊丝之间形成缩颈短路小桥（图2-15中⑥所示）。当短路电流增加到一定数值时，小桥迅速断开，电弧电压很快恢复到空载电压，电弧又重新引燃（图2-15中⑦所示），又开始重复上述过程。典型熔滴短路过渡的高速摄影照片如图2-16所示。

（2）短路过渡的稳定性

为保持短路过渡焊接过程稳定进行，要求焊接电源有合适的静特性和动特性，它主要包

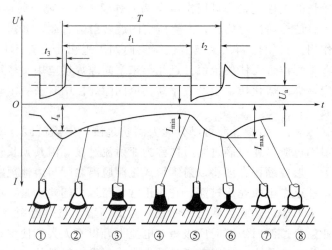

图 2-15　短路过渡电弧电压和焊接电流动态波形

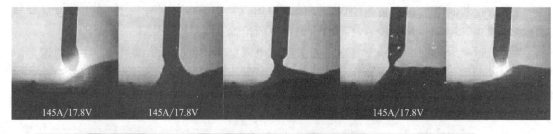

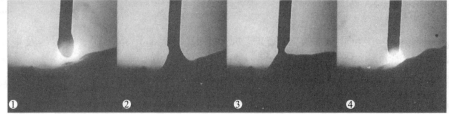

图 2-16　熔滴短路过渡

括以下三个方面：

① 焊丝直径和焊接规范不同时，要保证有合适的短路电流上升速度，保证短路小桥柔顺地断开，达到减少飞溅的目的。

② 短路电流峰值 I_m 要适当，短路过渡焊接时 $I_m = (2 \sim 3)I_a$。峰值电流值过大会引起缩颈小桥激烈地爆断造成飞溅，过小则对引弧不利，甚至影响焊接过程的稳定性。

③ 短路过渡之后，空载电压恢复速度要快，并能随时引燃电弧，避免熄弧现象。目前的硅整流焊接电源、可控硅焊接电源、逆变焊接电源电压恢复速度很快，都能满足短路过渡焊接对电压恢复速度的要求。

短路电流上升速度及短路电流峰值，一般可以通过串联在焊机直流回路中的电感来调节电源的动特性来达到，电感大时短路电流上升速度慢，电感小时短路电流上升速度快。

短路过渡时，过渡熔滴越小，短路频率越高，焊缝波纹越细密，焊接过程越稳定。在稳定的短路过渡的情况下，要求尽量高的短路频率。因此，短路频率大小常常作为短路过渡过程稳定性的标志。

(3) 影响短路过渡频率的因素

① 电弧电压的影响　电弧电压（电弧长度）对短路过渡过程有明显的影响。如图 2-17 所示，对直径为 0.8mm、1.2mm、1.6mm 的焊丝，为获得最高短路频率，最佳的电弧电压数值在 20V 左右，这时短路周期比较均匀。

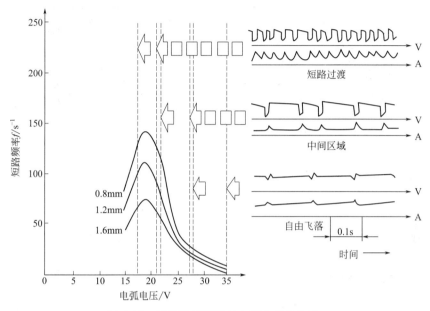

图 2-17　短路过渡频率与电弧电压的关系

如果电弧电压高于最佳值范围，则短路过渡频率降低。在电弧电压高于一定数值后，熔滴过渡频率继续降低，并且转变为自由过渡。比如电弧电压为 22～28V 时，因电弧电压比正常短路的电弧电压值高（电弧长度大），故熔滴体积得以长大，将出现部分排斥过渡即混合过渡。对 ϕ1.2mm 的焊丝，在电弧电压设定值大于 30V 以后，基本没有短路的发生。

若电弧电压低于最佳值，弧长短，则熔滴与熔池短路后容易保持液柱连接状态而不易过渡，此时送进的焊丝将插入到熔池金属中造成固体短路，之后由于短路电流增大熔断，并形成爆破性飞溅，焊接过程无法进行下去。

因此电弧电压的选择对稳定短路过渡焊接过程尤为重要。

② 送丝速度的影响　图 2-18 中示出在电源输出电压一定的条件下，改变焊丝送进速度后，短路频率 f、短路时间 T_s、最大短路电流 I_{max}、平均焊接电流 I_a 的变化。当焊丝送进速度达到一定数值之后开始出现短路，短路频率在 P 点开始急剧增大，在 R 点达到最大值。与此相对应，T_s、I_{max}、I_a 亦产生变化。连接原点与短路频率 f 曲线上的点所构成的直线的斜率，代表一次短路所过渡的熔滴的体积。其中以 Q 点处斜率最大，所过渡的熔滴的体积也就最小。这时 T_s 和 I_{max} 也几乎是处于最小值，意味着该点处的过渡最为稳定。

③ 电源特性的影响　CO_2 电弧焊采取短路过渡方式焊接时，焊接电源不仅需要有平的外特性，而且需要有适当的动特性指标，主要是为了配合所需的短路电流上升速率（di/dt）和在适当的短路峰值电流下实现稳定的熔滴过渡，这两个指标都是由回路电感决定的。如果回路电感很大，短路电流上升速率过慢，则如图 2-19 所示，达到的短路峰值电流小，短路液柱上的颈缩不能及时形成，熔滴不能顺利过渡到熔池中，严重的情况也会造成固体短路。如果回路电感过小，则由于短路电流上升速率过大和短路峰值电流过大，可能会使液柱在未

形成颈缩时就从内部爆断，引起大量飞溅。此外，从焊接线能量和焊缝成形方面也要求焊接电源有合适的回路电感，使焊接有合适的燃弧时间和短路时间相配合。短路过程结束后，电源空载电压的恢复速度要快，以便及时引燃电弧。

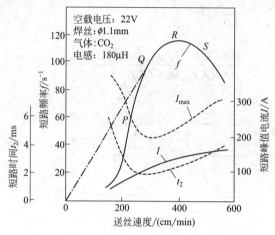

图 2-18 送丝速度与短路过渡频率、短路时间
和短路电流峰值的关系

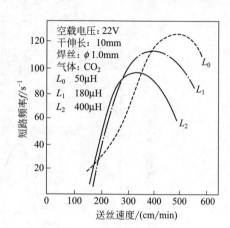

图 2-19 回路电感 L 对短路
过渡频率 f 的影响

2.3.5 渣壁过渡

渣壁过渡是埋弧焊和焊条电弧焊中产生的一种过渡形式。熔滴是沿渣壁内表面过渡到熔池中，如图 2-20 所示。

埋弧焊时，电弧是在熔渣形成的空腔内燃烧。这时熔滴是通过渣壁流入熔池，只有少数熔滴是通过气泡内的电弧空间过渡。埋弧焊熔滴过渡与焊接速度、极性、电弧电压和焊接电流有关。在直流反极性时，若电弧电压较低，焊丝端头呈尖锥状，其液体锥面大致与熔池的前方壁面相平行。这时气泡较小，焊丝端头的金属熔滴较细，熔滴将沿渣壁以小滴状过渡。相反，在直流正接的情况下，焊丝端头的熔滴较大，在斑点压力的作用下，熔滴不停摆动，这时熔滴呈大滴状过渡，每秒钟仅 10 滴左右，而直流反接时每秒钟可达几十滴。焊接电流对熔滴过渡频率有很大的影响。随着电流的增加，熔滴过渡频率增加，其中以直流反接时更为明显，如图 2-21 所示。

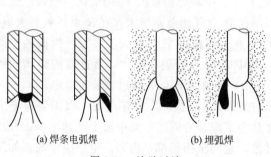

(a) 焊条电弧焊　　(b) 埋弧焊

图 2-20 渣壁过渡

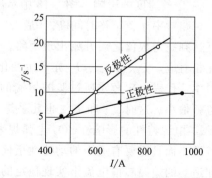

图 2-21 埋弧焊时电流对熔滴过渡频率的影响

使用厚皮涂料焊条焊接时，焊条端头形成带一定角度的药皮套筒，它可以控制气流的方向和熔滴过渡的方向。套筒的长短与涂料厚度有关，通常涂料越厚，套筒越长，吹送力也

大。但涂料层厚度应适当，过厚和过薄都不好，均可产生较大的熔滴。当涂料层厚度为 1.2mm 时，熔滴的颗粒最小。用薄皮焊条焊接时，不生成套筒，熔渣很少，不能包围熔化金属，而成为大滴或短路过渡。对于碱性焊条，在很大电流范围内均为大滴状或短路过渡。这种过渡特点首先是因为液体金属与熔渣的界面有很大的表面张力，不易产生渣壁过渡，同时在电弧气氛中含有 30% 以上的 CO_2 气体，与 CO_2 气体保护焊相似，在低电压时弧长较短，熔滴还没有长大就发生短路，而出现短路过渡；当弧长增加时，熔滴自由长大，将呈大滴过渡。

使用酸性焊条焊接时为细颗粒过渡。这是因为渣和液态金属都含有大量的氧，所以在金属与渣的界面上表面张力较小。焊条熔化时，熔滴尺寸受电流影响较大。部分熔化金属沿套筒内壁过渡，部分直接过渡，若进一步增加电流，则将提高熔滴温度，同时降低表面张力。在高电流密度时，将出观更细的熔滴过渡，这时电弧电压在一定范围内变化时，对熔滴过渡影响不大。当渣与金属生成的气体（CO_2、H_2 等）较多时，由于气体的膨胀，造成渣和液体金属爆炸，飞溅增大。

2.4　熔滴过渡飞溅的产生及损失

电弧焊过程中，熔化的焊丝由于受到电弧高温作用、气体介质、熔滴过渡、冶金反应等的影响，会产生氧化、蒸发和飞溅损耗，飞溅是有害的，它不但降低焊接生产率，影响焊接质量，而且使劳动条件变差。特别是飞溅大小和产生原因一直是人们研究的内容。由于焊接方法不同及焊接规范不同，因此有不同的熔滴过渡形式，飞溅也有不同特点。

2.4.1　焊丝熔化的几个基本概念

熔化极电弧焊过程中，为了有效评价焊接过程中焊丝金属熔化后的情况，常用到以下几个概念。

① 熔敷效率　电弧焊过程中，熔化后焊丝金属并没有全部过渡到焊缝中去，其中一部分要以飞溅、蒸发、氧化等形式损失掉。因此把过渡到焊缝中的焊丝金属重量与熔化使用的焊丝重量之比称为熔敷效率。用焊条焊接时，按焊条芯重量计。

熔敷效率一般可达 90% 左右，熔化极氩弧焊及埋弧自动焊熔敷效率要更高一些。二氧化碳电弧焊和手工电弧焊有时熔敷效率只能达到 80% 左右。有 10%～20% 的焊丝被氧化、飞溅和蒸发损失掉，一般情况下弧长越长电流越大，损失越大，熔敷效率越低。

② 熔敷系数 α_y　熔敷系数是指单位时间、单位焊接电流内所熔敷到焊缝上的焊丝金属重量，用 α_y 表示。

③ 熔化系数 α_m　熔化系数是指单位时间、单位焊接电流内熔化焊丝金属的重量，用 α_m 表示。

CO_2 气体保护焊的 α_m 比埋弧焊的高。

④ 损失系数即损失率 ψ_s　熔化系数 α_m 与熔敷系数 α_y 的差值，再除以熔化系数 α_m 所得的值就是焊丝金属的蒸发、氧化与飞溅的损失即损失系数 ψ_s。

$$\psi_s = (\alpha_m - \alpha_y)/\alpha_m \times 100\%$$

损失系数是评价焊接过程中焊丝金属的损失程度的概念。CO_2 气体保护焊中随着焊接电流的增大，由于熔滴过渡特性的改善，使 α_m 与 α_y 之间的差值减小，损失率有所降低。如对 $\phi 1.6mm$ 焊丝，当电流为 200A 时，$\psi_s \approx 14\%～16\%$；当焊接电流增大到 400A 时，$\psi_s \approx$

8%～10%；而当焊接电流达 500A 时，由于焊丝端部潜入熔池，损失减少，$\psi_s \approx 2\% \sim 3\%$。

CO_2 气体保护焊时，电弧电压和焊接速度变化对焊丝熔化系数和熔敷系数的影响是随电弧电压和焊接速度的增加，α_m 与 α_y 值均减小，而 α_y 减小得更快一些，即随着电弧电压的增加，损失系数 ψ_s 也在增大。

⑤ 焊接飞溅　熔化极电弧焊过程中，焊丝熔化金属大部分可过渡到熔池中，但有一部分焊丝熔化金属飞向熔池之外，飞到熔池之外的金属称为焊接飞溅。

⑥ 飞溅率　通常飞溅损失常用飞溅率来表示，把飞溅损失的金属与熔化的焊丝（或焊条）金属重量的百分比定义为飞溅率。

2.4.2　熔滴过渡飞溅的特点

(1) 短路过渡飞溅的特点

电弧焊过程中，当焊丝熔化金属与熔池接触形成短路后又引燃电弧时，总会产生飞溅，由于焊接条件不同，飞溅的大小可在很大范围内变化。当熔滴与熔池接触时，由熔滴把焊丝与熔池连接起来，形成液体小桥。随着短路电流的增加，使缩颈小桥金属迅速地加热，最后导致缩颈小桥金属发生汽化爆炸，同时引燃电弧，也产生金属飞溅。飞溅的多少与爆炸能量有关，此能量主要是在小桥破断之前的 $100 \sim 150 \mu s$ 内聚集起来的，能量大小由这个时间内短路电流大小所决定。所以减少飞溅的主要途径是改善电源的动特性，限制短路峰值电流。

① 小电流的细丝 CO_2 气体保护焊时，飞溅率较小，一般在 5% 以下。如果短路峰值电流较小，则飞溅率可降低到 2% 左右［图 2-22(a)］。

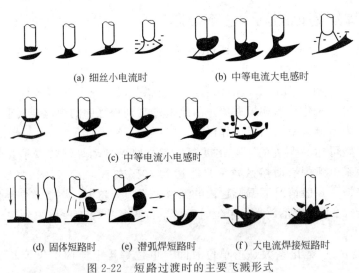

(a) 细丝小电流时　　　　　(b) 中等电流大电感时

(c) 中等电流小电感时

(d) 固体短路时　　(e) 潜弧焊短路时　　(f) 大电流焊接短路时

图 2-22　短路过渡时的主要飞溅形式

② 当增大电流、提高电弧电压、采用中等规范焊接时，如果短路小桥缩颈位置出现在焊丝与熔滴之间，则小桥的爆炸力将推动熔滴向熔池过渡［图 2-22(b)］，此时飞溅较小；如果短路小桥缩颈位置出现在熔滴与熔池之间，缩颈在熔滴与熔池之间爆炸，则爆破力会阻止熔滴过渡，并形成大量飞溅［图 2-22(c)］；最高飞溅率可达 25% 以上。为此必须在焊接回路中串入较大的不饱和电感，以减小短路电流上升速度，使熔滴与熔池接触处不能瞬时形成缩颈，在表面张力作用下，熔化金属向熔池过渡，最后使缩颈发生在焊丝与熔滴之间，将显著减小飞溅。可见，在短路过渡焊接过程中飞溅大小主要决定于电源的动态特性，为了减

少短路过渡飞溅，应该减小短路峰值电流，但对大滴排斥过渡的短路过程，应通过适当的电感来控制短路电流上升速度，以便控制缩颈位置，使缩颈发生在焊丝与熔滴之间，同时也减小了短路峰值电流。

③ 焊接规范选择不当时，如送丝速度过快而电弧电压过低，焊丝伸出长度过大或回路电感过大时，都会发生固体短路，如图 2-22(d) 所示。固体焊丝可以成段直接被抛出，熔池金属也同时被抛出，造成大量飞溅的产生。

④ 在大电流 CO_2 潜弧焊接情况下，偶尔发生短路再引弧时，由于气动冲击作用，几乎可以将全部熔池金属冲出而成为飞溅，如图 2-22(e) 所示。

⑤ 大电流细颗粒过渡焊接时，由于焊接电流很大，此时的短路电流也很大，如果再发生短路就立刻产生强烈的飞溅，如图 2-22(f) 所示。

（2）颗粒状过渡飞溅的特点

① 熔化极活性气体保护电弧焊时，当采用 CO_2、CO_2+O_2、N_2、$Ar+CO_2$（含 CO_2 大于 30%）或 $Ar+H_2$（H_2 含量＞33%）等保护气进行焊接时，在较大电流焊接时，如用 $\phi1.6mm$ 焊丝电流为 300～350A，当电弧电压较高时，这时熔滴在斑点压力的作用下而上挠，就会产生如图 2-23(a) 所示大滴状飞溅。

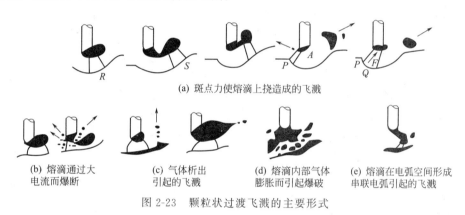

(a) 斑点力使熔滴上挠造成的飞溅

(b) 熔滴通过大电流而爆断　　(c) 气体析出引起的飞溅　　(d) 熔滴内部气体膨胀而引起爆破　　(e) 熔滴在电弧空间形成串联电弧引起的飞溅

图 2-23　颗粒状过渡飞溅的主要形式

② 当再增加焊接电流时，将成为细颗粒过渡，这时飞溅减少，主要产生在熔滴与焊丝之间的缩颈处，该处通过的电流密度较大使金属过热而爆断，形成如图 2-23(b) 所示颗粒细小的飞溅。

③ 细颗粒过渡焊接过程中，焊丝或工件清理不良或焊丝含碳量较高，在熔化金属内部大量生成 CO 等气体，这些气体聚积到一定体积，压力增加而从液体金属中析出，由熔滴或熔池内可能抛出小滴造成小滴飞溅，如图 2-23(c) 所示。

④ 大滴状过渡时，如果熔滴在焊丝端头停留时间较长，加热温度很高，熔滴内部发生强烈的冶金反应或蒸发，同时猛烈地析出气体使熔滴爆炸，就会产生如图 2-23(d) 所示的飞溅。

⑤ 大滴状过渡时，当熔滴从焊丝脱落进入电弧中，偶尔会在熔滴上出现串联电弧，在电弧力的作用下，熔滴有时落入熔池，也可能被抛出熔池而形成如图 2-23(e) 所示的飞溅。

（3）喷射过渡飞溅的特点

在富氩气体中进行气体保护电弧焊时，产生喷射过渡。钢焊丝呈现射流过渡，熔滴沿焊丝轴线方向以细滴状过渡，焊丝端头呈"铅笔尖"状，又被圆锥形电弧所笼罩，如图 2-24

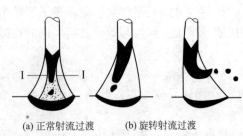

(a) 正常射流过渡　(b) 旋转射流过渡

图 2-24　射流过渡时飞溅示意图

(a) 所示。在细颈断面 I—I 处，不但有焊接电流通过细颈流过，同时将通过电弧流过。这样，由于电弧的分流作用，从而减弱了细颈处的电磁收缩力与爆破力，这时促使细颈破断和熔滴过渡的原因主要是等离子流力机械拉断的结果，而不存在小桥过热问题，所以飞溅极少。在正常射流过渡情况下，飞溅率仅在 1% 以下。若焊接规范选择不当，如电流过大，同时电弧电压较高和干伸长过大时，焊丝端头熔化部分变长，而它又被电弧包围着，则焊丝端部液体金属表面都能产生金属蒸气，随着电流的提高蒸发越强烈。当受到某一扰动后，该液柱就发生弯曲，在金属蒸气的反作用力推动下，将发生旋转，形成旋转射流过渡。此时熔滴往往是横向抛出，成为飞溅，如图 2-24(b) 所示。

2.4.3　飞溅的大小与熔滴过渡形式的关系

熔滴过渡形式、焊接规范参数、焊丝成分、气体介质等因素都对焊接过程飞溅的大小产生影响。

① CO_2 气体保护焊时，熔滴过渡形式和飞溅的关系如图 2-25 所示实线部分，大致可分为三个区域。

在小电流止区域，熔滴呈短路过渡，飞溅很小，飞溅率为 3%～5%。

在中间电流区域，当回路电感较小时，飞溅率在 20% 左右。当其他条件不变时，在回路上串联合适的电感，可将飞溅率降到 6% 左右。

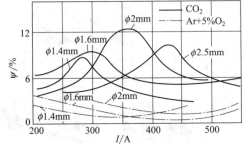

图 2-25　熔滴过渡与飞溅率关系

在大电流区域，熔滴呈细颗粒过渡，飞溅较小，大都在 6% 以下。

② 气体介质对熔滴过渡形式和飞溅有很大的影响，在任何规范条件下，富氩气体保护焊时的飞溅率总是小于纯 CO_2 气体保护焊，如图 2-25 所示虚线部分。

中等电流富氩气体保护焊时，飞溅率为 1%～3%，而 CO_2 气体保护焊的飞溅率可达 8%～12%。为了减少 CO_2 气体保护焊时的飞溅，除应特别注意选择合适的电源动态特性外，还可以选用混合气体、药芯焊丝、活化焊丝（在焊丝光面涂以铯、钾、钠等盐类）等措施。

2.5　熔滴过渡的控制

一般熔化极氩弧焊，是以喷射过渡为主要熔滴过渡形式的。这时焊接电流一定要大于喷射过渡临界电流值，才能实现稳定的焊接过程。如果焊接电流小于喷射过渡临界电流，则只能实现大滴状或短路过渡，大滴状过渡过程不稳，不能进行立焊和仰焊，不能满足全位置焊接的要求。短路过渡有熄弧过程，并有飞溅。因此，短路过渡焊接方法应用受到限制。为了使薄板、空间位置和热敏感材料能进行高效率的焊接，而发展了熔化极脉冲氩弧焊。它是利用周期性变化的电流进行焊接的，其主要目的是控制熔滴过渡和对母材的热量输入。

2.5.1 脉冲电流控制法

常用的一种脉冲焊接方法是：焊接电流以一定的频率变化，来控制焊丝的熔化及熔滴过渡，可在较小平均电流的条件下，实现稳定的喷射过渡，控制对母材的热输入及焊缝成形，满足高质量焊接的要求。其典型脉冲电流波形及熔滴过渡形式如图 2-26 所示。无论用什么样的脉冲电流波形，熔化极脉冲氩弧焊的脉冲峰值电流一定要大于在此条件下的射流过渡临界电流值。

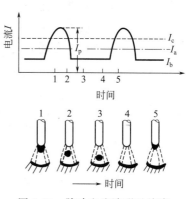

图 2-26 脉冲电流波形及熔滴
过滤示意图

I_p—峰值电流；I_c—喷射过渡临界电流；
I_a—平均电流；I_b—基值电流

为了实现在较小平均电流下可控的喷射过渡，根据脉冲峰值电流大小和脉冲持续时间长短，熔滴过渡可以在脉冲期间，也可以在维弧期间。连续电流熔化极氩弧焊时，在一定条件下（如气体介质、焊丝直径、焊丝伸出长度等），它的喷射过渡临界电流值是一个固定的数值，对于熔化极脉冲焊，不仅这些因素影响喷射过渡临界电流值 I_c，而且脉冲电流波形和脉冲电流持续时间也影响 I_c 数值的大小；选用不同脉冲电流频率和不同脉冲电流幅值，可以实现一个脉冲过渡多滴、一个脉冲过渡一滴或多个脉冲过渡一滴等形式。一个脉冲过渡一滴的区间是比较窄的。如果脉冲电流持续时间很短，则必须用较高的脉冲电流幅值；脉冲电流持续时间长时，则可以用较低的脉冲电流幅值。

以钢焊丝为例来分析三种不同熔滴过渡形式的特点。

（1）一个脉冲过渡多个熔滴即一脉多滴

一脉多滴过渡形式是在脉冲电流较大或脉冲持续时间较长时发生的，脉冲电流波形、熔滴过渡形式以及电弧形态烁亮区的变化过程如图 2-27 所示。在基值电流区间，由于基值电流较小，因此只有少量焊丝熔化积聚在焊丝端头。进入脉冲电流阶段后，烁亮区逐渐形成，电弧先是成束状而后逐渐扩展成锥状，在电磁收缩力的作用下熔化金属形成缩颈，阳极斑点区扩大并上爬，由于电弧形态的变化形成很强的等离子流力，熔化金属在等离子流力及电磁收缩力的作用下，首先以射滴形式过渡一个较大熔滴，之后在已拉成铅笔尖状的焊丝端部，不断有细小熔滴以射流形式向熔池过渡，这时焊接过程平稳没有任何飞溅。在脉冲电流期间熔滴以很大加速度向熔池过渡，熔滴脱离焊丝时的加速度数值可达 500m/s 左右。这种熔滴过渡形式具有很好的指向性，可以向上或其他方向，可用来进行全位置焊接。在脉冲电流区

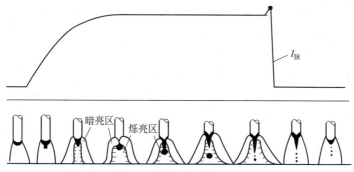

图 2-27 脉冲焊—脉多滴熔滴过渡电弧形态示意图

间一直持续这种熔滴过渡形式。当脉冲电流结束时，烁亮区迅速消失，焊丝端头的金属液柱有时会瞬时断成数截，分别聚成小球而落入熔池。而焊丝端头残留的液态金属则收缩成半球状，使电弧长度增加。在基值电流期间，焊丝端头基本保持这一状态。

（2）一个脉冲过渡一滴即一脉一滴

一脉一滴是在脉冲持续时间或脉冲电流幅值比第一种形式小的时候发生的。在基值电流期间与第一种过渡形式相同，进入脉冲电流阶段后，电弧形态的变化也与第一种过渡形式相似。

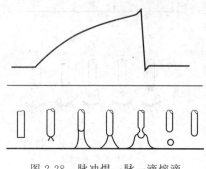

图 2-28　脉冲焊一脉一滴熔滴
过渡电弧形态示意图

但由于脉冲电流幅值较低或持续时间较短，电弧的瞬时形态与第一种不同，熔滴大多数在脉冲电流结束后的基值电流初期脱落，也有的在脉冲电流后期脱落（如用正弦波脉冲电流）。焊丝端头的液态金属在脉冲电流结束之前已形成缩颈，阳极斑点覆盖了熔滴的大部分或全部表面。在基值电流阶段电弧烁亮区迅速消失，熔滴才在电磁收缩力、等离子流力等惯性力作用下，从焊丝脱离，此时过渡一般为球状熔滴，其直径大约与焊丝直径相同，偶尔也带有较小的细滴，焊丝端头不形成明显的铅笔尖状，熔滴过渡后焊丝端头很快收缩成半球形。熔滴脱离焊丝时加速度较小，在电弧空间过渡速度较慢，但熔滴仍沿焊丝轴线方向过渡，可用于仰焊、立焊等空间位置焊接，如图 2-28 所示。每一个脉冲都有熔滴过渡，再现性很好，焊接过程稳定，没有飞溅。典型一脉一滴熔滴过渡的高速摄影照片如图 2-29 所示。

图 2-29　一脉一滴熔滴过渡

（3）多个脉冲过渡一滴即多脉一滴

多脉一滴是在脉冲电流幅值较小或脉冲电流作用时间很短的情况下发生的。虽然在第一个脉冲周期内，焊丝端头也可以积累一定数量的熔化金属，并能形成熔滴；但由于脉冲电流较小或脉冲时间较短，该熔滴只呈现脱落的趋势，直到基值电流阶段也不能脱落，甚至在基值电流期间已产生缩颈的熔滴又收了回去，如图 2-30 所示。只有在重复施加一个或几个脉冲周期时，熔滴金属积累到足够的数量，才能脱落一个熔滴。熔滴直径一般大于焊丝直径，熔滴过渡与脉冲电流的作用没有明显的对应关系。在同一

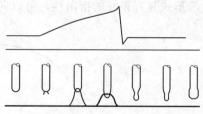

图 2-30　脉冲焊多脉一滴熔滴
过渡电弧形态示意图

规范下可以是两个脉冲一滴，也可以是三个甚至多个脉冲过渡一滴。熔滴过渡时刻有很大的偶然性。熔滴脱落的时刻大部分也是在基值电流阶段，此时脉冲峰值电流也超过连续电流焊接时射流过渡临界电流值，即使如此在脉冲电流作用期间熔滴也不过渡。可见焊丝熔化和造

成熔滴过渡是一个能量综合作用的结果。首先要有一定的热量来熔化焊丝，并形成熔滴，之后在电磁力及等离子流力作用下使熔滴强制脱离焊丝并推向熔池。电磁力作用是个累积过程并有一定的惯性，如果熔滴在电磁力作用下形成缩颈，达到临界稳定状态，则此时即使没有脉冲电流也会产生熔滴过渡，所以从熔滴过渡高速摄影上可以看到，很多熔滴都是在基值电流阶段过渡的。

以上讨论了三种典型脉冲焊熔滴过渡形式。射流过渡临界电流值受许多因素的影响，脉冲可控射流过渡与普通连续电流熔化极氩弧焊射流过渡有许多相似之处。影响射流过渡的因素也是一致的。这些因素主要包括保护气体成分、焊丝材料、焊丝直径、干伸长度等等。

焊丝材料不同，对临界电流值有很大的影响，通常熔点和沸点低的材料，射流过渡临界电流值较低。如铝焊丝的临界脉冲电流曲线比钢焊丝的低一些。

焊丝的干伸长越大，由于其电阻预热作用，可以降低脉冲临界电流值。尤其对电阻率大的焊丝（如不锈钢），焊丝干伸长度的影响更为明显，而对电阻率小的铝焊丝，焊丝干伸长的影响却很小。

随着焊丝直径的增加，当脉冲持续时间相同时，脉冲临界电流值增加。因为形成与焊丝直径大致相等的熔滴并使其脱落所需的能量与焊丝粗细有关。焊丝越粗所需的能量越大。不同直径的焊丝脉冲时间对脉冲临界电流值的影响，也有类似的规律。随着脉冲持续时间减少，脉冲临界电流增加。

2.5.2　合理的熔滴过渡形式的选择

上述三种熔滴过渡形式中，多脉一滴这种方式类似于大滴过渡，焊接过程不稳定，熔滴过渡不规律，焊缝成形不规则，不宜使用。

一脉多滴过渡方式中，第一个熔滴为与焊丝直径相近的较大的熔滴，而随后为一串细熔滴。问题出在这些细滴和锥形电弧的形态上。这时容易产生飞溅和烟尘，焊缝成形有指状熔深，所以不十分理想。

一脉一滴这种方式具有射滴过渡模式。其主要特点为：

① 一个脉冲过渡一个熔滴实现了脉冲电流对熔滴过渡的控制。

② 熔滴直径大致等于焊丝直径，熔滴从电弧中获取能量少，则熔滴的温度低。所以焊丝的熔化系数高，也就是提高了焊丝的熔化效率。

③ 熔滴的温度低，焊接烟雾少。这样，降低了合金元素的烧损，又改善了焊接环境。

④ 焊接飞溅少，甚至无飞溅。

⑤ 弧长短，电弧指向性好，适合于全位置焊接。

⑥ 焊缝成形良好，焊缝熔宽大，熔深较大，减弱了指状熔深的特点，余高小。

⑦ 扩大了 MIG/MAG 焊射流过渡的使用电流范围。从射流过渡临界电流往下一直到几十安均能实现稳定的射滴过渡。

总之，一个脉冲过渡一个熔滴是最佳的熔滴过渡形式。这是选择焊接参数和设计焊接设备的重要依据。

2.5.3　脉冲 GMA 焊弧光传感熔滴过渡的控制

在 MIG/MAG 焊接中钢焊丝的射流过渡区间非常窄，难以达到稳定的射流过渡。在脉冲焊中，采取的方法是针对成分和各种直径的焊丝严格设定脉冲参数的匹配，但在干扰因素出现时，也避免不了出现大滴过渡或射流过渡，同时也只有数字化控制的电源才能达到好的效果。

人们通过大量的研究实验，掌握了以下的规律：不同焊丝的直径，在提高电流达到射流过渡临界电流后，并不能直接产生射流过渡，而是先出现一个或几个射滴过渡，随后由射滴过渡转变为射流过渡。因此，如果能找到一种实时检测熔滴过渡的方法，当检测到第一个熔滴过渡后，控制电流迅速降低，取消了继续向射流过渡的条件，也就不会再发生其他形式的熔滴过渡，使电弧在低电流下燃烧一定时间后，再控制电流上升到临界电流以上，创造下一次射滴过渡的条件，如此周而复始，即可得到稳定的射滴过渡。

能否实现这样的熔滴过渡控制，关键是找到既简洁又准确的实时检测熔滴过渡的手段。在经过长时间的探索研究后发现，弧光传感技术能满足这种熔滴过渡控制的要求。

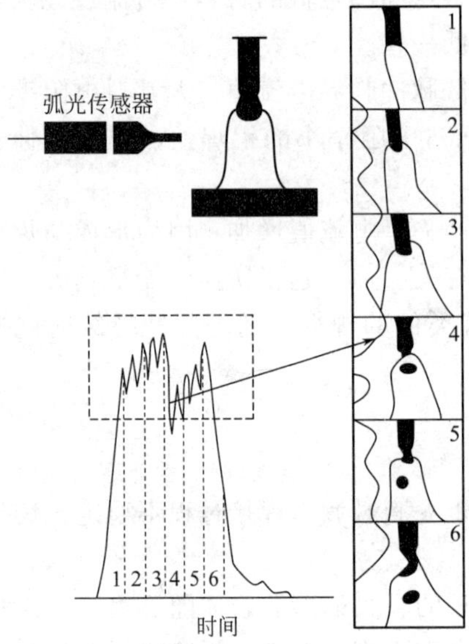

图 2-31　弧光传感熔滴过渡检测

弧光传感熔滴过渡采用一个弧光传感器，安装在电弧的侧面检测电弧弧光强度的变化。研究发现：熔滴过渡过程中，弧光检测信号中出现一个特征变化，在第一个熔滴缩颈被拉断、熔滴脱落焊丝端头的瞬时，弧光检测信号出现突然的降低，如图 2-31 所示。其原因是由于原来笼罩在熔滴下部断面的弧根（电弧的阳极区）突然自动上跳至焊丝端头缩颈破断处，这一跳跃引起弧光辐射强度的跃变。

弧光信号的这一下凹现象准确显示了第一个熔滴的脱离与过渡过程，可以作为熔滴过渡的特征信号。这个特征信号的信噪比很高、稳定可靠，非常适合用来进行熔滴过渡的控制。

弧光传感器体积较小、结构简单，对安装位置没有很严格的要求，可以做成 $\phi15mm \times 50mm$ 的尺寸，固定在焊枪或其他位置，在生产现场使用非常方便。

采用弧光传感器实现稳定射滴过渡闭环控制的过程如下：预先设置脉冲电流值在射流过渡临界电流以上，脉冲电流加热并熔化焊丝，此时弧光强度信号数值较高，当焊丝端头积聚较多液态金属形成熔滴，随后形成缩颈并被拉断时，弧光强度信号陡降，根据实验结果设置一个合适的弧光强度信号下降阈值（取脉冲电流期间弧光信号平均值的 15%，可很好地满足控制要求），当弧光强度下降至大于或等于此阈值时，控制系统向焊接电源发出一个控制脉冲信号，使电弧电流迅速由脉冲电流降至维弧电流（一般为 50A），没有了由射滴过渡转变为射流过渡的条件，故在产生第一次射滴过渡之后，不会再继续产生熔滴过渡。脉冲电流的作用时间由第一个射滴过渡产生颈缩引起的弧光强度下降大于阈值的时刻所决定。脉冲电流降到维弧电流后，延迟一定时间再升高到脉冲电流值，重复下一次射滴过渡及控制过程。

通过上面的控制可获得一个脉冲过渡一个熔滴的受控稳定射滴过渡过程。即使受外来因素干涉，弧长在 3～12mm 范围内突然变化，稳定的一脉一滴的射滴过渡也不会遭到破坏。熔滴过渡频率最高可达 130Hz。这种控制方法除了用来获得常规焊接方法不能自然产生的稳定射滴过渡外，还可以在不破坏熔滴过渡稳定性的条件下，对熔滴过渡频率、焊接热输入等实现较宽范围的调节。

复习思考题

1. 熔化极电弧焊中，焊丝熔化的热源有哪些？

2. 影响焊丝熔化速度的因素有哪些？是如何影响的？

3. 熔滴在形成与过渡过程中受到哪些力的作用？

4. 熔滴过渡有哪些常见的过渡形式？各有什么特点？

5. 解释下列名词：熔敷效率、熔敷系数 α_y、熔化系数 α_m、损失率 ψ_s、焊接飞溅、飞溅率。

6. 影响飞溅的因素有哪些？

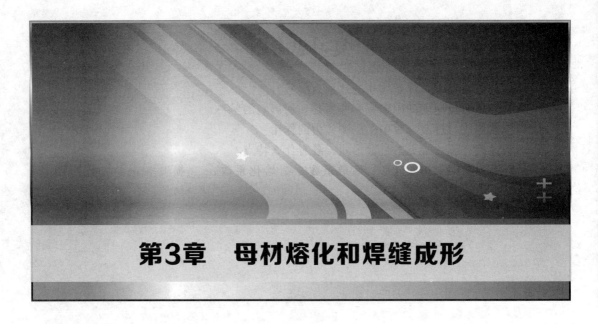

第3章　母材熔化和焊缝成形

电弧焊过程中，随着熔化焊丝与母材的焊接电弧热源的不断移动，使得焊缝所受的热循环作用的位置不同，产生作用不同的电弧力，焊缝成形特点和规律也不同。本章主要介绍对接接头单道焊缝的成形规律与影响因素、焊缝成形缺陷的形成原因及其改善措施。

3.1　母材熔化与焊缝形成过程

电弧热的作用下焊丝与母材被熔化，在焊件上形成一个具有一定形状和尺寸的液态熔池，随着电弧的移动熔池前端的焊件不断被熔化进入熔池中，熔池后部则不断冷却结晶形成焊缝，如图3-1所示。熔池的形状不仅决定了焊缝的形状。而且对焊缝的组织、力学性能和焊接质量有重要的影响。由于熔池中各部分与电弧热源中心距离及熔池周围散热条件不同等原因，使熔池各区域的温度分布不均匀，决定了熔池的凝固有先后之分。处于电弧正下方部位（称为头部）的温度高，而离电弧稍远部位（称为尾部）的温度低。对于一定的焊件来说，熔池的体积主要由电弧的热作用确定，而熔池的形状却主要决定于电弧对熔池的作用力。它包括电弧的静态和动态电磁压力、熔滴过渡的冲击力、液体金属的重力和表面张力等。在电弧压力的作用下可在熔池表面形成凹坑，且电流密度越高、电弧动压力越大，则熔池表面的凹坑将越深。熔滴过渡的机械冲击力也会对熔池表面形

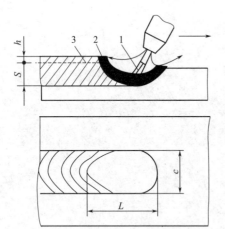

图3-1　熔池形状与焊缝成形示意图
1—电弧；2—熔池金属；3—焊缝金属；
S—熔池深度；c—熔池宽度；
L—熔池长度；h—焊缝余高

状产生很大的影响，由于喷射过渡时的冲击力比较大，因此会使熔池形成很深的凹坑。接头的形式和空间位置不同，则重力和表面张力对熔池的作用也不同；焊接工艺方法和焊接参数不同，则熔池的体积和熔池的长度等都不同。平焊位置时熔池处于最稳定的位置，容易得到

成形良好的焊缝。在生产中常采用焊接翻转机或焊接变位机等装置来回转或倾斜焊件，使接头处于水平或船形位置进行焊接。在空间位置焊接时，由于重力的作用有使熔池金属下淌的趋势，因此要限制熔池的尺寸或采取特殊措施控制焊缝的成形。例如采用强迫成形装置来控制焊缝的成形，在气电立焊和电渣焊时皆采用这种措施。

焊缝的结晶过程与熔池的形状有密切的联系，因而对焊缝的组织和质量有重要的影响。焊缝结晶总是从熔池边缘处母材的原始晶粒开始，沿着熔池散热的相反方向进行，直至熔池中心与从不同方向结晶而来的晶粒相遇时为止。因此，所有的结晶晶粒方向都与熔池的池壁相垂直，如图 3-2 所示。从横截面［图 3-2(a)、(b)］上看，当成形系数过小时，焊缝的枝晶会在焊缝中心交叉，易使低熔点杂质聚集在焊缝中心而产生裂纹、气孔和夹渣等缺陷；从水平截面［图 3-2(c)、(d)］上看，熔池尾部的形状决定了晶粒的交角，尾部越细长，两侧的晶粒在焊缝中心相交时的夹角越大，焊缝中心的杂质偏析越严重，且产生纵向裂纹的可能性也越大。这通常发生在焊接速度过快的条件下，而当焊接速度较低，使熔池尾部呈椭圆形时，杂质的偏析程度便要轻微得多，因而产生裂纹的可能性也较小。

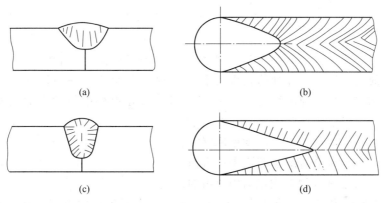

(a)　　　　　　　　　　　　　(b)

(c)　　　　　　　　　　　　　(d)

图 3-2　熔池形状对焊缝结晶的影响示意图

3.2　焊缝形状尺寸及其与焊缝质量的关系

焊接接头的形式很多，这里主要对对接接头、角接接头单道焊时的焊缝成形进行介绍。厚度比较小的工件，通常用单面单道焊或双面单道焊焊成，厚度较大的工件可采用多层多道焊。

图 3-3 所示是对接接头和角接接头焊缝横截面的形状尺寸。

对接接头焊缝最重要的尺寸是熔深 H，它直接影响到接头的承载能力，另一重要尺寸是焊缝宽度 B。B 与 H 之比（B/H）叫做焊缝的成形系数 ϕ。ϕ 的大小会影响到熔池中的气体逸出的难易、熔池的结晶方向、焊缝中心偏析严重程度等。因此焊缝成形系数的大小要受焊缝产生裂纹和气孔的敏感性，即熔池合理冶金条件的制约。如埋弧焊焊缝的成形系数一般要求大于 1.25；堆焊时为了保证堆焊层材料的成分和高的堆焊生产率，要求焊缝熔深浅、宽度大，成形系数可达到 10。

焊缝的另一个尺寸是余高 a。余高可避免熔池金属凝固收缩时形成缺陷，也可增大焊缝截面提高承受静载荷能力。但余高过大会引起应力集中或疲劳寿命的下降，因此要限制余高的尺寸。通常，对接接头的余高 $a=0\sim3$mm 或者余高系数（B/a）大于 $4\sim8$。当工件的疲

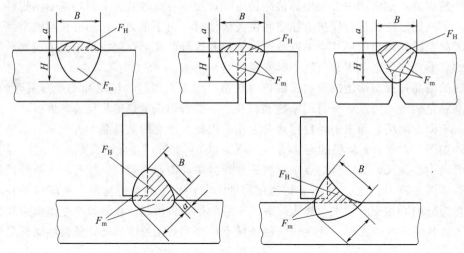

图 3-3 焊缝形状

劳寿命是主要问题时，焊后应将余高去除。理想的角焊缝表面最好是凹形的（图 3-1），可在焊后除去余高，磨成凹形。

焊缝的宽度、熔深和余高确定后，基本确定了焊缝横截面的轮廓，但还不能完全确定焊缝横截面的轮廓形状。焊缝的轮廓形状可由焊缝断面的粗晶腐蚀确定，也就决定了焊缝的横截面面积。焊缝的熔合比 γ 决定于母材金属在焊缝中的横截面面积与焊缝横截面面积之比。

$$\gamma = F_m / (F_m + F_H) \tag{3-1}$$

式中　F_m——母材金属在焊缝横截面中所占面积；

F_H——填充金属在焊缝横截面中所占的面积。

坡口和熔池形状改变时，熔合比都将发生变化。电弧焊接中碳钢、合金钢和有色金属时，可通过改变熔合比的大小来调整焊缝的化学成分，降低裂纹的敏感性和提高焊缝的力学性能。

3.3 电弧热与熔池形状的关系

电弧燃烧产生的热量使工件受热熔化，但电弧的热量中输入工件的只是一部分。因此，要先知道电弧的热输入、热效率及工件上的温度分布情况，才能分析了解熔池形状尺寸。

3.3.1 电弧的热输入量

（1）热输入量 q

用直流电焊接时一般可用下列公式计算热输入 q：

$$q = 0.24\eta UI \tag{3-2}$$

式中　η——电弧加热工件的热效率，它与焊接方法和焊接参数有关；

U——电弧电压；

I——焊接电流。

如果用交流电进行焊接，考虑到波形的非正弦性，在上式的右边还要乘一系数 K（$K = 0.7 \sim 0.9$），则取得的电压值为电弧电压与焊丝上的电阻压降之和，若电压表接在焊接电源的正负两极上，则读得的值还应包括两根电缆上的压降，尤其当电缆细长而电流较大时，这部分压降不可忽略。

（2）电弧加热效率 η

η＝工件热输入功率/电弧热功率＝（电弧热功率－电弧热损失的总和）/电弧热功率

电弧热效率 η 大小与电弧热损失相关，热损失中包括：

① 用于加热电极和焊条头等的热损失；碳极或钨极、焊条头，焊钳或导电喷嘴等的热损失。

② 加热和熔化焊条药皮或焊剂的损失（不包括熔渣传导给工件的那部分热量）。

③ 电弧热辐射和气流带走的热量损失。

④ 焊接飞溅造成的热损失。

熔化极电弧焊时电极所吸收的热量可由熔滴带至工件，故熔化极电弧焊的热效率比非熔化极的高。非熔化极电弧焊时钨极的伸出长度、直径和钨极尖角的大小等都会影响到电极上热损失的大小。埋弧焊时电弧空间被液态的渣膜所包围，电弧辐射、气流和飞溅等造成的热损失很小，因而埋弧焊的工件热效率最高。

不同的焊接条件热损失大小不同，因而 η 值也不同。如深坡口窄间隙焊时热效率比在平板上堆焊时高；电弧拉长时，辐射和对流的热损失增大，因而 η 减小。

3.3.2　电弧热作用下的焊接熔池

在电弧热源的作用下，焊件上形成的具有一定几何形状的液态金属部分的温度等于熔点的等温线所包围的液态金属区域称为焊接熔池。

为了求得电弧热与熔池尺寸的关系，首先从热传导的基本理论进行分析，弧焊过程可以认为是连续移动的点热源，当工件为半无限大体和工件处于极限饱和状态时，距离电弧热源 R 点的温度为（图3-4）：

$$T_{(R;x)} = \frac{q}{2\pi\lambda R} e^{-\frac{v}{2a}(x+R)} \quad (3\text{-}3)$$

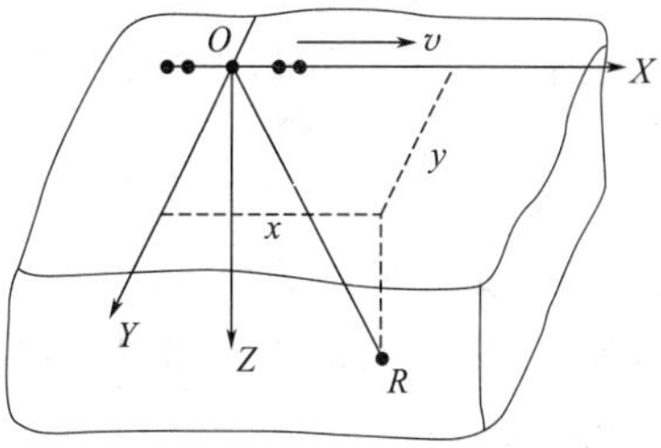

图3-4　半无限大体上点热源的坐标系

式中　λ——热导率，

　　　a——导温系数；

　　　v——焊接速度（沿 X 轴移动）；

　　　R——R 点到电弧 O 点的空间距离，$R = \sqrt{x^2 + y^2 + z^2}$。

为了便于说明问题，下面列出几种典型的热传导方程。首先研究电弧在固定点加热时（$v = 0$ 时）R 点的温度为：

$$T_{(R)} = \frac{q}{2\pi\lambda R} \quad (3\text{-}4)$$

当加热功率 q 与被焊材料（λ）一定时，温度 T 只与 R 有关，$TR = \text{const}$，随着距离 R 增加，温度按双曲线规律下降。

当电弧沿 X 轴方向移动时，在电弧的后方（$R = -x$）点温度为 $T_{(R)} = \frac{q}{2\pi\lambda R}$，与焊接速度无关，与 R 的关系也按双曲线规律变化。可是在电弧前方（$R = x$）点的温度为：

$$T_{(R)} = \frac{q}{2\pi\lambda R} e^{-\frac{vR}{a}} \quad (3\text{-}5)$$

式中，$e^{-\frac{vR}{a}}$ 总是小于 1。

随着焊接速度 v 增加时，温度 T 随距离 R 的变化曲线比电弧后方下降更陡，如图 3-5 所示。

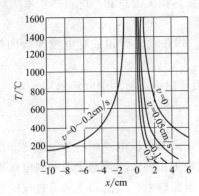

图 3-5　点热源移动速度 v 对
半无限大体温度分布的影响

$[q=4187\text{J/s}；v_s=0.1\text{cm/s}；a=0.1\text{cm}^2/\text{s}；$
$\lambda=0.42\text{J/(cm·s·℃)}]$

当 $x=0$ 时（也就是在垂直焊接方向的 Y-Z 平面内），热传导方程可简化为：

$$T_{(R)} = \frac{q}{2\pi\lambda R} e^{-\frac{vR}{2a}} \tag{3-6}$$

可见由于 $e^{-\frac{vR}{2a}}<1$，所以沿 OX、OZ 方向温度下降陡度比电弧后方（$R=-x$）大些；而因为 $e^{-\frac{vR}{2a}}>e^{-\frac{vR}{a}}$，所以沿 OY、OZ 方向温度下降陡度比电弧前方（$R=x$）小些。

从以上公式可以得知：

① 在电弧的前方温度梯度较大，输入热量大于输出热量，而在电弧的后方温度梯度较小，输入热量小于输出热量。

② 在工件表面的等温线（包括熔池形状）近似于椭圆，但熔池头部较宽，而熔池尾部较尖。

③ 在垂直焊接方向的等温线（包括熔池）均为半圆形，也就是焊缝的熔宽 B 与熔深 H 之间的关系为 $B=2H$。

熔池的尺寸也可以按热传导公式求出。焊接熔池的长度 L 通过公式(3-7)近似求得：

$$L = \frac{q}{2\pi\lambda T_M} \tag{3-7}$$

式中　T_M——母材的熔点，℃。

熔宽 B 和熔深 H 可由最高温度 T_{max} 导出。用快速点热源加热半无限大体时，距热源为 r 点的温度为：

$$T = \frac{q}{2\pi\lambda v_s t} e^{-\frac{r^2}{4at}} \tag{3-8}$$

由该式求出 T_{max} 为：

$$T_{max} = \frac{q}{\pi e c\rho v_s R^2} \tag{3-9}$$

式中　c——比热容；

　　　ρ——密度。

熔池外部边缘的最高温度为熔点 T_M，所以熔宽 B 可以近似求得：

$$B=2R$$
$$B = 2\sqrt{\frac{2q}{\pi e c\rho v_s T_M}} \tag{3-10}$$

熔深 H 为：

$$H = \frac{B}{2} = \sqrt{\frac{2q}{\pi e c\rho v_s T_M}} \tag{3-11}$$

总之根据传热学理论计算，可求出熔池形状，如图 3-6 所示。

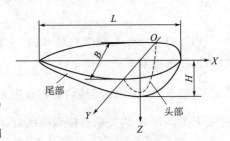

图 3-6　熔池形状示意图

3.4 熔池受到的力及其对熔池尺寸的影响

电弧焊时熔池金属不仅受热的作用，还受到各种力的作用。在焊接电弧的作用下熔池表面凹陷，液态金属被排向熔池尾部，使熔池尾部的液面高出工件表面，凝固后高出部分成为焊缝的余高。作用力还使熔池金属产生流动，熔池金属的流动使熔化了的焊丝金属和母材金属混合均匀，从而使焊缝各处的成分比较均匀一致。金属的流动产生了熔池内部的对流换热。金属的流动也必然对熔池的形状和焊缝的成形产生影响。

3.4.1 力对热源作用位置及熔池形状的影响

焊接电弧作为一个点状热源作用在工件表面上，实际的热源作用在熔池的凹陷处。凹陷越深，点状热源下移的距离越大，熔深相应增大。使熔池表面凹陷的除了电弧的静压力和动压力之外，在熔化极气保护焊射流过渡时还有熔滴金属对熔池的冲击力，它对指状熔深的形成起着重要作用。熔滴的过渡频率和进入熔池时的速度越高，则形成的凹穴就越深。

焊接电流加大和钨极磨尖角度减小时，点状热源下移和电弧压力增大，熔深也因此增大。

3.4.2 熔池受力及其对焊缝形状的影响

金属除了向尾部流动之外，在其他力的作用下还产生其他形式的流动。

(1) 熔池金属的重力

熔池金属的重力的大小正比于熔池金属的密度和熔池体积。作用力使熔池金属流动的方向与焊接的空间位置有关。平焊位置熔池金属的重力有利于熔池的稳定，空间位置焊接时往往破坏熔池的稳定性，使焊缝成形变坏。

(2) 电磁力

焊接电流进入熔池时，由于斑点面积较小，而熔池中的导电面积较大。这样，斑点处的电流密度大、压力高，其他地方的电流密度小、压力低。这种压力差使熔池金属形成在熔池中心处的金属向下流、在熔池四周处的金属流向熔池中心的涡流。金属流动时，熔池中心的高温金属把热量带向熔池底部而使熔深加大。

(3) 表面张力

表面张力在熔化焊接中起到重要作用。表面张力与熔滴过渡、熔池形成及其内部金属的流动都有紧密的联系。熔池的表面张力的大小取决于液体金属的成分和温度。表面张力将阻止熔池金属在电弧力或熔池金属重力作用下的流动，表面张力对熔池金属在熔池界面上的接触角（即浸润性）的大小也有直接影响。所以表面张力既影响熔池的轮廓形状，也影响熔池金属在坡口里的堆敷情况，即熔池表面的形状。

此外，熔池金属由于各处成分和温度的不均匀，各处表面张力大小也不同，这样形成沿表面方向的表面张力梯度 $d\sigma/dr$（σ—表面张力系数，r—熔池半径）。表面张力梯度将促进液态熔池金属的流动，并对熔池形状和焊缝成形产生影响。

当表面张力梯度 $d\sigma/dr < 0$ 时，液态金属从熔池四周沿表面向中心流动；当表面张力梯度 $d\sigma/dr > 0$，从中心沿表面向熔池四周流动。这样，在熔池内形成涡流，影响到熔池的深度和宽度。

① 微量元素对熔池形状的影响　电弧焊中电弧轴心线下的熔池表面温度最高，熔池四周的温度较低，如果熔池表面处材料的成分是均匀一致的，那么表面张力梯度 $d\sigma/dr > 0$，

就是熔池四周的表面张力大，电弧轴线下的熔池中心处表面张力最低。在这样一种表面张力梯度的作用下，熔池表面的金属从中心流向四周，因而熔池宽而浅［图 3-7(a)］。

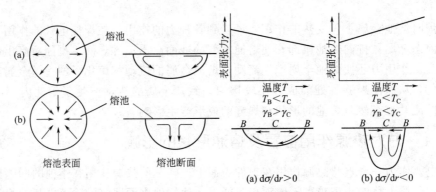

图 3-7　熔池金属流动与表面张力梯度的关系

当熔池金属中含有易于在表面偏析的元素，如硫和氧等时，在熔池表面较热的地方通过蒸发或者减小表面偏析，而使温度不同的地方产生了成分的变化，在这种情况下表面张力梯度 $d\sigma/dr<0$，熔池四周的表面张力低，因而熔池表面的金属从四周流向中心，熔池窄而深［图 3-7(b)］。

② 微量元素对阳极热输入及熔池形状的影响　钨极氩弧焊焊钢时在施焊板材的表面涂上一层很薄的活性剂（一般为 SiO_2、TiO_2、Cr_2O_3 以及卤化物的混合物），从而大幅增加了 TIG 焊的焊接熔深，在氩气内加入气态的氟化物或氯化物后焊钢时，熔深增大。"阳极斑点"理论认为：在熔池中填加硫化物、氯化物、氧化物后，熔池上的电弧阳极斑点出现明显的收缩，电弧的阳极压降在总的极区压降中的比例增大，阳极热输入增大 $30\%\sim50\%$，同时弧柱电位梯度也增大。阳极热输入中主要部分是电子在阳极压降区得到的动能和阳极的电子逸出功。如果阳极压降或阳极的电子逸出功增大，则工件上的热输入加大，熔池尺寸增大。

因此，乌克兰巴顿焊接研究所于 20 世纪 60 年代发明了活性焊剂 TIG 焊（Activate flux TIG 焊，A-TIG 焊），并发明了活性剂，用以焊接不锈钢和钛合金，取得了较大的熔深和良好的效益。在 20 世纪 90 年代，美国爱迪生焊接研究所（EWI）和英国焊接研究所（TWI）也先后开始了活性剂的研究工作。

3.5　焊接工艺参数和工艺因素对焊缝尺寸的影响

电弧焊的焊接工艺参数包括焊接工艺参数和工艺因素等，不同的焊接工艺参数对焊缝成形的影响也不同。通常将对焊接质量影响较大的焊接工艺参数如焊接电流、电弧电压、焊接速度、热输入等称为焊接参数。其他工艺参数如焊丝直径、电流种类与极性、电极和焊件倾角、保护气等称为工艺因素。此外，焊件的结构因素如坡口形状、间隙、焊件厚度等也会对焊缝成形造成一定的影响。

3.5.1　焊接参数对焊缝成形的影响

电弧焊中焊接电流、电弧电压和焊接速度是决定焊缝尺寸的主要焊接参数。焊接参数决定焊缝输入的能量，是影响焊缝成形的主要工艺参数。

（1）焊接电流对焊缝成形的影响

当其他条件不变而焊接电流增大时，则焊缝的熔深和余高均增大，熔宽没多大变化（或略为增大），如图 3-8 所示。这是因为：

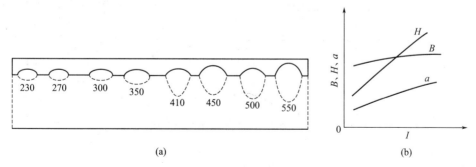

(a)   (b)

图 3-8　焊接电流对焊缝成形的影响
H—熔深；B—熔宽；a—余高

① 电流增大后，工件上的电弧力和热输入均增大，热源位置下移，熔深增大。熔深与焊接电流近于成正比关系，比例系数（熔深系数 K_m）与电弧焊的方法、电流种类、焊丝直径等的关系见表 3-1。

表 3-1　各种电弧焊方法及规范（焊钢）时的熔深系数

电弧焊方法	电极直径/mm	焊接电流/A	焊接电压/V	焊接速度/(m/h)	熔深系数
钨极氩弧焊	3.2	100～350	10～16	6～18	0.8～1.8
等离子弧焊	1.6（喷嘴孔径）	50～100	20～26	10～60	1.2～2.0
	3.4（喷嘴孔径）	220～300	28～36	18～30	1.5～2.4
埋弧焊	2	200～700	32～40	15～100	1.0～1.2
	5	450～1200	34～44	30～60	0.7～1.3
熔化极氩弧焊	1.2～2.4	210～550	24～42	40～120	1.5～1.8
CO_2 电弧	0.8～1.6	70～300	16～23	30～150	0.8～1.2
	2～4	500～900	35～45	40～80	1.1～1.6

② 电流增大后，焊丝熔化量近于成比例地增多，由于熔宽近于不变，因此余高增大。

③ 电流增大后，弧柱直径增大，但是电弧潜入工件的深度增大，电弧斑点移动范围受到限制，因而熔宽近于不变。焊缝成形系数则由于熔深增大而减小。熔合比亦有所增大。熔化极氩弧焊电流密度高时，出现指状熔深，尤其焊铝时较明显。

（2）电弧电压对焊缝成形的影响

当其他条件不变时，电弧电压增大后，电弧功率加大，工件热输入有所增大，同时弧长拉长，电弧分布半径增大，因此熔深略有减小而熔宽增大。余高减小，这是因为熔宽增大、焊丝熔化量却稍有减小所致。母材的熔合比则有所增大，如图 3-9 所示。各种电弧焊方法由于焊接材料及电弧气氛的组成不同，它们的阴极压降、阳极压降以及弧柱的电位梯度的大小各不相同，电弧电压的选用范围也不一样。为了得到合适的焊缝成形，通常在增大电流时，也要适当地提高电弧电压，也可以说电弧电压要根据焊接电流来确定。

（3）焊接速度对焊缝成形的影响

焊接速度的高低是焊接生产率高低的重要指标之一。从提高焊接生产率方面考虑，应提

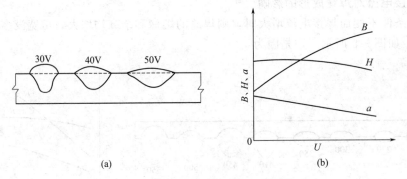

图 3-9　电弧电压对焊缝成形的影响

H—熔深；B—熔宽；a—余高

高焊接速度。因为单位长度焊缝上的焊丝金属的熔敷量与焊接速度 v 成反比，而熔宽则近似于与焊接速度 v 的平方根成反比，所以焊接速度提高时线能量 q/v 减小，熔宽和熔深都减小，余高也减小，熔合比近于不变。电弧焊时要保证给定的焊缝尺寸，则在提高焊接速度时要相应地提高焊接电流和电弧电压，这三个量是相互联系的。大功率高速电弧焊时，电弧力有可能使熔池金属排到熔池尾部，并迅速凝固，熔池金属并未均匀分布在整个焊缝宽度上，形成咬边，从而限制了焊速的提高。采用双弧焊或多弧焊可防止上述现象的发生并提高焊速。

3.5.2　工艺因素对焊缝成形的影响

电弧焊时影响焊缝成形的工艺因素很多，如电流的种类和极性影响到工件上热输入量的大小，也影响到熔滴的过渡以及熔池表面氧化膜的去除等；钨极端部的磨尖角度和焊丝的直径及焊丝伸出长度等，影响到电弧的集中系数和电弧压力的大小，也影响到焊丝的熔化和熔滴的过渡，因此都会影响到焊缝的尺寸。还有其他工艺因素如保护气、焊剂、焊条药皮等。

（1）电流的种类和极性

熔化极电弧焊时，直流反极性焊接的熔深和熔宽都要比直流正极性焊接大，交流电焊接时介于两者之间，这是因为工件作为阴极时析出的能量较大所致。直流正接时，焊丝为阴极，焊丝的熔化率较大。埋弧焊时极性对熔宽有较大影响，直流反接时的熔深比正接时大 $40\%\sim50\%$。钨极氩弧焊时直流正接的熔深最大，反接的最小。焊铝、镁及其合金时有去除熔池表面氧化膜的问题，用交流电为好，焊薄件时也可采用直流反接。焊其他材料时一般都用直流正接。

（2）钨极端部形状、焊丝直径和伸出长度的影响

钨极的磨尖角度等对电弧的集中系数和电弧压力的影响较大，电弧越集中，电弧压力越大，形成的熔深越大、熔宽越小。

熔化极电弧焊时，如果电流不变，焊丝直径变细，则焊丝上的电流密度变大，工件表面电弧斑点移动范围减小，加热集中，因此熔深增大，熔宽减小，余高也增大。对于像埋弧焊这类焊接方法达到同样的熔深，焊丝直径越细，则所需电流越小，但与之相应的电流密度却显著提高了，即细焊丝的熔深系数大。

焊丝伸出长度加大时，焊丝电阻热增大，焊丝熔化量增多，余高增大，熔深略有减小，熔合比也减小。焊丝材质电阻率越高、尺寸越细、伸出长度越大时，这种影响越大。所以，可利用加大焊丝伸出长度来提高焊丝金属的熔敷效率。为了保证得到所需焊缝尺寸，在用细焊丝尤其是电阻率较高的不锈钢焊丝焊接时，必须限制焊丝伸出的长度。

（3）其他工艺因素对焊缝尺寸的影响

除上述工艺因素对焊缝尺寸产生影响以外，坡口尺寸和间隙大小、电极和工件的倾角、接头的空间位置等都对焊缝成形有影响。

① 坡口和间隙　电弧焊焊接对接接头时的一般依据是板厚不留间隙、留间隙、开 V 形坡口或 U 形坡口。其他条件不变时，坡口或间隙的尺寸越大，余高越小，相当于焊缝位置下沉

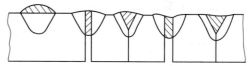

图 3-10　坡口形状对焊缝的影响

（图 3-10），此时熔合比减小。因此，留间隙或开坡口可用来控制余高的大小和调整熔合比。留间隙开坡口和不留间隙开坡口相比，两者的散热条件有些不同，一般来说开坡口的结晶条件较为有利。

② 电极（焊丝）倾角　电弧焊的焊丝倾斜时，电弧轴线也相应偏斜。焊丝前倾时，电弧力对熔池金属向后排出的作用减弱，熔池底部的液体金属层变厚，熔深减小。所以电弧潜入工件的深度减小，电弧斑点移动范围扩大，熔宽增大，余高减小。α 角越小，这一影响越明显，如图 3-11 所示。焊丝后倾时，情况相反。

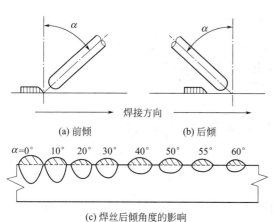

(a) 前倾　　　　　(b) 后倾

(c) 焊丝后倾角度的影响

图 3-11　焊丝倾角对焊缝成形的影响

③ 工件倾角和焊缝的空间位置　在焊接生产实际中当遇到倾斜的工件时，电弧焊时熔池金属在重力作用下有沿斜坡下滑的倾向。

下坡焊时，这种作用阻止熔池金属排向熔池尾部，电弧不能深入加热熔池底部的金属，熔深减小，电弧斑点移动范围扩大，熔宽增大，余高减小。倾角过大会导致熔深不足和焊缝流溢。上坡焊时，重力有助于熔池金属排向熔池尾部，因而熔深大，熔宽窄，余高大。上坡角度 $\alpha > 6° \sim 12°$ 时，余高过大，且两侧易产生咬边，如图 3-12 所示。实际焊接结构上的焊缝往往在各个空间位置，空间位置不同时，电弧焊时重力对熔池金属的影响不同，常常对焊缝的成形带来不良影响，需要采取措施来削弱这种不良影响。

④ 工件材料和厚度　熔深与电流成正比，熔深系数 K 的大小还与工件的材料有关。材料的热容积越大，则单位体积金属升高同样的温度需要的热量越多，因此，熔深和熔宽都小。材料的密度越大，则熔池金属的排出越困难，熔深也越小。工件的厚度影响到工件内部热量的传导，工件越厚，熔宽和熔深都越小。当熔深超出板厚的 0.6 倍时，焊缝根部出现热饱和现象而使熔深增大。

⑤ 焊剂、焊条药皮和保护气体　焊剂的成分不同，则电弧极区压降和弧柱电位梯度的大小也不同。当焊剂的密度小、颗粒度大或堆积高度小时，电弧四周的压力低，弧柱膨胀，电弧斑点移动范围大，所以熔深较小，熔宽较大，余高小。

大功率电弧焊厚件时，用浮石状焊剂可降低电弧压力，减小熔深，增大熔宽，改善焊缝的成形。熔渣应有合适的黏度，黏度过高或熔化温度较高使渣透气不良，在焊缝表面形成许多压坑，成形变差。焊条药皮成分的影响与焊剂有相似之处。

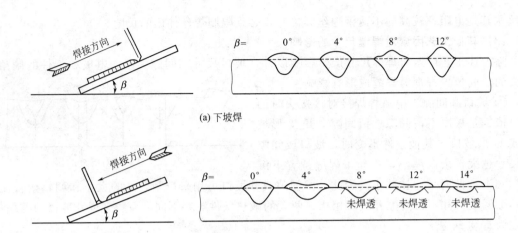

(a) 下坡焊

(b) 上坡焊

图 3-12　工件倾角对焊缝成形的影响

Ar、He、N_2、CO_2 等电弧焊保护气体的成分也影响极区压降和弧柱的电位梯度。热导率大的气体和高温分解的多原子气体使弧柱导电截面减小，电弧的动压力和比热流分布等都不同，这些都影响到焊缝的成形，如图 3-13 所示。

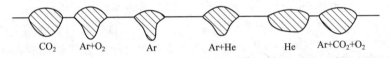

CO_2　　Ar+O_2　　Ar　　Ar+He　　He　　Ar+CO_2+O_2

图 3-13　保护气体的成分对焊缝成形的影响

总之，影响焊缝成形的因素很多，要获得良好的焊缝成形，就要根据工件的材质和厚度、接头的形式和焊缝的空间位置、工作条件对接头性能和焊缝的尺寸要求等，选择适宜的焊接方法和焊接规范进行焊接，否则就可能出现这样那样的焊接缺陷。

3.6　焊缝成形缺陷及缺陷形成的原因

电弧焊时的气孔、裂纹和夹渣等缺陷虽然和焊缝的成形（如焊缝成形系数的大小）有关，但主要受焊接过程的冶金因素和焊接热循环的影响，产生焊接缺陷的原因也比较复杂。常见的成形缺陷有未焊透、未熔合、烧穿、咬边和焊瘤等。形成这些缺陷的原因常常是坡口尺寸不合适、规范选择不当或焊丝未对准焊缝中心等。

（1）未焊透

焊接时，焊接接头根部未完全熔透的现象称为未焊透，如图 3-14 所示，在单面焊和双面焊时都可能产生这种缺陷。形成未焊透的主要原因是焊接电流小、焊速过高或坡口尺寸不合适以及焊丝未对准焊缝中心等。细焊丝短路过渡 CO_2 电弧焊时，由于工件热输入低容易产生这种缺陷。为防止产生未焊透，应正确选择焊接参数、坡口形式及装配间隙，并确保焊丝对准焊缝中心。同时，注意坡口两侧及焊道层间的清理，使熔化金属之间及熔敷金属与母材金属之间充分熔合。

（2）未熔合

电弧焊时，焊道与母材之间或焊道与焊道之间未能完全熔化结合的部分叫未熔合

（图 3-15）。熔池金属在电弧力作用下被排向尾部而形成沟槽。当电弧向前移动时，沟槽中又填以熔池金属，如果这时槽壁处的液态金属层已经凝固，填进来的熔池金属的热量又不足以使之再度熔化，则形成未熔合，在多数情况下熔合区内都有渣流入。高速焊时为防止这种缺陷应设法增大熔宽或者采用双弧焊等。

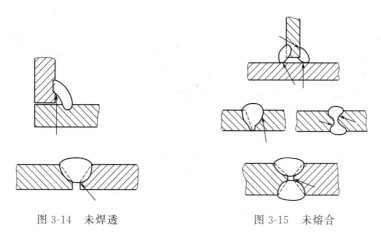

图 3-14　未焊透　　　　　　　　　　图 3-15　未熔合

（3）烧穿

焊缝上形成孔的现象称为焊穿。熔化的金属从焊缝背面漏出，使焊缝正向面凹陷、背面凸起的现象称为塌陷，如图 3-16 所示。焊穿及塌陷的原因，主要是焊接电流过大、焊接速度过小或坡口间隙过大等。在气体保护电弧焊时，气体流量过大也可能导致焊穿。为防止焊穿及塌陷，应使焊接电流与焊接速度适当配合，增大焊接速度，并严格控制焊件的装配间隙。气体保护焊时，应避免形成切割效应。例如焊接电流较大时，应注意气体流量不宜过大。通常情况下，平焊易获得良好的焊缝成形。单面焊双面成形、曲面焊缝、垂直和横向焊缝以及全位置焊接时，获得好的焊缝成形较困难，往往需要根据具体情况采取相应的措施才能达到。在后面的章节中将结合具体方法介绍焊缝成形的控制措施。

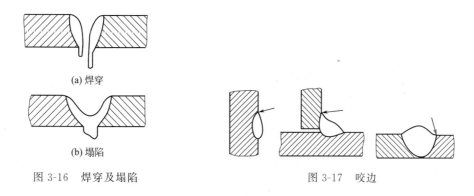

(a) 焊穿

(b) 塌陷

图 3-16　焊穿及塌陷　　　　　　　　　　图 3-17　咬边

（4）咬边

由于焊接参数选择不当，或操作方法不正确，沿焊脚的母材部位产生的沟槽或凹陷称为咬边（或称咬肉），如图 3-17 所示。咬边是电弧将焊缝边缘熔化后，没有得到填充金属的补充而留下的缺陷。由图 3-17 可见，咬边一方面使接头承载截面减小，强度降低；另一方面造成咬边处应力集中，接头承载后易引起裂纹。当采用大电流高速焊接或焊角焊缝时一次焊接的焊脚尺寸过大、电压过高或焊枪角度不当，都可能产生咬边现象。腹板处于垂直位置的角焊缝焊接时，如果一次焊接的焊脚过大或者电压过高时，在腹板上也可能产生咬边。在焊对接接头时如果操作不当亦会产生这种缺陷。可见，正确选择焊接参数、熟练掌握焊接操作技术是防止咬边的有效措施。

(5) 焊瘤

电弧焊时熔化金属流淌到焊缝以外、未熔合到母材上、形成金属熔瘤的现象叫焊瘤，如

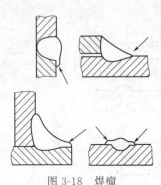

图 3-18　焊瘤

图 3-18 所示，有时也称为满溢。在焊瘤处有局部未熔合。焊瘤是由填充金属过多引起的，这与间隙和坡口尺寸小、焊速低、电压小或者焊丝伸出长度大等有关。在焊上述的角焊缝时，如果焊丝位置或角度等不合适，则可在腹板上形成咬边的同时在底板上形成焊瘤。防止产生焊瘤的主要措施是：尽量使焊缝处于水平位置，使填充金属量适当，或在船形位置（当工件允许转动时）焊接焊缝，这时相当于在 90°的 V 形坡口内焊对接焊缝。焊接速度不宜过低，焊丝伸出长度不宜太长，注意坡口及弧长的选择等。

除了上述缺陷之外，还有凹坑（焊后在焊缝表面或背面形成的低于母材表面的局部低洼部分）和塌陷（单面熔化焊时，由于焊接工艺不当，造成焊缝金属过量透过背面，使焊缝正面塌陷、背面凸起的现象）等。

在平焊时容易得到成形良好的焊缝。在空间位置焊接时，为了得到成形良好的焊缝就要根据具体的情况采取适当的控制措施。

3.7　焊缝成形的控制

要获得优质焊缝，良好的坡口加工制备、工件成形和装配质量是重要的条件。由于焊接过程中的收缩变形，装配时要采取相应的反变形措施。焊接时焊丝对准焊缝中心才能保证不至于因焊偏而产生种种焊接缺陷，因此，在自动焊时最好有焊缝自动跟踪装置。在空间位置焊接时，如果是自由成形，则要限制熔池尺寸或采用焊丝摆动等措施。如采用强制成形装置，则比自由成形时可采用较大的焊接规范，生产率比自由成形的高，设备则更复杂些。

3.7.1　平面内直缝的焊接

焊接直缝时没有空间位置的变化，保证沿整条焊缝的装配质量也比曲面焊缝容易一些，所以选择合适的焊接规范是关键。

(1) 平焊

平焊时焊缝成形条件最好。重要的焊缝都要求根部完全焊透，这可以采用双面焊、单面多道焊或单面焊双面成形等工艺。用单面焊双面成形可降低生产成本和提高生产率。单面焊双面成形可分为自由成形和衬垫承托的强制成形两种。

① 自由成形　自由成形时靠熔池金属的表面张力来托住熔池金属。当焊件材料一定时，厚度越大，则完全焊透所需的电流就越大，电弧力越大，同时熔池体积也越大，熔池金属受的重力也越大。表面张力如不能与电弧力和重力之和相平衡，则熔池金属会下坠甚至流出，不能双面成形。所以，自由成形的单面焊双面成形的工件厚度是有限的。如果电弧的功率密度大，则工件的允许厚度可大一些，因为达到同样的熔深时熔池的体积小。

② 衬垫承托强制成形 工件厚度大时，电弧功率也要大，此时已不能使用自由成形的办法，可采用背面加衬垫承托熔池金属的办法以获得双面成形的焊缝。

（2）立焊和横焊

立焊和横焊甚至仰焊都可采用自由成形或强制成形的方法。

① 自由成形 空间位置焊接时的主要困难是，熔池金属在重力作用下的流淌与得到所需的熔深及良好的成形之间的矛盾。平焊时可用较大的电流和适当的电压以得到焊缝根部及坡口侧壁的焊透深度。但在空间位置焊接时为限制熔池的尺寸，大的焊接电流就不允许采用，而要用较小的电流。此外，电弧还要进行适当的摆动和停留以控制熔池的形状。摆动的轨迹、频率和停留时间等要根据焊缝的空间位置和坡口形状尺寸等通过实验确定。

摆动方法有机械方法、电控方法和磁控方法三类。机械方法通过各种传动机构来控制摆动轨迹。电控摆动方法是用电子电路直接控制执行电机带动焊枪进行摆动。电控摆动可以灵活地改变摆动轨迹，只要改变输入信号的波形就能做到这一点。磁控摆动是利用外加磁场对电弧的磁作用力来实现电弧的摆动的，这种方法不需要复杂的机械结构，电路结构也较简单，但是摆动轨迹的变化较小。控制电弧摆功的磁场频率一般为几到几十赫兹。磁场强度与焊接电流等有关，可取为 $(10 \sim 30) \times 10^{-4}$ T。

横焊也可采用窄间隙焊。焊缝由多层组成，每一层先焊下侧焊道，再焊上侧焊道。焊丝与坡口边缘有一微小的倾角，避免窄间隙焊接中易于出现的边缘熔合不良。

② 强制成形 立焊、横焊甚至仰焊都可采用强制成形的方法来控制焊缝成形。要保证焊缝的质量和成形，除了正确选择焊接参数之外，工件的装配质量和背面采取的工艺手段也是很重要的。

3.7.2 曲面焊缝的焊接

实际生产中最常见的曲面焊缝是环形焊缝和螺旋形焊缝等，它们可以在工件允许转动和焊接机头固定的条件下焊接。当工件不允许转动时，则采用焊接机头绕工件转动的全位置焊的方法进行焊接。

（1）焊接机头固定

容器焊接时，筒节和筒节或筒节和封头间的环缝，通常是在焊接机头固定工件转动的条件下进行焊接的。

工件的直径和椭圆度不同，使坡口加工和装配间隙沿整条环缝不一致，再加上熔池在曲面上，所以得到成形良好的焊缝要比直焊困难。为了削弱曲面对熔池金属流动的不利影响，尤其是焊接外环缝或内环缝，焊丝都应逆工件旋转方向偏移一段距离，使熔池接近处于水平位置，以获得较好的成形，如图 3-19 所示。焊丝的偏移量影响焊缝形状，如图 3-20 所示。熔池越长，焊丝偏置距离应该越大。焊件直径为 400～3500mm 时，偏置距离可取为 30～40mm。焊件的直径越小，则曲率越大，允许的熔池长度越小，因此电弧的功率和焊接速率受到限制。

螺旋焊缝的焊接与环缝焊接相似，但由于工件轴线与焊缝轴线成一螺旋角，因此熔池金属还有侧向流淌的问题。当焊接形状更为复杂的曲面焊缝时，在可能情况下仍应该使熔池始终处于接近水平的位置以获得良好的焊缝成形，这时工件或焊接机头的运动可能更为复杂一些。焊接时，当焊到焊缝的不同部位时焊接参数也要根据需要进行自动（或手工）调整。

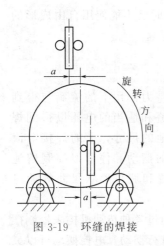

图 3-19 环缝的焊接

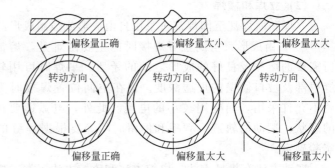

图 3-20 焊丝偏移量对焊缝形状的影响

（2）全位置焊接

对现场安装的构件如管子在焊接时不允许转动，此时只能采用焊枪绕工件转动的全位置焊接方法。这时焊接熔池的位置和熔池金属的受力状态在整个焊接过程中不断变化；在此条件下，即使是环缝的间隙和坡口尺寸一致，要保证整条环缝的熔深和正、反面焊缝的成形符合要求也是很难达到的。而实际管子不圆和壁厚不均匀，间隙和坡口尺寸难以均匀一致，为了限制熔池金属的流动避免失去控制，熔池的体积、电弧的功率等就应受到限制，通常用小电流细直径焊丝进行焊接，或者采用脉冲焊等。壁厚稍大时多采用多层焊。多层焊时应尽可能使每层焊缝的成形均匀一致。在手工焊时，焊工可根据坡口尺寸以及空间位置等，随时改变焊条或焊枪角度、运条方法及焊接线能量参数等来控制焊缝成形。在自动焊时，通常把整个圆周按其空间位置划分成几个区，在不同的区域采用不同的焊接规范，具体的规范参数值要根据实际条件通过实验确定。在焊接时，当焊枪运行至不同的空间位置时，程序控制装置将焊接规范参数自动切换到相应的预定值。

3.7.3 摆动电弧焊接技术

焊枪沿焊缝方向左右精确摆动，能有效增加焊缝宽度，改善熔池边缘成形。通过摆动操作，除了能够防止产生咬边、焊瘤、熔合不良、焊穿、夹渣等焊缝缺陷之外，还对进行横焊、立焊、仰焊及单面焊双面成形起到良好作用。摆动电弧焊接技术一次焊接就能获得多次焊接的效果，大大地提高了生产率。"钟摆型"尤其适合于角焊缝、较厚板材焊接；"直摆型"适合于较宽焊缝焊接、盖面焊接等。目前摆动电弧焊接技术已经广泛应用于造船、压力容器、管道、大型钢结构、航空航天、汽车等行业中，适用于 MIG/MAG（气体保护焊）、TIG（氩弧焊）、PAW（等离子焊）焊和 SAW（埋弧焊）焊的电弧摆动焊接。

（1）摆动焊接特点

① 合理分配电弧热量　母材较厚时需要加工坡口，为使坡口各部分有适当的熔化，需要根据坡口形状对电弧热在坡口各部分做出合理的分配。比如，月形摆动操作主要适用于I形坡口或Ⅴ形坡口第 2 层以后的焊接。这是因为月形摆动能够形成宽度较大的焊缝，并且电弧热能够适当分配到焊缝周边区域，所形成的焊缝形状良好，可以有效防止咬边及焊瘤。

电弧热的分配比例由各位置处的摆动速度决定。通常月形摆动时，在摆动线的中央部位速度较快，随着向两端的移动，摆动速度逐渐减慢，在摆动的端部有短暂的停留，使热量的分配以向周围传送为主。栗形和三角形摆动主要适用在 V 形坡口的初层及角焊缝接头中。在栗形摆动线的尖角部位以及三角形摆动线的顶点位置（也就是坡口的底部）使热量集中，可以防止熔透不良及熔渣卷入等；同时电弧沿着坡口侧面移动，使坡口内有合适量的熔敷金属。如图 3-21 所示为手工电弧焊典型轨迹：月形、栗形、三角形等。

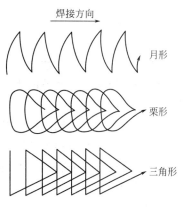

图 3-21　电弧摆动轨迹示意图

② 控制熔化金属的流动　在电弧焊过程中，随着电弧的移动，母材上产生逐次局部熔化及逐次凝固形成焊缝。然而有时也会由于电弧热输入的增大使熔化量增加，产生熔化金属从焊缝脱落的现象。

为防止熔池脱落现象的发生，只能减少熔化金属量，以较低的热输入进行多层焊接，这必然会带来焊接生产率的降低。要想使母材尽可能多地熔化而又不会脱落，可以利用电弧力的作用，以电弧力抑制熔化金属的重力，在电弧力的指向上多加考虑。

（2）焊接电弧摆动的自动控制

手工电弧焊焊缝的好坏与焊工的技术有直接的关系，其中的一项技术就是摆动操作。焊工以一定的周期、一定的摆动轨迹对电弧进行摆动，如此进行焊接实现对焊接焊缝成形的控制。摆动轨迹是多种多样的，焊接电弧摆动的自动控制，可以采用机械方法、机头电控方法和磁场作用方法等。机械方法是使焊枪通过产生机械运动，通过把焊接方向上的运动与直角方向上的运动适当地组合，就可以产生相当复杂的摆动轨迹，如钟摆型电弧摆动控制器等。这种方法原理上很简单，同时可靠性高，因此使用较多。

机头电控方法是将焊枪安装在机头十字滑架上，使焊枪的运动通过电机带动丝杠实现，通常需要用微处理机系统控制电机，并与脉冲电流相互配合。如图 3-22 所示为焊接摆动器形成的几种轨迹。这种方法柔性大，在需要改变摆动轨迹时不需要对机械部分进行改动，而是通过微处理机软件来实现，具有变化灵活、可选择性强等优点。

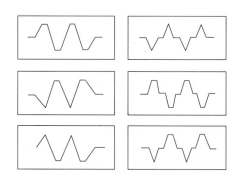

图 3-22　电弧自动摆动轨迹示意

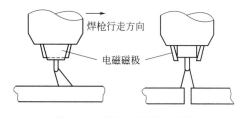

图 3-23　磁控电弧摆动设计

磁场控制方法是焊枪自身不进行摆动，而焊接电弧产生摆动。通过对电弧区施加一个横向磁场，使电弧弧柱受到电磁力的作用，电弧偏向电磁力指向一侧。利用这个原理，使电弧在某一方向上产生一定角度的倾斜，并使这一倾斜能够周期性出现。这种方式只需要在普通焊枪的前部加上产生磁场的装置即可，如图 3-23 所示，但一般只能进行简单的横向往复摆动。

复习思考题

1. 解释焊缝成形系数、焊缝熔合比的概念。

2. 分析焊缝成形系数的大小对焊接质量的影响规律，说明常用电弧焊方法的焊缝成形系数的取值范围。

3. 分析熔池所受到的力及其对焊缝成形的影响规律。

4. 分析焊接参数和工艺因素对焊缝成形的影响规律。

5. 焊缝成形缺陷有哪些？说明焊缝成形缺陷的防止措施。

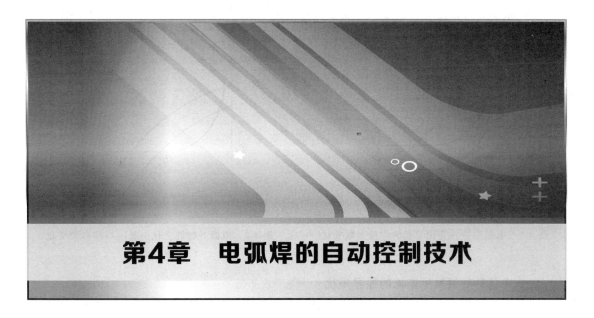

第4章　电弧焊的自动控制技术

焊接过程的自动化是提高焊接质量、降低劳动强度及提高焊接生产率的重要途径，因此，长期以来人们一直致力于该方向的研究和推广应用。电弧焊过程自动化涉及很多方面，本章主要讲述电弧焊的自动调节系统、电弧过程参数的恒值控制及电弧焊的程序自动控制等基本问题。

4.1　熔化极电弧焊的自动调节系统

熔化极电弧焊的焊接过程一般包括电弧引燃、焊接和收尾三个阶段，借助于机械和电气的方法实现上述三个阶段的焊接过程就称为自动电弧焊。熔化极电弧焊包括埋弧焊、CO_2气体保护焊、熔化极氩弧焊等。埋弧焊是自动化程度较高的一种电弧焊方法；CO_2气体保护焊和熔化极氩弧焊，既可以采用自动控制方法进行焊接，也可以采用手工操作的半自动焊方法进行焊接，自动焊能实现规定的焊接工艺程序。另外，焊接时为了获得优良的焊缝质量，很重要的一点是应根据焊件的技术要求合理地选定焊接规范参数，并在焊接过程中力求保持选定的焊接规范参数的稳定。电弧焊的自动调节系统作用，是当选定的规范参数受外界因素干扰而发生变化时，能自动调节迅速恢复到预定值。

4.1.1　电弧焊自动调节的必要性

焊接电流、电弧电压和焊接速度是决定焊缝输入能量的三个主要参数，为了获得稳定的焊接过程即稳定的焊丝熔化、溶滴过渡、母材熔化和冷却结晶过程，首先必须依据焊件实际情况（材质、板厚、接头形式及焊接位置等）正确选择电弧焊参数，并在实际焊接过程中保持焊接参数的稳定。要保持焊接速度不变相对比较容易，而保持焊接电流和电弧电压始终不变则比较困难，这是因为在焊接过程中经常要受到外界各种因素的干扰而导致焊接电流和电弧电压偏离预定值。

电弧稳定燃烧时的焊接电流和电弧电压是由焊接电源的外特性曲线和电弧静特性曲线的交点决定的。如图 4-1 所示的 O 点称为电弧稳定工作点，即电弧稳定燃烧时的焊接电流和电弧电压。但是在焊接过程中，一些外界干扰或者使电弧静特性曲线变化，或者使电源外特性曲线变化，这些都使电弧稳定工作点发生变化。干扰因素可以分为两类：

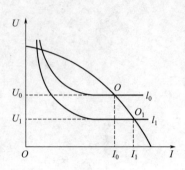

图 4-1 电弧静特性变化引起的焊接参数变化
l_0, l_1—弧长

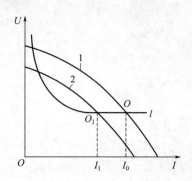

图 4-2 电源外特性变化引起的焊接参数变化
1, 2—电源外特性

（1）电弧静特性发生变化的外界干扰

电弧静特性的变化将使电弧稳定工作点沿电源外特性发生波动（如图 4-1 中所示由 O 点移到 O_1 点）。电弧静特性是由弧长、弧柱气体成分和电极条件等决定的，因此这方面的外界干扰有：

① 送丝速度不均匀：这是由于焊丝盘绕时造成的折弯和扭曲、焊丝打滑、焊丝盘卡死等因素造成的送丝阻力突变或送丝电动机转速波动引起的。

② 焊炬相对于焊缝表面距离的波动：这是由于焊件表面起伏不平、坡口加工或装配不均匀、焊道上有定位焊缝等因素使焊缝表面高度波动造成的，也可以是由于焊接小车导轨等表面不平整或工作台振动等因素引起的。

③ 焊剂、保护气体、母材和电极材料成分不均或有污染物等，引起的弧柱气体成分及弧柱电场强度的变化。

（2）使电源外特性发生变化的外界干扰

大容量电气设备（如电阻焊机、大功率电动机等）突然启动或切断造成电网电压波动；弧焊电源内部的电阻元件和电子器受热后使其输出发生波动等。电源外特性发生变化也引起电弧工作点沿电弧静特性曲线发生移动，如图 4-2 中的 O_1 点所示。

4.1.2 电弧焊自动调节的基本原理

一般在焊接电弧中，弧长仅为几到十几毫米，弧柱电场强度依电极材料和保护条件不同一般为 $10\sim40V/cm$，弧长有 $1\sim2mm$ 的变化，电弧电压就会有明显的改变，而弧长产生 $1\sim2mm$ 的变化非常容易，因此，在电弧各种干扰中，弧长的变化干扰最为突出。电弧焊自动调节的目标就是克服弧长的变化产生的焊接参数的波动。

（1）手工电弧焊调节的基本原理

在手工电弧焊操作中，焊工依靠眼睛观测电弧长度的变化，即时调整焊把送进量，以保持理想的电弧长度和熔池状态。这种人工调节作用是依靠焊工的肉眼作为一种视觉传感器和其他感觉器官对电弧和熔池的观测，通过大脑的分析比较（想一想弧长和熔池状况是否合适），然后指挥手臂调整运条动作来完成的，如图 4-3 所示。

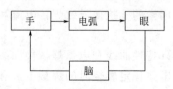

图 4-3 手工电弧焊的人工调节系统

（2）电弧焊自动调节的基本原理

自动电弧焊以机械代替手工送进焊条来取代上述人工调节作用。要克服弧长的波动，自动电弧焊方法必须有相应的自动调节作用，由此可见，自动调节是机械化电弧焊方法必须包含的内容。此外，在自动电弧焊中焊接及送丝速度的稳定性还受到拖动系统的负载和网路电压波动等因素的干扰，对此也需采取相应的调节措施以保证拖动电机转速的稳定。

电弧长度是由焊丝的熔化速度和焊丝的送进速度共同决定的，焊接电弧稳定燃烧时，焊丝的熔化速度 v_m 始终等于焊丝的送进速度 v_f，即 $v_f = v_m$，处于平衡状态，电弧长度保持不变；如果焊丝的熔化速度 v_m 大于焊丝的送进速度 v_f，则电弧长度逐渐拉长，直至熄灭；如果焊丝的熔化速度 v_m 小于焊丝的送进速度 v_f，则电弧长度逐渐缩短，直至焊丝插入熔池而熄弧。因此，要想使电弧稳定燃烧，并且弧长保持不变，必须使 $v_f = v_m$，这是一个必要的条件。由此可知，当弧长发生变化时，可以通过自动调节焊丝的熔化速度和自动调节焊丝的送进速度两种方法，使受干扰的电弧恢复到原来的长度。

依据以上自动调节的基本原理，产生如下几种电弧焊自动调节系统。

① 电弧自身调节系统　电弧自身调节系统的特点是：采用开环控制，送丝速度预选后在焊接过程中保持恒定不变，当弧长发生变化时，利用电弧的自身调节作用来调整焊丝的熔化速度，使送丝速度重新等于焊丝送进速度，从而恢复电弧长度。

② 电弧电压反馈调节系统　电弧电压反馈调节系统的特点是采用闭环控制，当弧长发生波动而引起电弧电压变化时，将此变化量（或其一部分）通过电弧电压反馈调节器反馈到自动调节系统的输入端，强迫送丝速度发生改变，使送丝速度重新等于焊丝熔化速度，从而恢复电弧长度。

4.1.3　自动控制过程中的闭环和开环控制系统

根据调节原理，自动控制系统有如下两类：

（1）闭环系统

用机电结构取代的人工调节作用，因而能实现电弧过程等参数量的自动检测和相应调节动作，以维持这一参数恒定不变的装置称为闭环自动调节系统，其原理方框如图 4-4 所示。闭环系统的三个基本环节如下：

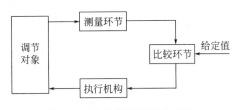

图 4-4　闭环控制系统方框图

① 测量环节　又称检测环节或传感器，与图 4-3 中所示的人眼一样，能在整个焊接过程中连续检测调节对象的某一物理量，必要时还要把它转换为便于进行比较的物理量，这一检测量通常又称为被调量（或被控量）。

② 比较环节　类似人脑的作用，将测量环节测量出来的被调量，通过与给定值进行比较后输出偏差信号。

③ 执行机构　根据比较环节输出的偏差信号数值，改变调节对象的某个输入条件（物

理量），完成调整动作。这个调整动作量又称为操作量（控制量）。

（2）开环系统

与闭环系统相对应的，通常把调节对象输出与输入之间没有外部反馈联系的系统称为开环系统（图4-5）。在开环控制系统中，给定值就是控制

图4-5 开环控制系统方框图

量，调节系统不对被调量进行测量和反馈，一般只是根据预先拟定的程序或规律来控制和调节被调量，使控制系统能按要求自动地执行预定的程序动作。执行机构的运行参数不参与控制，通常开环系统不具备补偿干扰的

自动调节能力。但是熔化极电弧焊的开环等速送丝调节系统具有的自动调节能力，是利用焊丝熔化速度跟焊接电流和弧长之间的内在联系构成补偿弧长干扰的自调节作用，这种内在联系相当于是一种内部固有的反馈作用，因此这种开环自动调节可看作是一种内反馈调节，而闭环自动调节则是外反馈调节。

开环控制系统常用于焊接过程程序控制中，使焊接过程能自动地按预定的程序顺序实行转换，达到自动进行焊接过程的目的。

4.1.4　等速送丝调节系统

在熔化极电弧焊中，如埋弧焊一般是采用大功率焊接的，当电弧长度发生变化时焊接电流的变化很大。

① 弧长增大，焊接电流就减小，焊件上的加热斑点就扩大，使能量密度降低。

② 弧长减小，焊接电流就增大，使焊件加热斑点上的能量密度提高。

因此，焊接过程中控制弧长，是稳定焊接规范、保证焊缝质量的关键。

目前在熔化极弧焊生产中，弧长控制方法是用等速送丝调节系统的电弧自身调节（也称自身调节）作用和变速送丝时的电弧电压反馈自动调节系统来进行的。电弧的自身调节作用是指在焊接过程中，焊丝等速送进，利用焊接电源固有的电特性来调节焊丝熔化速度，以控制电弧长度保持不变，从而达到焊接过程的稳定。等速送丝式自动焊机就是根据这个原理制成的。下面就讨论等速送丝式熔化极电弧焊接过程的工作特性和它的合理应用条件。

（1）电弧自身调节系统的静特性

在熔化极电弧焊过程中焊丝的熔化速度 v_m 是正比于焊接电流 I 并随弧长（弧压）的增加（增长）而减小的，用数学公式表示为：

$$v_m = K_I I - K_U U \tag{4-1}$$

式中　K_I——熔化速度随焊接电流而变化的系数，其值取决于焊丝电阻率、焊丝直径、焊丝伸出长度以及电流数值，cm/(s·A)；

　　　K_U——熔化速度随电弧电压而变化的系数，其值取决于弧柱电位梯度、弧长的数值。

如果焊丝以恒定送丝速度 v_f 送给，则当焊接电弧弧长稳定时必有：

$$v_f = v_m \tag{4-2}$$

式（4-2）是任何熔化极电弧系统的稳定条件方程。把式（4-1）代入式（4-2），整理后可得：

$$I = v_f / K_I + K_U U / K_I \tag{4-3}$$

式（4-3）表示在给定送丝速度条件下弧长稳定时焊接电流和电弧电压之间的关系，或者说等速送丝电弧焊的稳定条件方程，通常称为自身调节系统静特性方程或称等熔化曲线方

程。曲线称为自身调节系统静特性曲线或等熔化曲线，如图 4-6 所示。曲线上的每一点即每一种 I 和 U 组合条件下焊丝的熔化速度都等于给定的送丝速度。亦即是电弧在该曲线上任一点燃烧时 $v_f = v_m$ 焊接电弧处于稳定状态，曲线左边 $v_f < v_m$，曲线右边 $v_f > v_m$，而当电弧不在这一点燃烧时 $v_f \neq v_m$。焊接过程不稳定，但曲线上任一点都是稳定工作点，是由焊接电源外特性曲线与自电弧身调节系统静特性曲线相交形成的，这一工作点也就确定了电弧静特性曲线位置。

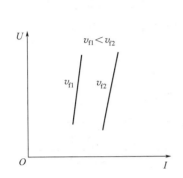

图 4-6　电弧自身调节系统静特性曲线　　　　图 4-7　电弧自身调节系统静特性曲线测定

（2）电弧自身调节系统静特性曲线测定

测量的方法是：在给定的焊丝直径、焊丝伸出长度和保护条件的情况下，选定一种焊丝送给速度保持不变，然后调节焊接电源的外特性，获得外特性曲线 1（图 4-7）。在此条件下焊接，当焊接电弧稳定后，测量焊接电流 I_1 和电弧电压 U_1。然后，再次调节焊接电源的外特性，获得外特性曲线 2，当焊接电弧稳定后，测量焊接电流 I_2 和电弧电压 U_2。如此重复进行几次测量后，得到几组焊接电流、电弧电压值。最后在 I-U 坐标系中将各个工作点连线，就可以得到在给定焊丝送给速度下的电弧自身调节系统的静特性曲线 C。每改变一次焊丝送给速度，可以得到一条在该焊丝送给速度下的电弧自身调节系统静特性曲线。由曲线可知：

① 在长弧焊条件下，电弧自身调节系统静特性曲线几乎垂直于水平坐标轴（I 轴）。这说明这时 K_U 数值很小，电弧长度对熔化速度影响可以略去不计，因此系统静特性可以写成：

$$I = v_f / K_I \tag{4-4}$$

② 在短弧焊条件下，电弧自身调节系统静特性曲线斜率减小。这说明短弧焊时，焊丝熔化速度随弧长缩短而有明显增大，即这时 K_U 的数值明显增大。这就是电弧固有的自身调节作用。

③ 其他条件不变时，送丝速度减小（增加），电弧自身调节系统静特性曲线平行向左（右）移动。

④ 其他条件不变时，焊丝伸出长度增加（减小），则 K_I 增加（减小），电弧自身调节系统静特性曲线向左（右）移动也十分显著。

电弧自身调节系统的上述特性决定了等速送丝自动电弧焊的一系列工艺特点。

（3）电弧自身调节系统的调节过程

由图 4-8 可见，等速送丝的自动电弧焊过程中，当焊接电弧稳定时，其工作点为 O_0，对应焊接电流和电弧电压为 I_0 和 U_0，当外界干扰使弧长突然缩短时，电弧的工作点将暂时从 O_0 点移到 O_1 点，由于：

$$v_{m0} = K_I I_0 - K_U U_0$$
$$v_{m1} = K_I I_1 - K_U U_1$$
$$I_1 > I_0 \qquad U_1 < U_0$$
$$v_{m1} > v_{m0} = v_f$$

因此弧长将因熔化速度 v_m 增加而得到恢复。如果弧长缩短是在焊炬与工件表面距离不变的条件下发生的，则电弧的稳定工作点最后将回到 O_0 点，调节过程完成后系统将不带有任何静态误差。当送丝速度瞬时加快或减慢一下的时候，调节过程是同样的。

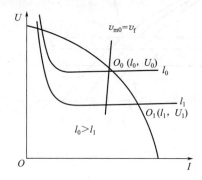

图 4-8　弧长波动时的调节过程

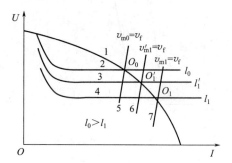

图 4-9　焊炬高度变化的系统调节精度

（4）电弧自身调节系统的调节精度

电弧自身调节系统的调节过程是在焊炬与工件表面距离不变的条件下发生的，实际上弧长波动经常是由于焊炬相对高度变化而造成的，这时，弧长的调节过程必然是在焊丝伸出长度发生变化的条件下实现的。调节过程结束后的工作点，将由焊丝伸出长度变化以后的电弧自身调节系统静特性曲线和电源外特性曲线交点决定。调节过程完成以后系统将带有静态误差，如图 4-9 所示，调节精度低。调节精度即误差大小与以下因素有关：焊丝伸出长度变化量、直径和电阻率，电源外特性曲线形状等。

① 焊丝的伸出长度　调节前后的焊丝伸出长度变化量越大，系统产生的静态误差越大，调节精度越低。

② 焊丝的直径和焊丝电阻率　焊丝电阻率越大或焊丝直径越细，焊丝伸出长度的影响越大，因而产生的静态误差越大。

③ 焊接电源外特性曲线形状　如图 4-10 中所示曲线 1 为电弧静特性曲线，曲线 2 为正

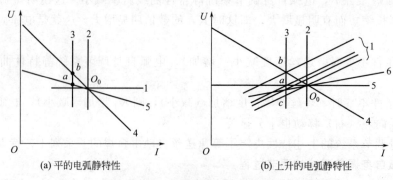

(a) 平的电弧静特性　　　　　　　　　(b) 上升的电弧静特性

图 4-10　焊炬高度波动时电弧自身调节系统的静态误差

常焊丝伸出长度时的自身调节特性曲线，曲线 3 为焊丝伸出长度伸长时的自身调节系统静特性曲线，曲线 4～6 为电源外特性曲线。弧长波动时电源外特性曲线形状不同将产生不同的调节精度：

a. 当电弧静特性曲线表现为平的时［图 4-10(a)］，陡降特性电源将比缓降特性电源引起更大的电弧电压静态误差。

b. 当电弧静特性曲线表现为上升的时［图 4-10(b)］，平特性的电源将比上升特性或下降特性的电源引起的电弧电压静态误差小，但上升特性电源弧长的误差最小。由此可见，为了减少电弧电压及弧长的静态误差，采用缓降（电弧静特性为平的时）或上升特性（电弧静特性为上升的时）的电源比较合理。但是在各种情况下，电源的静态误差都是相差不大的。

④ 网路电压波动时的系统误差　由图 4-11 可见，网路电压波动将使等速送丝电弧焊的工作点从 O_0 点移到 O_1 点。在长弧焊条件下，这时系统将产生明显的电弧电压静态误差，在网路电压波动值相同的情况下，具有缓降外特性曲线的电源所引起的电弧电压静态误差较小，而陡降的电源引起的误差则较大。短弧焊条件下，情况与上述不同，这时系统将产生明显的电流误差，而为了减小这种误差，应采用陡降外特性的电源。

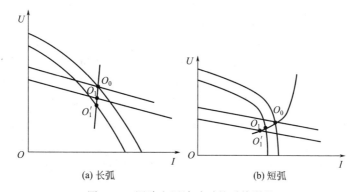

图 4-11　网路电压波动时的系统误差

（5）电弧自身调节系统的调节灵敏度

在等速焊丝的熔化极电弧焊过程中，弧长的波动是能够通过焊丝熔化速度自身调节作用得到补偿的。但是这一补偿也需要个时间过程。如果这个调节过程所需要的时间很长，则焊接过程稳定性仍将受到明显影响。因此只有当调节过程所需时间很短，或者说电弧自身调节作用很灵敏的时候，才能保证焊接过程的稳定性。

显然，电弧自身调节作用的灵敏度将取决于弧长波动时引起的焊丝熔化速度变化量 Δv_m 的大小。这个变化量越大，弧长恢复得就越快，调节时间就越短，自身调节作用的灵敏度就越高；反之，调节作用的灵敏度就低。由式(4-1) 可以知焊丝熔化速度变化量 Δv_m 取决于电流变化量 ΔI 和电压变化量 ΔU，即：

短弧焊：
$$\Delta v_m = K_I \Delta I - K_U \Delta U$$

长弧焊：
$$\Delta v_m = K_I \Delta I$$

（6）电弧自身调节系统的调节灵敏度影响因素

由此可见影响调节灵敏度的因素主要有：

① 焊丝直径和电流密度　当焊丝很细或电流密度足够大时，由于 K_I 很大，电弧自身调节作用就会很灵敏，因此对于一定直径的焊丝，如果电流足够大，就会有足够的灵敏度。电

流不够大时，自身调节作用的灵敏度就很低。在一定的工艺条件下，每一种直径的焊丝都有一个能依靠自身调节作用保证焊接电弧过程稳定的最小电流值，等速送丝电弧焊只有在这一电流限以上应用才比较合理，或者说应在电流密度足够大时采用。

② 电源外特性的形状（图 4-12）

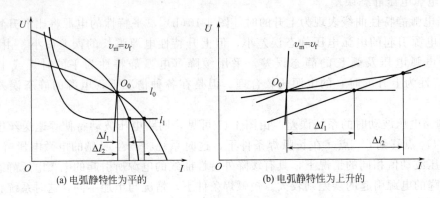

图 4-12 电源外特性形状对电弧自身调节灵敏度影响

a. 当电弧静特性曲线形状为平的时，采用缓降外特性电源比陡降外特性电源，能在发生同样波动时获得较大的 ΔI，即 $\Delta I_2 > \Delta I_1$，使自身调节作用比较灵敏。

b. 当电弧工作在静特性上升段时，则采用上升特性电源（注意：上升斜率不能超过电弧静特性）比用平特性电源能获得更大的 ΔI 和电弧自身调节作用灵敏度。因此，一般（长弧焊的）等速送丝焊机均采用缓降特性，甚至平特性、上升特性的电源。

③ 弧柱的电场强度 电场强度越大，弧长变化时电弧电压和电流变化量就越大，自身调节灵敏度就越高。但是电场强度大意味着电弧稳定性低，应该采用空载电压较高的电源。埋弧焊的弧柱电场强度较大（30～38V/cm），采用缓降特性电源就能保证足够的自身调节灵敏度，也保证了引弧和稳弧的空载电压要求。

④ 电弧长度 在弧长很短的条件下，由于电弧固有的自调节 K_U 明显增大，即使采用垂直下降的外特性电源（恒流源），电弧自身调节作用仍然十分灵敏。因此在短弧焊条件下，等速送丝埋弧焊也可以采用陡降或垂直下降外特性电源。

缺点是对于给定的电流值，送丝速度的允许范围很窄。送丝过快会造成短路，送丝过慢则会熄弧和回烧导电嘴。这都是因为在这两种情况下电源外特性跟自身调节系统静特性交点的电流电压数值配合不合适或无交点引起的。但是，如果送丝速度跟电流选择配合合适，则这样的电弧电流和弧长都将是十分稳定的。

（7）电弧自身调节系统熔化极电弧焊的电流、电压调整方法

在一般长弧焊条件下，电弧的自身调节系统静特性曲线近于跟电流坐标轴垂直，而电源应该采用缓降的、平的或微升的外特性。焊接电弧的稳定工作点是由焊接电源外特性曲线和电弧自身调节系统静特性曲线的交点，因此在这种焊接方法中：

① 焊接电流的调整将通过改变送丝速度来实现，电流的调整范围将取决于送丝速度的调整范围。

② 改变电源外特性调整电弧电压时，电弧电压的调整范围则由电源外特性的调整范围确定。

③ 在实际使用中，如果要把图 4-13 中所示工作点 A 的电弧调整为 B 点，则应该同时提

高送丝速度和电源外特性，即要同时调节两只旋钮才能获得所要求的电弧工作点。这不但很不方便，而且在实际生产中往往难以保证焊接电流和电弧电压的最佳配合，因此已经研究出能保证焊接电流和电弧电压维持最佳配合的单旋钮式自动焊机。

4.1.5 电弧电压反馈调节系统

电弧电压反馈自动调节方法，主要用于变速送丝系统并匹配陡降特性焊接电源的粗焊丝熔化极自动电弧焊的调节。当焊丝直径较粗时，仅依靠等速送丝的自身调节作用已不能保证焊接过程具有足够的稳定性，因此，发展出了带有电弧电

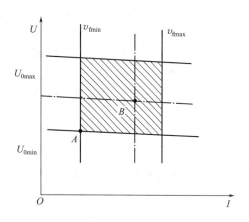

图 4-13 等速送丝熔化极电弧焊的
电流、电压调整方法

压反馈调节器的变速送丝式自动电弧焊调节系统，用于粗焊丝的焊接。

(1) 电弧电压反馈调节器的工作原理

电弧电压反馈自动调节，又称为均匀调节或者强迫调节，和电弧自身调节作用的不同在于：当弧长波动而引起焊接规范偏离原来的稳定值时，是利用电弧电压作为反馈量，并通过一个专门的自动调节装置强迫送丝速度发生变化。如弧长增加，电弧电压就增大，通过电弧电压反馈作用使送丝速度立即增加，从而迫使弧长恢复到原来的长度，以保持焊接规范参数稳定。反之亦然，这是一种以电弧电压为被调量，送丝速度为操作量的闭环调节系统。

图 4-14 所示为晶闸管拖动系统中加入电弧电压反馈控制后构成的电弧电压调节器。电弧电压反馈控制信号 U_a 从电位器 RP13 中点取出。这个反馈控制信号跟从电位器 RP1 中点取出的给定控制信号反极性串联后加在可控硅触发电路输入端晶体管 VT1 的基极，使晶体管 VT1 的基极电流、VT2 的集电极电流、晶闸管的导通角、送丝电动机的转子电压和转速都将正比于 $(U_a - U_g)$，因此有如下式子：

$$v_f \approx K(U_a - U_g)$$

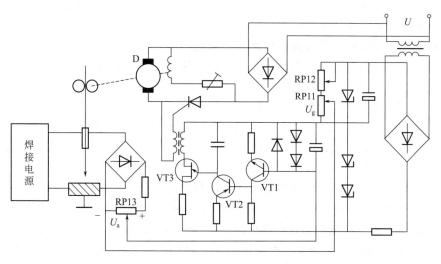

图 4-14 熔化极自动电弧焊电弧电压反馈自动调节系统

K 为调节器灵敏度，除取决于拖动系统机电结构参数（其中包括触发电路前置放大器参数）外，还取决于电弧电压反馈量大小，即 RP13 电位器中点的调节位置。晶闸管电弧电压调节的实际电路，可因触发电路前置放大器结构不同而略有差异，并且还加入稳定转速的自动调节环节。

（2）电弧电压反馈调节系统的静态特性

用带有电弧电压调节器的送丝系统进行自动电弧焊时，在电弧稳定的工作状态下应有：

$$v_f = v_m$$
$$v_m = K_1 I - K_U U$$

而电弧电压反馈调节器的静态控制特性方程为：

$$v_f \approx K(U_a - U_g)$$

将上式连立后可求得：

$$U_a = KU_g/(K+K_U) + K_1/(K+K_U) \tag{4-5}$$

式(4-5) 称为电弧电压调节系统的静态特性，它表示变速送丝自动电弧焊接过程中稳定电弧电压与焊接电流和给定控制量之间的关系。

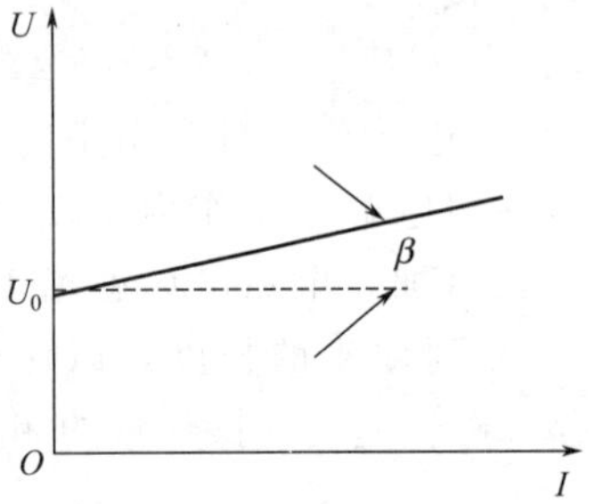

图 4-15 电弧电压反馈
调节系统的静特性

假定 K、K_1、K_U 为常数，则式(4-5) 可看作一直线方程，并可求出：

$$I_a = 0 \quad U_0 = KU_g/(K+K_U)$$

可见电弧电压调节系统静特性曲线为一在电压坐标轴上有一截距 U_0 的直线（图 4-15）。其斜率 $\tan\beta$ 和截距大小将取决于 K、K_1 和 K_U、U_g 的数值。

① 当 K 足够大时，$\tan\beta \to 0$，系统静特性曲线为接近于平行电流坐标轴的直线，焊机结构不同或改变 K 时，其斜率随之而变。

② 其他条件不变时增加 U_g，系统静特性曲线平行上移；减小 U_g，系统静特性曲线平行下移。

③ 其他条件不变时减小焊丝直径或增加焊丝伸出长度时，K_1 增加，$\tan\beta$ 增加。

④ 焊丝材料或保护条件不同时，静特性曲线的斜率也不同。

电弧电压反馈调节系统静特性可用实验方法测定，并可证明具有上述特征。这种调节特性也只是熔化极电弧焊系统才有的。

（3）电弧电压反馈调节系统静特性曲线的测定

测定方法是：在给定的保护条件、焊丝直径、伸出长度的情况下，选定一个送丝给定电压值，使其保持不变，调整焊接电源使其输出外特性曲线为曲线 1，在此条件下焊接，当电弧稳定后，记下焊接电流 I_1 和电弧电压 U_1 值；然后调节焊接电源使其输出外特性曲线为曲线 2，并焊接，当电弧稳定后，记下焊接电流 I_2 和电弧电压 U_2 值；依次类推，可以得到几组焊接电流和电弧电压值，然后在 U-I 坐标中将各工作点连线，就可以得到在选定送丝给定电压下的电弧电压反馈调节系统静特性曲线 C，如图 4-16 所示。

（4）电弧电压反馈调节系统的调节原理及调节过程

图 4-17 所示为弧长变化时电弧电压反馈调节过程的原理。A 为电弧电压反馈自动调节系统静特性曲线；l_0 为电弧初始稳定燃烧时的静特性曲线；曲线 2 为焊接电源外特性曲线；O_0 为以上三条曲线的交点。焊接过程稳定时，电弧在 O_0 点稳定燃烧时，焊丝的熔化速度等于送丝速度。当有外界干扰时使弧长突然缩短，电弧的静特性曲线由 l_0 变到 l_1，此时电

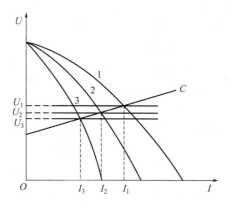

图 4-16　弧压反馈调节系统静特性曲线的测定

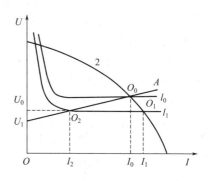

图 4-17　弧长变化时的调节过程

弧电压也由 U_0 降到 U_1，焊接电流由 I_0 增加到 I_1，电弧的静特性曲线与电弧电压反馈自动调节系统静特性曲线 A 的交点由原来的 O_0 变为 O_2 点。此时，由于电弧电压的突然下降，使得 (U_a-U_g) 的值减小，则送丝速度 $v_f \approx K(U_a-U_g)$ 也急剧减小，甚至会使焊丝上抽，此外，此时电弧的实际燃烧点由 O_0 点变到了 O_1 点，电弧的实际电流要比同样弧长的电流大得多，根据 $v_m = K_1 I - K_U U$，这就使焊丝熔化速度加快。在上述两种原因的共同作用下，弧长便逐渐增长直到恢复原来弧长，在恢复过程中，随着电弧电压的升高，焊丝送给速度也开始回升，直到弧长恢复到预定值时，电弧又在 O_0 点稳定燃烧。

由此可见，在整个调节过程中，既有电弧电压反馈调节作用，又有电弧自身调节作用。这种双重作用的结果加快了电弧恢复速度，但由于放大系数 K 都做得足够大，因此，因电弧电压变化而使送丝速度改变化弧压反馈调节作用比电弧自身调节作用大得多。

(5) 电弧电压反馈调节系统弧长波动时的调节精度及影响因素

带有电弧弧压调节器的电弧焊稳定弧长，将由系统静特性 A 和电源外特性曲线交点 O_0 的电流和电压数值决定。当弧长发生突然缩短波动时，则一方面送丝速度会立刻减慢，另一方面焊丝熔化速度也会因这时电流的暂时增加而增加，两者都使弧长重新拉长到原来数值。也就是说这里电弧自身调节作用将仍对弧长恢复起辅助作用。如果弧长的波动是在焊炬相对工件高度即焊丝伸出长度不变的条件下发生的，则最后电弧稳定工作点将回到原点 O_0，调节过程将不带有静态误差。但是如果弧长波动是因焊炬高度有变化，即在焊丝伸出长度和系统静特性有变化的条件下发生，则新的稳定工作点 O_0 将带有静态误差，如图 4-18 所示。

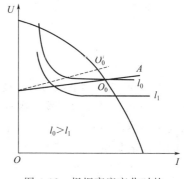

图 4-18　焊炬高度变化时的
系统调节精度

① 影响调节精度的因素　影响调节精度的因素主要有伸出长度变化量、焊丝直径、电流密度及焊丝的电阻率：

a. 焊丝伸出长度。当焊丝伸出长度增加（或减小）时，由于调节系统静特性曲线的斜率 $\tan\beta$ 增大（或减小），使电弧电压产生正偏差（或负偏差），焊接电流产生负偏差（或正偏差）。但一般变速送丝式自动电弧焊用于粗焊丝和电流密度较低的条件下，K_1 值较小，K 的数值很大，因此焊丝伸出长度对系统静特性影响不大，则这时系统误差可以忽略不计。

b. 焊丝直径和电阻率。当其他条件不变时，减小焊丝直径或增加焊丝电阻率能使 K_1 增加，使曲线斜率 $\tan\beta$ 增大，因而系统的静态误差增大。

c. 焊接电源外特性。为了获得较大的电弧电压变化量以满足调节灵敏度的要求，该调节系统通常采用陡降外特性电源。当调节前后焊丝伸出长度变化时，电源的外特性越陡，焊接电流的静态误差越小，而恒流外特性电源几乎没有电流改变。

② 电网电压波动时的系统误差　电网电压波动时，电源外特性曲线的移动将造成电弧静态工作点从 O_0 点移到 O_1 点，如图 4-19 所示。这时电弧电压误差很小，焊接电流则有显著误差。其数值除了取决于网压波动大小以外，还跟系统静特性和电源外特性斜率有关。调节器的灵敏度 K 值越大，电流误差越显著，电源外特性越陡降，电流误差可相应减小（$O_0O_1' < O_0O_1$）。因为这个原因，带有这种电弧电压调节器的自动电弧焊宜采用陡降外特性的电源。

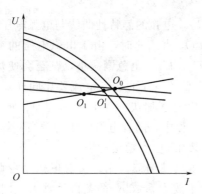

图 4-19　电网电压波动时的调节系统的静态误差

图 4-20　印刷电动机

（6）电弧电压反馈调节系统的调节灵敏度

电弧电压调节系统主要用于自身调节作用不够灵敏的粗焊丝自动电弧焊。其调节灵敏度，即弧长变动时的恢复速度主要取决于弧长变动时的送丝速度的变化量 Δv_f 大小，由 $v_f \approx K(U_a - U_g)$ 式可得：

$$\Delta v_f = K \Delta U_a$$

由上式可见：

① 电弧电压调节器的灵敏度 K 值越大，调节灵敏度越大。但由于系统中有惯性环节存在，K 过大容易发生振荡，因此 K 值不能无限增大。特别是转动惯性越大的送丝电动机，系统振荡越容易发生，灵敏度就越受限制。为了减小系统的转动惯性，提高调节灵敏度，现有的送丝电动机都已采用如图 4-20 所示转动惯性特小的印刷电动机。

② 弧柱电场强度越大，弧长发生改变时引起的 ΔU 增大，调节灵敏度也增大。如果采用同样的电弧电压调节器，则埋弧焊比熔化极氩弧焊灵敏度高，这时调节灵敏度也增大。因此，熔化极氩弧焊时电弧电压调节器的放大倍数应更大一些。

（7）变速送丝熔化极电弧焊的电流和电压调节方法

采用电弧电压反馈调节器的变速送丝调节系统中，电弧电压调节系统静特性曲线为接近于平行水平轴的直线，而电源外特性通常采用陡降外特性。焊接电弧稳定时的工作点是电弧电压调节系统静特性曲线和电源外特性曲线的交点，因此在这种自动电弧焊接过程中：

① 调节电源外特性主要是为了调节焊接电流，电源外特性调节范围确定了焊接电流调节范围。

② 调节送丝给定电压（平均送丝速度）主要是调节电弧电压，送丝速度调节范围确定了电弧电压的调节范围，如图 4-21 所示。

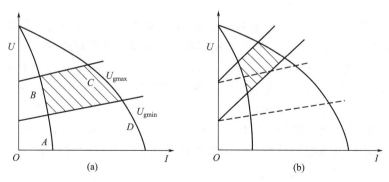

图 4-21　电弧电压自动调节式熔化极电弧焊电压、焊接电流调节

由于焊丝直径对电弧电压调节系统静特性曲线斜率的影响较明显，因此，可能使变速送丝自动电弧焊的电流和电压调节范围产生移动。如果调节器放大倍数不变，采用细焊丝时，小的焊接电流和低电弧电压焊接规范调节范围将变成一个小的焊接电流、高的电弧电压区域，这与一般电流减小、电弧电压也相应减小的工艺要求是不相适应的。因此，电弧电压调节系统应设法使调节器放大倍数能够可调。当采用细焊丝时，增大调节器放大倍数，使调节系统静特性曲线斜率减小。但是放大倍数过大容易造成振荡。因此变速送丝式自动焊机的结构确定以后，就只能在一定直径焊丝范围内采用。细焊丝自动焊一般就不宜采用这种调节系统，由于细焊丝可以利用电弧自身调节保证电弧电压的稳定性，因此就不必采用这种调节系统。

在电弧焊过程中弧长的干扰照例会同时引起焊接电流和电弧电压的波动，这里选电弧电压而不选焊接电流作为被调量，是因为对弧焊电源为陡降特性的电弧焊过程，弧长干扰所引起的电压波动要比电流波动大得多。

(8) 两种调节系统的比较

熔化极电弧的自身调节系统和电弧电压反馈自动调节系统的特点比较见表 4-1。由表中可以看出，这两种调节系统对焊接设备的要求、焊接参数的调节方法及适用场合是不相同的，选用时应予以注意。

表 4-1　两种调节系统的特点比较

比　较　内　容	调　节　方　法	
	电弧自身调节作用	电弧电压反馈自动调节作用
控制电路及机构	简单	复杂
采用的送丝方式	等速送丝	变速送丝
采用的电源外特性	平特性或缓降特性	陡降或垂降特性
电弧电压调节方法	改变电源外特性	改变送丝系统的给定电压
焊接电流调节方法	改变送丝速度	改变电源外特性
控制弧长恒定的效果	好	好
网路电压波动的影响	产生静态电弧电压误差	产生静态焊接电流误差
适用的焊丝直径/mm	0.8～3.0	3.0～6.0

4.2 电弧焊接过程参数的恒值控制

自动控制技术的基本思想是在电弧焊过程中使电弧电压、焊接电流、焊接速度等主要能量参数保持恒定，并能抵御各种干扰因素的影响，是自动电弧焊机的主要设计依据。对于熔化极电弧焊的自身调节系统和电弧电压反馈自动调节系统，实现的就是恒电流或恒电压的具体控制，自身调节系统是通过熔化极电弧-电源系统本身所固有的内反馈实现的，电弧电压反馈自动调节系统则是通过外加的电弧电压反馈实现的。焊速控制，即焊接小车或焊接工件胎夹具的拖动电机的恒速控制是任何自动电弧焊机所共有的功能，电弧自身调节作用的前提是等速送丝，即送丝电机的恒速控制。因此恒速控制也是电弧焊过程中最基本的恒值控制问题。

电机转速自动调节器的结构取决于拖动机构的调速宽度范围和功率大小。通常自动电弧焊的焊速和送丝机构均要求能达到1:10的调速范围。常见小车和送丝拖动功率为30~200W，一般均采用直流伺服电动机，焊件胎夹具拖动功率一般为几百到几千瓦，通常也采用直流拖动。目前生产中应用的自动电弧焊机大部分均采用晶闸管拖动电路结构。

4.2.1 转速自动调节方法

自动电弧焊机中采用的直流拖动系统主要采用转子调压式调速方法和PWM脉宽调速方法，近几年变频调速系统、数字化调速系统也取得一定的应用。为了补偿网路电压和拖动负载（阻力矩）的波动造成的转速变动，常用的转速自动调节方法有电枢电压负反馈、电枢电流正反馈、电势负反馈、测速发电机电压负反馈等，或者采用单片机甚至DSP等控制系统，以提高系统的静态精度和系统的动态品质。在中等功率以上的拖动系统中测速发电机电压反馈法是一种理想方法。但在1kW以下小功率拖动系统中很少应用。

4.2.2 电弧焊机的拖动电路

(1) 带有电枢电压负反馈的晶闸管拖动电路

图4-22所示为电枢电压负反馈加在触发电路前置放大器输入端的转速调节器结构。负

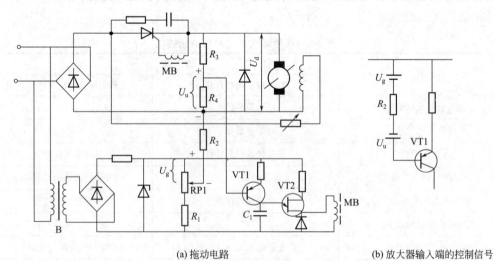

(a) 拖动电路　　　　　　　　　　　(b) 放大器输入端的控制信号

图 4-22　带有电枢电压负反馈的晶闸管拖动电路

反馈信号从 R_3、R_4 构成的分压器上取出。一般取 R_3+R_4 为 $10\text{k}\Omega$ 左右，反馈深度 $U_u/U_d=10\%$。给定的控制信号 U_g 从电位器 RP1 中点取出。U_u 和 U_g 反极性串联［图 4-22(b)］加在 VT1 的基极—发射极回路中，U_d 即电动机转速的调节范围将取决于给定讯号 U_g 的调节范围，但调节反馈深度也会对 U_d 即转速的调节范围有影响。

（2）带电枢电压负反馈和电枢电流正反馈的晶闸管拖动电路

在带有电枢电压负反馈的调节器中同时附加电枢电流正反馈可以使晶闸管拖动电路调节精度进一步提高。图 4-23 所示为带有这种调节器的晶闸管拖动电路。其中电枢电压反馈信号同样取自 R_3、R_4 构成的分压器上；电枢电流正反馈信号 U_i 从跟电枢串联的电阻 R_5 上取得。R_5 的数值为零点几到一欧姆（取决于电机功率）。在 R_4、RP3 和 R_5 构成的回路中，可求出流过 RP3 的电流 $I_{W3}\propto(U_i-U_u)$。因此，从 RP4 电位器中点取出并加到 VT1 基极的控制信号，为包含有电枢电流正反馈和电枢电压负反馈的组合信号 $U_{i-u}=(U_i-U_u)/m$（m 为 RP3 中点调定的分压比）。这个信号加入后，当电动机负载增加时，U_i 和 U_{i-u} 随之增加，晶闸管导通角增加，电动机转速因负载增加而引起的减慢就可以得到补偿，这里 U_u 的电压仍起着负反馈作用。在这电路中给定信号 U_g 是跟 U_{i-u} 并联叠加在 VT1 基极上的，在其他的电路中它们也可以是串联叠加的。

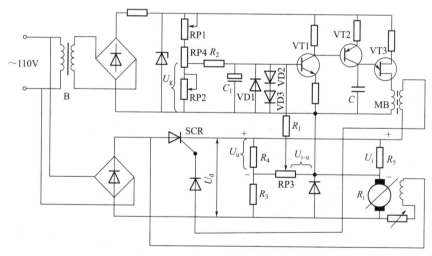

图 4-23　带电枢电压负反馈和电枢电流正反馈的晶闸管拖动电路

在晶闸管拖动电路中，电枢电流正反馈只能跟电枢电压负反馈同时采用，且反馈量（$<R_5$ 数值）不能过大，否则极易引起振荡。电机功率或电枢电流较大时，电枢电流反馈信号也可以用电流互感器、霍尔元件等传感检测方法进行检测。

（3）PWM 可逆调速系统

① 主电路工作原理　可逆调速送丝系统主电路如图 4-24 所示。主电路采用四只场效应管构成一个桥式电路。通过闭环调节输出电压的占空比 α，控制场效应管相对角的一对开关管同时开通或关断，实现定频率调脉宽的目的，电枢电压平均值为：

$$U_a=(2\alpha-1)U_d$$

式中，U_a 为电枢电压平均值；U_d 为整流滤波之后的电压。

当占空比 $\alpha=0.5$ 时，电机停止不动；当 α 由 0.5 逐渐增大到 1 时，电机端电压逐渐增大，电机正转调速；当 α 由 0.5 逐渐减小到接近 0 时，电机端电压逐渐减小，电机反转调速。

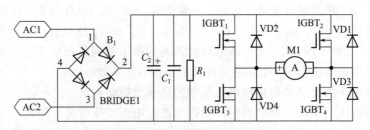

图 4-24 送丝可逆调速系统主电路

② 驱动控制电路工作原理 输入交流电压经整流滤波后为有纹波的直流电压,然后提供给四只 POWER-MOSFET 组成的桥式电路,POWER-MOSFET 由 PWM 驱动控制电路提供驱动信号使之处于开关工作状态,将直流电压转换成脉冲电压。这样,通过控制占空比的大小,来调节输出电压的大小实现送丝速度调节。

PWM 驱动电路如图 4-25 所示,PWM 信号由专用脉宽调制芯片 SG3525 产生。调节 RP3、RP4 即可调节频率与死区时间;占空比大小由控制端电压大小控制,与单片机接口,控制电压范围为 0.8~3.8V,I/O 端口开关信号可以控制 SG3525 的开通和关断;与单片机接口,PWM 信号产生后还不能直接驱动 POWER-MOSFET,系统采用 BUZ553(耐压 1000V,电流 5A),通过专用 MOSFET 驱动芯片 TLP250 栅极驱动。

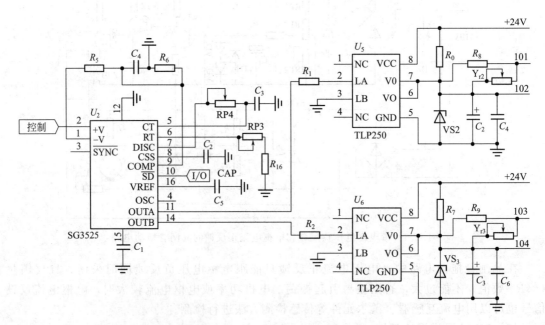

图 4-25 送丝可逆调速系统驱动电路

(4) 数字化送丝调速系统的工作原理

数字化送丝调速系统由调节器、启动控制电路、功率变换电路、编码反馈隔离电路、频率电压转换电路、反馈运算电路、电流检出电路等组成。图 4-26 为送丝调速系统的电路原理框图。送丝系统的调节器工作在 PFM+PWM 状态,频率变化范围为 240~8000Hz,调速范围为 1.5~20m/min,送丝电机为带编码器的直流电机,送丝电机额定电枢电压为 36V DC。

送丝工作原理:通过控制变压器提供交流电压,经整流后作为送丝电机的直流供电电

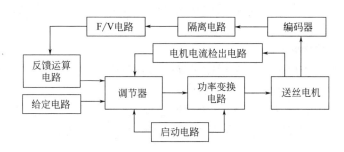

图 4-26　数字化送丝调速系统原理框图

源；送丝电机工作时，直流供电电源经功率变换电路实现直流斩波，即将直流供电电源变为脉冲电源加到送丝电机上，通过改变此脉冲电源的频率和脉宽，就可改变送丝电机的电枢电压，进而改变送丝电机的转速。

送丝电机的转速反馈由电机本身的编码电路输出方波脉冲信号 60p/r，此脉冲信号经过隔离电路后输入到频压 F/V 变换电路，然后经反馈运算电路输入到调节器，与给定电路信号进行比较，控制调节器的输出频率和脉冲宽度，进而调节功率变换电路的输出，稳定送丝电机的转速。

数字化送丝调速系统消除了送丝电机制作的离散性和外部环境变化如温度变化对送丝速度的影响，有利于实现焊接的一元化。在电网电压变动、送丝电机冷热状态变化和送丝电机负载变化时，数字化送丝调速系统使送丝速度更加稳定。

4.3　电弧焊的程序自动控制

在焊接过程中除依靠电弧自动调节消除各种外界干扰对电弧焊过程的影响，保证电弧焊的质量外，为了保证整个焊接过程的焊缝成形质量，还必须使电弧焊设备各个环节协调工作，如电弧的可靠引燃、电流衰减及电弧熄灭、焊丝送给等，在全位置自动焊中焊接参数的程序调节，都必须依靠程序自动控制来解决。

4.3.1　自动电弧焊程序自动控制的对象

电弧焊的程序自动控制就是以合理的次序使自动弧焊机的各个控制对象进入预定的工作状态。这些合理的动作次序也就是电弧焊程序自动控制的基本要求。电弧焊方法及使用条件不同，电弧焊机的程序控制对象和要求也会有所不同，主要有：

① 弧焊电源。

② 送丝电动机。

③ 焊接小车或移动工件的拖动电机。

④ 控制保护气体或离子气的电磁阀。

⑤ 非熔化极电弧焊机中的高频引弧或高压脉冲发生器。

⑥ 工件定位或夹紧控制阀、焊枪或工件调整定位机构及焊剂回收装置等。

4.3.2　自动电弧焊的程序自动控制的要求

（1）提前和滞后送气

以使电弧引燃前和熄灭后熔池及其邻近区域获得充裕的保护条件，气体保护弧焊机一般均有这一控制环节。通用埋弧自动焊机中这一环节（提前和迟后送焊剂）一般都是手工操作的。

（2）可靠地一次引燃电弧

这是电弧焊中最值得研究的一个程控环节。依电极特征（直径粗细、熔化与否、材料电阻率等）不同，目前采用的方法有以下几种：

① 爆裂引弧　引弧时先接通电源，然后送进焊丝与工件发生短路，短路处因高电流密度的局部加热作用造成焊丝迅速熔化爆裂而引燃电弧。这种方法适用于细焊丝熔化极电弧焊。

② 慢送丝引弧　以低于正常焊接时的送丝速度爆裂引弧后，再转换为正常送丝速度，适用于粗焊丝熔化极气体保护焊。若在慢送丝的同时使行走电机也缓慢行走，则构成慢送丝划擦引弧，它可使引弧更可靠，并可适用于埋弧焊。

③ 回抽引弧　引弧前使焊丝与工件相接触，引弧时先接通弧焊电源并回抽焊丝引燃电弧，然后迅速使送丝电动机改变转向以送进焊丝进入正常焊接。这种方法主要适用于埋弧焊。

④ 高频或脉冲引弧　先同时接通焊接主电源和高频（或脉冲）引弧电源，引弧后再切断高频（或脉冲）引弧电源并移动电弧和送进焊丝。此法国内仅用于非熔化极电弧引燃，国外也有用于埋弧焊等熔化极电弧焊的。

转移型等离子弧焊的引弧过程，还要在高频引燃非转移弧后进行从非转移弧到转移弧的转换控制。

（3）熄弧时的程序控制

熄弧时要保证填满弧坑并防止焊丝粘在焊缝上。有些焊机还能控制焊丝端部不结球，以保证不剪端部就能可靠地引弧。常用的程控方法有：

① 焊丝返烧熄弧　先停止送丝，经一定时间后再切断焊接电源使电弧熄灭。这是一般熔化极电弧焊中最常见的方法。

② 电流衰减熄弧　先使焊接电流（及等离子气流量）逐渐减少到一定数值，然后再切断焊接电源使电弧完全熄灭。这是钨极氩弧、等离子弧焊常用的方法。但在环缝焊机中为了保证搭接点的焊透质量，还可以采用熄弧前先提升然后再衰减熄弧的方式。

③ 电弧返回法　使电弧返回一段时间并配合电流衰减，用于焊速较高、熔池较长的熔化极环缝搭接点熄弧。

（4）焊接过程参数的程序控制

在全位置环缝、厚板多层焊等专用焊机中，为保证不同空间位置上焊缝的均匀成形要求，应对焊接过程能量输入参数（电流、电压、焊速、保护气流量及其配比）进行必要的程序切换。

上述程控要求可以用受控对象某些特征参数的时间函数-程序循环图表示。图 4-27 分别画出了自动钨极氩弧焊、熔化极气保护自动焊、埋弧自动焊、汽车轮圈合成专用 CO_2 电弧焊、等离子弧焊、脉冲钨极氩弧焊的程序循环图。它们是上述基本程控要求的某些组合，既概括了一台焊机的程序控制系统原理，也是程控系统的设计依据。

以上是电弧焊过程中的程控要求。此外包含非焊接（空载）状态的程序控制要求，如焊丝和小车位置、气流量的预调节、高频引弧的检测等，以及必要的指示和保护环节。指示环节的电流、电压可采用指针或数字显示，焊接速度采用数字显示。保护环节常用的有水流或水压开关、风压开关、门开关、过电流保护继电器等。

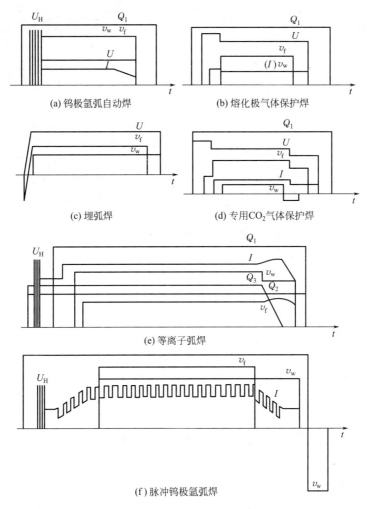

图 4-27　自动电弧焊的程序循环图

U—电弧电压；I—焊接电流；v_f—送丝速度，v_w—焊接速度；Q_1—保护气流；

Q_2，Q_3—离子气流；U_H—高频引弧电压

复习思考题

1. 试述等速送丝调节系统的工作原理、电弧电压反馈式焊机调节系统的工作原理。

2. 试述当电弧长度变化时电弧自身调节系统的调节过程，以及影响调节精度、调节灵敏度的因素。

3. 试述当电弧长度变化时电弧电压反馈调节系统的调节过程，以及影响调节精度、调节灵敏度的因素。

4. 具有电弧自身调节系统的熔化极电弧焊机是如何调节焊接电流和电弧电压的？

5. 具有电弧电压反馈式调节系统的熔化极电弧焊机是如何调节焊接电流和电弧电压的？

6. 电弧焊的引弧控制和熄弧控制的方法有哪些？

7. 说明电弧焊机的程序控制的对象和要求。

第5章 埋 弧 焊

埋弧焊是目前广泛使用的一种生产效率较高的机械化焊接方法。它的全称是埋弧自动焊，又称焊剂层下自动电弧焊。它与焊条电弧焊相比，虽然灵活性差一些，但焊接质量好、效率高、成本低、劳动条件好。本章讨论埋弧焊的特点和应用范围、埋弧焊用焊丝与焊剂的配合，然后着重分析埋弧焊的冶金过程和焊接工艺、埋弧焊机的典型结构及工作原理，最后讨论几种埋弧焊的具体应用方法及其新的发展。

5.1　埋弧焊的原理和特点

5.1.1　埋弧焊的原理

埋弧焊是利用电弧在焊剂层下燃烧进行焊接的方法。这种方法是利用焊丝和焊件之间燃烧的电弧产生热量，熔化焊丝、焊剂和母材而形成焊缝的。焊丝作为填充金属，而焊剂则对焊接区起保护和合金化作用。由于焊接时电弧掩埋在焊剂层下燃烧，无弧光辐射，因此被称为埋弧焊。

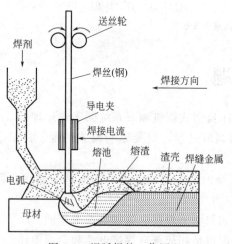

图 5-1　埋弧焊的工作原理

埋弧焊的焊接过程如图 5-1 所示。焊接时电源的两极分别接在导电嘴和焊件上，焊丝通过导电嘴与焊件接触，在焊丝周围堆敷上焊剂，然后接通焊接电源，则电流经过导电嘴、焊丝与焊件构成焊接回路。焊接时，焊机的启动、引弧、送丝、机头（或焊件）移动等过程全由焊机进行机械化控制，焊工只需按动相应的按钮即可完成工作。

当在焊丝和焊件之间引燃电弧后，电弧的热量使周围的焊剂熔化形成熔渣，部分焊剂分解、蒸发成气体，气体排开熔渣形成一个气泡，电弧就在这个气泡中燃烧。连续送入电弧的焊丝在电弧高温作用下加热熔化，与熔化的母材混合形成金属熔池。熔池上覆盖着一层熔渣，熔渣外层是未熔化的焊剂，它们一起保护着熔池，使其与周围空气隔离，并使有碍操作的电弧光辐射不能散射出来。电弧向前移动时，电弧力将熔池中的液态金属排向后方，则熔池前方的金属就暴露在电弧的强烈辐射下而熔化，形成新的熔池，而电弧后方的熔池金属则冷却凝固成焊缝，熔渣也凝固成焊渣覆盖在焊缝表面。熔渣除了对熔池和焊缝金属起机械保护作用外，在焊接过程中还与熔化金属发生冶金反应，从而影响焊缝金属的化学成分。由于熔渣的凝固温度低于液态金属的结晶温度，因此熔渣的凝固总是比液态金属迟一些。这就使混入熔池的熔渣、溶解在液态金属中的气体和冶金反应中产生的气体能够不断地逸出，使焊缝不易产生夹渣和气孔等缺陷。未熔化的焊剂不仅具有隔离空气、屏蔽电弧光的作用，也提高了电弧的热效率。

5.1.2 埋弧焊的特点

(1) 埋弧焊的优势

与其他电弧焊方法相比，埋弧焊的有如下优势：

① 焊接生产率高 这主要是因为埋弧焊是经过导电嘴将焊接电流导入焊丝的，与焊条电弧焊相比，导电的焊丝长度短，其表面又无药皮包覆，不存在药皮成分受热分解的限制，所以允许使用比焊条大得多的电流（表 5-1），使得埋弧焊的电弧功率、熔透深度及焊丝的熔化速度都相应增大。在特定条件下，可实现厚度在 20mm 以下钢板不开坡口一次焊透。另外，由于焊剂和熔渣的隔热作用，电弧基本上没有热的辐射散失，金属飞溅也小，虽然用于熔化焊剂的热量损耗较大，但总的热效率仍然大大增加（表 5-2）。因此使埋弧焊的焊接速度大大提高，最高可达 60～150m/h，而焊条电弧焊则不超过 6～8m/h，故埋弧焊与焊条电弧焊相比有更高的生产率。

表 5-1 手工电弧与焊埋弧自动焊的焊接电流、电流密度比较

焊条(焊丝)直径/mm	手工电弧焊		埋弧自动焊	
	焊接电流/A	电流密度/(A/mm²)	焊接电流/A	电流密度/(A/mm²)
2	50～65	16～25	200～240	63～125
3	80～120	11～18	350～360	50～85
4	125～200	10～16	500～800	40～63
5	190～250	10～18	700～1000	35～50

表 5-2 手工电弧焊埋弧自动焊的热平衡比较

焊接方法	产热/%		耗热/%					
	两个极区	弧柱	辐射	飞溅	熔化焊条	熔化母材	母材传热	熔化药皮焊剂
手工电弧焊	66	34	22	10	23	8	30	7
埋弧自动焊	54	46	1	0	26	45	3	25

② 焊缝质量好 这首先是因为埋弧焊时电弧及熔池均处在焊剂与熔渣的保护之中，保护效果比焊条电弧焊好。从其电弧气氛组成来看（表 5-3），主要成分为 CO 和 H_2 气体，是具有一定还原性的气体，因而可使焊缝金属中的氮含量、氧含量大大降低。其次，焊剂的存在也使熔池金属凝固速度减缓，液态金属与熔化的焊剂之间有较多的时间进行冶金反应，减少了焊缝中产生气孔、裂纹等缺陷的可能性，焊缝化学成分稳定，表面成形美观，力学性能好。此外，埋弧焊时，焊接参数可通过自动调节保持稳定，焊缝质量对焊工操作技术的依赖

程度可大大降低。

表 5-3　埋弧电弧区的气体成分　　　　　　　　　　　　　%

焊接方法	电弧中的气氛组成					焊缝中含氮量
	CO	CO_2	H_2	N_2	H_2O	
手工电弧焊	46.7	5.3	34.5		13.5	0.02
埋弧自动焊	89～93		7～9	≤1.5		0.002

③ 焊接成本较低　首先由于埋弧焊使用的焊接电流大，可使焊件获得较大的熔深，故埋弧焊时焊件可开I形坡口或开小角度坡口，因而既节约了因加工坡口而消耗掉的焊件金属和加工工时，也减少了焊缝中焊丝的填充。而且，由于焊接时金属飞溅极少，又没有焊条头的损失，因此也节约了填充金属。此外，埋弧焊的热量集中、热效率高，故在单位长度焊缝上所消耗的电能也大大减少。正是由于上述原因，使得在使用埋弧焊焊接厚大焊件时，可获得较好的经济效益。

④ 劳动条件好　由于埋弧焊实现了焊接过程的机械化，操作较简便，焊接过程中操作者只是监控焊机，因而大大减轻了焊工的劳动强度。另外，埋弧焊时电弧是在焊剂层下燃烧，没有弧光的辐射，烟尘和有害气体也较少，所以焊工的劳动条件大为改善。

(2) 埋弧焊的局限性

① 不适合空间位置焊缝焊接　这主要是因为采用颗粒状焊剂，而且埋弧焊的熔池也比焊条电弧焊的大得多，为保证焊剂、熔池金属和熔渣不流失，埋弧焊通常只适用于平焊或倾斜度不大的位置焊接。其他位置的埋弧焊须采用特殊措施保证焊剂能覆盖焊接区时才能进行焊接。

② 对焊件装配质量要求高　由于电弧埋在焊剂层下，操作人员不能直接观察电弧与坡口的相对位置，当焊件装配质量不好时易焊偏而影响焊接质量。因此，埋弧焊时焊件装配必须保证接口中间隙均匀，焊件平整无错边现象。

③ 不适合薄板和短焊缝焊接　这是由于埋弧焊电弧的电场强度较高，焊接电流小于100A时电弧稳定性不好，故不适合焊接小于1mm的薄板的焊件。另外，埋弧焊由于受焊接小车的限制，机动灵活性差，一般只适合焊接长直焊缝或大圆弧焊缝；对于焊接弯曲、不规则的焊缝或短焊缝则比较困难。

④ 难以焊接铝、钛等氧化性强的金属及其合金　由于埋弧焊焊剂的成分主要是MnO、SiO_2等金属及非金属氧化物，跟焊条手弧焊一样，难以用来焊接铝、钛等氧化性强的金属及其合金。

5.1.3　埋弧焊的应用

(1) 焊缝类型和焊件厚度

凡是焊缝可以保持在水平位置或倾斜度不大的焊件，不管是对接、角接和搭接接头，都可以用埋弧焊焊接，如平板的拼接缝、圆筒形焊件的纵缝和环缝、各种焊接结构中的角缝和搭接缝等。埋弧焊可焊接的焊件厚度范围很大。除了厚度在5mm以下的焊件由于容易烧穿，埋弧焊用得不多外，较厚的焊件都适于用埋弧焊焊接。目前，埋弧焊焊接的最大厚度已达650mm。

(2) 焊接材料的种类

随着焊接冶金技术和焊接材料生产技术的发展，适合埋弧焊的材料从碳素结构钢发展到低合金结构钢、不锈钢、耐热钢以及某些有色金属，如镍基合金、铜合金等。此外，埋弧焊还可在基体金属表面堆焊耐磨或耐腐蚀的合金层。铸铁因不能承受高热输入量引起的热应力，一般不能用埋弧焊焊接。铝、镁及其合金因没有适用的焊剂，目前还不能使用埋弧焊焊接。铅、锌等低熔点金属材料也不适合用埋弧焊焊接。可以看出，适宜于埋弧焊范围的材料种类是很广的。

(3) 埋弧焊适用的领域

埋弧焊是工业生产中最常用的一种自动电弧焊方法，最能发挥埋弧焊快速、高效特点的生产领域是造船、锅炉、化工容器、桥梁、起重机械及冶金机械制造等中大型金属结构和工程机械等工业制造部门。

埋弧焊还在不断发展之中，如双丝埋弧焊、三丝埋弧焊、多丝埋弧焊能达到厚板一次成形；还采用带极埋弧焊、多带极（2～3条）埋弧焊、填丝埋弧焊、窄间隙埋弧焊等，可使特厚板焊接时提高焊接生产率，降低成本；埋弧堆焊能使焊件在满足使用要求的前提下节约贵重金属或延长使用寿命。这些新的、高效率的埋弧焊方法的出现，更进一步拓展了埋弧焊的应用范围。

5.2　埋弧焊用焊接材料

5.2.1　埋弧焊焊剂

焊剂在埋弧焊中的主要作用是造渣，以隔绝空气对熔池金属的污染，控制焊缝金属化学成分，保证焊缝金属的力学性能，防止气孔、裂纹和夹渣等焊接缺陷的产生。同时，考虑焊接工艺的需要，还要求焊剂具有良好的稳弧性能，形成的熔渣应具有合适的密度、黏度、熔点、颗粒度和透气性，以保证焊缝获得良好的成形，最后熔渣凝固形成的渣壳具有自脱渣性能。

埋弧焊的焊剂可按制造方法、用途、化学成分、化学性质以及颗粒结构等分类。目前主要是按制造方法和化学成分分类。按制造方法可将焊剂分为熔炼焊剂、烧结焊剂和黏结焊剂三大类。熔炼焊剂是按配方比例将原料干混均匀后入炉熔炼，然后经过水冷粒化、筛选而成为成品的焊剂；烧结焊剂和黏结焊剂都属于非熔炼焊剂，都是将原料粉按比例混合拌均匀后，加入黏结剂调制成湿料，再经烘干、粉碎、筛选而成。所不同的是焊剂是在400～1000℃的温度下烘干（烧结）而成的；而黏结焊剂则是在350～400℃的温度下烘干而成的。熔炼焊剂成分均匀、颗粒强度高、吸水性小、易储存，是国内生产中最多的一类焊剂。其缺点是焊剂中无法加入脱氧剂和铁合金，因为熔炼过程中烧损十分严重。非熔炼焊剂由于制造过程中未经高温熔炼，焊剂中加入的脱氧剂和铁合金等几乎没有损失，可以通过焊剂向焊缝过渡大量合金成分，补充焊丝中合金元素的烧损，常用于焊高合金钢或进行堆焊。另外，烧结焊剂脱渣性能好，所以大厚度焊件窄间隙埋弧焊时均用烧结焊剂。

(1) 焊剂的作用及对焊剂的要求

焊剂的作用是：

① 熔化的焊剂产生气和渣，有效地保护了电弧和熔池，并防止焊缝金属的氧化、氮化和合金元素的蒸发与烧损，使焊接过程稳定。

② 焊剂还有脱氧和渗合金的作用。其与焊丝配合使用，使焊缝金属获得所需的化学成分和力学性能。

对焊剂的基本要求是：

① 保证电弧的稳定燃烧。

② 硫、磷含量要低。

③ 对锈、油及其他杂质的敏感性要小，保证焊缝中不产生裂纹和气孔等缺陷。

④ 焊剂要有合适的熔点，熔渣要有适当的黏度，以保证焊缝成形良好，焊后有良好的脱渣性；焊剂在焊接过程中不应析出有害气体。

⑤ 焊剂的吸湿性要小。

⑥ 并具有合适的粒度，焊剂的颗粒要有足够的强度，以便焊剂的多次使用。

（2）焊剂的分类和常用焊剂

按制造方法分，有熔炼焊剂和非熔炼焊剂，非熔炼焊剂又分为黏结焊剂（陶质焊剂）和烧结焊剂。

按化学成分分，有无锰焊剂、低锰焊剂、中锰焊剂和高锰焊剂。

按构造分为玻璃状焊剂和浮石状焊剂。

按化学特性分为酸性焊剂和碱性焊剂。

按用途分为低碳钢、低合金钢和合金钢焊剂等。

5.2.2 焊丝

焊丝在埋弧焊中是用来填充金属的，也是焊缝金属的组成部分，所以对焊缝质量有直接影响，根据焊丝的成分和用途可将其分为碳素结构钢焊丝、合金结构钢焊丝和不锈钢焊丝三大类。随着埋弧焊所焊金属种类的增加，焊丝的品种也在增加，目前生产中已在应用高合金钢焊丝、各种有色金属焊丝和堆焊用的特殊合金焊丝等新品种焊丝。

在选择埋弧焊用焊丝时，最主要的是考虑焊丝中锰和硅的含量。无论是采用单道焊还是多道焊，均应考虑焊丝向熔敷金属中过渡的 Mn、Si 对熔敷金属力学性能的影响。埋弧焊焊接低碳钢和低合金高强度钢时应选择与钢材强度相匹配的焊丝，选用的焊丝牌号有 H08A、H08E、H08C、H15Mn 等，其中以 H08A 的应用最为普遍。当焊件厚度较大或对力学性能的要求较高时，则可选用含 Mn 量较高的焊丝，如 H10Mn2 等；在对合金结构钢或不锈钢等合金元素含量较高的材料进行焊接时，则应考虑材料的化学成分和其他方面的要求。选用成分相似或性能上可满足材料要求的焊丝。不同钢种焊接用的焊剂与焊丝的配用见表 5-4。

表 5-4 常用埋弧焊焊剂用途及配用焊丝

焊剂型号	成分类型	适用电流种类	用前烘干温度和保温时间	用　途	配用焊丝
HJ130	无 Mn 高 Si 低 F	交直流	2h×250℃	低碳钢、低合金钢	H10Mn2
HJ131	无 Mn 高 Si 低 F	交直流	2h×250℃	Ni 基合金	Ni 基焊丝
HJ150	无 Mn 中 Si 中 F	直流	2h×250℃	轧辊堆焊	H2Cr13、H3Cr2W8
HJ152	无 Mn 中 Si 中 F	直流	2h×300℃	奥氏体不锈钢	相应钢种焊丝
HJ172	无 Mn 低 Si 高 F	直流	2h×400℃	含 NbTi 不锈钢	相应钢种焊丝
HJ173	无 Mn 低 Si 高 F	直流	2h×250℃	MnAl 高合金钢	相应钢种焊丝
HJ230	低 Mn 高 Si 低 F	交直流	2h×250℃	低碳钢、低合金钢	H08MnA、H10Mn2
HJ250	低 Mn 中 Si 中 F	直流	2h×350℃	低合金高强钢	相应钢种焊丝
HJ251	低 Mn 中 Si 中 F	直流	2h×350℃	珠光体耐热钢	CrMo 钢焊丝

焊剂型号	成分类型	适用电流种类	用前烘干温度和保温时间	用　途	配用焊丝
HJ252	低 Mn 中 Si 中 F	直流	2h×350℃	14MnMo15MnV 18MnMoNb	H08MnA、H10Mn2
HJ260	低 Mn 高 Si 中 F	直流	2h×400℃	不锈钢、轧辊堆焊	不锈钢焊丝
HJ330	中 Mn 高 Si 低 F	交直流	2h×250℃	重要低碳钢、低合金钢	H08MnA、H10Mn2SiA H10MnSi
HJ350	中 Mn 中 Si 中 F	交直流	2h×400℃	重要低合金高强钢	MnMo、MnSi 及含 Ni 焊丝
HJ351	中 Mn 中 Si 中 F	交直流	2h×400℃	Mn Mo MnSi 及含 Ni 的低合金钢	相应钢种焊丝
HJ430	高 Mn 高 Si 低 F	交直流	2h×250℃	重要低碳钢、低合金钢	H08A、H08MnA
HJ431	高 Mn 高 Si 低 F	交直流	2h×250℃	重要低碳钢、低合金钢	H08A、H08MnA
HJ432	高 Mn 高 Si 低 F	交直流	2h×250℃	重要低碳钢、低合金钢	H08A
HJ433	高 Mn 高 Si 低 F	交直流	2h×350℃	低碳钢	H08A
SJ101	碱性（氟碱型）	交直流	2h×350℃	重要低合金钢	H08MnA、H08MnMoA、 H08Mn2MoA、H10Mn2
SJ301	中性（硅钙型）	交直流	2h×350℃	低碳钢、锅炉钢	H08MnA、H08MnMoA、H10Mn2
SJ401	酸性（锰硅型）	交直流	2h×250℃	低碳钢、低合金钢	H08A
SJ501	酸件（铝钛型）	交直流	2h×350℃	低碳钢、低合金钢	H08A、H08MnA
SJ502	酸性（铝钛型）	交直流	1h×300℃	低碳钢、低合金钢	H08A

埋弧焊用焊丝与手工电弧焊焊条钢芯同属一个国家标准，即焊接用钢丝。不同牌号焊丝应分类妥善保管，不能混用。焊前应对焊丝仔细清理，去除铁锈和油污等杂质，防止焊接时产生气孔等缺陷；为适应焊接对厚度材料的要求，同一牌号的焊丝可加工成不同的直径。埋弧焊常用的焊丝直径有 2mm、3mm、4mm、5mm 和 6mm 五种。使用时，要求将焊丝表面的油、锈等处理干净，以免影响焊接质量，有些焊丝表面镀有薄铜层，可防止焊丝生锈并使导电嘴与焊丝间的导电更加可靠，提高电弧的稳定性。

焊丝一般成卷供应，使用前要盘卷到焊丝盘上，在盘卷及清理过程中，要防止焊后产生的局部小弯曲线在焊丝盘中相互套叠。否则，会影响焊接时正常送进焊丝，破坏焊接过程的稳定，严重时会迫使焊接过程中断。

5.2.3　焊剂和焊丝及其选配

埋弧焊用的焊丝，应根据所焊钢材的类别及对焊接接头性能的要求加以选择，并与适当的焊剂配合使用，欲获得高质量的埋弧焊焊接接头，正确选用焊剂是十分重要的。

① 低碳钢的焊接：选用高锰高硅型焊剂，配合 H08MnA 焊丝；或选用低锰、无锰型焊剂，配合 H08MnA、H10Mn2 焊丝。

② 低合金高强度钢：选用中锰中硅或低锰中硅型焊剂，配合适当低合金高强度钢焊丝。

③ 耐热钢、低锰钢、耐蚀钢：选用中硅或低硅型焊剂，配合相应合金钢焊丝。

④ 铁素体、奥氏体等高合金钢：选用碱度较高的熔炼焊剂或烧结、黏结焊剂，以降低合金元素的烧损及掺加较多的合金元素。

5.3 埋弧焊的冶金特点

5.3.1 冶金过程的一般特点

埋弧焊的冶金过程，包括液态金属、液态熔渣与各种气相之间的相互作用，以及液态熔渣与已经凝固金属之间的作用。埋弧焊与手工电弧焊的冶金过程基本相似，但又有自己的特点。近几年来黏结焊剂也有了很大的发展，部分材料的焊接使用的黏结焊剂已取代了熔炼剂，并获得广泛应用，但国内金属材料的焊接还是使用熔炼焊剂为主，所以下述讨论主要以熔炼焊剂为对象。其冶金过程的主要特点是：

(1) 空气不易侵入焊接区

在手工电弧焊时，是利用药皮中的造气剂形成一个气罩，机械地将空气与焊接区分隔开。埋弧焊时，电弧在一层较厚的焊剂层下燃烧，部分焊剂在电弧热作用下立即熔化，形成液态熔渣和气泡，包围了整个焊接区和液态熔池，隔绝了周围的空气，产生了良好的保护作用。以低碳钢焊缝的含氮量为例来分析，焊条电弧焊（用优质药皮焊条焊接）的焊缝金属的含氮量为 0.02%～0.03%，而埋弧焊焊缝金属的含氮量仅为 0.002%。故埋弧焊焊缝金属的塑性良好，具有较高的致密性和纯度。

(2) 冶金反应充分

埋弧焊时，由于热输入大以及焊剂的作用，不仅使熔池体积大，而且由于焊接熔池和凝固的焊缝金属被较厚的熔渣层覆盖，导致焊接区的冷却速度较慢，使熔池金属凝固速度减缓，因此埋弧焊时金属熔池处于液态的时间要比焊条电弧焊长几倍，这样就加强了液态金属与熔化的焊剂、熔渣之间有较多的时间进行相互作用，因而冶金反应充分，气体和夹渣易析出，不易产生气孔、夹渣等缺陷。

(3) 焊缝金属的合金成分易于控制

埋弧焊接过程中可以通过焊剂或焊丝对焊缝金属进行渗合金，焊接低碳钢时，可利用焊剂中的 Si 和 Mn 的还原反应，对焊缝金属渗硅和渗锰，以保证焊缝金属应有的合金成分和力学性能。焊接合金钢时，通常利用相应的焊丝来保证焊缝金属的合金成分，因而埋弧焊时焊缝金属的合金成分易于控制。

(4) 焊缝金属纯度较高且成分均匀

埋弧焊时，焊接参数（焊接电流、电压及焊接速度）比手工焊稳定，单位时间内所熔化的金属和焊剂的数量较为固定，因而焊缝金属的化学成分稳定均匀。

5.3.2 低碳钢埋弧焊熔池金属与熔渣之间的主要冶金反应

埋弧焊时的冶金反应，主要是液态金属中某一个元素被焊剂中某元素取代的反应。用高锰高硅焊剂焊接低碳钢时，焊剂中的硅和锰被还原出来过渡到焊缝中去，同时焊丝和母材中的碳却被氧化并散入大气中，由于硅和锰被还原，因此使焊剂中的氧化铁含量提高。

(1) 埋弧焊时的硅、锰还原反应

在低碳钢埋弧焊时，硅、锰是焊缝金属中最重要的合金成分，提高焊缝的含锰量会降低产生热裂缝的危险性，并能改善焊缝金属的力学性能。硅能镇静熔池，并能保证取得致密的焊缝。常用的低碳钢熔炼焊剂，如 HJ430 和 HJ431 是高锰高硅低氟焊剂，焊接低碳钢时通常与 H08 与 H08A 焊丝相配合，重要结构也可用 H08Mn 或 H08MnA 焊丝。这些焊剂的主要成分为 MnO 和 SiO$_2$，它们的渣系为 MnO-SiO$_2$，焊缝金属的硅、锰是由金属与熔渣作用而进入焊接熔池的。

$$2Fe+SiO_2 \Longrightarrow 2FeO+Si$$
$$Fe+MnO \Longrightarrow FeO+Mn$$

以上两个反应方程用来表示液态金属与熔渣之间的硅锰还原反应。

熔滴过渡的弧柱中 Si、Mn 反应最为剧烈，其次是焊丝端部，再次为熔池前部。这三个区域温度都很高，有利于反应向右进行。特别是埋弧焊电流比手弧焊电流大得多，因而温度也更高，更有利于 Si、Mn 还原反应。与此同时，焊丝金属中的碳在熔滴形成与过渡过程中，也发生非常剧烈的氧化。当熔滴进入熔池以后，还与母材中的碳一起继续氧化，这是因为高温时碳与氧的亲和力比硅、锰与氧的亲和力大。

在熔池的后部，接近金属结晶温度时，前述的 Si、Mn 还原反应则反向进行，即已经还原出来的 Si、Mn 又与留在熔池中的 FeO 反应，使熔池脱氧，重新生成 SiO$_2$ 和 MnO。SiO$_2$ 和 MnO 将形成硅酸锰进入熔渣中，但是这种低温反应是比较缓慢的，而且留在熔池中的 FeO 仅为高温阶段生成的一小部分，故反应的综合效果是使 Si 和 Mn 从焊剂向金属中过渡。

（2）影响硅、锰过渡的因素

① 焊剂成分的影响　当焊剂中 SiO$_2$ 和 MnO 含量加大时，会促使 Si 和 Mn 的过渡量增加。

② 焊丝和母材中硅和锰原始浓度的影响　熔池中和 Mn 的原始浓度越低，则 Si 和 Mn 的过渡量也越大；反之则会阻碍 Si 和 Mn 的过渡，甚至造成 Si 和 Mn 的氧化烧损。

③ 焊剂碱度的影响　随焊剂碱度的提高，Mn 的过渡量增加。

④ 焊接规范的影响　当电弧电压增大时，因为焊剂熔化量增加，所以焊剂与金属熔化量之比增大，从而使 Si 和 Mn 的过渡量增加。

（3）埋弧焊时碳的氧化烧损

低碳钢埋弧焊时，由于使用的熔炼焊剂中不含碳元素，因而碳只能从焊丝及母材进入焊接熔池。焊丝熔滴中的碳在过渡过程中发生非常剧烈的氧化反应（C+O $\Longrightarrow$ CO），在熔池内也有一部分碳被氧化，其结果将使焊缝中的碳元素烧损而出现脱碳现象。若增加焊丝中碳的含量，则碳的烧损量也增大。由于碳的剧烈氧化，熔池的搅动作用增强，使熔池中的气体容易析出，这对防止焊缝产生氢气孔有作用，有利于遏制焊缝中气孔的形成。由于焊缝中碳的含量对焊缝的力学性能有很大的影响，因此碳烧损后必须补充其他强化焊缝金属的元素，才可保证焊缝力学性能的要求，这正是焊缝中硅、锰元素一般都比母材高的原因。焊接低碳钢时，电弧电压的变化对碳的烧损影响不大，只有当电流减小时，碳的烧损才会稍增。

（4）杂质硫、磷的限制

硫、磷在金属中都是有害杂质，焊缝含硫量增加时会造成偏析形成低温共晶，使产生热裂纹的倾向增大；焊缝含磷量增加时会引起金属的冷脆性，降低其冲击韧度。因此必须限制焊接材料中硫、磷的含量并控制其过渡。低碳钢埋弧焊所用的焊丝对硫、磷的含量有严格的限制，一般要求<0.040%。低碳钢埋弧焊常用的熔炼型焊剂可以在制造过程中通过冶炼限制硫、磷含量，焊剂中的硫含量控制在 0.10% 下；而用非熔炼型焊剂焊接时焊缝中的硫、磷含量则较难控制。

（5）去除熔池中氢的途径

埋弧焊时对气孔的敏感性比较大，经研究和实验证明，氢是埋弧焊时产生气孔和冷裂纹的主要原因，而防止气孔和冷裂纹的重要措施就是消除熔池中的氢。氢的去除主要有两点：一是杜绝气的来源，这就要求清除焊丝和焊件表面的水分、铁锈、油和其他污物，并按要求烘干焊剂；二是通过冶金反应去除已熔入熔池中的氢。后一种途径对于焊接冶金来说非常重要。这可利用焊剂中加入的氟化物分解出的氟元素和某些氧化物中分解出的氧元素，通过高温冶金反应把氢结合成不溶于熔池的化合物 HF 和 OH 来加以去除。

高 Mn 高 Si 焊剂埋弧焊时，气孔是一个重要的问题，不少人认为主要是氢气孔（CO 气孔被认为不是主要的），而防止氢气孔的途径有两条：一是杜绝氢的来源，例如去除铁锈、水分和有机物等，二是把氢结合成一种不溶于熔池的化合物。后一条途径对于焊接冶金来说非常重要。对于高 Mn 高 Si 焊剂埋弧焊，把氢结合成下列两种稳定而不溶于熔池的化合物。

① HF　焊剂中含有大量的 CaF_2 和 SiO_2，它们发生下列反应：

$$2CaF_2 + 3SiO_2 \rule[0.5ex]{2em}{0.4pt} 2CaSiO_3 + SiF_4$$

在通常条件下 SiF_4 是稳定的，但在电弧高温下发生分解：

$$SiF_4 \rule[0.5ex]{2em}{0.4pt} SiF + 3F$$

CaF_2 在高温下也发生分解：

$$CaF_2 \rule[0.5ex]{2em}{0.4pt} CaF + F$$

由于 F 很活泼，因此只能是化学反应的中间产物，它随即与其他元素结合成稳定的化合物，F 优先与氢结合成不溶解于熔池的 HF 而防止了氢气孔的产生。SiF_4 与 CaF_2 都能直接与氢或水反应生成 HF。

② OH　高温时，氢不但能与氟而且能与氧形成稳定的化合物 OH，它不溶解于熔池，因此也可减少氢引起的气孔。

高温形成 OH 的反应可用下式表示：

$$MnO + H \rule[0.5ex]{2em}{0.4pt} Mn + OH$$
$$MgO + H \rule[0.5ex]{2em}{0.4pt} Mg + OH$$
$$CO_2 + H \rule[0.5ex]{2em}{0.4pt} CO + OH$$
$$SiO_2 + H \rule[0.5ex]{2em}{0.4pt} SiO + OH$$

根据埋弧焊的冶金过程可以知道，冶金特点主要是以下四方面的问题：

① 通过冶金过程向焊缝补充 Si 和 Mn。

② 焊接过程保证一部分碳的氧化。

③ 控制焊接材料，减少焊缝金属中 S 和 P 的含量，防止热裂和冷裂。

④ 防止焊缝产生气孔。

5.4　埋弧焊的自动焊设备

5.4.1　埋弧焊机分类

① 埋弧焊机按用途分为通用焊机和专用焊机。前者可广泛用于各种结构的对接、角接，环缝和纵缝等焊接生产；后者则只能用来焊接某些特定的金属结构或焊缝，例如埋弧自动角焊机、T 形梁焊机、埋弧堆焊机等。

② 埋弧焊机按送丝方式分为等速送丝式和电弧电压调节式焊机。前者适用于细焊丝或高电流密度的情况；后者适用于粗焊丝或低电流密度的情况。一些新型焊机均已设计成可根据需要选择采用等速或电弧电压调式送丝方式的结构。

③ 埋弧焊机按行走机构形式分为小车式、门架式、悬臂式三种。通用埋弧自动焊机大都采用小车式行走机构。如图 5-2(a)、(c) 所示为两种不同外形焊接小车的实物照片。图 5-3 是埋弧自动焊焊接小车 [图 5-2(c)] 的基本组成结构图。

(a) 焊接小车　　　　　　　　(b) 焊接机头　　　　　　　　(c) 焊接小车

图 5-2　埋弧自动焊机焊接小车及焊接机头

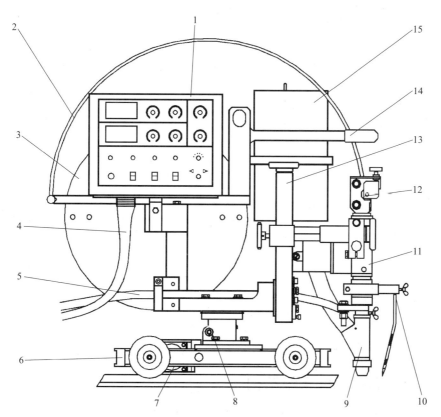

图 5-3　自动焊焊接小车

1—控制箱；2—导丝管；3—焊丝盘；4—控制电缆；5—焊接电缆；6—焊车车身；7—焊车驱动机构；
8—车架旋转机构；9—焊枪；10—焊缝跟踪划针；11—送丝机构；12—焊丝校直机构；
13—机头调整机构；14—手柄；15—焊剂漏斗

门架行走机构适用于某些大型结构的平板对接、角接焊缝。

悬臂式焊机适用于大型工字梁化工容器、锅炉气包等圆筒、圆球形结构的纵缝和环缝焊接。图 5-2(b) 所示的是一种埋弧自动焊机机头实物照片。

④ 埋弧焊机按焊丝数量分为单丝、双丝和多丝埋弧焊机。目前国内生产应用的大都是单丝埋弧焊机，使用双丝或多丝焊机是进一步提高埋弧自动焊生产率和焊缝质量的有效途径，在企业生产中正日益受到重视。焊丝截面形状大多数为圆形的，但也有采用矩形（带状电极）的专用焊机。

此外还可按焊缝成形特点分为自由成形和强制成形式。按焊接机械化程度又可分为自动式和半自动式焊机。半自动焊机系指只有自动送丝，而电弧移动程序仍需手工操作的焊机。半自动埋弧焊因为工人劳动强度大，这种方法只在早期企业生产中有些应用，目前已很少采用。国产埋弧焊机主要技术数据如表 5-5 所示。

表 5-5　国产埋弧焊机主要技术数据

型号	NZA-1000	MZ-1000	MZ1-1000	MZ2-1500	MZ3-500	MZ6-2×500	MU-2×300	MU1-1000
送丝方式	变速送丝	变速送丝	等速送丝	等速送丝	等速送丝	等速送丝	等速送丝	变速送丝
焊机结构特点	埋弧、明弧两用焊车	焊车	焊车	悬挂式自动机头	电磁爬行小车	焊车	堆焊专用焊机	堆焊专用焊机
焊接电流/A	200～1200	400～1200	200～1000	400～1500	180～600	200～600	160～300	400～1000
焊丝直径/mm	3～5	3～6	1.6～5	3～6	1.6～2	1.6～2	1.6～2	焊带宽 30～80 厚 0.5～1
送丝速度 /(cm/min)	50～600（弧压反馈控制）	50～200（弧压 35V）	87～672	47.5～375	180～700	250～1000	160～540	25～100
焊接速度 /(cm/min)	35～130	25～117	26.7～210	22.5～187	16.7～108	13.3～100	32.5～58.3	12.5～58.3
焊接电流种类	直流	直流或交流	直流	直流或交流	直流或交流	交流	直流	直流
送丝速度调整方法	用电位器无级调速（用改变晶闸管导通角来改变电动机转速）	用电位器调整直流电动机转速	调换齿轮	调换齿轮	用自耦变压器无级调节直流电动机转速	用自耦变压器无级调节直流电动机转速	调换齿轮	用电位器无级调节直流电动机转速

5.4.2　埋弧焊机械系统结构

埋弧焊机的机械系统包括送丝机构、焊车行走机构、机头调节机构、导电嘴、焊剂漏斗、焊丝盘等部件，通常焊机上还装有控制箱等。各种埋弧焊机不尽相同，但大同小异。

（1）送丝机构

送丝机构包括送丝电动机及传动系统、送丝滚轮和矫直滚轮等，有直流电动机拖动和交流电动机拖动两种形式，如图5-4和图5-5所示。它应能可靠地送进焊丝并具有较宽的调速范围，以保证电弧稳定。

（2）焊车行走机构

焊车行走机构包括行走电动机及传动系统、行走轮及离合器等。交流电动机拖动的行走机构如图5-5所示，直流电动机拖动的焊接小车行走机构如图5-6所示。为防止焊接电流经车轮而与工件发生短路，行走轮一般采用橡胶绝缘轮。离合器合上时由电动机拖动行走，脱离时焊接小车可用手推动行走。

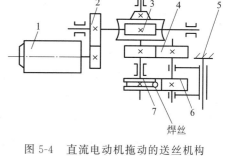

图 5-4　直流电动机拖动的送丝机构

1—电动机；2,4—圆柱齿轮；3—蜗轮蜗杆；
5—摇杆；6,7—送丝滚轮

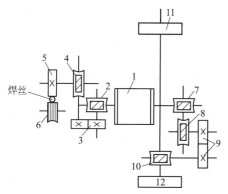

图 5-5　交流电动机拖动的送丝机构和行走机构

1—电动机；2,4,7,8,10—蜗轮蜗杆；3,9—可换齿轮副；
5,6—送丝滚轮；11,12—行走轮

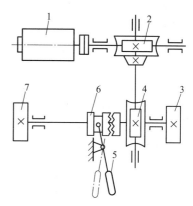

图 5-6　直流电动机拖动的焊车行走机构

1—电动机；2,4—蜗轮蜗杆；3,7—行走轮；
5—手柄；6—离合器

（3）机头调节机构

机头调节机构的作用是使焊机能适应各种不同类型焊缝的焊接，并使焊丝对准焊缝，因此送丝机头应有足够的调节自由度。例如，MZ-1000 型埋弧焊机的机头有 X、Y 两个方向的移动调节，调节行程分别为 60mm 和 80mm，还有 α、β、γ 三个方向的手工转动角度调节，如图5-7所示。

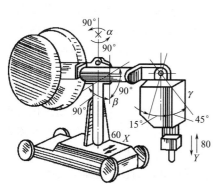

图 5-7　MZ-1000 型焊车的调节自由度

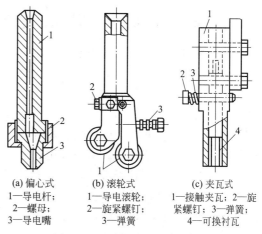

(a) 偏心式　　　　(b) 滚轮式　　　　(c) 夹瓦式
1—导电杆；　　　1—导电滚轮；　　1—接触夹瓦；2—旋
2—螺母；　　　　2—旋紧螺钉；3—　紧螺钉；3—弹簧；
3—导电嘴　　　　弹簧　　　　　　4—可换衬瓦

图 5-8　埋弧焊机的导电嘴结构

(4) 导电嘴

图 5-8 所示是三种常用的导电嘴形式，其中夹瓦式和滚轮式导电嘴均用螺钉压紧弹簧，使焊丝与导电嘴之间接触良好，适用于直径在 3mm 以上粗焊丝的焊接。夹瓦式导电嘴在有效地导引焊丝方向和允许有较大的磨损方面优点比较突出。偏心式导电嘴亦称为管式导电嘴，适用于直径在 2mm 以下的细焊丝焊接，其导电嘴和导电杆不在一个同心度上，因此，可以利用焊丝进入导电嘴前的弯曲而产生必要的接触压力来确保导电接触。三种导电嘴中的导电嘴、衬瓦及滚轮均应采用铬铜耐磨合金制成。

5.4.3 埋弧焊焊接电源及控制系统

埋弧自动焊可采用交流或直流焊接电源进行焊接，根据产品焊接要求及焊剂型号选择焊接电源。普通碳素钢及低合金结构钢优先考虑采用交流电源配用 HJ430 或 HJ431。若用低锰低硅焊剂，则必须选用直流电源焊接才能保证埋弧焊过程电弧的稳定性。采用直流电源时一般采用直流反极性，以获得较大熔深。

按照输出的外特性，电源可以分为垂降特性和陡降特性电源、平特性和缓降特性电源以及多特性电源。其中多特性电源可以根据需要，提供平、缓降、陡降或垂降等多种外特性。

粗丝埋弧自动焊电源外特性多为下降型的，空载电压要求在 70～80V 以上。由于焊接电流较大，埋弧自动焊电源的额定电流一般在 700～1000A 以上。常见的埋弧自动交流电源有 BX$_2$-1000（同体式弧焊变压器，用异步电动机正反转调节电抗器空气隙改变外特性）、矩形波交流电源（如 SQW-1000 型）、弧焊逆变器等；直流电源有磁放大器式弧焊整流器 ZXG-1000R、ZDG-1000R（饱和电抗器式整流型，用调节电抗器激磁电流改变外特性）、晶闸管式弧焊整流器（如 ZX5-1000 型）等。小电流埋弧焊也可采用 AX1-500 等手弧焊电源，但这时必须注意所用的电流上限不应超过按 100％负载持续率折算的数值。

通用小车式埋弧自动焊机的控制系统包括：电源外特性控制、送丝拖动控制和小车行走拖动控制及程序自动控制（其中主要是引弧和熄弧自动控制）系统。大型专用焊机还包括横臂升降收缩、立柱旋转、焊剂回收等控制系统。一般埋弧焊机，常有一控制箱来安装主要控制电气元件，但实际上控制系统总还有一部分元件是安装在小车上的控制盒和焊接电源箱内的，因此使用时必须按照出厂时提供的外部接线安装图把控制系统连成一体。在晶闸管等电子控制电路的新型埋弧自动焊机中已不单设控制箱，控制系统的电气元件就安装在小车上的控制盒和电源箱内。

5.4.4 MZ-1-1000 型自动埋弧焊机

目前国内应用较广的通用埋弧自动焊机主要有 MZ-1000、MZ1-1000 等，前者为发电机—电动机系统弧压反馈调节式，后者为交流异步电动机等速送丝式。用晶闸管控制的埋弧焊机也在生产中应用，例如 MZ-1-1000，NZA-1000，NZC-1000 等（后两种为气体保护埋弧两用自动焊机）。

MZ-1-1000 型埋弧自动焊机是采用晶闸管等电子元器件进行控制的直流埋弧焊机。它具有电弧电压反馈调节特性。由于采用电子元器件进行控制，与早期生产的埋弧自动焊机（如 MZ-1000 型）相比，体积大大减小，成本低，而且性能得到进一步提升，因为电子电路控制灵活，容易得到最佳的工作状态，而且由于电子电路的惯性比电磁惯性小，其响应速度也比较快。此外，该焊机还增加了慢送丝刮擦引弧和电压继电器熄弧功能，使焊机的操作更为方便，因此受到用户的欢迎。

(1) 焊机结构

MZ-1-1000 型埋弧焊机是由焊接小车、焊接电源和控制系统三部分组成的，由于控制系统采用了电子元器件，因此体积减小，控制系统与焊接小车控制系统装在焊接小焊车控制箱里。

① 焊车　焊车上装有送丝机构、焊车行走机构、机头调节机构、焊丝盘、控制盒、焊剂漏斗等部分。

② 焊接电源　埋弧焊机采用具有下降外特性的 ZX5-1000 型晶闸管式弧焊整流器作为焊接电源。焊接电流调节范围为 $100\sim1000A$，其空载电压为 70V，额定负载持续率为 60%。

该电源的工作原理如图 5-9 所示，网路电压经三相主变压器降压，由晶闸管组成的带有平衡电抗器的双反星形可控整流电路进行整流，通过改变晶闸管的控制角来控制电源输出直流电压的大小。从直流输出回路的分流器上取得电流负反馈信号。引弧后，随着直流输出电流的增加，负反馈亦增加，使晶闸管控制角增加，输出电压降低，从而获得下降外特性。为方便起见，在焊车的控制盒上装有能够远程调节焊接电源外特性的旋钮电位器，通过旋钮电位器就能预调焊接电流。"推力电路"是当电弧电压低于 15V 时，相当于有一个增量电压叠加在给定电压上，在输出端短路时，此增量电压达到最大值，短路电流形成外拖的外特性，使焊丝不被粘住。"引弧电路"是当每次引弧时，短时间内增加给定电压，使引弧时电流较大，增加引弧可靠性。

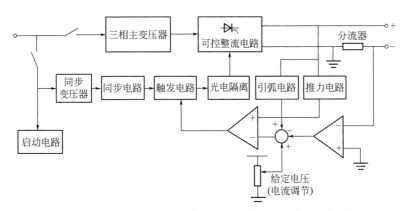

图 5-9　ZX5-1000 型晶闸管式弧焊整流器的工作原理框图

③ 控制系统　MZ-1-1000 型埋弧焊机控制系统电气原理如图 5-10 所示。其控制电路基本上可以分为以下几个部分：

a. 焊接小车拖动电路。焊接小车拖动电路包括：由整流桥 VD34～VD37、晶闸管 VT2、二极管 VD32 等组成的"电动机晶闸管可控整流电路"，由晶体管 V5、单结晶体管 VU6、触发变压器 TI4 等组成的"焊接小车电动机晶闸管触发电路"，以及转换开关 S_5 和直流电动机 M2。

该电路的电位器 RP2 实现焊接小车的速度控制，从 RP2 取出给定控制信号加到 V5 基极，利用改变晶闸管 VT2 的控制角来控制直流电动机的转速。为了增加焊接小车的负载能力，在触发电路中增加了电枢电压负反馈和电枢电流正反馈。由 R_{49}、R_{40} 等引出电枢电压负反馈，由 R_{50}、R_{51}、R_{52} 等取得电枢电流正反馈。由于该电路没有其他功能，因此线路比较简单。

b. 送丝拖动电路。送丝拖动电路由送丝电动机 M1、送丝电动机晶闸管整流电路、送丝

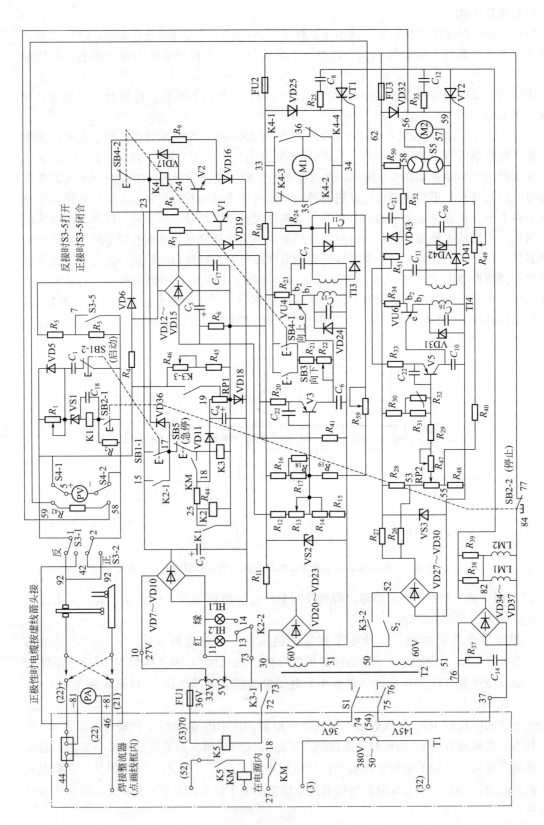

图 5-10 MZ-1-1000 型埋弧焊机控制系统电气原理图

电动机晶闸管触发电路、采样电路、指令电路、比较电路、送丝电动机换向电路、送丝特性控制电路组成，电路具有短路回抽引弧和电弧电压反馈自动调节功能。

由整流桥 VD34～VD37、晶闸管 VT1、二极管 VD25 等组成送丝电动机可控整流电路，由晶体管 V3、单结晶体管 VU4、触发变压器 TI3 等组成送丝电动机触发电路。由 R_1～R_5 等元件构成采样电路。从 R_4 取得电弧电压反馈信号 U_{af}，并与电弧电压调节电位器 RP1 上的"指令电压"U_{cl}（其大小随电位器滑臂位置确定）反向串联后送到整流桥 VD12～VD15 上，这一整流桥的交流端和直流端各有一电压，分别控制由晶体管 V1、V2、继电器 K4 等元件组成的送丝电动机换向电路。

焊机短路引弧时，焊丝与焊件先短路。当按下启动按钮 SB1 时，由于电弧电压为零，R_4 上只有 RP1 给出的电压，VD12～VD15 交流端的电压为上正下负，V1 因此而导通，V2 截止，K4 为释放状态，其常闭触点接通 M1 电枢，使之处于焊丝准备回抽状态；同时 VD12～VD15 直流端也输出一个电压使 V3 导通，触发电路工作，"送丝电动机可控整流电路"供电给 M1 使焊丝回抽。产生电弧后，电弧电压上升，R_4 两端的电压 U_{af} 逐渐升高，由于其与 RP1 给出的电压 U_{cl} 反向，因而在 VD12～VD15 上的电压逐渐降低，V3 导通电流逐渐变小，M1 的抽丝速度逐渐减慢。

当 $U_{af}=U_{cl}$ 时，V3 截止，M1 停止转动，V1 也随之截止，于是 V2 导通，K4 吸合，K4 常开触点闭合，使 M1 处于焊丝准备下送的状态。随着电弧电压的继续升高，$U_{af}>U_{cl}$，VD12～VD15 交流端变为下正上负，V1 继续截止，V2 导通，K4 保持吸合，而 VD12～VD15 直流端电压开始上升，V3 又开始导通，并逐渐增加电流，M1 的送丝速度便从零逐步加快，直到与焊丝熔化速度相等时为止，电弧电压数值趋于稳定。

如果焊接过程中电弧电压由于某种原因发生改变，则在 VD12～VD15 上的电压将使送丝速度自动变化，强制电弧电压恢复到原来的值，起到自动稳定电弧电压的作用。

送丝特性控制电路由 R_{13} 和 R_{14} 组成。两者接在 V3 的输入端，前者引入 V3 一个控制电压，用来调整及校正送丝最大速度，后者引入 V3 一个偏置电流，用来调整与校正送丝的起始速度，以改善控制特性。由 R_{59}、R_{19}、R_{17}（R_{18}）、R_{16}、R_{20} 取得电枢电压负反馈。

c. 慢送丝刮擦引弧电路。电路由送丝拖动电路和焊接小车拖动电路、启动按钮 SB1、继电器 K1、稳压管 VS1 等组成。在继电器 K2 线圈上并接了继电器 K1 的常开触点，引弧时，按下 SB1 不立即释放，由于焊丝与焊件不接触，在焊丝与焊件之间出现空载电压，使 VS1 击穿，K1 动作，K2 不动作，信号电压经 R_{45}、R_{46} 使 V3 的输入端获得的从 VD12～VD15 输出的控制电压很小，因此 M1 仅以一个很慢的速度向下送丝，此时焊接小车已在前行，于是形成刮擦引弧。电弧引燃后，松开 SB1，焊机就自动转入正常焊接。

d. 电压继电器熄弧电路。电路由送丝拖动电路、焊接小车拖动电路、停止按钮 SB2、继电器 K1、稳压管 VS1、电阻 R_1、电容 C_1 和二极管 VD5 组成。当焊接结束时，按下 SB2，其常开触点将电阻 R_2 短路，常闭触点切断焊丝和焊接小车供电电源，使送丝和焊接小车立即停止工作。但电源未切断，电弧继续燃烧。由于送丝停止了，电弧电压升高，因此当升高到使 VS1 击穿时 K1 动作，其常开触点使 K2 线圈短路，K2-1 又打开了 K3 线圈，使电源切断，工作停止。这样就避免了焊丝与熔池黏结。接入 C1、VD5 可使 K1 在正常焊接时不受电弧瞬时不良变化的影响。

（2）焊机操作程序

① 焊前准备与调整

a. 将焊车控制盒上的电源开关 S1 拨到"通"的位置。

b. 将控制盒上的焊车调试开关 S2 拨到"调试"位置，观察焊车行走情况，并将焊接速度电位器 RP2 调节到焊接工艺所需要的速度。调整好以后，将 S2 拨到"焊接"位置。

c. 调整控制盒上的电弧电压电位器 RP1，通过改变送丝速度预调电弧电压；调整控制盒上的焊接电流电位器 RP3，通过远程调节焊接电源输出的外特性来预调焊接电流。

d. 按动焊丝向下按钮 SB3 或焊丝向上按钮 SB4，调整焊丝上下，使焊丝与焊件接触良好（如果采用刮擦引弧，则可以使焊丝与焊件之间略有距离）。打开焊剂漏斗，使焊剂堆敷在起焊点。

② 焊接启动和停止

a. 焊接启动。焊接开始，按下启动按钮 SB1，控制系统将按预定的程序完成动作。如果在按 SB1 前焊丝与焊件已经接触，则按下 SB1 后立即可释放；而如果焊丝未与焊件接触，则需要按下 SB1 后不立即释放，直到刮擦起弧后再释放。

b. 焊接停止。焊接完成后，按下停止按钮 SB2，控制系统将按预定的程序完成动作。如遇事故，需要立即停止时，则可按按钮 SB5 紧急停车，使焊接立即停止，但无焊丝返烧及填弧坑过程。

5.5 埋弧焊工艺

5.5.1 埋弧焊工艺的内容和编制

(1) 埋弧焊工艺的主要内容

埋弧焊工艺主要包括焊接工艺方法的选择、焊接工艺装备的选用、焊接坡口的设计、焊接材料的选定、焊接工艺参数的制定、焊件组装工艺编制、操作技术参数及焊接过程控制技术参数的制定、焊缝缺陷的检查方法及修补技术的制定、焊前预处理与焊后热处理技术的制定等内容。

(2) 编制焊接工艺的原则和依据

首先要保证接头的质量完全符合焊件技术条件或标准的规定；其次是在保证接头质量的前提下，最大限度地降低生产成本，即以最高的焊接速度、最低的焊材消耗和能量消耗以及最少的焊接工时完成整个焊接过程。编制焊接工艺的依据是焊件材料的牌号和规格、焊接接头性能的技术要求等。

(3) 埋弧焊工艺规程及实例

根据上述基本原始资料，可编制出初步的工艺规程，即结合工厂生产车间现有的焊接设备和工艺装备，选择焊接工艺方法（如单丝焊或多丝焊、加焊剂衬垫或悬空焊、单面焊或双面焊，多层多道焊等）、焊接参数、焊剂与焊丝配合、焊丝直径、焊接坡口设计以及组装工艺等。

表 5-6 所示为某典型产品埋弧焊工艺规程实例。对于要求保证力学性能的接头，所编制的焊接工艺规程必须经过焊接工艺评定的检验加以验证。焊接工艺评定应先由焊接技术部门根据产品的技术条件、施工设计图和有关的工艺试验报告，初步制订该焊接接头的焊接工艺设计书，在该设计书中应当规定所有影响焊接接头力学性能的主要焊接工艺参数以及接头各项检查项目和相应的合格标准。焊接试件由技术熟练的焊工在接近生产实际的条件下焊制。试板经无损探伤合格后，按设计书规定的检验项目，从试板中取出拉伸、弯曲和冲击试样。如果焊接试板所有试样的检验结果全部合格，则证明焊接工艺设计中规定的焊接工艺参数是

合适的。并编写出焊接工艺评定报告。编制焊接工艺设计书的焊接技术部门根据焊接工艺评定报告编写正式的焊接工艺规程，经工厂技术负责人批准后发给施工单位使用。

表 5-6　典型产品埋弧焊工艺规程实例

产品零部件名称：　　水箱筒体纵缝 焊接方法：　　　　　埋弧焊			母材	牌号　　Q345 规格　　10～16mm		

接头坡口形式

焊前 准备	①焊前接缝两侧边缘氧化皮污垢等清理干净 ②接缝装配借错边不超过板厚的1/10 ③采用 E5015φ4mm 焊条定位焊 ④焊剂在 300～400℃烘干 3～4h				焊接 材料	焊条牌号：E5015；规格：φ4mm 焊丝牌号：H8Mn2Si8；规格：φ5mm 焊剂牌号：HJ431 保护气体：
预热	预热温度 层间温度≤300℃				焊后 热处理	后热　　℃/h　　消氢　　℃/h 消除应力处理　　　　℃/h

焊接 工艺 参数	板厚 /mm	层次	焊接电流 /A	电弧电压 /V	送丝速度 /(mm/min)	焊接速度 /(mm/min)	电流种类
	12	1	650～700	36～38	68.5	34.5	交流
		2	700～750	38～40	68.5	29～35	
	16	1	800～850	38～40	81～87.5	27.5	交流
		2	850～900	38～40	81～87.5	25～28	
焊接设备型号			MZ-1-1000				

操作 技术	①双面单道焊 ②第一层焊后,背面电弧气刨 ③第一层在焊剂垫上焊接
焊后检查	①外表检查无焊瘤咬边 ②射线照相 15%

编制		校对		审核	

5.5.2　焊接工艺参数的选择及影响

(1) 焊接工艺参数的选择方法

① 焊接工艺参数的选择依据　焊接工艺参数的选择是针对将要投产的焊接结构施工图上标明的具体焊接接头进行的。根据产品图样和相应的技术条件，下列原始条件是已知的：

a. 焊件的形状和尺寸（直径、总长度）；接头的钢材种类与板厚。

b. 焊缝的位置（平焊、横焊、上坡焊、下坡焊）和焊缝的种类（纵缝、环缝）。

c. 接头的形式（对接、角接、搭接）和坡口形式（Y 形、X 形、U 形坡口等）。

d. 对接头性能的技术要求，其中包括焊后无损探伤方法、抽查比例以及对接头强度、冲击韧度、弯曲、硬度和其他理化性能的合格标准。

e. 焊接结构产品的生产批量和进度要求。

② 焊接工艺参数的选择程序　根据上列已知条件，通过对比分析，首先可选定埋弧焊工艺方法（单丝焊还是多丝焊或其他工艺方法），同时根据焊件的形状和尺寸可选定是细丝埋弧焊还是粗丝埋弧焊。例如小直径圆筒的内外环缝应采用 φ2mm 焊丝的细丝埋弧焊；厚

板深坡口对接接头纵缝和环缝宜采用 ϕ4mm 焊丝的埋弧焊；船形位置厚板角接接头通常可采用 ϕ5mm、ϕ6mm 焊丝的粗丝埋弧焊。

焊接工艺方法选定后，即可按照钢材、板厚和对接头性能的要求，选择适用的焊剂和焊丝的牌号，对于厚板深坡口或窄间隙埋弧焊接头，应选择既能满足接头性能要求又具有良好工艺性和脱渣性的焊剂。

(2) 焊接工艺参数对焊缝质量的影响

埋弧焊焊接工艺参数分主要参数和次要参数。主要参数是指焊接电流、电弧电压、焊接速度、焊丝和焊剂的成分与配合、电流种类及极性和预热温度等，是直接影响焊缝质量和生产效率的参数。对焊缝质量产生有限影响或无多大影响的参数为次要参数，它们是焊丝伸出长度、焊丝倾角、焊丝与焊件的相对位置、焊剂粒度、焊剂堆散高度和多丝焊的丝间距离等。这部分内容大多已在第 3 章作过分析，这里不再赘述。焊接工艺参数从两方面决定了焊缝质量：一方面，决定焊接热输入的焊接电流、电弧电压和焊接速度三个参数直接影响着焊缝的韧性和强度；另一方面，这些参数分别影响到焊缝的成形，也就影响到焊缝的抗裂性、对气孔和夹渣的敏感性。这些参数的合理匹配才能获得成形良好无任何缺陷的焊缝。对于焊接过程来说，最主要的任务是正确选择和调整各工艺参数，控制最佳的焊道成形。

根据所焊钢材的焊接性试验报告，选定预热温度、层间温度、后热温度以及焊后热处理温度和保温时间。由于埋弧焊的电弧热效率较高，焊缝及热影响区的冷却速度较慢，因此对于一般焊接结构、板厚 90mm 以下的接头可不作预热；对于厚度 50mm 以下的普通低合金钢，如施工现场的环境温度在 10℃ 以上，焊前也不必预热；对于强度极限在 600MPa 以上的高强度钢或其他低合金钢，板厚 20mm 以上的接头应预热 100～150℃。后热和焊后热处理通常只用于低合金钢厚板接头。最后根据板厚、坡口形式和尺寸选定焊接参数（焊接电流、电弧电压和焊接速度）并配合其他次要工艺参数。确定这些工艺参数时，必须以相应的焊接工艺试验结果或焊接工艺评定试验结果为依据，并在实际生产中加以修正后确定出符合实际情况的工艺参数。

5.6 埋弧焊焊接技术

5.6.1 埋弧焊的焊前准备

埋弧焊的焊前准备包括焊件的坡口加工、焊件的清理与装配、焊丝表面清理及焊剂烘干、焊机检查与调整等工作。这些准备工作与焊接质量的好坏有着十分密切的关系，所以必须认真完成。

(1) 坡口的选择与加工

由于埋弧焊可使用较大电流焊接，电弧具有较强穿透能力，因此当焊接厚度不太大的焊件时，一般不开坡口也能将焊件焊透。但随着焊件厚度的增加，不能无限地提高焊接电流，为了保证焊件焊透，并使焊缝有良好的成形，应在焊件上开坡口。坡口形式与焊条电弧焊时基本相同，其中以 Y 形、X 形、U 形坡口最为常用。当焊件厚度为 10～24mm 时，多为 Y 形坡口；厚度为 24～60mm 时，可开 X 形坡口；对一些要求高的厚大焊件的重要焊缝，如锅炉、压力容器等，一般多开 U 形坡口。埋弧焊焊缝坡口的基本形式已经标准化，各种坡口适用的厚度、基本尺寸和标注方法见 GB/T 986—1988 的规定。

坡口常用机械加工或气割方法制备。气割一般采用自动或半自动气割机方便地割出直边、Y形和双Y形坡口。手工气割很难保证坡口边缘的平直和光滑，对焊接质量的稳定性有较大影响，尽可能不采用。如果必须采用手工气割加工坡口，则一定要把坡口修磨到符合要求后才能装配焊接。用刨削、车削等机械加工方法制备坡口，可以达到比气割坡口更高的精度。目前，U形坡口通常采用机械加工方法进行制备。

（2）焊件的清理与装配

焊件装配前，需将坡口及附近区域表面上的锈蚀、油污、氧化物、水分等清理干净。生产量大时可用喷丸方法处理；批量不大时也可用钢丝刷、风动和电动砂轮或钢丝轮等进行手工清除；必要时还可用氧乙炔火焰烘烤焊接部位，以烧掉焊件表面的污垢和油漆，并烘干水分。机械加工的坡口容易在坡口表面沾染切削液或其他油脂，焊前也可用挥发性溶剂将污染部位清洗干净。

焊件装配时必须保证接缝间隙均匀，高低平整不错边，特别是在单面焊双面成形的埋弧焊中更应严格控制。装配时，焊件必须用夹具或定位焊缝可靠地固定。定位焊使用的焊条要与焊件材料性能相符，其位置一般应在第一道焊缝的背面，长度一般不大于 30mm。定位焊缝应平整，且不允许有裂纹、夹渣等缺陷产生。

对直缝的焊件装配，须在接缝两端加装引弧板和引出板。如果焊件带有焊接试板，应将其与工件装配在一起。焊接试板、引弧板、引出板在焊件上的安装位置如图 5-11 所示。加装引弧板和引出板是因为埋弧焊焊接速度快，刚引弧时焊件来不及达到热平衡，使引弧处质量难以保证。装上引弧板后，电弧在引弧板上引燃后进入焊件，可使焊件上焊缝端头的质量得到保证；同理，焊件（包括试板）焊缝焊完后将整个熔池引到引出板上再结束焊接，可防止收弧处熔池金属流失或留下弧坑，保证焊缝末端质量。引弧板和引出板的材质和坡口尺寸应与所焊焊件相同，焊接结束后将引弧板和引出板割掉即可，焊接环焊缝时，引弧部位与正常焊缝重叠，熄弧在已焊成的焊缝上进行，不需另外加装引弧板和引出板。

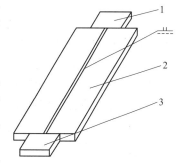

图 5-11　装配定位焊示意图
1—引弧板；2—焊件；3—引出板

（3）焊丝表面清理和焊剂烘干

埋弧焊使用的焊丝必须严格清理，焊丝表面油锈及拔丝过程中残留在拔丝表面的润滑剂都要清理干净，以免污染焊缝造成气孔产生。

焊剂在运输及储存过程中容易吸潮，所以使用前应经烘干去除水分。一般焊剂须在 250℃温度下烘干，并保温 1～2h。限用直流焊接的焊剂使用前必须经 350～400℃烘干，并保温 2h，烘干后应立即使用。回收使用的焊剂要过筛清除焊渣等杂质后才能正常使用。

（4）焊机的检查与调试

焊前应检查接到焊机上的动力线、焊接电缆接头是否松动，接地线是否连接妥当；导电嘴是易损件，一定要检查其磨损情况和是否夹持可靠。焊机要进行调试，检查仪表指示及各部分动作情况，并按要求调节预定的焊接参数。对于电弧弧压反馈式埋弧焊机或在滚轮架上焊接的其他焊机，焊前应实测焊接速度。测量时标出 0.5～1.0mm 内焊接小车移动或焊件转动过的距离，计算出实际焊接速度。

焊接设备启动前，应再次检查焊接设备和辅助装置的各种开关、旋钮等的位置是否正确无误，离合器是否可靠接合。检查无误后，再按焊机的操作程序进行焊接操作。

5.6.2 对接接头的埋弧焊技术

在焊接构件中，对接接头是焊接结构中使用最多的一种接头形式。在对接接头焊接中，依据焊接工艺方法可将对接接头分为单面焊对接接头和双面焊对接接头两种。

（1）对接接头单面焊双面成形法

对接接头单面焊是焊缝为对接焊缝，焊接时只焊工件的正面，焊件的反面不焊的工艺方法。为了将焊件一次熔透和保证背面一次焊缝成形，焊接时使用较大的焊接电流，且背面需要施加强制成形衬垫。由于这种工艺方法不需要翻转焊件，因此可以提高生产率，减轻劳动强度。但由于焊接热输入容易过大，焊接接头的韧度不易保证，因此主要适用于中、薄板焊接。焊接生产中主要采用以下几种方法：

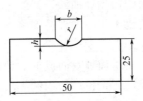

图 5-12　铜衬垫的截面形状

① 焊剂铜衬垫法　该法通常采用龙门压力架进行焊接。龙门压力架上有多个气缸，通入压缩空气后，气缸带动压紧装置将焊件压紧在焊剂铜衬垫上，利用铜衬垫上的成形槽使焊缝强制成形。铜衬垫的截面形状和尺寸如图 5-12 和表 5-7 所示。为了不使铜衬垫过热，在其两侧通常还各放一块具有同样长度的水冷铜块。焊件通常不开坡口，但需要留一定的装配间隙，以使焊剂进入铜衬垫成形槽中。间隙中心线一定要对准成形槽的中心线，焊缝两端还要焊引弧板和熄弧板。这种工艺方法对焊接参数和装配间隙的要求不高，且具有焊缝背面成形及尺寸稳定等优点。其焊接参数见表 5-8。

表 5-7　铜衬垫截面尺寸　　　　　　　　　　　　　　　　mm

焊件厚度	槽宽 b	槽深 h	槽曲率半径 r
4～6	10	2.5	7.0
6～8	12	3.0	7.5
8～10	14	3.5	9.5
12～14	18	4.0	12

表 5-8　在铜衬垫上单面焊的焊接参数

板厚/mm	装配间隙/mm	焊丝直径/mm	焊接电流/A	电弧电压/V	焊接速度/(cm/min)
3	2	3	380～420	27～29	78
4	2～3	4	450～500	29～31	68
5	2～3	4	520～560	31～33	63
6	3	4	550～600	33～35	63
7	3	4	640～680	35～37	58
8	3～4	4	680～720	35～37	53
9	3～4	4	720～780	36～38	46
10	4	4	780～820	38～40	46
12	5	4	850～900	39～41	38
14	5	4	880～920	39～41	36

② 水冷滑块式铜垫法　该法是用一个短的水冷铜滑块紧贴在焊缝背面，焊接时随同电

弧一起移动，强制焊缝背面成形的方法。图 5-13 所示为其典型结构。铜滑块 1 的长度应能保证熔池的底部凝固而不流失。铜滑块安装在拉紧滚轮架 4 上，利用与焊车上的拉紧弹簧相连的拉片 3 穿过坡口间隙，使其紧紧地贴在焊缝的背面，并随焊接小车一起移动。装配间隙一般为 3～6mm。其缺点是铜滑块易磨损。该方法适合于焊接 6～20mm 厚度的钢板。

③ 热固化焊剂衬垫法　该法是将热固化焊剂衬垫贴紧在焊缝背面，承托熔池，帮助焊缝背面成形的方法。它可以解决上述方法不能解决的曲面焊缝单面焊双面成形的问题。热固化焊剂垫的典型结构如图 5-14（a）所示，可使用磁铁夹具 9 将其固定在焊件上［图 5-14（b）］。所谓热固化焊剂，就是在一般焊剂中加入了一定比例的热固化物质（如酚醛树脂、苯酚树脂等）的焊剂。当温度升高到 80～100℃ 时软化

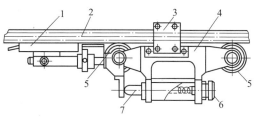

图 5-13　拉紧滚轮架与移动式水冷铜滑块结构
1—铜滑块；2—钢板；3—拉片；4—拉紧滚轮架；
5—滚轮；6—加紧调节装置；7—顶杆

或液化，将周围的焊剂粘接在一起。当温度升高到 100～150℃ 时，树脂固化，使焊剂垫变成具有一定刚性的板条，能有效地阻止熔池金属流溢，并帮助焊缝背面成形。焊件一般开 V 形坡口，为提高生产率，坡口内可堆覆一定高度铁合金粉末。采用该法常用的焊接参数见表 5-9。

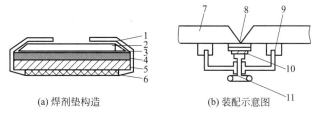

(a) 焊剂垫构造　　　　　　(b) 装配示意图

图 5-14　热固化焊剂垫构造和装配示意图
1—双面粘贴带；2—热收缩薄膜；3—玻璃纤维布；4—热固化焊剂；5—石棉布；6—弹性垫；
7—焊件；8—焊剂垫；9—磁铁夹具；10—托板；11—调节螺钉

表 5-9　热固化焊剂垫单面埋弧焊焊接参数

焊件厚度 /mm	V 形坡口		焊件倾斜角度		焊道顺序	焊接电流 /A	电弧电压 /V	金属粉末 高度/mm	焊接速度 /(m/h)
	角度/(°)	间隙/mm	垂直/(°)	横向/(°)					
9	50	0～4	0	0	1	720	34	9	18
12	50	0～4	0	0	1	800	34	12	18
16	50	0～4	3	3	1	900	34	16	15
19	50	0～4	0	0	1 2	850 810	34 36	15 0	15
19	50	0～4	3	3	1 2	850 810	34 36	15 0	15
19	50	0～4	5	5	1 2	820 810	34 36	15 0	15
19	50	0～4	7	7	1 2	800 810	34 34	15 0	15

| 焊件厚度 /mm | V形坡口 | | 焊件倾斜角度 | | 焊道顺序 | 焊接电流 /A | 电弧电压 /V | 金属粉末 高度/mm | 焊接速度 /(m/h) |
	角度/(°)	间隙/mm	垂直/(°)	横向/(°)					
19	50	0~4	3	3	1	960	40	15	12
22	50	0~4	3	3	1 2	850 850	34 36	15	15 12
25	50	0~4	0	0	1	1200	45	15	15
32	45	0~4	0	0	1	1600	53	25	12
22	40	2~4	0	0	前 后	960 810	35 36	12	18
25	40	2~4	0	0	前 后	990 840	35 38	15	15
28	40	2~4	0	0	前 后	900 900	35 40	15	15

除了上述方法外,对于厚度小于10mm且允许焊后保留永久性垫板的焊件,还可以采用在焊缝背面加永久性垫板进行单面焊接的方法,永久性钢垫板的尺寸见表5-10。

表 5-10 对接用的永久性钢垫板 mm

板厚 δ	垫板厚度	垫板宽度
2~6	0.5δ	$4\delta+5$
6~10	$(0.3\sim0.4)\delta$	$4\delta+5$

(2) 对接接头双面埋弧焊

双面焊是埋弧焊对接接头最主要的焊接技术,适用于中厚板的焊接,焊接过程中必须对焊件的两面分别进行施焊,焊接完一面后翻转焊件再焊接另一面。由于焊接过程全部在平焊位置完成,因而焊缝成形和焊接质量较易控制,焊接参数的波动小,对焊件装配质量的要求不是太高,一般都能获得满意的焊接质量。在焊接双面埋弧焊第一面时,既要保证一定的熔深,又要防止熔化金属的流溢或烧穿焊件。所以焊接时必须采取一些必要的工艺措施和手段,以保证焊接过程顺利进行。按采取的措施不同,可将双面埋弧焊分为:

① 不留间隙双面埋弧焊 这种焊接法就是在焊接第一面时焊件背面不加任何衬垫或辅助装置,因此也叫悬空双面焊接法。为防止液态金属从间隙中流失或引起烧穿,要求焊件在装配时不留间隙或只留很小的间隙(一般不超过1mm)。第一面焊接时所用的焊接参数不能太大,只需使焊缝的熔深达到或略小于焊件厚度的一半即可。而焊接反面时由于已有了第一面的焊缝做依托,为了保证焊件焊透,可用较大的焊接参数进行焊接,要求焊缝的熔深应达到焊件厚度的60%~70%。这种焊接法一般不用于厚度太大的焊件焊接,其焊接工艺参数见表5-11。

表 5-11 不开坡口对接接头悬空双面焊的焊接参数

工件厚度/mm	焊丝直径/mm	焊接顺序	焊接电流/A	电弧电压/V	焊接速度/(cm/min)
6	4	正	380~420	30	58
		反	430~470	30	55

工件厚度/mm	焊丝直径/mm	焊接顺序	焊接电流/A	电弧电压/V	焊接速度/(cm/min)
8	4	正	440～480	30	50
		反	480～530	31	50
10	4	正	530～570	31	46
		反	590～640	33	46
12	4	正	620～660	35	42
		反	680～720	35	41
14	4	正	680～720	37	41
		反	730～770	40	38
16	5	正	800～850	34～36	63
		反	850～900	36～38	43
17	5	正	850～900	35～37	60
		反	900～950	37～39	48
18	5	正	850～900	36～38	60
		反	900～950	38～40	40
20	5	正	850～900	36～38	42
		反	900～1000	38～40	40
22	5	正	900～950	37～39	53
		反	1000～1050	38～40	40

② 预留间隙双面焊　这种焊接法是在焊件装配时，根据焊件的厚度预留一定的装配间隙，在进行第一面的焊缝焊接时，为防止熔化金属流溢，接缝背面应衬以焊剂垫，焊剂垫的结构如图 5-15 所示。要求下面的焊剂在焊缝全长上都与焊件贴合，并且压力均匀。第一面焊缝的焊接参数应保证熔深超过焊件厚度的 60%～70%；然后翻转工件进行反面焊接，其焊接参数可以与正面相同，以保证焊件完全焊透。对于重要的产品，在焊接反面焊缝前，应进行根部清理，此时，焊接参数可适当减小。预留间隙的双面埋弧焊的焊接参数见表 5-12。

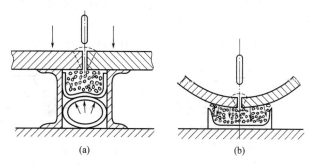

(a)　　　　　　　　(b)

图 5-15　焊剂垫结构原理图

对于厚度较大或不宜采用较大热输入焊接的焊件，也可采用开坡口的双面焊。当焊件厚度小于 22mm 时，可开 V 形坡口；厚度大于 22mm 时，大多开 X 形坡口。焊件坡口的形式和焊接参数见表 5-13。

表 5-12　预留间隙双面埋弧焊的焊接参数

钢板厚度/mm	装配间隙/mm	焊丝直径/mm	焊接电流/A	电弧电压/V	焊接速度/(m/h)
14	3～4	5	700～750	34～36	30
16	3～4	5	700～750	34～36	27

钢板厚度/mm	装配间隙/mm	焊丝直径/mm	焊接电流/A	电弧电压/V	焊接速度/(m/h)
18	4～5	5	750～800	36～40	27
20	4～5	5	850～900	36～40	27
24	4～5	5	900～950	38～42	25
28	5～6	5	900～950	38～42	20
30	6～7	5	950～1000	40～44	16
40	8～9	5	1100～1200	40～44	12
50	10～11	5	1200～1300	44～48	10

注：焊接用交流电源，焊剂用 HJ431。

表 5-13　开坡口双面埋弧焊的焊接参数

焊件厚度/mm	坡口形式	焊丝直径/mm	焊接顺序	$\alpha/(°)$	b/mm	p/mm	焊接电流/A	电弧电压/V	焊接速度/(m/h)
14		5	正	70	3	3	830～850	36～38	25
			反				600～620	36～38	45
16		5	正	70	3	3	830～850	36～38	20
			反				600～620	36～38	45
18		5	正	70	3	3	830～850	36～38	20
			反				600～620	36～38	45
22		6	正	70	3	3	1050～1150	38～40	18
		5	反				600～620	36～38	45

③ 临时工艺衬垫双面焊法　如图 5-16 所示，焊接第一面焊缝之前，用薄钢带、石棉绳、石棉板等作为工艺衬垫，从背面将带有间隙的坡口封住。其作用是托住坡口间隙中的焊剂及熔化金属。用此法焊接时，一般都要求接头处留有一定的间隙，以保证焊剂能填满其中。焊完第一面后，翻转焊件，清除临时衬垫以及间隙中的焊剂和焊缝底层的熔渣，用相同的焊接参数焊接第二面，要求每面的熔深均要达到板厚的 60%～70%。

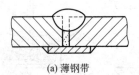

(a) 薄钢带　　　　(b) 石棉绳垫　　　　(c) 石棉板垫

图 5-16　在临时衬垫上焊接

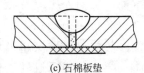

图 5-17　厚板焊件焊条电弧焊封底多层埋弧焊的典型坡口

④ 电弧焊封底双面焊法　对于不便翻转且无法使用衬垫的焊件可以采用此方法。可采用焊条电弧焊先仰焊封底，再用埋弧焊焊正面焊缝的方法。这类焊缝可根据板厚情况开或不开坡口。一般厚板焊件焊条电弧焊封底多层埋弧焊的典型坡口见图 5-17，保证封底厚度大于 8mm，以免埋弧焊时烧穿。由于焊条电弧焊熔深浅，因此在正面进行埋弧焊时必须采用较大的焊接参数，以保证焊件熔透。板厚大于 40mm 时宜采用多层多道埋弧焊。此外，对于重要构件，常采用 TIG 焊打底，再用埋弧焊焊接的方法盖面，以确保底层焊缝的质量。

5.6.3 埋弧焊的常见缺陷及防止方法

埋弧焊常见缺陷有焊缝成形不良、咬边、未焊透、气孔、裂纹、夹渣、焊穿等。这部分内容已在第1章作过分析。现将它们产生的原因及防止的方法列于表5-14中。

表5-14 埋弧焊的常见缺陷的原因及防止方法

缺陷		产生的原因	防止的方法
焊缝表面成形不良	宽度不均匀	①焊接速度不均匀 ②焊丝给送速度不均匀 ③焊丝导电不良	防止:①找出原因排除故障 ②找出原因排除故障 ③更换导电嘴衬套(导电块) 消除:酌情部分用手工焊焊补修整并磨光
	堆积高度过大	①电流太大而电压过低 ②上坡焊时倾角过大 ③环缝焊接位置不当(相对于焊件的直径和焊接速度)	防止:①调节规范 ②调整上坡焊倾角 ③相对于一定的焊件直径和焊接速度,确定适当的焊接位置 消除:去除表面多余部分,并打磨圆滑
	焊缝金属满溢	①焊接速度过慢 ②电压过大 ③下坡焊时倾角过大 ④环缝焊接位置不当 ⑤焊接时前部焊剂过少 ⑥焊丝向前弯曲	防止:①调节焊速 ②调节电压 ③调整下坡焊倾角 ④相对一定的焊件直径和焊接速度,确定适当的焊接位置 ⑤调整焊剂覆盖状况 ⑥调节焊丝矫直部分 消除:去除后适当刨槽并重新覆盖
中间凸起而两边凹陷		药粉圈过低并有粘渣,焊接时熔渣被粘渣拖压	防止:提高药粉圈,使焊剂覆盖高度达30~40mm 消除:①提高药粉圈,去除粘渣 ②适当焊补或去除重焊
咬边		①焊丝位置或角度不正确 ②焊接规范不当	防止:①调整焊丝 ②调节规范 消除:去除夹渣补焊
未熔合		①焊丝未对准 ②焊缝局部弯曲过甚	防止:①调整焊丝 ②精心操作 消除:去除缺陷部分后补焊
未焊透		①焊接规范不当(如电流过小,电弧电压过高) ②坡口不合适 ③焊丝未对准	防止:①调整规范 ②修正坡口 ③调节焊丝 消除:去除缺陷部分后补焊,严重的需整条退修
内部夹渣		①多层焊时,层间清渣不干净 ②多层分道焊时,焊缝位置不当	防止:①层间清渣彻底 ②每层焊后发现咬边夹渣必须消除修复 消除:去除缺陷补焊
气孔		①接头未清理干净 ②焊剂潮湿 ③焊剂(尤其是焊剂垫)中混有垃圾 ④焊剂覆盖层厚度不当或焊剂斗阻塞 ⑤焊丝表面清理不够 ⑥电压过高	防止:①接头必须清理干净 ②焊剂按规定烘干 ③焊剂必须过筛、吹灰、烘干 ④调节焊剂覆盖层高度,疏通焊剂斗 ⑤焊丝必须清理,清理后应尽快使用 ⑥调整电压 消除:去除缺陷后补焊

缺陷	产生的原因	防止的方法
裂缝	①焊件、焊丝、焊剂等材料配合不当 ②焊丝中含碳、硫量较高 ③焊接区冷却速度过快而导致热影响区硬化 ④多层焊的第一道焊缝截面过小 ⑤焊缝形状系数太小 ⑥角焊缝熔深太大 ⑦焊接顺序不合理 ⑧焊件刚度大	防止:①合理选配焊接材料 ②选用合格焊丝 ③适当降低焊速以及焊前预热和焊后缓冷 ④焊前适当预热或减小电流,降低焊速(双面焊适用) ⑤调整焊接规范和改进坡口 ⑥调整规范和改变极性(直流) ⑦合理安排焊接顺序 ⑧焊前预热及焊后缓冷消除,去除缺陷后补焊
焊穿	焊接规范及其他工艺因素配合不当	防止:选择适当规范 消除:缺陷处修整后补焊

5.7　高效埋弧焊

埋弧焊是一种传统的焊接方法,在长期的应用中,适应工业生产发展的需要,在不断改进常规埋弧焊的基础上,又研究发展了一些新的、高效率的埋弧焊方法。本节将介绍几种较为重要的埋弧焊新方法。

5.7.1　附加填充金属的埋弧焊

在满足焊接接头力性能的前提下,提高熔敷速度就可以提高焊接生产率。在常规埋弧焊方法中,要提高熔敷速度,就要增大焊接电流,亦即增大电弧功率。其结果是焊接熔池变大,母材熔化量随之增加,导致焊缝化学成分发生改变,同时热影响区扩大并使接头性能恶化。

采用附加填充金属的埋弧焊,是一种既能提高熔敷速度又不使接头性能变差的有效方法,这种方法使用的焊接设备和焊接工艺与普通埋弧焊基本相同。其基本做法是在坡口内预先填加一定数量的填充金属再进行埋弧焊,所加的填充金属可以是金属粉末,也可以是金属颗粒或切断的短焊丝。在常规埋弧焊中,只有 $10\% \sim 20\%$ 电弧能量用于填充焊丝的熔化,其余的能量消耗于熔化焊剂和母材以及使焊接熔池的过热。因此,可以将过剩的能量用于熔化附加的填充金属,以提高焊接生产率。单丝埋弧焊时熔敷速度可提高 $60\% \sim 100\%$;深坡口焊接时,可减少焊接层数,减小热影响区,降低焊剂消耗。附加填充金属的埋弧焊接法,熔敷率高,稀释率低,很适用于表面堆焊和厚壁坡口焊缝的填充层焊接。

附加填充金属的方法不仅可以提高生产率,还可以用来获得特定成分的焊缝金属。例如,在坡口中附加高铬和镍的金属粉末,配用低碳钢焊丝进行埋弧焊,可以得到不锈钢的熔敷金属。图 5-18 是附加填充金属埋弧焊的示意图。这种方法适合于平焊、角焊,一般在水平位置进行焊接。此法可以是单面焊,也可以是双面焊。

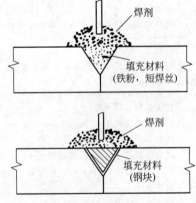

图 5-18　填充材料焊接

双面焊时，可以不开坡口而须留一定间隙（即采用 I 形坡口），也可以加工成一定的坡口形式。

5.7.2 多丝埋弧焊

多丝埋弧焊是一种既能保证合理的焊缝成形和良好的焊接质量，又可以提高焊接生产率的有效方法。采用多丝单道埋弧焊焊接厚板时可实现一次焊透，其总的热输入量要比单丝多层焊时少；因此，多丝埋弧焊与常规埋弧焊相比具有焊接速度快、耗能省、填充金属少等优点。

多丝埋弧焊主要用于厚板的焊接，通常采用在焊件背面使用衬垫的单面焊双面成形的焊接工艺。目前生产中应用最多的是双丝埋弧焊和三丝埋弧焊。按焊丝的排列方式可分为纵列式、横列式和直列式三种。从焊缝的成形情况看，纵列式的焊缝深而窄；横列式的焊缝浅而宽；直列式的焊缝熔合比小。双丝埋弧焊可以合用一个焊接电源，也可以用两个独立的焊接电源。前者设备简单，但其焊接过程稳定性差（因为电弧是交替燃烧和熄灭的），要单独调节每一个电弧的功率较困难；后者设备较复杂，但两个电弧都可以单独调节功率，而且还可以采用不同的电流种类和极性，焊接过程稳定，可获得更理想的焊缝成形。双丝埋弧焊应用较多的是纵列式，用这种方法焊接时，前列电弧可用足够大的电流以保证熔深；后随电弧则采用较小电流和稍高电压，主要用来改善焊缝成形。这种方法不仅可大大提高焊接速度，而且还因熔池体积大、存在时间长、冶金反应充分而使产生气孔的倾向大大减小。此外，这种方法还可通过改变焊丝之间的距离及倾角来调整焊缝形状。当焊丝间距小于35mm 时，两根焊丝在电弧作用下合并形成一个单熔池；焊丝间距大于 100mm 时，两根焊丝在分列电弧作用下形成双熔池，如图 5-19 所示。在分列电弧中，后随电弧必须冲开已被前一电弧熔化而尚未凝固的熔渣层。这种方法适合于水平位置平板拼接的单面焊双面成形工艺。多丝埋弧焊主要用在厚壁铜管、H 形钢梁及厚壁压力容器的生产中，最多的焊丝可达 8～12 根，使焊接速度提高到 120m/h 以上。可见，随焊丝数目的增加，焊接生产率大为提高。

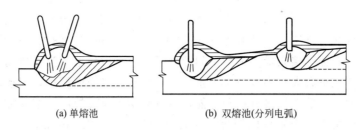

(a) 单熔池　　　　　　　　(b) 双熔池(分列电弧)

图 5-19　纵列式双丝埋弧焊示意图

5.7.3 带极埋弧焊

带极埋弧焊是由多丝（横列式）埋弧焊发展而成的。它用矩形截面的钢带取代圆形截面的焊丝作电极，不仅可提高填充金属的熔化量，提高焊接生产率，而且可增大焊缝成形系数，即在熔深较小的条件下大大增加焊道宽度，很适合于多层焊时表层焊缝的焊接，尤其适合于埋弧堆焊，因而具有很大的实用价值。

带极埋弧焊的焊接过程示意图和带极形状如图 5-20 所示。焊接时，焊件与带极间形成电弧，电弧热分布在整个电极宽度上。带极熔化形成熔滴过渡到熔池中，冷凝后形成焊道。

由于带极伸出部分的刚性较差，因此要配用专门的带极送进装置，使得焊接过程中带极能顺畅、均匀地连续送进，以保证焊接过程的稳定进行。

带极埋弧焊用于堆焊时，常用来修复一些设备表面的磨损部分，也可以在一些低合金钢制造的化工容器、核反应堆等容器的内表面上堆焊耐磨、耐蚀的不锈钢层，以代替整体不锈钢的结构，这样既可以保证达到耐磨、耐腐蚀的要求，又可以节省不锈钢材料，降低成本。

带极埋弧焊时，根据焊接材料的不同，可以采用交流电源，也可以采用直流电源。当采用直流电源时，带极为正极性时比带极为反极性时熔敷量大，熔深也浅。

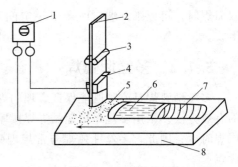

图 5-20　带极埋弧焊的焊接过程示意图
1—电源；2—带极；3—带极送进装置；4—导电嘴；5—焊剂；6—渣壳；7—焊道；8—焊件

带极埋弧焊的主要特点归纳如下：

① 使用的焊接电流大　这是因为丝极埋弧焊时如果使用太大的焊接电流，则熔深增加较大，即焊缝的成形系数减小，容易产生裂纹。而用带状电极焊接时，电弧在电极端面上快速往返移动，使热量分散，焊缝的成形系数得以提高，焊缝产生裂纹的可能性较小。因此，与丝极埋弧焊相比，带极埋弧焊可以采用更大的焊接电流。

② 熔敷金属量大、效率高　这一方面是由于电弧热分布在整个电极宽度上使其熔化，熔敷面积大；另一方面也是由于使用的电流大，带状电极熔化快。

③ 易控制焊道成形　带极埋弧焊时，熔化的金属向与电极宽度方向成直角的方向流动，将电极偏转一个角度，就可以使焊道移位，因此，可用这种方法控制焊道的形状和熔深。在坡口中多层焊时，交替地、对称地改变电极偏转角，有可能获得均匀分布的焊道。

5.7.4　窄间隙埋弧焊

窄间隙埋弧焊是近年来新发展起来的一种高效率的焊接方法。它主要适用于一些厚板结构的焊接，如厚壁压力容器、原子能反应堆外壳、涡轮机转子等的焊接。这些焊件壁厚较大，若采用常规埋弧焊方法，需开 U 形或双 U 形坡口，这种坡口的加工量及焊接量都很大，生产效率低且不易保证焊接质量。采用窄间隙埋弧焊时，坡口形状为简单的 I 形，如图 5-21所示。这种工艺不仅可大大减小坡口加工量，而且由于坡口截面积小，焊接时可减小焊缝的热输入和熔敷金属量，节省焊接材料和电能，并且易实现自动控制。窄间隙埋弧焊一般为单丝焊，间隙大小取决于所焊工件的厚度。当焊件厚度为 50～200mm 时，间隙宽度为 14～20mm；当焊件厚度为 200～350mm 时，间隙宽度为 20～30mm。焊接时可采用"中间一道"法或"两道一层"法。"两道一层"法容易保证焊缝侧壁熔合良好，得到质量优良的焊接接头，因此应用较多。由于窄间隙焊的装配间隙窄，在底层焊接时焊渣不易脱落，因此需采用具有良好脱渣性的专用焊剂（常用烧结焊剂）。另外，窄间隙埋弧焊时，为使焊嘴能伸进窄而深的间隙中，须将焊嘴的主要组成部分（导电嘴、焊剂喷嘴等）制成窄的扁形结构，如图 5-22 所示。为了保证焊嘴与焊缝间隙的绝缘及焊接参数在较高的温度和长时间的焊接过程中保持恒定。铜导电嘴的整个外表面须涂上耐热的绝缘陶瓷层，导电嘴内部还要有水冷却系统。窄间隙埋弧焊所用的焊接电源，根据所焊材料不同，可选交流电源，也可用直流电源。

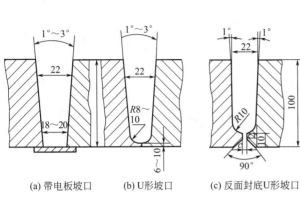

(a) 带电板坡口　　(b) U形坡口　　(c) 反面封底U形坡口

图 5-21　窄间隙埋弧焊坡口形式

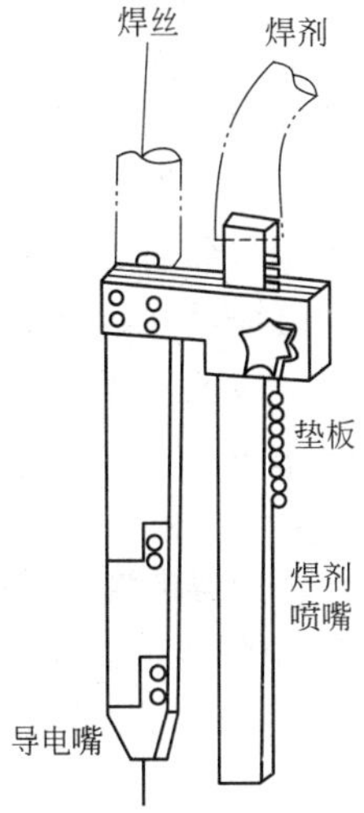

图 5-22　窄间隙埋弧焊喷嘴结构示意图

焊丝　焊剂

垫板

焊剂
喷嘴

导电嘴

　　窄间隙埋弧焊是一种高效、省时、节能的焊接方法。为进一步提高焊接质量，目前已在窄间隙埋弧焊中应用了焊接过程自动检测、焊嘴在焊接间隙内自动跟踪导向及焊丝伸出长度自动调整等技术，以保证焊丝和电弧在窄间隙中的正确位置及焊接过程的稳定。这些措施已大大扩展了窄间隙埋弧焊的应用范围。

5.7.5　切换导电增加焊丝通电长度的热丝埋弧焊

　　切换导电增加焊丝通电长度的热丝埋弧焊利用焊接电流通过增大干伸长度的焊丝产生的电阻热来加热焊丝，熔化焊丝的热量除了像普通埋弧焊那样来自电弧热以外，还有相当一部分来自电阻热。如图 5-23 和图 5-24 所示。焊机提供的电功率除了消耗于电弧以外，还消耗于焊丝上的电阻热。这就改变了母材、焊丝、焊剂的焊接热平衡。普通埋弧焊大致的热平衡是：熔化焊丝的热功率占焊接电源提供的热功率的 28%（其中约 1% 为飞溅），母材得到的热功率约占 54%，熔化焊剂的热功率占 18%。通过切换导电方式的预热埋弧焊焊丝，增加电阻热，得到的热功率约为焊接电源提供的热功率的 40%～45%，比普通埋弧焊增加约50% 的热量，焊丝的熔敷速度和焊接效率也就提高约 50%，焊 2 层相当原来焊 3 层，而母材和焊剂得到的热功率则减少约 20%。

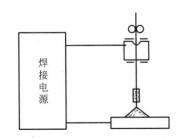

图 5-23　增大干伸长度的导电嘴

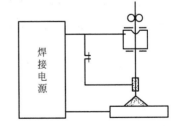

图 5-24　切换导电增加焊丝通电长度

(1) 切换导电增加焊丝通电长度的预热焊丝埋弧焊的特点

以相同的焊接工艺参数（焊接电流 700A，电弧电压 38V，焊接速度 24.5m/h）的普通埋弧焊与切换导电增加焊丝通电长度的热丝埋弧焊相比较，热丝埋弧焊的焊丝外伸长为

150mm，其上的电压降达6.14V，实际电弧电压为31.86V。采用这两种方法时，焊接电源提供的功率在焊丝、母材和焊剂的分配上有明显的不同。埋弧焊的熔深比焊条电弧焊大得多，母材得到的热量多，过大的熔深是不必要的，而且会使焊接热影响区过热，性能变坏。多层焊时，前一焊层过多的熔化实际上是做了无用功。熔化的焊剂的少量减少不影响焊接质量。在熔深和焊剂的熔化量有过剩的前提下，焊接的生产率取决于焊丝的熔敷速度，而与母材或前一层焊道的熔化量、焊剂的熔化量无关。减少母材和焊剂的热输入，而增加了焊丝的熔敷速度，这就发挥了埋弧焊的潜力，将电源提供的热功率用到了提高生产率上，改善了热影响区的性能，减少焊剂的消耗。在熔化同样多的焊丝量时，预热焊丝埋弧焊就比普通埋弧焊节省电能。

(2) 切换导电增加焊丝通电长度的预热焊丝埋弧焊的特点

① 利用焊接电流流经大外伸长的焊丝产生的电阻热，增加了焊丝得到的能量，将焊丝预热到高温再送入电弧区，可提高熔敷速度30％～50％，显著提高焊接效率。坡口填充焊时可减少焊接层次约1/3。

② 减少母材（包括已焊过的焊道）的热输入，改善热影响区的性能，多层焊时减少对前一层焊缝的过度重熔，特别适于要求控制热输入的低温钢、铬钼耐热钢、不锈钢的埋弧焊。

③ 减少了对焊剂提供的能量，减少焊接层次，可节省焊剂。

④ 节省电能。

⑤ 埋弧焊机具有多种功能，既可用作普通埋弧焊，又可用作预热焊丝埋弧焊，还可用于窄间隙热丝埋弧焊，一机多用，操作方法容易掌握。

⑥ 不附加预热电源，不增加另外的焊丝和送丝机构，简单实用，可用原有的埋弧焊机改装，成本低，便于维护。

复习思考题

1. 试述埋弧焊方法的特点及其应用范围。

2. 埋弧焊在冶金方面有哪些特点？

3. 埋弧焊焊剂与焊丝匹配的主要依据是什么？

4. 埋弧焊设备由哪几部分组成？各部分有什么作用？

5. 试述 MZ-1-1000 型直流埋弧焊机控制系统的电气原理。

6. 什么是焊接工艺？埋弧焊工艺通常包括哪些内容？

7. 试制订板厚为 20mm、接头为对接接头的 16MnR 钢的埋弧焊工艺。

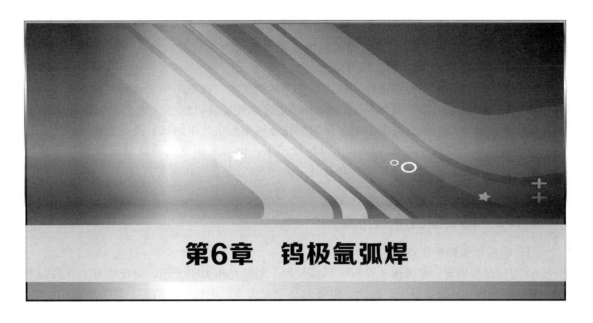

第6章 钨极氩弧焊

钨极氩弧焊一般是在惰性气体保护下进行的焊接，又称为 TIG 焊或 GTA 焊接。钨极惰性气体保护焊可用于几乎所有金属及其合金的焊接，可获得高质量的焊缝。但由于其成本较高、生产率低，因此多用于焊接铝、镁、钛、铜等有色金属及合金，以及不锈钢、耐热钢等材料。本章主要讨论钨极惰性气体保护焊的特点及应用、钨极惰性气体保护焊的电流种类与极性的选择、钨极惰性气体保护焊设备、焊接工艺等内容，并对钨极惰性气体保护焊的其他方法作简要介绍。

6.1　钨极氩弧焊原理、特点与应用

6.1.1　钨极氩弧焊的原理

钨极氩弧焊是在惰性气体的保护下，利用钨极与焊件间产生的电弧热熔化母材和填充焊丝（也可以不加填充焊丝）形成焊缝的焊接方法，如图 6-1 所示。焊接时保护气体从焊枪的喷嘴中连续喷出，在电弧周围形成保护层隔绝空气，保护电极和焊接熔池以及临近热影响区，以形成优质的焊接接头。焊接时，用难熔金属钨或钨合金制成的电极基本上不熔化，故容易维持电弧长度的恒定。填充焊丝在电弧前方添加，当焊接薄焊件时，一般不需开坡口和填充焊丝；还可采用脉冲电流以防止烧穿焊件。焊接厚大焊件时，也可以将焊丝预热后，再添加到熔池中去，以提高熔敷速度。

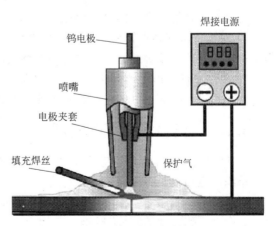

图 6-1　钨极氩弧焊的原理

TIG 焊的历史比较久远。1911 年人们研究出了在氦气中使用钨电极的方法，当时使用氦气和氩气进行焊接，造价很高。1930 年工业中开始大量使用镁这种金属，这时 TIG 焊才

开始表现出它的真正价值，原因是镁熔化后极易被氧化，焊接时必须完全隔离空气的影响。从此，TIG 焊就随着铝、镁等金属焊接的需要而发展起来。到目前为止，几乎所有的金属焊接都在不同程度地使用着 TIG 焊方法。

氩气是惰性气体的一种。惰性气体也称作非活性气体，具有不与其他物质产生化学反应的性质，泛指氦、氩、氖等气体。TIG 焊中利用这一性质，以惰性气体完全覆盖电弧和熔化金属，使电弧不受周围空气的影响及保护熔化金属不与空气中的氧、氮等发生反应。

在焊接厚板、高热导率或高熔点金属等情况下，也可采用氦气或氩氦混合气作保护气体。在焊接不锈钢、镍基合金和镍铜合金时可采用氩-氢混合气作保护气体。

ISO4063 国际焊接标准规定 TIG 焊代号为 141。

6.1.2　钨极氩弧焊的特点

(1) 钨极氩弧焊的优点

① 焊接过程稳定，电弧能量参数可精确控制　氩气是单原子分子，稳定性好，在高温下不分解、不吸热、热导率很小。因此，电弧的热量损失少，电弧一旦引燃，就能够稳定燃烧。此外，钨棒本身不会产生熔滴过渡，弧长变化干扰因素相对较少，也有助于电弧的稳定燃烧。

② 焊接质量好　氩气是一种惰性气体，它既不溶于液态金属，又不与金属起任何化学反应；而且氩的相对原子质量较大，有利于形成良好的气流隔离层，有效地阻止氧、氮等侵入焊缝金属。

③ 适于薄板焊接、全位置焊接以及不加衬垫的单面焊双面成形工艺　即使是用几安培的小电流，钨极氩弧仍能稳定燃烧，而且热量相对较集中，因此可以焊接厚度为 0.3mm 的薄板；采用脉冲 TIG 焊电源，还可进行全位置焊接及不加衬垫的单面焊双面成形焊接。

④ 焊接过程易于实现自动化　TIG 焊的电弧是明弧，焊接过程参数稳定，易于检测及控制，是理想的自动化乃至机器人化的焊接方法。

⑤ 焊缝区无熔渣　焊工可清除地看到熔池和焊缝成形过程，能够实现高品质焊接，得到优良焊缝。

(2) 钨极氩弧焊的不足

① 抗风能力差　TIG 焊利用气体进行保护，抗侧向风的能力较差。侧向风较小时，可降低喷嘴至工件的距离，同时增大保护气体的流量；侧向风较大时，必须采取防风措施。

② 对工件清理要求较高　由于采用惰性气体进行保护，无冶金脱氧或去氢作用，因此为了避免气孔、裂纹等缺陷，焊前必须严格去除工件上的油污、铁锈等。

③ 生产率低　由于钨极的载流能力有限，尤其是交流焊时钨极的许用电流更低，致使 TIG 焊的熔透能力较低，因此焊接速度小，焊接生产率低。

6.1.3　钨极氩弧焊的应用

① 目前钨极氩弧焊广泛应用于各种工业结构金属的焊接，用于飞机制造、原子能、化工、纺织、电站锅炉工程等工业中。

② 由于氩气的保护，隔离了空气对熔化金属的有害作用，因此可焊接易氧化的有色金属及其合金（铝、镁等）、不锈钢、高温合金、钛及钛合金以及难熔的活泼性金属（如钼、铌、锆）等。

③ 钨极氩弧焊既可以焊接厚件，也可以焊接薄件；既可以对平焊位置焊缝进行焊接，也适合于对各种空间焊缝进行焊接，如仰焊、横焊、立焊以及角焊缝、全位置焊缝、

空间曲面焊缝等的焊接。脉冲钨极氩弧焊适宜于焊接薄板,特别适用于全位置管道对接焊。

④ 由于钨电极的载流能力有限,电弧功率受到限制,致使焊缝熔深浅,焊接速度低,焊接效率不高,因此,钨极氩弧焊一般只适于焊接厚度小于 6mm 的工件。对于厚度更大的工件,在开坡口的情况下采用 TIG 焊封底(打底)同样可以提高焊缝背面成形质量,因此也有广泛的应用。

⑤ 钨极氩弧焊有自动焊和手工焊两种焊接方式,适用于各种长度、各种位置、角度焊缝的焊接,应用范围得以扩展。

6.2 钨极氩弧焊电极材料与保护气体

6.2.1 电极材料

在非熔化极电弧焊中,电弧放电中的钨电极对电极材料的损耗、焊接电弧的稳定性、焊接质量都有很大的影响,因此,电极需要具有如下几方面的性质:

① 电弧引燃容易、可靠,电弧产生在电极前端,不出现阴极斑点的上爬;

② 工作中产生的熔化变形及耗损对电弧特性不构成大的影响;

③ 电弧的稳定性好。

在金属中由于钨具有很高的熔点,能够承受很高的温度,在较大电流范围内充分具备发射电子的能力,因此在 TIG 焊及等离子弧焊接中选择钨作为电极。如 TIG 电弧、等离子电弧的阴极电流密度通常达到 $10^6 \sim 10^8 \mathrm{A/cm^2}$,其工作温度在电极端部通常达到 3000K 以上的高温。在这样高的温度下工作,钨电极本身也会产生烧损。因此,维持钨电极形状的稳定性、减少钨电极的烧损是很重要的。

钨电极的烧损及形状的变化会带来如下几方面问题:

① 形状的变化会带来电弧形态的改变,影响电弧力及对母材的热输入;

② 对重要构件的焊接会带来焊缝夹钨的问题;

③ 影响电极的使用寿命,需要频繁更换电极,此外还涉及引弧性能等。

钨极氩弧焊使用的电极材料有纯钨极、铈钨极及钍钨极等,熔点均在 3400℃ 以上,且逸出功较低,因此具有较强的电子发射能力,近年来性能更佳的新材料电极也在发展中。为了保证引弧性能好、焊接过程稳定,要求电极具有较低的逸出功、较大的许用电流、较小的引燃电压。

(1) 纯钨电极

与钍钨电极、锆钨电极相比,纯钨电极要发射出等量的电子,需要有较高的工作温度,在电弧中的消耗也较多,需要经常重新研磨,非自然消耗以外的消耗较大,一般在交流 TIG 焊中使用。交流电弧亦是很稳定的电弧,正常使用状态下,前端在熔化状态下呈现较好的半球状,随后形状的保持比较容易。纯钨材料自身熔点最高,在交流负半波更能抗烧损,因此,当电极不需要保持一定的前端角度形状时可以使用纯钨极。

(2) 钍钨电极

钍钨极是在钨材料中加入 $1\% \sim 2\%$ 的 ThO_2,虽然 Th 的熔点不是很高(2008K),但 ThO_2 的熔点为 3327K,接近钨的熔点(3653K)。与纯钨电极比较,逸出功较低,能够在较低的温度下发射出同等程度的电子数,同时电极前端的熔化、烧损也少于纯钨极(直流正接),

并且电弧容易引燃。由于加入了钍元素，该电极的许用电流值增加，相同直径的电极可以流过较大的电流，一般用于 TIG 直流正接（DCSP）焊接。但在直流反接（DCEP）或交流焊接中，钍钨极效果不明显，在铝合金交流焊接中，会增加直流分量。钍钨电极中的 ThO_2 产生微量的辐射，在使用钍钨电极焊接时一定要保持良好的通风环境，废弃的焊接头要妥善处理。

(3) 铈钨电极

铈钨极是在纯钨材料中加入 $1\%\sim2\%$ 微放射性稀土元素铈（Ce）的氧化物（CeO_2），铈钨电极是我国研究者王菊珍等最早发明的，已取得国际标准化组织焊接材料分委员会承认，并在国际上推广应用。铈钨电极在低电流条件下有着优良的起弧性能，维弧电流较小；由于钍钨极的放射性强，应用受到一定的限制，而铈钨极是微放射性稀土元素（Ce）的氧化物，因此它是理想的电极材料。铈钨电极成为钍钨电极的首选替代品，目前已在我国广泛使用。

铈钨极与钍钨极相比，在焊接中有如下优点：

① 在相同规范下，弧束较细长，光亮带较窄，温度更集中。

② 与钍钨极相比最大许用电流密度可增加 $5\%\sim8\%$。

③ 电极的烧损率下降，修磨次数减少，使用寿命延长，没有辐射性。

④ 直流焊接时，阴极压降降低 10%，比钍钨极更容易引弧，电弧稳定性也好。

其缺点是铈钨并不适合于大电流条件下的应用，在这种条件下，氧化物会快速地移动到高热区，即电极焊接处的顶端，这样对氧化物的均匀度造成破坏，因而由于氧化物的均匀分布所带来的好处将不复存在。

(4) 锆钨电极

锆钨电极在电弧中的烧损较小，在交流条件下，焊接性能良好，尤其在高负载电流的情况下，锆钨电极表现出来的优越性能是其他电极不可替代的。在焊接时，锆钨电极形状的稳定性好，电极的端部能保持成圆球状而减少渗钨现象，并具有良好的抗腐蚀性。

锆钨电极通常是以烧结的方式制造成棒材，然后对表面进行化学研磨或机械研磨，具有适当的硬度、均匀的直径和清洁的表面。

此外，人们正在研制的电极还有镧钨极（$W+1\%LaO_2$）、钇钨极（$W+2\%Y_2O_3$）等。

镧钨电极具有优良的焊接性能，耐用电流高而烧损率最小；1.5% 镧钨最接近 2.0% 钍钨的导电性能，因此，焊接人员可以轻松地更换电极，而不用更换设备的参数，目前已经是最受欢迎的电极材料。

钇钨极在焊接时，弧束细长，压缩程度大，在大、中电流焊接时其熔深比较大。

在钨中添加两种或两种以上的稀土氧化物，各种添加元素相得益彰、互为补充，使复合多元钨电极性能出众，将成为电极家族中的新贵。

6.2.2　电极直径和端部形状

(1) 电极直径

钨极直径要根据焊接电流值和极性来选取。表 6-1 示出两种极性下（含交流）电极直径与最大允许电流。同一直径下，直流反极性及交流焊接时的允许电流小于直流正极性时的数值。这是由于钨电极作为阳极从电弧得到的热量大于作为阴极时的情况。实际焊接特别是直流正极性情况下，电极烧断前其前端产生熔化、形状改变，使电弧的形态及焊接熔深出现变动，因此有必要选择有些富裕的电极直径。电极本身的电阻热使电极最大允许电流值降低。比如 1.6mm 直径的电极，从电极夹中伸出 20mm，在 200A 电流下仍然可以使用，但当电极伸出长度增加到 40mm 后，在 150A 下就会被烧断。此外，电极从喷嘴中的伸出长度对焊接保护效果及焊接操作性亦有影响，该长度应根据接头形状确定，并对气体流量作适当的调整。

表 6-1　钨电极的许用电流值

钨极直径/mm	焊接电流/A			
	交流		直流正极性	直流反极性
	W	ThW	W,ThW	W,ThW
0.5	5～15	5～20	5～20	—
1.0	10～60	15～80	15～80	—
1.6	50～100	70～150	75～150	10～20
2.4	100～160	140～235	150～250	15～30
3.2	150～210	225～325	250～400	25～40
4.0	200～275	300～425	400～500	40～55
4.8	250～350	400～525	500～800	55～80
6.4	325～475	500～700	800～1100	80～125

（2）电极端部形状

焊接过程中根据电源极性及焊接电流值，电极端部通常加工成图 6-2 所示的几种形式。

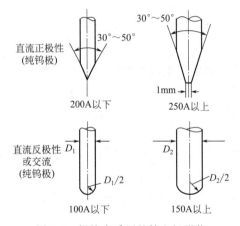

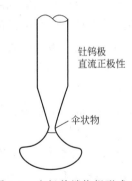

图 6-2　焊接中采用的钨电极形状　　图 6-3　电极前端烧损形成伞形

直流正极性焊接，电极端部角度为 30°～50° 时，电弧向母材的吹力最强。多数直流正极性焊接都要求有较大的熔深，因此当焊接电流在 200A 以下可以采用这一电极角度。

焊接电流超过 200A 后，电极前端处于更高的温度，同时随电弧吹力的增加，保护状态会有所恶化，电极前端形成图 6-3 所示的伞形。电极伞形前端形成后虽然仍可以维持稳定的焊接，但焊接结束后需要重新修磨电极。

当焊接电流超过 250A 后，电极前端会产生熔化损失，因此，都是在焊接前把电极前端磨出一定尺寸的平台。大电流焊接时，电极前端具有一定尺寸的平台，对焊接结果没有不良影响。

直流反极性和交流焊接时，同一电流下，电弧对电极的热输入大于直流正极性的情况，同时电流也不是集中在阳极的某一区域，这时把电极前端形状磨成半球形最为合适。如果所使用的焊接电流处于电极最大允许电流值附近，则不论电极开始是何种形状，一旦电弧引燃，电极前端熔化，就自然形成半球形。

6.2.3　钨极氩弧焊保护气体

钨极氩弧焊（TIG）一般采用氩气（Ar）、氦气（He）、氩氦混合气体（Ar＋He）或氢氢混合气体（Ar+H₂）作为保护气体。

（1）氩气（Ar）

氩气是一种无色无味的单原子惰性气体，密度为空气的 1.4 倍，能够很好地覆盖在熔池及电弧的上方，形成良好的保护。同时，氩气电离后产生的正离子质量大，动能也大，热导率低，对电弧的冷却作用较小，因此电弧稳定性好，电弧电压较低。

焊接过程中通常使用瓶装氩气。氩气瓶的容积为 40L，外面涂成灰色，用绿色漆标以"氩气"二字。满瓶时的压力为 15MPa。氩气的纯度要求与被焊材料有关。我国生产的焊接用氩气有 99.99% 及 99.999% 两种纯度，均能满足各种材料的焊接要求，其成分要求见表 6-2。

表 6-2 氩气成分 %

氩气纯度	N_2	O_2	H_2	C_nH_m	H_2O
≥99.99	<0.01	<0.015	<0.0005	<0.001	$30mg/m^3$
≥99.999	$\leq 10^{-4}$	$\leq 10^{-5}$	$\leq 5 \times 10^{-6}$	10^{-5}	$\leq 2 \times 10^{-5}$

（2）氦气（He）

氦气也是一种无色无味的单元子惰性气体，其密度较低，大约只有空气的 1/7，因此焊接时所用的气体流量通常比氩气高 1～2 倍。

氦气的热导率较高，对电弧的冷却作用大，因此，电弧的产热功率大且集中，适合于焊接厚板、高热导率或高熔点金属、热敏感材料以及高速焊。在同样的条件下，钨极氦弧焊的焊接速度比钨极氩弧焊的焊接速度高 30%～40%。氦气的缺点是阴极雾化作用小，价格比氩气高得多。

焊接过程中通常使用瓶装氦气。氦气瓶的容积为 40L，外面涂成灰色，并用绿色漆标以"氦气"二字。满瓶时压力为 14.7MPa。焊接用氦气的纯度一般要求在 99.8% 以上。我国生产的焊接用氦气的纯度可达 99.999%，能满足各种材料的焊接要求。

（3）氩氦混合气体（Ar+He）

氩弧具有电弧稳定、柔和、阴极雾化作用强、价格低廉等优点，而氦弧具有电弧温度高、熔透能力强等优点。采用氩、氦混合气体时，电弧兼具氩弧及氦弧的优点，特别适合于焊缝质量要求很高的场合。采用混合比一般为：（75%～80%）He+（25%～20%）Ar。

（4）氩氢混合气体（Ar+H₂）

氢气是双原子分子，且具有较高的热导率。采用氩、氢混合气体时，可提高电弧的温度，增大熔透能力，提高焊接速度，防止咬边。此外，氢气具有还原作用，可防止焊缝中 CO 气孔的形成。氩、氢混合气体主要用于镍基合金、镍-铜合金、不锈钢等材料的焊接。一般应将混合气体中氢的含量控制在 1%～5% 以下。

6.2.4 TIG 焊焊接保护效果

TIG 焊气体保护效果的好坏会直接影响到焊缝质量，目前有许多方法可以测定保护性能，在实验室中有烟雾法、气体染色法、测定阴极清理区域法、激光阴影法和激光纹影法。这些测试方法都要借助于一定的实验装置和手段才能实现。现在介绍几种在生产实践中具有使用价值的测定方法。

（1）焊点试验法

其原理是基于在采用直流反极性施焊时，焊件表面会产生阴极清理作用，故可用阴极清理区域的平均直径 D 的大小作为判断焊接时气体保护的性能，如图 6-4 所示。例如可采用铝合金板材进行焊点试验，焊接电源为交流 TIG 焊机，在选定的工艺参数下引燃电弧并保持固定不动，待经过一定时间（5～6s）后，在焊点周围由于阴极清理作用而显示出一个白色的圆圈，即为有效保护区域。在圆圈外的金属因受空气的氧化作用呈暗灰色，表明没有受到气体的保护作用，有效保护区域越大，则平均保护直径 D 值也越大，气体的保护效果亦越好。

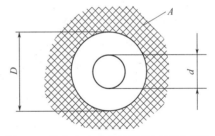

图 6-4　焊点实验法有效保护区域示意图

d—熔化直径；D—有效保护区域；A—氧化区

焊点试验法也可用于不锈钢。在这种情况下有效保护区域内的金属呈光亮的银白色，其外围因受空气的腐蚀，金属呈暗黑色。

由于阴极清理作用范围受到一定的限制，因此焊点试验法只能用来鉴定喷嘴孔径不大于 22～24mm 的气体保护情况。

（2）焊缝表面颜色鉴定法

对于不锈钢、钛及其合金等金属材料，可在焊后观察焊缝表面的颜色和是否存在气孔来判断气体保护的保护效果。目前航空系统已有标准的色泽样板和文件作为依据。表 6-3 列出了焊后焊缝表面颜色和保护效果之间的关系。

表 6-3　焊缝表面颜色和保护效果之间的关系

保护效果		最好	良好	较好	不良	最坏
焊缝表面颜色	不锈钢	银白	金黄	蓝、红灰	灰色	黑
	钛及其合金	银白	淡黄深黄	金紫深蓝	浅蓝	灰红、灰黑

6.2.5　填充金属材料

采用钨极氩弧焊（TIG）焊接厚板时，需要开 V 形坡口，并添加必要的填充金属。填充金属的主要作用是填满坡口，并调整焊缝成分，改善焊缝性能。目前我国尚无专用 TIG 焊丝标准，一般选用熔化极气体保护焊用焊丝或焊接用钢丝。焊接低碳钢及低合金高强度钢时一般按照"等强匹配"原则选择焊丝；焊接铜、铝、不锈钢时一般按照"等成分匹配"原则选择焊丝。焊接异种金属时，如果两种金属的组织性能不同，则选用焊丝时应考虑抗裂性及碳的扩散问题；如果两种金属的组织相同，而力学性能不同，则最好选用成分介于两者之间的焊丝。铝焊丝可按照 GB 10858—2008《铝及铝合金焊丝》选择合适的焊丝。铜焊丝可按照 GB 9460—2008《铜及铜合金焊丝》选择合适的焊丝。

6.3　钨极氩弧焊设备组成

钨极惰性气体保护焊（TIG 焊）设备按操作方式可分为手工 TIG 设备和自动 TIG 设备两类；按焊接电源不同又可分为交流 TIG 设备、直流 TIG 设备以及矩形波 TIG 设备。下面主要以交流手工 TIG 设备为例，介绍 TIG 焊设备。

手工 TIG 设备的一般结构如图 6-5 所示,主要由焊接电源、焊枪、供气系统、供水系统及焊接控制装置等部分组成。自动 TIG 设备则还包括焊车行走机构和送丝机构。

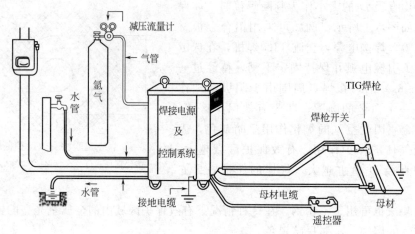

图 6-5　手工 TIG 设备组成

6.3.1　钨极氩弧焊焊接电源

TIG 设备可以采用直流、交流或矩形波弧焊电源。要求弧焊电源的外特性为陡降或垂直下降,以保证弧长变化时焊接电流的波动较小。直流电源可采用硅弧焊整流器、晶闸管弧焊整流器或弧焊逆变器等;交流电源常用动圈漏磁式弧焊变压器。近年来,在 TIG 焊中逐渐应用矩形波弧焊电源,由于它的正、负半波通电时间比和电流比值均可以自由调节。因此,把它用于铝及其合金的 TIG 焊接时,在弧焊工艺上具有电弧稳定、电流过零点时重新引弧容易、不必加稳弧器等优点;通过调节正、负半波通电时间比,在保证阴极雾化作用的条件下增大正极性电流时间,从而可获得最佳的熔深,提高生产率和延长钨极的寿命;可不用消除直流分量装置等。

TIG 焊机在焊接过程中,必须按照一定的程序进行。焊接开始,焊枪对准工件,按启动按钮(on),通保护气,同时加高频电压引弧;电弧引燃后,高频自动停止,随后释放开关(off),同时开始焊接;焊接结束时,再按按钮(on),进入填充坡口阶段;再释放开关(off),进入延时通气阶段。

6.3.2　钨极氩弧焊焊枪

焊枪的功能是向电弧供电和供气。同时还应接通控制电线和向焊枪提供冷却水。焊枪的构造如图 6-6 所示。

钨极棒的中心应与喷嘴中心相同,以保证保护气均匀地从喷嘴流出。钨极还应伸出气体喷嘴一定长度,它应根据工件形状与坡口特点调整到合适高度,并固定。选择焊枪的规格应根据焊接电流来决定。通

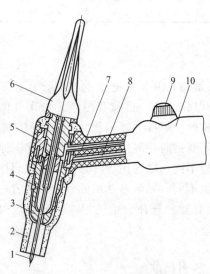

图 6-6　水冷式 TIG 焊焊枪结构

1—钨电极;2—陶瓷喷嘴;3—导气套管;
4—电极夹头;5—枪体;6—电极帽;7—进
气管;8—冷却水管;9—控制开关;
10—焊枪手柄

常 500A 为最大焊枪的额定电流。小电流时（焊接电流小于 150A）焊枪采用空冷。当焊接电流大于 150A 时，由于焊接电流增大，钨极与喷嘴被加热，必须用水冷。

为了良好的保护效果，应按如下的关系来选择保护气体流量（Q_A）和选用焊枪喷嘴内孔径（D_i）。

① 根据工件材料与板厚选择气体流量（Q_A）和气体喷嘴内孔径（D_i），见图 6-7。此外，气体流量与喷嘴直径之间的关系还可以查表 6-4。

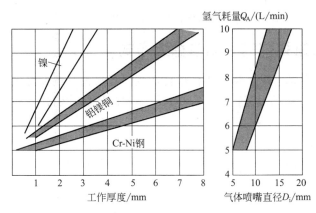

图 6-7　根据材料种类与工件厚度选择气体流量和喷嘴内径

表 6-4　气体流量与喷嘴直径的关系

焊接电流/A	直流正接		交流焊接	
	喷嘴孔径/mm	保护气流量/(L/min)	喷嘴孔径/mm	保护气流量/(L/min)
10～100	4～9.5	4～5	8～9.5	6～8
101～151	4～9.5	4～7	9.5～11	7～10
151～200	6～13	6～8	11～13	7～10
201～300	8～13	8～9	13～16	8～15
301～500	13～16	9～12	16～19	8～15

如果气体流量过低，则气体排除周围空气能力弱，保护效果差；流量过大，气体排出时容易形成紊流，使空气卷入，也会降低保护效果。同样，在气体流量一定时，喷嘴直径过小，保护区域小，且因气流速度过高而形成紊流；喷嘴直径过大，不仅妨碍焊工观察，而且流速过低，保护效果也不好。一般手工 TIG 焊喷嘴内径范围为 5～20mm，流量范围为 5～25L/min。

② 喷嘴的要求及选择：

a. 保护气流具有良好的流动状态和适当的挺度，以获得可靠的保护。

b. 喷嘴内上部留有较大空间作为缓冲室，以降低气流初速。

c. 喷嘴内下部断面应均匀，通道通畅，通道长度较长，以保证近壁层流厚度。

d. 喷嘴内孔道还可以加设多层铜丝网或多孔隔板，称为气筛或气体透镜，它有利于层流。

e. 喷嘴与钨极间绝缘良好，以免喷嘴与工件接触时产生短路打弧。所以大都使用陶瓷喷嘴。通常陶瓷喷嘴用于小电流，一般不得超过 350A。较大电流（＞350A）时，通常采用水冷式的铜质喷嘴，为拆卸方便常常作成插入式或螺扣式。

6.3.3 气路、水路系统

保护气回路包括氩气瓶（或有氦气瓶）、保护气导管、减压表（含气体流量计）等。氩弧焊机通常在其内部设置电磁气阀，保护气受引弧与熄弧动作的控制而导通或阻断。

水路系统用于较大电流下的焊接对焊枪进行水冷，每种型号的焊枪都有安全使用电流，是指水冷条件下的许用电流值。目前的氩弧焊机也是在其内部设置电磁阀，控制冷却水的流通。较为先进的焊机，内部有冷却水自动循环装置，也使用独立的冷却水自动循环装置，对于电流较小的焊接，可以不进行水冷或使用空冷式焊枪。

6.3.4 钨极氩弧焊的引弧与稳弧方式

为了保持钨极端部的形状，防止钨极熔化造成焊缝夹钨，钨极氩弧焊一般不采用短路引弧方式，而是采用非接触式引弧，主要有高频引弧和高压脉冲引弧两种方式。

（1）高频引弧

1）工频高频振荡器

该振荡器利用产生的高频高压电流击穿钨极与工件之间的气隙而引燃电弧。高频振荡器的电气原理如图 6-8(a) 所示。

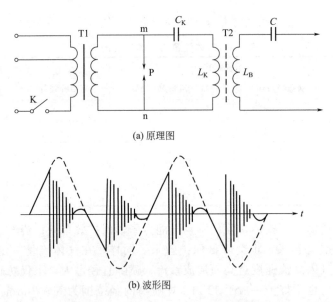

(a) 原理图

(b) 波形图

图 6-8 高频高压脉冲引弧器原理及波形图

① 高频振荡器组成：开关 K、高漏抗的升压变压器 T1、火花放电器 P、振荡电容 C_K、高频耦合升压变压器 T2。

② 工作原理：当开关 K 闭合时，T1 开始向电容 C_K 充电；当 C_K 两端的电压达到一定值，火花放电器 P 被击穿，电容 C_K 便通过 P 向 T2 的一次侧放电，形成 L-C 振荡；振荡所产生的高频高压，通过 T2 升压变压器、P 火花放电器、T2 的二次侧耦合输出到焊接回路，用来击穿气隙引燃电弧。其波形如图 6-8(b) 所示。

③ 高频振荡器的振荡频率为 $f = 1/2\pi L_K C_K$。电容 C_K 通常取 $0.0025\mu F$、L_K 通常取 $0.16\mu H$，振荡频率为 $150\sim260kHz$。该振荡是个衰减振荡，其作用时间为 $2\sim5ms$。当振荡

消失后 T1 重新向 C_K 充电而重复产生振荡。实际应用时，一旦电弧引燃，则切断高频振荡器的电源

2）中频高频振荡器

它是新型结构的高频振荡器，其电路如图 6-9 所示。

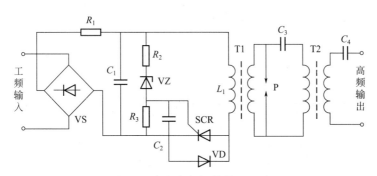

图 6-9　中频高频振荡器原理图

① 中频高频振荡器组成：它由整流桥 VS、中频振荡电容 C_1、稳压管 VZ、晶闸管 SCR、二极管 VD、中频升压变压器 T1、火花气体放电器 P、高频振荡电容 C_3、高频耦合输出变压器 T2 等组成。

② 新型中频高频振荡器电路原理：T1 二次侧以后的电路工作原理完全与图 6-8 相同。而图 6-9 的一次侧增加了以晶闸管 VT 为核心的中频振荡电路。其工作原理为：当接通电源时，经 VS 整流后输出的直流电压 U，通过 R_1 向 C_1 充电，当 C_1 的两端电压上升到 VZ 的反向击穿电压 U_2 时，晶闸管 SCR 导通，于是电容 C_1 与 T1 一次侧绕组 L_1，构成 L-C 振荡。若电路条件能使流过 SCR 的电流是衰减的并保证使放电电流最终小于 SCR 的导通维持电流，则 SCR 关断，此后 L-C 环路的反向电流可经与 SCR 并联的二极管 VD 流过。但当 L-C 环路电流再次反向过零后，因 SCR 已关断，故 L-C 环路暂时中断，此时由输入电压再次经 VD 对 C_1 充电，此后过程重复，输出一系列脉冲，直到切断 VD 的电源。

③ 该振荡器的优点是：

a. 采用中频升压变压器取代工频升压变压器，使其体积、重量、铜损、铁损均明显降低，效率更高。

b. 不受电网电压波动的影响，引弧速度快，引弧可靠性提高。

c. 新型结构每秒钟可输出 1 万～2 万组高频信号，而传统结构每秒仅可输出 100 组高频信号，因而是一种有前途的结构形式。

3）高频高压振荡器

高频高压振荡引弧器与焊接主回路有两种连接方法：并联接法和串联接法，如图 6-10 所示。与焊接回路的连接方式通常采用串联方式，串联的引弧效果较好，应用较多。且减少了高频引弧对弧焊电源的影响，增加了引弧的可靠性。但是，此时高频振荡器的高频输出变压器 T2 的二次侧将流过焊接电流，因此导线要粗。高频引弧是十分可靠的，所以被多数目前市售焊机采用。

高频振荡器是非接触式引弧的一种常用装置，引弧效果亦很好。但产生的高频电磁波对周围工作的电子仪器有干扰作用，当高频高压窜入焊接电源中或控制电路中后，还可能造成电器元件的损坏或电路失控；另外高频电磁场对工作人员的身体健康有某种不利影响。因此，必须对高频振荡器采取隔离屏蔽等措施。

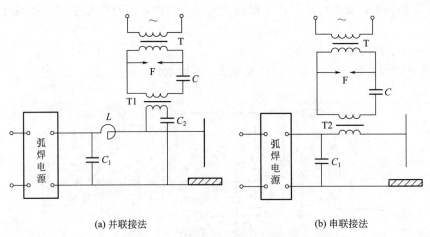

| (a) 并联接法 | (b) 串联接法 |

图 6-10　高频高压振荡引弧器接法

（2）高压脉冲引弧

为了消除高频振荡器的上述缺点，现在有 TIG 设备（如 WSJ-500 型手工钨极交流氩弧焊机）采用了高压脉冲引弧器。高压脉冲器的电路原理如图 6-11 所示。

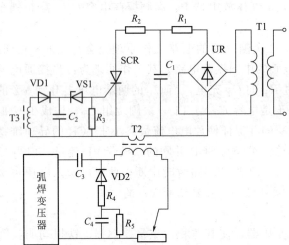

图 6-11　晶闸管高压脉冲稳弧和引弧电路

① 高压脉冲引弧器组成：变压器 T1（升压变压器），UR 整流桥、充电电阻 R_1、放电电阻 R_2、晶闸管 SCR，充电电容 C_1、脉冲变压器 T2。

② 工作原理。升压变压器 T1 升压后二次电压可达 800V，经整流桥 UR 整流后通过电阻 R_1 向电容 C_1 充电。C_1 充电电压最高可达 1120V，C_1 存储的这部分能量就作为高压脉冲的能源，引弧时，由引弧脉冲产生电路产生的触发脉冲将晶闸管 SCR 触发导通。电容 C_1 将通过 R_2、SCR 向高压脉冲变压器 T2 的一次侧放电，在 T2 的二次侧感应出一个高压脉冲，施加在钨极与工件之间，将钨极与工件之间的气隙击穿而引燃电弧。

③ 与高频引弧相比，高压脉冲引弧的优点是不产生高频电磁波，对周围的电器设备及工人的健康影响较小，并且其引弧脉冲和稳弧脉冲可以共用一个脉冲产生电路；其缺点是引弧的可靠性不如高频引弧。高频引弧对引弧相位没有要求；而高压脉冲引弧时，由于高压脉冲作用时间短，为保证引弧可靠，要求引弧脉冲产生在负半波（工件为负的半波）90°，如图 6-12 所示，其原因为：

a. 此时的电源空载电压最高，便于引弧。

b. 电弧引燃后，随后的半波是正半波，钨极为负极，发射电子能力强，电弧的再引燃电压低，有利于电弧的燃烧，提高了引弧的可靠性。

（3）高压脉冲稳弧

在直流钨极氩弧焊时，电弧一旦引燃便能够保证稳定燃烧。而工频交流钨极氩弧焊时，

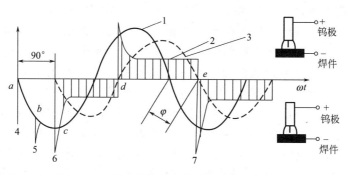

图 6-12　高压引弧脉冲和稳弧脉冲的相位与方向

除需要引弧外还要采取稳弧措施。

　　对于铝及其合金这样电子发射能力很弱、材料导热性很强的金属及合金，在由正半波向负半波的过零点时会出现断弧现象，此时工件发射电子能力弱，电弧的再引燃电压高。为防止断弧，必须在这一相位加入一个稳弧脉冲。稳弧的基本原则是在铝从阳极向阴极转换、电流过零的瞬间，在工件与钨电极间施加一个高电场，可以是高频高压振荡，也可以是高压脉冲，高压数值依据电流数值、焊接电流波形（波形过零速率）、母材状态（尺寸与散热量）而定。为使电弧燃烧更为稳定，在电流从负半波（钨电极为正、母材为负）向正半波（钨电极为负、母材为正）转换的瞬间最好也施加同样的稳弧电压，如图 6-13 所示。满足正半波

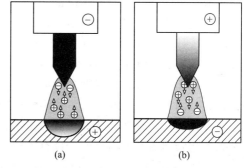

图 6-13　TIG 焊电流极性对对焊缝形状的影响

向负半波极性转换的稳弧电压足以满足负半波向正半波的可靠转换。对于钢材料，如果采用交流焊接，母材熔深和焊接效率不如直流焊接，无法进行大电流焊接，故没有比较意义。

6.4　TIG 焊电流种类和极性

　　TIG 焊时，焊接电弧正、负极的导电和产热机构与电极材料的热物理性能有密切关系，从而对焊接工艺有显著影响。下面分别讨论采用不同电流种类和极性进行 TIC 焊的情况。

6.4.1　直流钨极氩弧焊

　　直流钨极氩弧焊没有极性变化，电弧燃烧很稳定。按电源极性的不同接法，又可将直流TIG 焊分为直流正极性法和直流反极性法两种方法。当采用直流正极性法时，钨极是阴极，钨极的熔点高，在高温时电子发射能力强，电弧燃烧稳定性好。

（1）直流反极性焊接

　　在钨极氩弧焊中，虽很少应用直流反极性法，可是，因为它有一种去除氧化膜的作用（一般称"阴极破碎"或"阴极雾化"作用），所以对它还是要进行研究的。去除氧化膜的作用，在交流焊的反极性半波也同样存在，它是成功地焊接铝、镁及其合金的重要因素。铝、镁及其合金的表面存在一层致密难熔的氧化膜（Al_2O_3 的熔点为 2050℃，而铝的熔点为 658℃）覆盖在焊接熔池表面，如不及时清除，焊接时会造成未熔合，会使焊缝表面形成皱

皮或内部产生气孔夹渣，直接影响焊缝质量。实践证明，反极性时，被焊金属表面的氧化膜在电弧的作用下可以被清除掉而获得表面光亮美观、成形良好的焊缝。这种作用就是阴极斑点有自动寻找金属氧化物的性质所决定的。因为金属氧化物逸出功小，容易发射电子，所以氧化膜上容易形成阴极斑点并产生电弧。这种作用的关键条件是：阴极斑点的能量密度要很高和被质量很大的正离子撞击，致使氧化膜破碎。但是，直流反极性的热作用对焊接是不利的，因为，钨极氩弧焊阳极的热量多于阴极（有关资料指出，2/3的热能产生在阳极，1/3热能产生在阴极）。反极性时电子轰击钨极，放出大量热，很容易使钨极过热熔化，这时，假如要通过125A焊接电流，为不使钨极熔化，就需约6mm直径的钨棒。同时，由于在焊件上放出的能量不多，焊缝熔深浅而宽，如图6-13（a）所示，生产率低，而且只能焊接约3mm厚的铝板，因此在钨极氩弧焊中直流反极性法除了焊铝、镁薄板外很少采用。

（2）直流正极性焊接

直流正极性焊接时，工件接正极，阳极斑点没有上述条件，所以它没有去除氧化膜的作用。有人通过测定得出铝合金阳极斑点的电流密度为$200A/cm^2$，而阴极斑点的电流密度为$10^6 A/cm^2$。阴极斑点的能量比阳极斑点大几千倍；同时，阳极只受到质量很小的电子撞击，因此阳极没有去除氧化膜的作用。当用氦气保护时，阴极去除氧化膜的作用比用氩气时弱，这是因为氦离子比氩离子轻得多。但是氦气中混入质量很轻的氢气时，去除氧化膜作用反而增强，这是因为氦气中混入氢后使阴极压降显著提高，促使了斑点上能量密度增加。

除焊接铝、镁及其合金外一般均采用直流正极，因为其他金属及其合金不存在产生高熔点金属氧化物问题。采用直流正极有下列优点：

① 工件为阳极，工件接受电子轰击放出的全部动能和位能（逸出功），产生大量的热，因此熔池深而窄［图6-13(b)］，生产率高，工件的收缩和变形都小。

② 钨极上接受正离子轰击时放出的能量比较小，且由于钨极在发射电子时需要付出大量的逸出功，总的来说，钨极上产生的热量比较小，不易过热，因此对于同一焊接电流可以采用直径较小的钨棒。例如同样通过125A焊接电流，选用1.6mm直径的钨棒就够了，而直流反极性时需用6mm直径的钨棒。

③ 钨棒的热发射力很强，当采用小直径钨棒时，电流密度大，有利于电弧稳定，所以，电弧稳定性也比反极性法好。

总之，直流正极性法优点多，应尽可能采用直流正极性法。

6.4.2 交流钨极氩弧焊

在生产实践中，焊接铝、镁及其合金时一般都采用交流电，这样在交流负极性的半波里（铝工件为阴极），阴极有去除氧化膜的作用，它可以清除熔池表面的氧化膜。在交流正极性的半波里（钨极为阴极）钨极可以得到冷却，同时可发射足够的电子，有利于电弧稳定，使两者都能兼顾，焊接过程又能顺利进行。实践证明，用交流焊接铝、镁及其合金是完全可行的，同时，又产生如下问题：一是会产生直流分量，这是有害的，必须消除它；二是交流电源每秒钟有100次经过零点，必须采取稳弧措施。

（1）直流分量的产生原因

在交流电弧的情况下，由于电极和母材的电、热物理性能以及几何尺寸等方面存在差异，造成在交流电两半周中的弧柱电导率、电场强度和电弧电压不对称，使电弧电流也不对称（图6-14）。

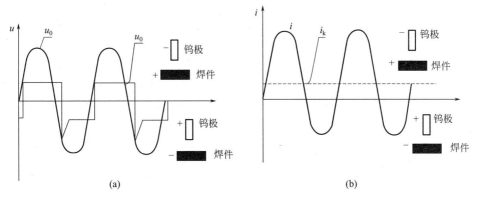

图 6-14　交流 GTAW 时电压波形（a）和电流波形及直流分量（b）

① 在钨极为阴极的半周，弧柱电导率高，电场强度小，电弧电压低而电流大。

② 在母材为阴极的半周中则情况恰恰相反，电弧电压高而电流小。

由于两半周的电流不对称，因而交流电弧的电流可看成是由两部分组成：一部分是交流电流；另一部分是叠加在交流部分上的直流电流，这部分直流电称为直流分量。

这种交流电弧中产生直流分量的现象，称为钨极交流氩弧焊的整流作用。这种整流作用不仅在交流 TIG 焊铝时存在，凡两种电极材料物理性能差别较大时都会出现。用交流 TIG 焊焊接铜、镁等合金时，同样都有这个问题。即使用同种材料交流焊接时，由于电极与工件几何形状和散热条件的差异，也会有直流分量，只是数值很小，不影响设备正常工作而已。不难理解，如果母材与电极的电、热物理性能相差越大（如钨和铝），则上述不对称的情况越严重，直流分量也越大；反之，如果母材与电极的电、热物理性能相差不大，则两者散热能力的差异只是由于几何尺寸不同所引起的，故整流作用不明显。如熔极氩弧焊时，焊丝和工件通常用同一种材料，则上述的不对称情况就不显著，直流分量小得可以忽略不计。

（2）直流分量的方向

直流分量的方向与钨极为阴极的半周内的电流方向相同，由母材流向钨极，相当于在焊接时回路中存在着一个正极性的直流电源。

（3）直流分量的危害

① 直流分量的存在，减弱了阴极去除氧化膜作用。

② 使焊接变压器的铁芯中相应地产生一部分直流磁通，这部分直流磁通叠加在原来的交变磁通上，使铁芯在单方向上可能达到磁饱和状态，从而导致变压器的励磁电流大为增加，使变压器的铁损和铜损增加，效率降低，温升提高。

③ 使焊接电流的波形严重畸变，降低功率因数。

（4）直流分量的消除

消除直流分量的方法通常有以下三种：

① 在焊接回路中串接一蓄电池组 E［图 6-15（a）］　蓄电池的负极接焊件，使回路中的直流电流同焊接时的直流分量方向相反。假如两者完全相等，则直流分量抵消。通常，蓄电池的电压选用 6V（焊接电流为 500A 时）。由于焊接电流是随焊件厚薄、大小不一而变的，而蓄电池的电势是不能随意调节的，因而，在实际应用时不可能完全抵消直流分量。另外，蓄电池大且笨重，使用日久还得重新充电，很不方便，因此，它不是一个理想方法，现已被淘汰。

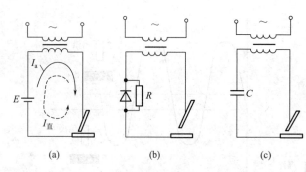

图 6-15　消除直流分量方法示意图

② 在焊接回路中接入电阻和二极管 [图 6-15(b)] 二极管的正极应与焊件相接，在负极性半波时，电流通过二极管流过。而在正极性半波时，电流不能通过二极管，必须经过电阻，形成正极性半波内的回路阻抗，限制了电流，这样就能达到减弱或消除直流分量的目的。硅整流二极管的容量应根据焊机的最大焊接电流来选择，电阻选取 0.02Ω 左右的电阻丝。此方法装置简单、体积小，消除直流分量的方法元件少，消除直流分量的效果也较好。其缺点是电流流经电阻 R 要白白消耗一部分能量；同时，二极管受高频影响容易损坏，因此这种方法在生产中也很少采用。

③ 在焊接回路中串联电容 [图 6-15(c)] 电容只允许交流电通过而直流电通不过，因此，电路中串联电容可以起到隔离直流分量的作用。这种方法隔直流作用好，而且电容上基本不消耗能量，所以目前在钨极交流氩弧焊机中普遍得到应用。但是，其对电容器的耐压值及电容量有一定的要求，据推导每安培焊接电流所需的隔直电容的容量应按 $500\sim1100\mu F$ 计算，也有些书上介绍以每安培焊接电流按 $300\mu F$ 计算，这个数据是偏小的。适当加大些电容量，不仅对电容器的安全使用有好处，而且能改善电弧的稳定性。NSA-500-1 型钨极氩弧焊机采用了电容隔直的方法，共用了耐压 12V 的 30 只 $8000\mu F$ 的电容。

6.4.3　钨极氩弧焊焊机

目前 TIG 焊设备类型很多，各有特点，按焊接电源性质分为直流氩弧焊机、交流氩弧焊机和脉冲氩弧焊机，多数为晶闸管焊接电源和场效应管、IGBT 功率晶体管、GTR 大功率晶体管控制逆变焊接电源。在现生产的新型直流 TIG 焊设备和交流方波 TIG 焊设备中，控制系统等已经与焊接电源合为一体，部分先进的焊接设备已采用数字控制技术对焊接过程和焊接参数进行控制。图 6-16 所示为部分进口和国产 TIG 焊设备的实物外观。

下面以在焊接生产中应用较普遍的 WSJ-500 型手工 TIG 焊机为例进行介绍。

WSJ-500 型焊机主要用来焊接铝、镁及其合金的焊接构件。该机主要由弧焊电源，焊枪和控制箱等部分组成，如图 6-17 所示。弧焊电源采用 BX_3-500 型动圈式弧焊变压器，额定焊接电流为 500A，具有陡降外特性，其大电流挡空载电压为 80V，小电流挡为 88V。该机配备三种焊枪，分别为 QS-85/500-C 型、QS-85/350-C 型和 QQ-85/150-C 型。控制箱内装有设备的主要控制电路、脉冲引弧器和脉冲稳弧器、消除直流分量的电容器组、气路的电磁气阀和水路的水压开关等。控制箱上部还装有电流表、电源与水流指示灯、电源转换开关、气流检测开关和粗调气体延时开关等元件。

(1) 焊接主回路

焊接主回路中除了 BX_3-500 型弧焊变压器外，还有串联在焊接回路中的脉冲变压器 T2 的二次绕组（它将引弧和稳弧脉冲输送到钨极和焊件的弧隙中），以及由 VD8、R_5 和 C_{10} 组成的高压脉冲通路与由隔直电容 C_4、VD9 和 R_6 组成消除直流分量的电路。由于引弧选择在焊件为负半波时开始，所以在 C_4 两端按图 6-17 所示方向并联二极管 VD9，引弧时使焊接电流从 VD9 直接通过，以利于引弧。当电弧稳定燃烧后，VD9 在焊件为负的半波时将

图 6-16　TIG 焊设备的实物

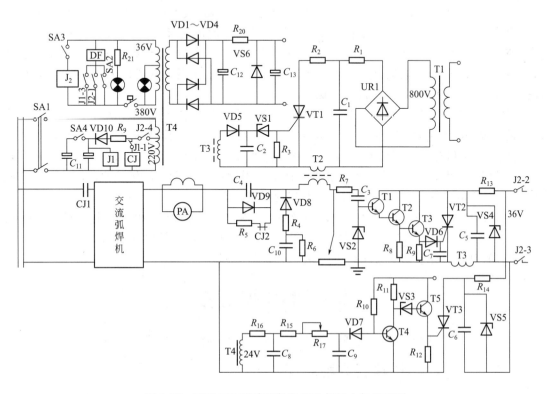

图 6-17　WSJ-500 型手工交流 TIG 焊机电气原理图

C_4 短接，从而使 C_4 更有效地消除直流分量。CJ2 常闭触点在焊接时打开，焊接结束时闭合，可使 C_4 上储存的电荷通过 R_5 释放，避免 C_4 带电产生危险。

（2）脉冲引弧与脉冲稳弧电路

① 引弧脉冲触发电路　引弧脉冲触发电路由阻容移相电路、触发电路和低压脉冲电路组成。其中，阻容移相电路由 R_{16}、C_8、R_{15}、RP17 及 C_9 组成；触发电路由 T4、T5、R_{10}、R_{12} 及 VD7 等组成；低压脉冲电路由 VT3、C_6、VS5、R_{14} 等组成。触发电路的信号取自变压器 T4 的一个次侧绕组，输出 24V 电压，经过阻容移相电路移相 90°，且当 C_9 上的电压为上负下正时（即焊件为负半周时），通过 VD7 加到触发电路的 T4 基极上而被截止，使 R_{12} 上有正电压输出。在这个电压的作用下，低压脉冲电路中的晶闸管 VT3 被触发，在脉冲变压器 T3 的次级感应出一个低压脉冲，使高压脉冲发生器电路中的 VT1 被触发导通，产生一个高压脉冲，使钨极与工件之间的气隙击穿，从而达到引弧的目的。当 C_9 上的电压为上正下负时，由于不能通过 VD7，因此不能产生高压脉冲。

② 稳弧脉冲触发电路　稳弧脉冲触发电路由信号衰减电路、触发电路和低压脉冲电路组成。其中，信号衰减电路由 R_7、C_3 及 VS2 组成，其作用是为了避免引弧脉冲对稳弧脉冲触发电路的冲击；触发电路是一个由三极管 VT1、VT2、VT3 等组成的射极输出器；低压脉冲电路由 VT2、C_5、VS4 及 R_{13} 等组成。触发电路的信号取自电弧电压，经过衰减电路衰减以后，加到触发电路。很显然，由于稳压管 VS2 的存在，只有在焊件由正半波向负半波转变，电流经过零点的瞬间，才能在 T1 的基极输入一个正向的同步信号电压使 V1 导通，并在 R_9 上输出正电压，触发晶闸管 VT2，进而在 T3 的次级感应出一个低压脉冲，使高压脉冲发生器电路中的 VT1 被触发导通，产生一个高压脉冲，达到稳弧的目的。

（3）程序控制电路

WSJ-500 型焊机的程序控制是由开关、继电器、接触器以及延时电路等来实现的。该焊机没有电流衰减装置，延时电路的主要作用是控制提前送气与滞后断气的时间。

焊前准备时，将电源开关 SA1 闭合，控制变压器 T4 有电，指示灯 HL2 亮；开通冷却水（确保焊枪与耦合变压器 T2 得到水冷），水流开关 SW 接通，水流指示灯 HL2 亮，说明焊机可以启动。SA2 可用于焊前检查保护气体。

焊接启动时，将焊枪上的开关 SA3 拨到闭合位置，继电器 J2 动作，其常开触点 J2-1 接通电磁气阀 DF，开始输送氩气；其常开触点 J2-4 通过 VD10 接通延时环节，即向电解电容 C_{11} 充电；当电压充至一定值时 J1 动作，从而接通交流接触器 CJ 电源通电。同时，常开触点 J2-2 和 J2-3 闭合，输送高压引弧脉冲，使电弧引燃；输送高压稳弧脉冲，使电弧稳定燃烧。从 C_{11} 充电开始至 J1 动作的时间就是提前送气时间。

焊接结束时，使 SA3 断开，CJ 立即释放，其触点切断焊接电源。但由于 C_{11} 向 J1 放电，至电压降低到一定值后 J1 才释放，所以 DF 延时断电，继续输送氩气至 J1 释放为止。因此 C_{11} 放电开始直至 J1 释放的时间就是气体滞后时间。

6.5　TIG 焊工艺

TIG 焊工艺主要包括焊前清理、工艺参数的选择和操作技术等几个方面。

6.5.1　焊件和焊丝的焊前清理

氩气是惰性气体，在焊接过程中，既不与金属起化学作用，也不溶解于金属中，为获得高质量焊缝提供了良好条件。但是氩气不像还原性气体或氧化性气体那样，它没有脱氧去氢的能力，为了确保焊接质量，焊前对焊件及焊丝必须清理干净，不应残留油污、氧化皮、水分和灰尘等。如果采用工艺垫板，同样也要进行清理，否则它们就会从内部破坏氩气的保护作用，这往往是造成焊接缺陷（如气孔）的重要原因。TIG 焊常用的清理方法有：

(1) 清除油污、灰尘

常用汽油、丙酮等有机溶剂清洗焊件与焊丝表面。也可以用某种溶剂去除油污（如用 Na_3PO_4、Na_2CO_3 各 50g，Na_2SiO_2 30g，加水 1L，加热到 65℃，清洗 5～8min），再用 30℃清水冲洗，然后再用流动的清水冲净，擦干或烘干。也可按焊接生产说明书规定的其他方法进行。

(2) 清除氧化膜

常用的方法有机械清理和化学清理两种，或两者联合进行。

机械清理主要用于焊件，有机械加工、吹砂、磨削及抛光等方法。对于不锈钢或高温合金的焊件，常用砂带磨或抛光法，将焊件接头两侧 30～50mm 宽度内的氧化膜清除掉。对于铝及其合金，由于材质较软，因此不宜用吹砂清理，可用细钢丝轮、钢丝刷（用钢丝直径小于 0.15mm 或 0.1mm 的钢丝制成），或刮刀将焊件接头两侧一定范围内的氧化膜除掉。但这些方法生产效率低，所以成批生产时常用化学法。

化学法对于铝、镁、钛及其合金等有色金属的焊件与焊丝表面氧化膜的清理效果好，且生产率高。不同金属材料所采用的化学清理剂与清理程序是不一样的，可按焊接生产说明书的规定进行。铝及其合金的化学清理工序见表 6-5。

表 6-5　铝及其合金的化学清洗规范

材料	碱洗			冲洗	光化			冲洗	干燥
	NaOH/%	温度/℃	时间/min		HNO$_3$/%	温度/℃	时间/min		时间/min
纯铝	15 4～5	室温 60～70	10～15 1～2	冷净水	30 30	室温 室温	2 2	冷净水	60～110 60～110
铝合金	8	50～60	5	冷净水	30	室温	2	冷净水	60～110

清理后的焊件与焊丝必须妥善放置与保管，一般应在 24h 内焊接完。如果存放中弄脏或放置时间太长，则其表面氧化膜仍会增厚并吸附水分，因而为保证焊缝质量，必须在焊前重新清理。

6.5.2　焊接工艺参数的影响及选择

TIG 焊的焊接工艺参数有：焊接电流、电弧电压（电弧长度）、焊接速度、填丝速度、保护气体流量与喷嘴孔径、钨极直径与形状等。合理的焊接工艺参数是获得优质焊接接头的重要保证。

TIG 焊时，可采用填充或不填充焊丝的方法进行焊接。不填充焊丝的方法主要用于薄板焊接，如厚度在 3mm 以下的不锈钢板，可采用不留间隙的卷边对接，焊接时不填充焊丝，而且可实现单面焊双面成形。

① 焊接电流　焊接电流是 TIG 焊的主要参数。其他条件一定的情况下，电弧能量与焊接电流成正比；焊接电流越大，可焊的材料厚度越大。因此，焊接电流是根据材料厚度与

焊件的材料性质来确定的。随着焊接电流的增大（或减小），凹陷深度、背面焊缝余高、熔透深度以及焊缝宽度都相应地增大（或减小），而焊缝余高相应地减小（或增大）。当焊接电流太大时，易引起焊缝咬边、焊漏等缺陷；反之，焊接电流太小时，易形成未焊透焊缝。

② 电弧电压（或电弧长度） 当电弧电压增加即弧长增加时焊缝熔宽和加热面积都略有增大。但弧长超过一定范围后，会因电弧热量的分散使热效率下降，电弧力对熔池的作用减小，熔宽和母材熔化面积均减小。同时电弧长度还影响到气体保护效果的好坏。在一定限度内，喷嘴至工件的距离越短则保护效果就越好。一般在保证不短接的情况下，应尽量采用较短的电弧进行焊接。不填加焊丝焊接时，弧长以控制在 1～3mm 之间为宜；填加焊丝焊接时，弧长为 3～6mm。

③ 焊接速度 焊接时，焊缝的热输入与焊接速度成反比。其他条件一定的情况下，焊接速度越小，热输入越大，则焊接凹陷深度大、熔透深度大、熔宽都相应增大；反之则上述参数减小。

当焊接速度过快时，焊缝易产生气孔、夹渣、未焊透和裂纹等缺陷；反之，焊接速度过慢时，焊缝又易产生咬边和焊穿现象。从气体保护效果方面来看，随着焊接速度的增大，从喷嘴出来的柔性保护气流套，因为受到前方静止空气的阻滞作用，会产生变形和弯曲，如图 6-18 所示。当焊接速度过快时，就可能使电极末端、部分电弧和熔池暴露在空气中，如图 6-18（c）所示，从而破坏保护作

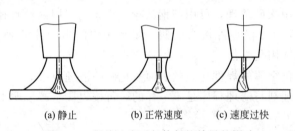

(a) 静止　　　(b) 正常速度　　　(c) 速度过快

图 6-18　焊接速度对气体保护效果的影响

用。这种情况在自动高速焊时容易出现。此时，为了扩大有效保护范围，可适当加大喷嘴孔径和保护气流量。

因此，在 TIG 焊时，采用较低的焊接速度比较合适。焊接不锈钢、耐热合金和钛及钛合金材料时，尤其要注意选用较低的焊接速度，以便得到较大范围的气体保护区域。

④ 填丝速度与焊丝直径 焊丝的填送速度与焊丝的直径、焊接电流、焊接速度、接头间隙等因素有关。一般采用大直径焊丝时，送丝速度慢；焊接电流、焊接速度接头间隙大时，送丝速度快。送丝速度选择不当，可能造成焊缝出现未焊透、烧穿、焊缝凹陷、焊缝堆高太高、成形不光滑等缺陷。

焊丝直径与焊接板厚及接头间隙有关。当板厚及接头间隙大时，焊丝直径可选大一些。焊丝直径选择不当可能造成焊缝成形不好、焊缝堆高过高或未焊透等缺陷。

⑤ 保护气体流量和喷嘴直径 保护气流量和喷嘴孔径是影响气保护效果的重要因素。气流量和喷嘴直径之间的关系可参照表 6-4 选择。

⑥ 电极直径和端部形状 钨极直径的选择取决于工件厚度、焊接电流的大小、电流种类和极性。原则上应尽可能用小的电极直径来承担所需要的焊接电流。此外，钨极的许用电流还与钨极的伸出长度及冷却程度有关，如果伸出长度较大或冷却条件不良，则许用电流将降低。一般钨极的伸出长度为 5～10mm。

钨极直径和端部的形状影响电弧的稳定性和焊缝成形，因此 TIG 焊应根据焊接电流大小来确定钨极的形状。在焊接薄板或焊接电流较小时，为便于引弧和稳弧，可用小直径钨极并磨成约 20° 的尖锥角。电流较大时，电极锥角小将导致弧柱的扩散，焊缝成形呈厚度小而

宽度大的现象。电流越大，上述变化越明显。因此，大电流焊接时，应将电极磨成钝角或平顶锥形。这样，可使弧柱扩散减小，对焊件加热集中。

6.5.3 TIG焊操作技术

TIG焊可分为手工TIG焊和自动TIG焊两种，其操作技术的正确与熟练是保证焊接质量的重要前提。由于工件厚度、焊缝空间位置、接头形式等条件不同，操作技术也不尽相同。以下主要介绍手工TIG焊基本操作技术。

（1）引弧

引弧前应提前5～10s输送保护气。引弧可以采用高频振荡引弧（或脉冲引弧）和接触引弧方法，采用非接触引弧比较适合TIG焊。非接触引弧时，应先使钨极端头与焊件之间保持较短距离，然后接通引弧器电路，在高频电流或高压脉冲电流的作用下引燃电弧。这种方法引弧可靠，且由于钨极不与焊件接触，不致因短路而烧损钨极，同时还可防止钨极烧损形成夹钨等缺陷。

采用无引弧器的设备施焊时，需采用将钨电极末端与焊件直接短路的引弧法，然后迅速提升而引燃电弧。接触引弧时，设备简单，但引弧可靠性较差。由于钨极与焊件接触，可能使钨极端头烧损，造成夹钨缺陷。为了防止焊缝夹钨，在用接触引弧法时，可先在一块纯铜板上引电弧，然后将电弧移到焊缝起点处。

（2）焊接

焊接时，为了获得良好的气体保护效果，在不影响熔池观察的情况下，应尽量减小喷嘴到焊件的距离，采用短弧焊接，一般弧长为4～7mm。焊枪与焊件角度的选择应确保获得良好的保护效果，便于填充焊丝。平焊、横焊或仰焊时，多采用左焊法。对于厚度小于4mm的薄板立焊时，采用向下焊或向上焊均可；对于板厚大于4mm的焊件，多采用向上焊。为确保焊缝熔深、熔宽的均匀，防止产生气孔和夹杂等缺陷，必须保持电弧一定高度和焊枪移动速度的均匀性；为了获得合适的熔宽，焊枪除作匀速直线运动外，可作适当的横向摆动。填充焊时，焊丝直径一般不得大于4mm，焊丝太粗易产生夹渣和未焊透现

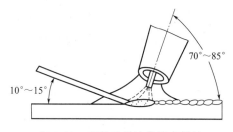

图6-19　平焊时焊枪及填充焊丝与工件的相对位置示意图

象。焊枪和焊件与填充焊丝之间的相对位置如图6-19所示。填充焊丝在熔池前均匀地向熔池送入，切不可扰乱氩气气流。焊丝的端部应始终置于氩气保护区内，以免氧化。

焊接时，为了加强气保护效果，提高焊缝质量，还可采取如下措施：

① 加挡板　接头形式不同，氩气流的保护效果也不相同。平对接缝和内角接缝焊接时，气体保护情况如图6-20(a)所示。当进行端接缝和外角接缝焊接时，空气易沿焊件表面向上侵入熔池，破坏气体保护层而引起焊缝氧化。为了改善气体保护效果，可采取预先加挡板的方法，如图6-20(b)所示。也可以用加大气体流量和灵活控制焊枪相对于焊件的位置等方法来提高气体保护效果。

② 扩大正面保护区　焊接易氧化的金属及其合金（如钛合金）时不仅要求保护焊接区，而且对处于高温的焊缝段及近缝区表面也需要进行保护。这时单靠焊枪喷嘴中喷出的气流层保护是不够的。为了扩大保护区范围，常在焊枪喷嘴后面安装附加喷嘴，又称拖斗，如图6-21所示。附加喷嘴里可另供气也可不另供气。用于焊接较厚的不锈钢和耐热合金材料时，

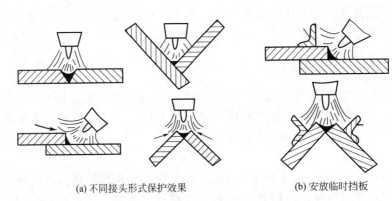

(a) 不同接头形式保护效果   (b) 安放临时挡板

图 6-20　接头形式对保护效果的影响

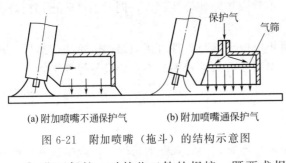

(a) 附加喷嘴不通保护气   (b) 附加喷嘴通保护气

图 6-21　附加喷嘴（拖斗）的结构示意图

可不另供气，而利用延长喷嘴喷出的气体在焊缝上停留的时间，达到扩大保护范围的目的，如图 6-21（a）所示。这种拖斗耗气不大，比较经济。用于焊接钛合金时，则需另供气，且在拖斗里安装气筛，使氩气在焊接区缓慢平稳地流动，以利于提高保护效果，如图 6-21（b）所示。

③ 背面保护　对某些工件的焊接，既要求焊缝均匀，同时又不允许焊缝背面氧化。这时就要求在焊接过程中对焊缝背面也进行保护。如图 6-22 所示为焊接铣合金或不锈钢的小直径圆管或密闭的焊件时，可直接在密闭的空腔中送进氩气以保护焊缝背面。对于大直径筒形件或平板构件等，可用移动式充气罩；或在焊接夹具的铜垫板上开充气

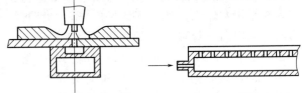

图 6-22　保护气直接通入焊缝反面保护示意图

槽，以便送进氩气对焊缝进行背面保护。通常背面氩气流量是正面氩气流量的 $30\%\sim50\%$。

(3) 收弧

焊缝收弧处要求不产生气孔与裂纹及明显的下凹等缺陷。为此，在收弧处应多填充焊丝使弧坑填满，这对于热裂纹倾向较大的材料的焊接尤为重要。此外，还可采用电流衰减方法和逐步提高焊枪的移动速度或工件的转动速度，以减少对熔池的热输入来防止裂纹的产生。在拼板焊接时，通常采用引出板将收弧处引出工件，使易出现缺陷的收弧处脱离焊件。熄弧后，缓慢抬起焊枪，使焊枪在焊缝上停留 $3\sim5s$，待钨极和熔池冷却后，再抬起焊枪，停止供气，防止焊缝和钨极受到氧化。至此焊接过程便告结束，关断焊机，切断水、电、气路。

6.5.4　TIG 焊接工艺实例

如图 6-23 所示为 $4m^3$ 卧式 1035（原 I_A）工业纯铝卧式储罐的外形。筒体共由三个筒节组成，每个筒节由两块 6mm 厚的 1035 工业纯铝焊接而成；封头由 8mm 厚的 1035 工业纯铝板拼后焊接压制而成。焊接方法采用手工交流钨极氩弧焊焊接。经过焊接工艺评定合格后，制订的焊接工艺如下：

① 焊前准备工作　储罐封头用铝板开70°的 V 形坡口，钝边宽度为 1～1.5mm，装配定位焊后的间隙为 3mm。筒体用铝板制造，不开坡口，装配定位焊后的间隙为 2mm；焊前，用丙酮清洗油污，对焊件进行清理，然后用直径小于 0.15mm 的不锈钢钢丝刷对坡口及其两侧进行几次刷洗，并用刮刀将坡口内清理干净。对焊丝用化学法清洗（表 6-5）。

② 焊接材料的选择　焊丝采用与母材同牌号的焊丝；氩气纯度为 99.89%，氮气不超过 0.105%，氧气不超过 0.0031%；采用铈钨电极。

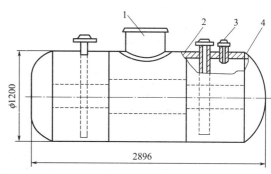

图 6-23　4m³ 工业铝储罐外形

1—人孔；2—筒体；3—管接头；4—封头

③ 焊接参数的选择　对于 6mm 厚的板，焊丝直径为 5～6mm，电极直径为 5mm，焊接电流为 190A，喷嘴直径为 14mm，电弧长度为 2～3mm，焊前不预热；对于 8mm 厚的板，焊丝直径为 6mm，电极直径为 6mm，焊接电流为 260～270A，喷嘴直径为 14mm，电弧长度为 2～3mm，焊前预热 150℃。焊后，对铝储罐所有的环缝、纵缝进行煤油试验及 100%X 射线无损检测，未发现任何焊接缺陷，质量合格满足技术要求。

6.6　钨极脉冲氩弧焊

脉冲钨极氩弧焊是指利用图 6-24 所示形式的变动小电流进行焊接。从电流波形上看，脉冲钨极氩弧焊电流有如下几项参数：脉冲电流峰值 I_p（称作"脉冲峰值电流"，也可直接称作"脉冲电流"），脉冲电流基值 I_b（称作"基值电流"），峰值电流时间 t_p（称作"峰值时间"），基值电流时间 t_b（称作"基值时间"），脉冲电流频率 f（称作"脉冲频率"），以及脉冲周期 T。

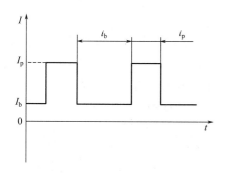

(a) 直流脉冲

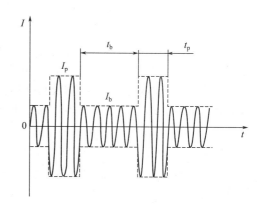

(b) 交流脉冲氩弧

图 6-24　脉冲 TIG 焊电流波形

I_p—脉冲电流；t_p—脉冲电流时间；I_b—基值电流；t_b—基值电流时间

按照脉冲频率高低可分成：

① 低频脉冲 TIG 焊，其频率范围为 0.5～10Hz。

② 高频脉冲 TIG 焊，其频率范围为 $10\sim30\text{kHz}$。

从焊接频率范围看，由于在 $10\text{Hz}\sim10\text{kHz}$ 范围内，电弧的闪烁和噪声刺激视觉和听觉等，因此实际生产很少应用。

6.6.1 低频脉冲钨极氩弧焊

(1) 低频脉冲钨极氩弧焊焊接过程

钨极氩弧焊一般采用低频频率进行焊接，低频脉冲焊由于电流变化频率很低，对电弧形

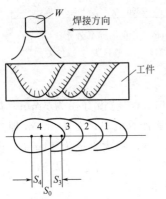

图 6-25 TIG 焊的焊缝形成过程
S_3—形成第 3 焊点时，脉冲电流作用的区间；S_4—形成第 4 焊点时，脉冲电流作用的区间；S_0—基值电流作用的区间

态上的变化可以有非常直观的感觉，即电弧有低频闪烁现象。峰值时间内电弧燃烧强烈，弧柱扩展；基值时间内电弧暗淡，产热量降低。在熔池形成过程中，当每一个脉冲电流到来时，焊件上就形成一个近于圆形的熔池，在脉冲持续时间内迅速扩大；当脉冲电流过后进入基值电流期间时，熔池迅速收缩凝固，随后等待下一个脉冲的到来。由此在焊件上形成一个一个熔池凝固后相互搭接所构成的焊缝。控制脉冲频率和焊接速度及其他焊接参数，可以保证获得致密性良好、搭接量合适的焊缝，如图 6-25 所示。

(2) 低频脉冲钨极氩弧焊工艺特点

① 电弧线能量低　对于同等厚度的工件，可以采用较小的平均电流进行焊接，获得较低的电弧线能量，因此利用低频脉冲焊可以焊接薄板或超薄件。

② 便于精确控制焊缝成形　通过脉冲规范参数的调节，可精确控制电弧能量及其分布，降低焊件热积累的影响，控制焊缝成形，易于获得均匀的熔深和使焊缝根部均匀熔透，可以用于中厚板开坡口多层焊的第一道打底焊；能够控制熔池尺寸使熔化金属在任何位置均不至于因重力而流淌，很好地实现全位置焊和单面焊双面成形。

低频脉冲焊中通常没有电弧磁偏吹现象，斑点不出现飘移，焊缝熔深有一定程度的增加，熔宽也合适，焊缝形状良好。

③ 宜于实现对难焊金属的焊接　脉冲电流产生更高的电弧温度和电弧力，使难熔金属迅速形成熔池。焊接过程中由于存在电流基值时间，熔池金属凝固速度快，高温停留时间短，且脉冲电流对熔池有强烈的搅拌作用，因此焊缝金属组织致密，树枝状结晶不明显，可减少热敏感材料焊接裂纹的产生。脉冲电流的各项参数在焊接中起不同的作用。通常对基值电流 I_b 的选取以保证维持电弧稳定燃烧即可（此时也称作"维弧电流"）。决定电弧能量和电弧力的参数是峰值电流 I_p、峰值时间 t_p 和脉冲频率 f。根据被焊工件厚度、材料性质、所设定的焊接速度、接头形式等，采取配合调整的办法选取上述参数，获得良好的焊接工艺过程。

6.6.2 高频脉冲钨极氩弧焊的特点

脉冲频率为 $10\sim30\text{kHz}$ 的高频电流能够产生压缩的和挺直性好的电弧。压缩电弧提供了集中的热源。随着电流频率的提高，电弧压力也增大，当电流频率达到 10kHz 时，电弧压力稳定，大约为稳态直流电弧压力的 4 倍。电流频率再增加，电弧压力略有增大。随着电流频率的增加，由于电磁收缩作用和电弧形态产生的保护气流使电弧压缩而增大压力。在钨

极氩弧焊中使用高频电弧的主要特点如下：

（1）超薄板的焊接

高频脉冲电弧在 10A 以下小电流区域仍然非常稳定。当电极出现烧损时，电弧并不出现明显的偏烧。利用这些特点进行 0.5mm 以下超薄板的焊接，特别是对不锈钢超薄件的焊接，焊缝成形均匀美观。

（2）高速焊接

高频电弧在高速移动下仍然有良好的挺直度。其在焊管作业中，焊接速度可以达 20m/min，与普通直流电弧相比，提高焊接速度 1 倍以上；在其他焊件的焊接中，焊接速度也高于普通 TIG 焊。

（3）坡口内焊接得到可靠的熔合

添加焊丝的情况下，在坡口内分别利用高频脉冲焊和直流焊进行堆焊，结果有很大差异。直流焊接时，如果焊丝填充量很多，则熔池与坡口侧面的熔合状况恶化，焊道凸起，并偏向一侧。形成这样的焊道后，在进行下一层焊接时，焊道两端的熔化不能充分进行，将产生熔合不良。

高频脉冲焊所形成的焊道，在焊丝填充量很多时仍然呈现凹形表面，对下一层的焊接无不良影响。利用这个特点，对壁厚为 6mm、外径为 30mm 的管子的环缝进行焊接时，以前需要焊 4 层的焊缝，采用高频脉冲焊只需 2 层即可完成，大大提高生产率。

（4）焊缝组织性能好

高频电流对焊接熔池的液态金属有强烈的电磁搅拌作用，有利于细化金属晶粒，提高焊缝力学性能。

高频 TIG 焊电源是在焊接主回路中接续大功率晶体管组，工作在高频开关状态或高频模拟状态，输出高频电流。近年来随着大功率 IGBT 元件的出现，其在焊接电源中使用更具优势。

低频脉冲 TIG 焊和高频 TIG 焊在焊接工艺上各具优点，有的电源采取高频对低频调制的方法输出焊接电流，或者按照低频时连续改变高频脉冲宽度实现高低频输出（平均电流的低频脉冲效果），如图 6-26 所示，在焊接工艺能够发挥两者优点，获得成形更为优良的焊缝。

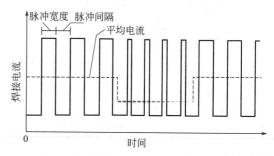

图 6-26　变化高频脉冲宽度的低频焊波形

6.7　高效 TIG 焊技术

6.7.1　热丝 TIG 焊接技术

传统的 TIG 焊由于其电极载流能力有限，电弧功率受到限制，因此焊缝熔深浅，焊接速度低。尤其是对中等厚度的焊接结构（10mm 左右）需要开坡口和多层焊，焊接效率低的缺点更为突出。因此，很多年来许多研究都集中在如何提高 TIG 焊的焊接效率上。热丝 TIG 焊就是为克服一般 TIG 焊生产率低这一缺点而发展起来的，其原理如图 6-27 所示，在普通 TIG 焊的基础上，附加一根焊丝插入熔池，并在焊丝进入熔池之前约 10cm 处开始，由加

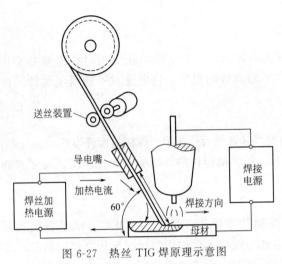

图 6-27 热丝 TIG 焊原理示意图

热电源通过导电嘴对其通电，依靠电阻热将焊丝加热至预定温度，以与钨极成 40°~60° 角的方向从电弧的后方送入熔池，完成整个焊接过程。与普通 TIG 焊相比，由于热丝 TIG 焊大大提高了热量输入，因此适合于焊接中等厚度的焊接结构，同时又保持了 TIG 焊具有高质量焊缝的特点。热丝 TIG 焊已成功地用于焊接碳钢、低合金钢、不锈钢、镍和钛等。但对于高导电性材料如铝和铜，由于电阻率小，因此需要很大的加热电流，造成过大的磁偏吹，影响焊接质量。

热丝 TIG 焊的特点如下：

① 热丝 TIG 焊明显地提高了熔敷率，热丝 TIG 焊的熔敷速度可比普通 TIG 焊提高 2 倍，从而使焊接速度提高 3~5 倍，大大提高了生产率。热丝 TIG 焊和冷丝 TIG 焊熔敷速度的比较如表 6-6 所示。由于热丝 TIG 焊熔敷效率高，焊接熔池热输入相对减少，因此焊接热影响区变窄，这对于热敏感材料焊接非常有利。

表 6-6　热丝 TIG 焊和冷丝 TIG 焊两种焊接方法比较

		焊层	1	2	3	4	5	6
冷丝		焊接电流/A	300	350	350	350	300	330
		焊接速度/(mm/min)	100	100	100	100	100	100
		送丝速度/(m/min)	1.5	2	2	2	2	2.7
		焊层	1	2	3	4	5	
热丝		焊接电流/A	300	350	350	310	310	
		焊接速度/(mm/min)	200	200	200	200	200	
		送丝速度/(m/min)	3	4	4	4	4	

② 与 MIG 焊相比，其熔敷率相差不大，但是热丝 TIG 焊的送丝速度独立于焊接电流之外，因此能够更好地控制焊缝成形。对于开坡口的焊缝，其侧壁的熔合性比 MIG 焊好得多。

③ 热丝 TIG 焊时，由于流过焊丝的电流所产生磁场的影响，电弧产生磁偏吹而沿焊缝作纵向偏摆，因此，用交流电源加热填充焊丝，以减少磁偏吹。在这种情况下，当加热电流不超过焊接电流的 60% 时，电弧摆动的幅度可以被限制在 30°左右。为了使焊丝加热电流不超过焊接电流的 60%，通常焊丝最大直径限为 1.2mm。如焊丝过粗，则由于电阻小，需增加加热电流，这对防止磁偏吹是不利的。

6.7.2　A-TIG 焊接技术

活性焊剂氩弧焊（A-TIG 焊）可改进 TIG 焊的焊接质量并提高其生产效率。它最早由乌克兰巴顿焊接研究所（PWI）在 20 世纪 60 年代研制出来，并应用于能源、化工和航空航天工业等领域。20 世纪末期，英国 TWI 和美国 EWI 对 A-TIG 焊进行了研究，并转入实际应用，其中 EWI 的活性剂 FSS27 已经用于海军舰艇的制造中，TWI 正开发以在熔焊工艺中使用活性焊剂为核心的研究项目。

21 世纪初，巴顿焊接研究所（PWI）已将 A-TIG 焊接技术应用于焊接核反应堆管子部件、汽车胎环、氧气钢瓶、汽车压缩空气钢瓶、高压罐等工业领域。A-TIG 焊法的主要特征是在施焊板材的表面涂上一层很薄的活性剂（一般为 SiO_2、TiO_2、Cr_2O_3 以及卤化物的混合物），使得电弧收缩和改变熔池流态，从而大幅增加了 TIG 焊的焊接熔深，如图 6-29 所示。图 6-28 所示为 A-TIG 焊不同活性剂焊缝金相形貌对比。试验证明，在相同的焊接规范下，同常规的 TIG 焊相比，A-TIG 焊可以大幅度提高焊接熔深（最大可达 300%），而不增加正面焊缝宽度。

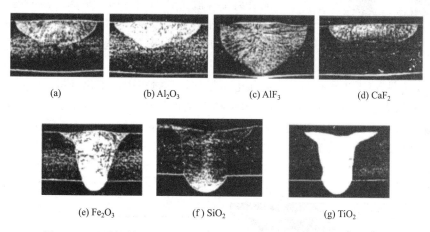

| (a) | (b) Al_2O_3 | (c) AlF_3 | (d) CaF_2 |

| (e) Fe_2O_3 | (f) SiO_2 | (g) TiO_2 |

图 6-28　无活性剂 TIG 焊与 A-TIG 焊不同活性剂焊缝金相形貌对比

（1）A-TIG 焊的主要特点

① A-TIG 焊对于提高焊接效率具有明显作用。在焊接参数不变的情况下，与常规 TIG 焊相比，A-TIG 焊可以提高熔深一倍以上（厚 12mm 的不锈钢可以单道焊一次焊透），而且正面焊缝宽度不增加。中等厚度的材料可以开坡口一次焊透；更厚的焊件可以减少焊道的层数，不仅能提高效率，而且能降低成本。

焊接薄板时，A-TIG 焊可以提高焊接速度，或者使用小规范焊接以减少热输入及减小变形。

② 提高焊接质量。A-TIG 焊在同等速度下小规范焊

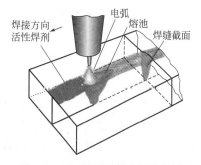

图 6-29　A-TIG 焊接过程示意图

接，可以有效较少焊接变形。通过调整活性剂成分，可以改善焊缝的组织和性能。此外，钛合金活性剂焊接能够消除常规 TIG 焊所表现出的氢气孔，也可以净化焊缝（降低焊缝中的含氧量）。钛合金常规 TIG 焊时容易出现气孔，而采用活性剂焊接后，可以避免气孔产生，使焊缝正、反面成形好。

A-TIG 焊焊缝正、反面熔宽比例更趋合理，熔宽均匀稳定，由于焊接散热条件或夹具（内胀环）压紧程度不一致所导致的背面出现蛇形焊道及不均匀熔透（或非对称焊缝）的程度降低。

③ 操作简单、方便，成本低。A-TIG 焊使用的活性剂，在焊前涂敷到被焊工件的表面，接着使用普通的 TIG 焊接设备就可以进行焊接。焊后附在焊缝周围的熔渣可以简单地用刷

洗的方法去除，不会对焊缝产生污染。

④ 适用范围广泛。目前 A-TIG 焊可以用于钛合金、不锈钢、镍基合金、铜镍合金和碳钢的焊接。A-TIG 焊还广泛地用于航空、航天、造船、汽车、锅炉等要求较高的场合。

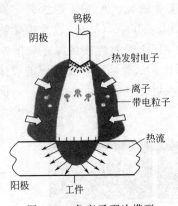

图 6-30　负离子理论模型

（2）A-TIG 焊接原理

活性剂对 TIG 焊熔深增加的作用原理有以下三种观点：

① 电弧收缩中的"负离子理论"认为：活性剂在电弧高温下蒸发后以原子形态包围弧柱，由于弧柱周边区域温度较低，活性剂蒸发原子捕获该区域中的电子形成负离子并散失到周围空间；负离子虽然是带电粒子，但因质量比电子大得多，不能有效担负导电任务，导致电场强度 E 减小，按最小电压原理，电弧有自动使 E 增加到最小限度的倾向，造成电弧自动收缩（图 6-30），电弧电压增加，热量集中，熔化母材的热量也增多，从而使焊接熔深增大。采用图 6-31（a）所示不锈钢试件，在试件右半区域涂敷活性剂 SiO_2，在相同的焊接参数下从左向右焊接，测到的电弧电压变化如图 6-31（b）所示，可以看出电弧从无活性剂区进入有活性剂区后电弧电压有明显增大。

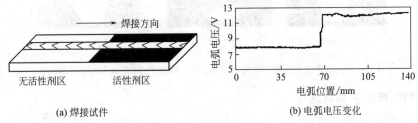

(a) 焊接试件　　　　　　　　　(b) 电弧电压变化

图 6-31　活性剂对电弧电压的影响

(120A，200mm/min，弧长 3mm，铈钨极 3.2mm，钨极角度 60°，氩气 10L/min)

② "阳极斑点"理论认为：在熔池中填加硫化物、氯化物、氧化物等活性剂后，熔池产生的金属蒸气受到抑制，由于金属蒸气粒子更容易被电离，当它减少时，只能形成较小范围的阳极斑点，电弧导电通道紧缩，在激活了熔池内部电磁对流的同时，使熔池表面的等离子对流得到减弱，从而形成较大的熔深。但这种解释对金属化合物却不适用。

③ 表面张力理论认为：熔池金属流动状态对焊缝的熔深起到重要影响，一般的熔池金属具有负的表面张力温度系数，在熔池表面形成以熔池中心向熔池周边的表面强力流，结果得到浅而宽的焊缝；但当熔池金属中存在某种微量元素或接触到活性气氛时，熔池金属的表面张力数值降低转变为正温度系数，从而使熔池金属形成以熔池周边向着熔池中心的表面张力流，在熔池中心的液态金属携带电弧热量从熔池表面直接流向熔池底部，从而加强了对熔池底部的加热效率，而增大了熔深。

不同的活性剂对电弧及熔池可能有不同的作用，氟化物和氯化物影响电弧的可能性较大，非金属氧化物影响阳极区的可能性较大，而金属氧化物影响熔池表面张力的作用可能较大。无论是哪种作用，最终都是活性剂的作用增大了焊接熔深。

（3）A-TIG 焊的应用及其发展前景

A-TIG 焊接技术在国际上已经得到广泛的重视。如英国焊接研究所（TWI）、美国焊接研究所（EWI）、乌克兰巴顿焊接所（Patton Welding Institute）、日本大阪大学、荷兰、巴西和新加坡等一些知名的大学和知名公司（如日本的神户制钢等）都在致力于 A-TIG 焊的焊接机理和活性剂研制两个方面的研究工作。

美国焊接研究所（EWI）的海军连接中心 NJC（Navy Joining Center）对不锈钢型号为304、316、347、409、410）、镍基合金（合金 600、625、690、718、800）、碳钢和合金钢（如 A36、SA-178C、21/4Gr-1Mo、X80）、铜镍合金（70-30 Cu-Ni）、钛合金（纯钛和 Ti-6Al-4V）等材料进行了研究，研制出用于不锈钢的 A-TIG 焊的活性剂（FASTIG SS7），已用于海军飞行器、驱逐舰的 A-TIG 焊中，取得了良好的应用效果，缩短了生产周期，熔深达到普通 TIG 焊的 300%，也降低了变形。由于活性剂的用量很少，所以 NJC 认为它不会改变焊缝的化学成分和力学性能。

国内部分高校、研究机构对铝、碳钢和不锈钢的高温合金等活性剂的研制及其焊接机理展开了研究工作，开发了不锈钢和钛合金的活性剂，并成功地用于生产。A-TIG 焊技术在超高强度钢容器上也获得成功的应用。

A-TIG 焊的应用前景表明，其主要发展趋势如下：

① 活性剂成分的改进，针对焊接母材的新的活性剂的研究和开发。

② 深入开展活性剂影响机理和焊接效果的研究。

③ 活性剂的应用技术和产品化问题。

④ 排除焊缝气孔技术及特种保护技术的研究。

⑤ 新型活性剂的应用范围。除 A-TIG 焊外，还可以向等离子焊、L-TIG 复合焊和药芯焊丝方向发展。

⑥ 活性剂对活性化焊接中的焊缝性能的全面研究。

⑦ 各种空间位置焊的活性化焊接效果及其工艺研究等。

6.7.3　单电源型双面双弧焊

双面双弧焊可彻底消除未焊透缺陷，最大限度地降低焊接变形。传统双面双弧焊接是两个电弧使用两台电源。美国肯塔基大学研究人员在传统双面电弧焊接的基础上做了进一步研究，采用单电源的等离子弧（PA）和钨极氩弧（TIG）对焊缝正反面同时对称施焊（图 6-32），通过 TIG 弧扩大了等离子弧的小孔效应，显著提高了焊接生产效率，提高了熔合比，增加了熔深，减小了热影响区及焊接变形，能够得到满意的力学性能，适用于中厚板焊接。同双电源焊接相比，单电源焊接时电流分布更为集中，电弧收缩程度增加，同时焊接电流直接流过焊接熔池，电磁收缩力的作用使熔池向深度方向发展，可以获得更大的熔深效果。

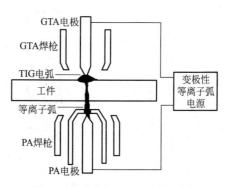

图 6-32　单电源双面双弧焊原理

双面电弧焊的缺点是可达性差，要求工件焊接区两侧有焊枪的安装空间，在焊枪移动焊接时，应保持电弧的相对位置。

6.7.4　多阴极焊枪的 TIG 焊

在 GTAW 机械化装置主焊接电弧旁各加一个辅助焊炬和尾拖焊炬就实现了多阴极焊枪

的 TIG 焊，如图 6-33 所示。其中一个辅助焊炬用来预热焊缝以加快焊接速度，尾拖焊炬有助于避免咬边。三个焊炬在同一直线上共同完成 GTAW 多极焊过程，与普通 GTAW 方法相比它能成倍地提高焊接速度。如图 6-34 所示为焊接速度与电极的数量关系，其中预热电流大约为焊接电流的 1/2，尾拖焊炬电流是焊接电流的 1/3。

图 6-33　GTAW 的多阴极焊焊炬

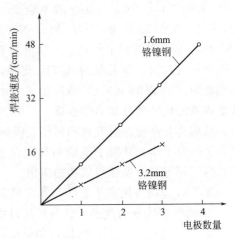

图 6-34　焊接速度与电极的数量关系

6.7.5　窄间隙 TIG 焊接

随着工业科技的飞速发展，窄间隙焊接技术已经成为现代工业生产中厚板结构焊接的首选技术，其技术和经济优势决定了它是今后厚板焊接技术发展的主要方向之一（图 6-35）。作为一种特别的工业技术，它具有以下技术特征：

① 应用现有的弧焊方法来完成填充方式的熔化焊连接；

② 焊缝截面积比传统弧焊方法至少减少 30% 以上；

③ 坡口形状多为具有极小坡口面角度（0.5°～7°）的 V 形或 U 形（或者 I 形）；

④ 一般采用单道多层和双道多层熔敷方式，且板厚方向上熔敷方式固定；

⑤ 焊接线能量相对较小（双道多层方式时最为突出）；

⑥ 在深窄坡口内的气、丝，电导入，侧壁熔合控制，气渣联合保护方式的脱渣等方面分别采用了

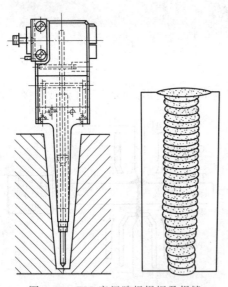

图 6-35　TIG 窄间隙焊焊炬及焊缝

特殊技术。

窄间隙钨极惰性气体保护焊，采用惰性保护气体更有效地保护焊缝，使焊接成形效果更加良好。

此种焊接工艺基本不产生飞溅和熔渣，由于电弧的稳定性，也很少产生明显的焊接缺陷，并且也已确立向全位置焊接的应用。但是这一方法的缺点在于工作效率低，为了提高工作效率，在对填充焊丝通电加热的同时，还应该采用热电阻线焊接法。这种方法的有利方面

是可以个别选择焊接电流和填充焊丝的送给量。但是，如果给予填充焊丝过多的通电量，就会引起钨极惰性气体保护焊的磁冲击，形成的电弧不稳定。因此，应采取将电弧电流和电线电流分别脉冲化或错开其相位，或将单方面的电流交流化等措施。

超高强钢的使用促进了 TIG 焊在窄间隙焊接中的应用，一般认为 TIG 焊是焊接质量最可靠的工艺之一。由于氩气的保护作用，TIG 焊可用于焊接易氧化的非铁金属及其合金、不锈钢、高温合金、钛及钛合金以及难熔的活性金属（如钼、铌、锆）等，其接头具有良好的韧性，焊缝金属中的氢含量很低。由于钨极的载流能力低，因而熔敷速度不高，应用领域比较狭窄，一般被用于打底焊以及重要的结构中。

图 6-36 所示为 TIG/MAG/埋弧焊窄间隙节省焊缝体积的对比。

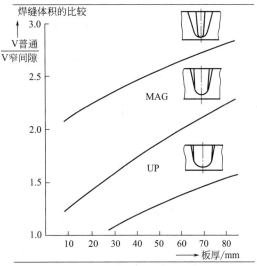

图 6-36　TIG/MAG/埋弧焊窄间隙
节省焊缝体积的对比

6.7.6　超声波复合 TIG 焊

（1）概述

鉴于超声振动（Ultrasonic vibration）的相关优点，越来越多的学者将超声振动引入到焊接中，如超声波辅助焊接、焊后超声波冲击处理、功率超声波焊接、超声波钎焊等。这些方法从不同的层次将超声波的优点引入到焊接过程中，并且在细化晶粒方面取得了显著的成绩。

结合传统 TIG 焊及超声振动辅助焊的相关特点，哈尔滨工业大学的杨春利等人提出了超声波-TIC 复合焊接，即超声波-钨极惰性气体保护（Ultrasonic assisted tungsten inert gas，U-TIG）焊接方法。该方法力求克服 TIC 焊熔深浅、电弧能量不集中、焊接效率低等缺点，在 TIG 电弧中加入超声振动，利用电弧内等离子体将超声波传递到焊接熔池内，保留 TIG 焊电弧稳定性好、焊接适用范围广、焊接过程容易控制等优点，使 U-TIG 焊接电弧具有超声振动的声学特性。

（2）工作原理

当超声波经过电弧等离子体时，由于功率超声波属于外加能量，势必将对电弧产生一定的影响，进而通过第四态物质——等离子体将超声波能量最终施加到焊接熔池内。依靠该高密度的超声波能量在焊接过程中对焊接熔池及晶粒长大进行控制，以实现对焊缝晶粒细化及焊缝质量的改善，从而达到提高焊接效率并减少焊接辅助工时的目的。

U-TIG 焊焊接原理如图 6-37 所示。功率超声波的产生是通过换能器将超声波电源输出的电信号转换，最后传递给焊接电弧以实现超声波对焊接过程的影响的。

U-TIG 焊系统主要由焊接电源、超声波电源、机械振动系统及超声波耦合部分构成。其工作原理如下：50Hz 交流电经过超声波电源转化为 20kHz 的脉冲电信号，施加在超声振动系统上，通过换能器转化为机械振动，最终通过复合焊枪传递给焊接电弧，以施加对焊接熔池的影响，改善焊缝质量，提高焊接效率。超声波的施加方向与焊接电弧保持同轴，进而避免超声波施加过程中发生电弧偏吹现象。图 6-38 所示为 U-TIG 焊枪原理。

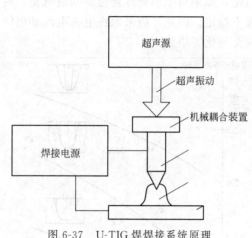

图 6-37 U-TIG 焊焊接系统原理

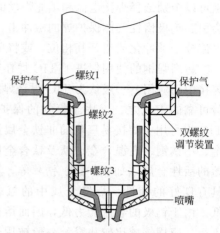

图 6-38 U-TIG 焊枪原理

(3) U-TIG 焊的电弧特性

图 6-39 所示为采用小孔法测定的电弧压力分布对比曲线,可以看出,复合焊电弧的压力峰值高于传统 TIG 电弧;复合焊电弧的压力整体水平明显高于传统 TIG 焊,并且电弧的挺直性也将明显得到提高。传统 TIG 焊电弧压力的径向分布一般属于双面指数分布,而复合焊电弧压力分布更趋近于高斯分布,更加有利于焊接。图 6-40 所示为不同电流下电弧压力峰值对比情况。从图 6-39 中可以看出,U-TIG 焊的电弧压力峰值明显高于传统 TIG 焊,并且压力峰值有接近的趋势。对比发现,在电流为 30A 时压力峰值提高了近 120%,而在 110A 时提高量仅为 5%,在同等条件下,峰值压力提高程度随着电流的增加而下降。

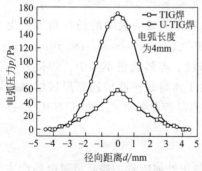

图 6-39 电流 30A 电弧压力分布对比

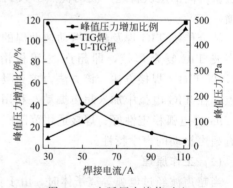

图 6-40 电弧压力峰值对比

图 6-41 所示为传统 TIG 焊和 U-TIG 焊的电弧形态对比。随着弧长的增加,TIG 焊电弧的高温区域分布发散,但是超声波作用下的电弧高温区域向下扩展明显。钨极端部亮度最高

(a) 3.2mm (b) 3.5mm (c) 3.8mm

图 6-41 传统 TIG 电弧与超声波作用下电弧形态对比(不同辐射高度)

的白色部分的区域面积扩大，其在电弧轴向上的长度增加，超声波作用下的电弧中心区域温度升高。超声波作用下电弧形态整体出现收缩现象，电弧中心区域半径减小，轴向长度增加，中心发亮部分向焊件延伸，电弧挺度也随之增加。但是不同电弧高度条件下所表现出的压缩程度不一。

从焊接的温度场测量结果可以看出，在 110A 的电流下，U-TIG 焊与传统 TIG 焊同一位置测试点温度基本相同；而传统 TIG 焊在 165A 时，正面各测试点温度则有较大提高。为实现背面成形，传统 TIG 焊在增加电流后，对焊接焊件加热面积增加，横向的热输入也相应增加。U-TIG 焊增加热输入后，由于电弧热量更多是向下传递，降低了对热影响区的热输入，这样的结果更加有利于焊接接头性能的提高。

对比焊缝从最高温度冷却到 500℃ 时所需时间可知，距背面焊缝中心 5mm 处电流为110A 时，U-TIG 焊和传统 TIG 焊冷却到 500℃ 的时间皆为 20.3s，但是 U-TIG 焊在该点的温度却高得多。相同位置电流为 165A 时，传统 TIG 焊温度冷却到 500℃ 的时间为 25.68s，U-TIG 焊缝的温度梯度明显高于传统 TIG。

（4）U-TIG 焊方法对熔深和成形的影响

图 6-42 所示为 304 不锈钢平板 U-TIG 堆焊焊缝横截面。U-TIG 焊的母材熔化形状发生了明显变化，产生了类似等离子弧焊的熔池形状。焊缝的形状尺寸也发生了明显变化，焊缝熔深大幅增加而熔宽变化很小。与传统 TIG 焊相比，U-TIG 焊熔深增加了 209%，深宽比增大了 286%。U-TIG 焊的母材熔化面积增加了 65%。这种对熔深、深宽比和熔化面积的大幅度的提高对于提高 TIG 焊效率具有极其重大的意义。

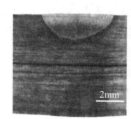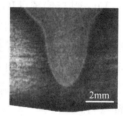

图 6-42　304 不锈钢平板 U-TIG 堆焊焊缝横截面

随着焊接电流的增加，对焊件的整体热输入量增加，表现为传统 TIC 焊与 U-TIG 焊的熔化面积均不同程度地增加。超声波作用下的焊接电弧能量较为集中，更有利于焊件的熔化，加之超声波的额外输入能量存在，U-TIG 焊比传统 TIG 焊的熔化面积大。传统 TIG 焊电弧较分散，随着焊接电流的增加焊缝熔宽增加更加明显，焊缝熔深增加幅度较小。与传统TIG 焊相比，U-TIG 焊缝深宽比在焊接电流为 50A、100A 和 150A 时分别增加了 136%、183% 和 236%。

随着焊接电流的增加，U-TIG 焊接焊缝深宽比先增加后减小。从熔化特点结果可以看出，焊接电流是 U-TIG 焊接的一个重要影响因素，在不同的电流条件下焊接，对母材熔化形式的影响程度不同。在适合 U-TIG 焊的焊接电流下，焊缝的熔化形式更有利于接头性能及焊接效率的改善。

6.7.7　尾孔 TIG 焊技术

尾孔 TIG 焊接（Keyhole TIG welding，K-TIG 焊）技术，是由澳大利亚 CSIRO 在2000 年左右开发出的一种大电流 TIG 焊接新技术，其焊接过程中会形成尾孔（也称"匙孔"），生产效率较传统 TIG 焊接大大提高。

（1）尾孔 TIG 焊的基本原理（图 6-43）

K-TIG 焊的作用形式与传统 TIG 焊完全一样，唯一差别就是电弧能量较传统 TIG 焊大大提高，焊接过程会形成稳定存在的尾孔，如图 6-43 所示。K-TIG 焊一般选用的钨极直径都在 6mm 以上，焊接电流达 0～650A，电弧电压为 16～20V。在如此高的焊接参数作用下，电弧电磁收缩力大大提高，宏观表现为电弧挺直度、电弧力和穿透能力都显著增强。焊接时，电弧深深地深入到熔池中，将熔融的金属排挤到熔池四周侧壁，形成尾孔。如果电弧压力、小孔侧壁金属蒸发形成的蒸气反作用力以及液态金属表面张力与液态金属内部压力达到动态平衡，则小孔就会稳定存在。随着电弧的前移，熔池金属在电弧后方弥合并冷却凝固成焊缝，整个过程非常类似于等离子弧"小孔"焊接。

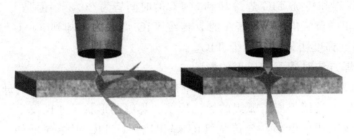

图 6-43　K-TIG 焊原理图

（2）K-TIG 焊的焊接设备

K-TIG 焊与传统 TIG 焊焊接设备有明显的差异，主要表现在以下几点。

① 传统 TIG 焊焊接电源无法提供 K-TIG 焊要求的高焊接电流，因此 K-TIG 焊焊接电源一般为特制设备，或者直接采用直流埋弧焊电源。但若采用埋弧焊电源，则为保证焊接电弧稳定起弧和燃烧，必须对焊接电源进行改造，增加高频或高压模块。

② K-TIG 焊焊接电流很大，必须具有强力冷却系统，并采用散热能力良好的冷却液，对焊枪进行散热。

③ 由于 K-TIG 焊强大的电弧扰动，保护气流受到很大干扰，因此需采用高纯度保护气体并加大保护气流量，如果条件具备推荐采用双重气体保护。

（3）K-TIG 焊的特点

K-TIG 焊时，可以一次焊透 12mm 厚的奥氏体不锈钢或钛合金板，接头形式为平板对接不填丝焊。这样厚度的不锈钢或钛合金板，如果采用传统 TIG 焊，则必然要开坡口并采用多层、多道焊接的方式，使准备时间和成本显著增加。如果利用 K-TIG 焊方法焊接 3mm 厚的不锈钢板，其焊接速度高达 1m/min，由于 K-TIG 焊的热输入较大，因此一般采用平焊位置施焊，无需开坡口，焊接时一般不填加焊丝。K-TIG 焊适合用来焊接铁素体不锈钢、奥氏体不锈钢、双相不锈钢、钛合金、锆合金等，但不适合焊接铜合金、铝合金等高热导率的金属，这是因为理想的尾孔形状应该是上宽下窄的漏斗型。如果母材热导率过高，则往往造成焊缝根部（尾孔下部）过宽，使得熔池不能稳定存在。

（4）K-TIG 焊应用实例

① 工业纯钛板 K-TIG 焊和传统 TIG 焊对比　钛板材质为 ASTM B265，厚度为 12.7mm。采用传统 TIG 焊，开双面 V 形坡口，坡度为 60°，填充焊丝牌号为 AWS A5.16 ERTi-1，焊丝直径为 1.2mm，每面坡口填充三道。采用 K-TIG 焊，不开坡口（I 形坡口，无间隙）。焊前注意清理，焊中注意保护，K-TIG 焊枪保护气体采用高纯氩气（体积分数为

99.999％），拖罩和背面保护采用纯氩气（体积分数为99.99％），传统TIG焊接一律采用纯氩气（体积分数为99.99％）。其他焊接条件见表6-7。

表6-7 K-TIG焊和传统TIG焊焊接规范对比

焊接方法	焊丝	焊接电流/A	电弧电压/V	焊接速度/(mm/min)	送丝速度/(mm/min)	热输入/(kJ/mm)	焊道层数
K-TIG焊	—	600	16	250	—	2.3	1
TIG焊	ERTi-1	240	12	150	260	1.15	6

图6-44所示为钛合金K-TIG焊和传统TIG焊焊接接头横截面，从中可以看出K-TIG焊的横截面要比传统TIG焊接宽，熔合线也没有传统TIG清晰。但二者焊缝中心熔合区晶粒度差别不明显，K-TIG略粗一些，这也其较大的热输入有关。另外，力学性能测试发现K-TIG和传统TIG焊接接头无论在抗拉强度、冲击吸收能量、硬度等方面差别都很小。

(a) K-TIG焊　(b) 传统TIG焊
图6-44 工业纯钛K-TIG焊和传统TIG焊焊接接头形貌对照

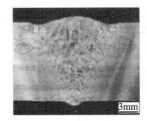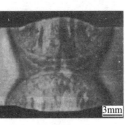
(a) K-TIG焊　(b) 传统TIG焊
图6-45 6mm厚316L不锈钢K-TIG焊和传统TIG焊的焊接接头形貌对照

② K-TIG焊焊接不锈钢和传统TIG焊的焊接接头对比　图6-45所示是利用K-TIG焊和传统TIG焊焊接不锈钢的焊接接头横截面形貌，从中可以看出，K-TIG焊的焊缝成形良好、合理，没有明显的焊接缺陷。

复习思考题

1. TIG焊具有哪些特点？主要应用范围是哪些？

2. 说明手工和自动TIG焊设备各自包括哪些组成部分。

3. TIG焊可以采用哪几种焊接电流波形？分析各有什么特点。

4. 简述高频高压与高压脉冲引弧和稳弧装置的工作原理，并分析用于引弧和稳弧时各有什么特点。

5. 试画出TIG焊的程序循环图，并予以说明。

6. 简述保护气体、电极和焊丝的种类及其对焊接效果的影响。

7. 热丝TIG焊与普通TIG焊相比其效率如何？说明其原理。

8. 简述钨极脉冲氩弧焊的特点及其焊接参数的调节原则。

9. TIG焊时什么时候铝板发黑？什么时候W极烧损严重？为什么？

10. 交流TIG焊铝合金为什么会产生直流分量？有什么危害？怎样消除？

11. 某厂车间只有几台交流手弧焊机，能否进行厚度为3mm铝板的焊接？怎样进行？

第7章　熔化极氩弧焊

熔化极惰性气体保护焊（MIG 焊）是目前常用的电弧焊方法之一。本章主要讲述熔化极惰性气体保护焊的特点和应用范围、熔滴过渡形式、保护气体种类与焊接工艺等内容，对熔化极惰性气体保护焊的其他方法也作了简要介绍。

7.1　熔化极氩弧焊原理与特点

7.1.1　熔化极氩弧焊原理

熔化极氩弧焊是采用惰性气体作为保护气，使用焊丝作为熔化电极的一种电弧焊方法。

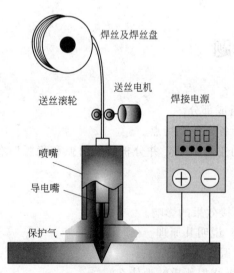

图 7-1　MIG 焊的原理示意图

这种方法通常用氩气或氦气作为保护气，连续送进的焊丝既作为电极又作为填充金属，在焊接过程中焊丝不断熔化并过渡到熔池中去而形成焊缝。在焊接生产中，特别是在高合金材料和有色金属及其合金材料的焊接生产中，熔化极氩弧焊占有很重要的地位。其焊接原理如图 7-1 所示。

随着熔化极氩弧焊应用的扩展，仅以 Ar 或 He 作保护气体难以满足需要，因而发展了在惰性气体中加入一定量活性气体如 O_2、CO_2 等组成的混合气体作为保护气体的方法，通常称之为熔化极活性混合气体保护焊，简称为 MAG 焊。由于 MAG 焊无论是原理、特点还是工艺，都与 MIG 焊类似，因此将其归入 MIG 焊中一起讨论。

用 Ar 或 Ar + He 进行保护，称为 MIG（Metal Inter Gas Arc Welding）焊接。

用 $Ar+O_2$、$Ar+CO_2$ 或 $Ar+O_2+CO_2$ 做保护气体则称为 MAG（Metal Active Gas Arc Welding）焊接。

7.1.2 熔化极氩弧焊特点

与其他电弧焊方法相比，熔化极氩弧焊具有如下几方面特点：

① 适用范围广。与焊条电弧焊、CO_2 电弧焊、埋弧焊相比，熔化极氩弧焊可以焊接几乎所有的金属。既可以焊接碳钢、合金钢、不锈钢，还可以焊接铝及铝合金、铜及铜合金、钛合金等容易被氧化的非铁金属。这一点与 TIG 焊、等离子弧焊一致。其既可焊接薄板又可焊接中等厚度和大厚度的板材，而且可适用于任何位置的焊接。

② 生产率较高、焊接变形小。与 TIG 焊相比，由于采用熔化极方式进行焊接，因此焊丝和电弧的电流密度大，焊丝熔化速度快，对母材的熔敷效率高，母材熔深和焊接变形都好于 TIG 焊，焊接生产率高。

③ 与 CO_2 电弧焊相比，熔化极氩弧焊电弧状态稳定，熔滴过渡平稳，几乎不产生飞溅，熔透也较深。

④ 熔化极氩弧焊一般采用直流反接焊接铝及铝合金，对母材表面的氧化膜有良好的阴极雾化清理作用。

⑤ 由于惰性气体本质上不与熔化金属产生冶金反应，如果保护条件稳妥，可以防止周围空气的混入，避免氧化和氮化，因此，在电极焊丝中不需要加入特殊的脱氧剂，使用与母材同等成分的焊丝即可进行焊接。

熔化极氩弧焊的电弧是明弧，焊接过程参数稳定，易于检测及控制，因此容易实现自动化。目前，大多数的弧焊机械手及机器人均采用这种焊接方法。

熔化极氩弧焊也有如下几点不足：

① 由于使用氩气保护，焊接成本比 CO_2 电弧焊高，焊接生产率也低于 CO_2 电弧焊。

② MIG 焊对工件、焊丝的焊前清理要求较高，即焊接过程对油、锈等污染比较敏感，故焊接准备工作要求严格。

③ 厚板焊接中的封底焊焊缝成形不如 TIG 焊质量好。

7.1.3 熔化极氩弧焊应用

MIG 焊几乎可以焊接所有的金属材料，在焊接碳钢和低合金钢等黑色金属时，更多的是采用使用富氩混合气体的 MAG 焊，目前在中等厚度、大厚度铝及铝合金板材的焊接，已广泛地应用熔化极惰性气体保护焊。所焊的最薄厚度约为 1mm，大厚度基本不受限制。

目前熔化极氩弧焊被广泛应用于汽车制造、工程机械、化工设备、矿山设备、机车车辆、船舶制造、电站锅炉等行业。由于熔化极氩弧焊焊出的焊缝内在质量和外观质量都很高，因此该方法已经成为焊接一些重要结构时优先选用的焊接方法之一

MIG 焊分为半自动和自动两种。自动 MIG 焊适用于较规则的纵缝、环缝及水平位置焊缝的焊接；半自动 MIG 焊大多用于定位焊、短焊缝、断续焊缝以及铝合金容器中封头、管接头、加强圈等焊件的焊接。

7.2 熔化极氩弧焊熔滴过渡

熔化极氩弧焊熔滴的过渡形态依据形成条件不同可以分为短路过渡、滴状过渡、射滴过渡、射流过渡、亚射流过渡、旋转射流过渡、脉冲过渡等。其中滴状过渡、旋转射流过渡因稳定较差实际生产中很少采用；短路过渡的焊接规范范围窄而较少应用，实际生产依据材

质、焊件尺寸、焊接空间位置分别选用射滴过渡、射流过渡、亚射流过渡、脉冲过渡方式进行焊接。

7.2.1　短路过渡

MIG 焊熔滴短路过渡过程与 CO_2 电弧焊熔滴短路过渡是相同的，也是使用较细的焊丝在低电压、小电流下产生的一种可利用的熔滴过渡方式，区别在于 MIG 焊熔滴短路过渡是在更低的电压下进行，过渡过程稳定，飞溅少，适合空间位置焊缝的焊接或薄板高速焊接。

7.2.2　喷射过渡

MIG 焊熔滴喷射过渡主要用于中等厚度和大厚度板水平对接和水平角接。

MIG 焊接一般采用焊丝接正极的反极性接法，而把焊丝接负或采用交流的较少。其原因有两项：一是要充分利用电弧对母材的清理作用；二是为了使熔滴细化，并且能形成平稳过渡，在这一方面，采用焊丝接正是不可缺少的条件。

MIG 焊熔滴喷射过渡分为射滴过渡和射流过渡两种。

(1) 射滴过渡

MIG 焊射滴过渡主要是低熔点材料所表现出的熔滴过渡形式，但在脉冲 MIG 焊中通过脉冲参数控制，即使是钢质熔滴与电弧形态焊丝也会出现射滴过渡，实际上射滴过渡是脉冲 MIG/MAG 焊所力求实现的过渡形式。

(2) 射流过渡

由于焊丝作阳极，在熔池周围因电弧阴极斑点的清理作用，使得电弧能够较大范围扩展，母材接近表面部分有较大程度的熔化。但是，由于熔滴以射流形态过渡，焊丝的前端被削成很尖锐的形状，这时电弧中的等离子气流极为显著，作用在熔池金属上的等离子流力很大，加上大量高速的细小颗粒熔滴对熔池金属的冲击，使熔池中心区被深深地向下挖掘。这种熔化断面宛如手指插入母材所形成的，因此称作指状熔深。焊丝直径越细或电流值越大，越易形成指状熔深。

7.2.3　亚射流过渡

熔化极氩弧焊除了有以上讲述的短路过渡和喷射过渡两种过渡形式可以利用外，对于铝合金焊接还有一种亚射流过渡方式可以利用。这是介于短路过渡与射滴过渡之间的一种过渡形式，电弧特征是弧长较短。对于铝合金，可视弧长在 $2\sim8mm$ 之间，因电流大小而取不同的数值，带有短路过渡的特征，当弧长取上限值时，也有部分自由过渡（射滴）。

铝合金亚射流过渡中的短路与正常短路过渡的差别是缩颈在熔滴短路之前形成并达到临界脱落状态。短弧情况下，熔滴尺寸随着燃弧时间的增长而逐步长大，并且在焊丝与熔滴间产生缩颈，在熔滴即将以射滴形式过渡时与熔池发生短路，由于缩颈已经提前出现在焊丝与熔滴之间，在熔池金属表面张力和颈缩部位电磁收缩力作用下，缩颈快速断开，熔滴过渡到熔池中并重新引燃电弧，因此，熔滴过渡平稳，基本没有飞溅发生。

7.3　熔化极氩弧焊的自动调节系统

熔化极氩弧焊焊接时使用的焊丝直径通常较细，一般为 $\phi0.8\sim2.4mm$。为了消除或减弱外界干扰对焊接弧长的影响，使焊接参数稳定，熔化极氩弧焊主要采用电弧自身调节系统和电弧固有的自身调节系统两种电弧自动调节系统。当使用 $\phi3mm$ 以上粗焊丝焊接时，由于自身调节系统的灵敏度降低，因而采用电弧电压反馈调节系统进行自动调节。

7.3.1　电弧自身调节系统

熔化极氩弧焊时，当熔滴过渡采用短路过渡、射滴过渡、射流过渡时均采用电弧自身调节系统。电弧自身调节系统是具有较强自身调节作用的电弧，配合以等速送丝方式和平特性（恒压）焊接电源而构成的。它依靠电弧电流的变化使焊丝熔化速度变化来恢复电弧弧长。

7.3.2　电弧固有的自身调节系统

在等速送丝的条件下，在送丝速度、可见弧长（焊丝前端至母材表面的距离）、焊丝伸出长度一定的条件下进行铝合金 MIG 焊。当电弧稳定后测量焊接电流及电弧电压，并观察熔滴的过渡形式，可以获得一组数据；其他条件不变，只通过改变电源外特性来改变可视弧长，再次焊接，又可获得一组数据。如此重复，即可在焊接电流-电弧电压的坐标系中得到一条焊丝等熔化特性曲线，反映的就是该送丝速度下铝焊丝的熔化特性。每改变一次送丝速度，都可以得到一条曲线。在曲线上方的数字是对应的送丝速度，曲线旁的数字表示相应点的可见弧长。

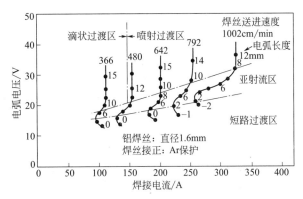

图 7-2　铝焊丝熔化特性与熔滴过渡形态间的关系

从图 7-2 可以看到，当送丝速度一定和可视弧长在 10mm 以下时，各条等熔化特性曲线均向左下方弯曲，并形成一个区域，这个区域就是亚射流过渡区。

电弧固有的自身调节系统，是铝合金焊丝采用亚射流熔滴过渡进行 MIG 焊时所使用的一种弧长自动调节系统。在亚射流过渡区中，焊丝熔化系数增大，这是因为可见弧长减小后，熔滴的温度降低，使得焊丝熔化不再需要很多的热量。这种现象只在高纯度惰性气体保护 MIG 焊中才能看到，特别是大电流下更为显著。在焊枪高度发生变动或出现其他干扰时，焊丝熔化系数随可见弧长的减小而增大的特性使电弧自身具有保持弧长稳定的能力，把这种特性称之为电弧固有的自身调节特性。

由于铝合金 MIG 焊亚射流过渡区存在上述焊丝熔化特点，使得可以采用等速送丝机构配用恒流特性的焊接电源进行焊接。

（1）电弧固有的自身调节作用机理

铝合金焊丝电弧具有固有自身调节作用，首先是电弧和焊丝端头潜入熔池，可见弧长减小，在电弧的电磁轴向压力作用在熔池上形成较大的凹坑。电流越大，电磁力也越大，则电弧潜入也越深。其次是可见弧长减小，电弧潜入到熔池中以后，将改变焊丝的加热条件和熔滴过渡特点，所以也影响到电弧的固有自身调节作用。

在潜弧条件下，电弧的弧根不但覆盖在焊丝端头熔滴的底部，而且还包围了它的侧面，甚至熔滴上部的细颈。这时加热焊丝的热量来源除阳极斑点产热外，还有弧柱的辐射热。另外由于熔滴过渡形式的改变，熔滴在焊丝端头停留时间也不同。在电压较高的射滴过渡时，熔滴受热时间较长，所以熔滴温度较高，达1800℃；而在潜弧状态下的亚射流过渡时，熔滴过渡大多依靠较高频率的瞬时短路过渡。熔滴受热时间短，所以熔滴温度仅为1200℃。而短路过渡的熔滴温度更低，接近于熔点。可见亚射流过渡时，电弧加热焊丝的热效率较高，而熔滴温度又低，则焊丝的熔化速度较高。同时还随着电弧电压（可见弧长）的降低焊丝熔化速度增大，因此铝合金亚射流过渡具有较强的电弧固有自身调节作用。

（2）影响电弧固有自身调节作用的因素

① 焊丝材料　铝焊丝具有较强的电弧固有自身调节作用，这是因为焊丝的熔化特性曲线向左拐之后较平 [图2-4(a)]。而钢焊丝却较陡 [图2-4(b)]，所以钢焊丝的电弧固有自身调节作用较弱。

铝及铝合金焊丝由于成分不同，电弧固有自身调节作用也不同。铝镁合金焊丝与纯铝焊丝相比，显然纯铝焊丝自调节作用更强些，如图7-3所示。

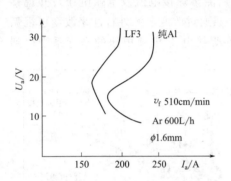

图 7-3　不同成分铝焊丝的等熔化特性曲线

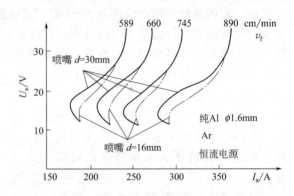

图 7-4　不同直径的喷嘴对等熔化速度曲线的影响

② 气体保护效果　气体保护效果是采用不同直径喷嘴进行比较，其结果如图7-4所示。喷嘴直径较大时，曲线向左移，也就是电弧固有的自身调节作用增强。这时因为有效保护范围较大时，则电弧的阴极斑点在工件上容易向四周扩展。反之有效保护范围较小时，阴极破碎后还可能立即氧化，从而限制了阴极斑点的扩展，不利于形成蝶状电弧，则使曲线向右移，并减弱了自身调节作用。

同理，当气流受到扰动或者焊丝或工件清理不良，表面氧化膜较厚时，皆使曲线向右移。

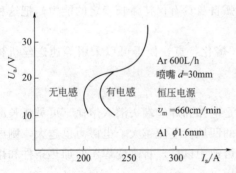

图 7-5　电感对等熔化特性的影响

③ 焊接回路电感的影响　电感值的影响如图7-5所示。由图可见，在电压较高的无短路区域时，电感没有影响。而降低电压，并开始瞬时短路时，若回路电感较大，则该曲线提前向右转。这时因为短路时电感将限制短路电流增长速度，同时相应增加短路持续时间，使得提前转入短路过渡区。

所需要的焊接电流减小了，即焊丝熔化系数 [单位为 $g/(h \cdot A)$] 增加了。这样，在弧长由于外界干扰发生变化时，由于熔化系数随之变化，因此使弧长本身具有了恢复到原来弧长的能力。

电弧的这种特性也就是所谓的"电弧固有的自调节作用"。

（3）电弧固有的自身调节系统的弧长自动调节过程

电弧固有的自身调节系统，是在铝合金 MIG 焊具有的电弧固有自身调节作用的基础上采用等速送丝方式匹配垂降特性（恒流）焊接电源建立起来一种电弧自动调节系统。其电弧固有的自身调节系统的弧长调节过程如图 7-6 所示。

曲线 P 是弧焊电源的外特性曲线，曲线 M 是某一送丝速度下的焊丝等熔化特性曲线，焊接电弧稳定时电弧在该曲线上燃烧时焊丝熔化速度等于焊丝送给速度。两线的交点 O_0 是电弧的稳定工作点，对应的弧长为 l_0。

焊接过程中，如果某种外界干扰使电弧长度从 l_0 变化到 l_1，则电弧工作点从 O_0 点变到 O_1 点。由于弧焊电源是垂降外特性，因此焊接电流不变。但是电弧变长后，焊丝的熔化系数变小，因此，使焊丝的熔

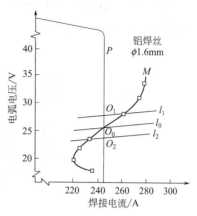

图 7-6　亚射流过渡电弧固有自身调节

化速度减小。此时，焊丝的熔化速度小于送丝速度，因此电弧要逐渐变短，使工作点 O_1 回到 O_0 点，电弧又在 O_0 点稳定燃烧。反之，当外界干扰使弧长突然从 l_0 变到 l_2 时，同样可以很快恢复到 l_0。

亚射流过渡电弧固有的自身调节作用与电弧自身调节作用相比，其相同处是都是利用焊丝熔化速度作调节量来保持焊接弧长的稳定；不同之处是电弧自身调节系统是依靠焊接电流的改变来影响焊丝的熔化速度的，而电弧固有的自身调节系统是依靠焊丝熔化系数的改变来影响焊丝的熔化速度的。

（4）焊接电流和电弧电压的调节方法

利用电弧固有自调节系统来调节焊接电流、电弧电压时有其自己的特点。对于电弧固有

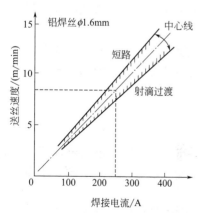

图 7-7　电弧固有自调节系统
焊接规范调节区间

自调节系统，从理论上讲，焊接电流应通过改变电源输出的外特性曲线来调节，电弧电压应通过改变送丝速度来调节，而且调节后弧焊电源输出的外特性曲线与等熔化特性曲线的交点最好处于亚射流过渡区间段的中心点上。但是，由图 7-7 可以看出，对于一定的焊接电流，当调节电弧电压时，最佳送丝速度范围（影线区）非常窄。送丝速度太大易导致短路，甚至出现焊丝插入熔池形成顶丝现象；送丝速度太小，易引起焊丝回烧。因此，根据不同直径焊丝的合适规范区间，设计了铝合金亚射流 MIG 焊焊机，并实现了对焊接电流和送丝速度的一元化调节，对不同直径的焊丝，通过旋钮选择规范。

（5）亚射流过渡焊接铝合金的优点

① 由于采用具有恒流特性弧焊电源进行焊接，在焊接过程中弧长发生变化时，焊接电流值基本不改变，因此焊缝熔深均匀，表面成形良好。

② 焊缝断面形状更趋于合理，可以避免射流过渡时出现的指状熔深。

③ 电弧长度短，抗环境干扰的能力增强。

④ 电弧为蝶形，所以阴极雾化区大，焊缝起皱皮及表面形成黑粉现象比射流电弧少。

7.4　熔化极氩弧焊设备

熔化极惰性气体保护焊设备主要由焊接电源、送丝机构、焊枪、控制系统、供水供气系统等部分组成，如图7-8所示。由于它与CO_2气体保护焊设备雷同，因而本节仅作简介。

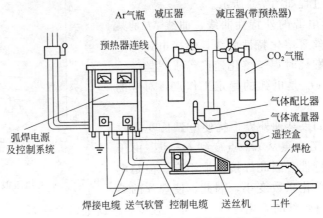

图7-8　半自动熔化极氩弧焊设备构成

7.4.1　焊接电源

为保证焊接过程稳定，减少飞溅，焊接电源均采用直流电源，且反接。半自动MIG焊时，使用细焊丝焊接，所用焊丝直径小于2.5mm；而自动MIG焊时，使用粗丝焊接，焊丝直径常大于3mm。

① 采用细丝及中等直径焊丝进行焊接，配备等速送丝机构和平特性或缓降特性电源，依靠电弧自身调节作用保持电弧长度的稳定；

② 对粗丝配备变速送丝机构和陡降特性电源，可以依靠电弧电压反馈稳定电弧长度，但使用的较少；

③ 对铝及铝合金的焊接，还可以采取等速送丝配备恒流特性电源的方式，依据电弧固有的自身调节稳定电弧长度。熔化极脉冲氩弧焊需要配备脉冲焊接电源，具备脉冲参数的调节功能。

7.4.2　送丝系统

送丝系统直接影响焊接过程的稳定性。送丝系统一般由送丝机构（包括电动机、减速器、矫直轮、送丝轮、压紧轮）、送丝软管、焊丝盘等组成。根据送丝方式不同，半自动焊送丝系统有三种基本送丝方式：

① 推丝式　主要用于直径为0.8~2.0mm的焊丝，是应用最广的一种送丝方式，如图7-9(a)所示。其特点是焊枪结构简单轻便；操作与维修方便。但焊丝进入焊枪前要经过一较长的送丝软管，阻力较大。而且随着软管长度加长，送丝稳定性也将变差。所以送丝软管不能太长，一般为2~5m。

② 拉丝式　主要用于直径小于或等于0.8mm的细焊丝，因为细焊丝刚性小，难以推丝。它又分为两种形式：一种是将焊丝盘和焊枪分开，两者用送丝软管联系起来，如图7-9(b)所示；另一种是将焊丝盘直接装在焊枪上，如图7-9(c)所示。后者由于去掉了送丝软

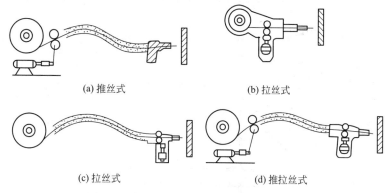

(a) 推丝式   (b) 拉丝式

(c) 拉丝式   (d) 推拉丝式

图 7-9　熔化极半自动焊机送丝方式示意图

管，因此增加了送丝稳定性，但增加了焊枪重量。

③ 推拉丝式　此方式把上述两种方式结合起来，克服了使用推丝式焊枪操作范围小的缺点，送丝软管可加长到 15m 左右。如图 7-9(d) 所示。推丝电动机是主要的送丝动力，而拉丝机只是将焊丝拉直，以减小推丝阻力。推力和拉力必须很好地配合，通常拉丝速度应稍快于推丝速度。这种方式虽有一些优点，但由于结构复杂，调整麻烦，同时焊枪较重，因此实际应用不多。

用细焊丝焊接铝及其合金时，采用拉丝式和推拉丝式最好。对铝及铝合金等有色金属的焊接，由于焊丝材质较软，对送丝机需要有特殊考虑。可采用双主动轮驱动送丝机构，以增加驱动力满足软质焊丝送丝要求。

7.4.3　送丝系统焊丝送丝的驱动方式

（1）平面式送丝机构

平面式送丝机构结构简单，使用与维修方便，自熔化极半自动焊机问世一直到现在都广泛被采用。其不足之处是送丝滚轮和焊丝间接触面积较小，工作前要仔细调节压紧轮的压力。若压紧力过小，则滚轮与焊丝间的摩擦力亦小，送丝阻力稍有增大，滚轮与焊丝间便打滑，致使送丝不均匀；若压紧力过大，则又将在焊丝表面产生很深的压痕或使焊丝变形。这种状态焊丝进入导电嘴后将产生很大的送丝阻力，并且会加速导电嘴内壁的磨损。如图 7-10 所示为一种平面式推丝式送丝机。

（2）行星式送丝机构

行星式送丝机构是 20 世纪 70 年代以后，在生

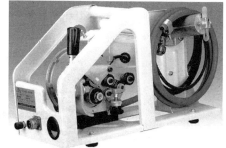

图 7-10　平面式推丝式送丝机

产上得到应用的一种新型送丝机构。这种送丝机构是利用"轴向固定的旋转螺母能轴向推送螺杆"的原理设计而成的，见图 7-11。三个互为 120°的滚轮交叉地装置在一块底座上，组成一个相当于螺母的驱动盘，通过三个滚轮中间的焊丝则相当于螺杆。由一个主轴是空心的小型电动机带动驱动盘。在电动机的一端或两端装上驱动盘后，便组成一个行星送丝机构。驱动盘上的三个滚轮与焊丝之间预先调定一个螺旋角，送丝机构工作时，电动机的主轴带动驱动盘旋转，焊丝从一端的驱动盘进入，通过电动机中空轴后，从另一端的驱动盘送出，三个滚轮即向焊丝施加一个轴向的推力，将焊丝往前推送。在送丝过程中，三个滚轮一方面围

绕焊丝公转，一方面又绕着自己的轴作自转。调节电动机的转速即可调节焊丝的送进速度。

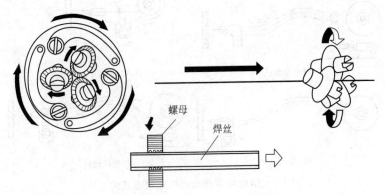

图 7-11　行星式送丝机构工作原理图

行星式送丝机构具有以下优点：

① 适合于输送药芯焊丝（$\phi 1.6 \sim 2.8$mm）及小直径铝丝（$\phi 0.8 \sim 1.2$mm）和钢焊丝。行星式送丝机构的送丝滚轮是围绕焊丝外周旋转的，作用于焊丝的压力均匀地分配在焊丝外周上，所以输送软质焊丝时不会使焊丝变形和造成很深的压痕。

② 可以将几个行星送丝机构单元多级串联，组成线式送丝系统，增加送丝距离并配合使用大型焊丝盘，节省更换焊丝盘的停工时间并降低焊丝的包装费用。

③ 行星式送丝机构不需要减速齿轮箱，因而体积小、重量轻。

（3）双曲面滚轮行星式送丝机构

双曲面滚轮行星式送丝机构也是当今应用较广泛的一种新型送丝机构。它是采用送丝滚轮的工作面为双曲面的两只滚轮驱动焊丝。滚轮相对于焊丝的位置及滚轮驱动焊丝的原理见图 7-12。送丝轮 1 和 2 一面绕焊丝公转，一面自转，公转一周焊丝被送进一个螺距 S；S 的大小由送丝轮和焊丝间的夹角 α 决定。由于滚轮的工作面是双曲面，因而和焊丝间的接触面积较大，送丝滚轮便可传递很大的轴向推力而不损伤焊丝表面。当两个这种送丝机构组成推拉式送丝系统时，其送丝距离可长达 $16 \sim 30$m。

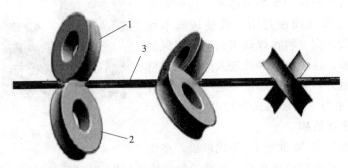

图 7-12　双曲面滚行星式送丝机构原理图
1,2—送丝轮；3—焊丝

双曲面滚轮行星送丝机构由一个空心轴电动机和一个行星装置组成，不需要减速器，也不需要焊丝矫直机构（送丝过程中送丝机构同时对焊丝有矫直作用），因而体积小、重量轻。

（4）焊枪

焊枪分为半自动焊枪和自动焊枪，有气冷和水冷两种形式。对于半自动焊枪，当焊接电流小于150A时，使用气冷式焊枪；当焊接电流大于150A时，则使用水冷式焊枪。自动焊枪大多采用水冷。

（5）控制系统

控制系统的主要作用为：引弧前预先送气，焊接停止时，延迟停气；送丝控制和速度调节包括焊丝的送进、回抽和停止，均匀调节送丝速度；控制主回路的通断，引弧时可以在送丝开始以前或同时接通电源，焊接停止时应采用先停丝后断电的返烧控制法，既可填满弧坑，又避免粘丝。

（6）供气、供水系统

供气系统主要由氩气瓶、减压阀、流量计及电磁气阀等组成。供水系统主要用来冷却焊枪，防止焊枪烧损。

7.5 熔化极脉冲氩弧焊

通常情况下的MIG焊多是以熔滴喷射过渡为主要焊接形式，焊接电流必须大于喷射过渡临界电流值，才能实现稳定的焊接。如果焊接电流小于喷射过渡临界电流，则只能出现大滴过渡或短路过渡。大滴过渡的过程稳定性差，不能进行仰焊、立焊等空间位置焊缝的焊接，而短路过渡也有规范区间窄等问题，应用得较少。为了对薄板、空间位置焊缝及热敏感性材料进行有效焊接，发展了熔化极脉冲氩弧焊，简称脉冲MIG焊，利用周期性变化的脉冲电流进行焊接，其主要目的是控制熔滴过渡和焊接热输入。

7.5.1 熔化极脉冲氩弧焊工艺特点

（1）脉冲MIG焊扩大了电流的使用范围

脉冲MIG焊通过脉冲参数的配合，可以在较大范围内选择脉冲电流，在保证脉冲电流高于临界脉冲电流的情况下即可以在较小平均电流（小于连续焊接时的临界电流）下实现稳定的喷射过渡。这样既可以焊接厚板，也可以焊接薄板，而薄板焊接时的母材熔透情况比短路过渡焊接好，且生产率高、焊接变形小于TIG焊。更有意义的是可以使用较粗的焊丝来焊接薄板，这给焊接工艺带来很大方便：首先粗丝送丝相对更为容易，对软质焊丝（铝、铜等）最为有利；其次，粗丝的挺直性好，焊丝指向不易偏摆，容易保持在焊缝中心线上；此外，粗丝的售价比细丝低，可降低焊接成本，并且比表面积小，可使产生气孔的倾向性降低。

（2）可有效控制熔滴过渡和熔池尺寸，有利于全位置焊接

在平焊位置通过脉冲参数的调整，使熔滴过渡按照所希望的方式进行。进行空间位置焊缝焊接时，由于脉冲电流大，使熔滴过渡具有更强的方向性，因此有利于熔滴沿电弧轴线顺利过渡到熔池中。由于脉冲平均电流小，所形成的熔池体积也会小一些，再加上脉冲加热和熔滴过渡是间断性发生的，因此熔池金属即使处于立焊位置也不至于流淌，保持了熔池状态的稳定性。

（3）可有效地控制热输入量，改善接头性能

对于热敏感性较大的材料，通过平均电流调节对母材的热输入或焊接线能量，使焊缝金属和热影响区的过热现象降低，从而使接头具有良好的品质，裂纹倾向性降低。此外，脉冲作用方式可以防止熔池出现单向性结晶，也能够提高焊缝性能。

7.5.2 脉冲 MIG 焊参数选择

根据脉冲电流各参数数值的不同,脉冲焊熔滴过渡将产生如下三种过渡形式:

(1) 多个脉冲过渡一滴

该现象是经过了多个脉冲的作用才过渡了一个熔滴。条件是脉冲峰值电流 I_p 或者脉冲持续时间 T_p 很小,其中 I_p 值有可能低于喷射过渡临界电流值。

(2) 一个脉冲过渡一滴

该现象是在一个脉冲期间只过渡了一个熔滴。条件是脉冲峰值电流 I_p 或者脉冲持续时间大于上一种情况。

(3) 一个脉冲过渡多滴

该现象是在一个脉冲期间,过渡了一个以上的熔滴。条件是脉冲峰值电流 I_p 较大,或或者脉冲持续时间 T_p 较长。

在实际焊接中,脉冲 MIG 焊希望达到一个脉冲过渡一滴或几滴(2、3 滴)。这样便于实现稳定的焊接,能够控制过渡金属量和焊缝成形。

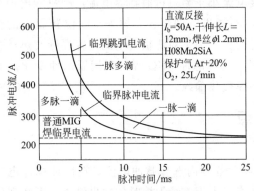

图 7-13　脉冲 MIG/MAG 焊熔滴过渡范围区间

脉冲 MIG 焊焊接参数主要参数有:基值电流 I_b、脉冲电流 I_p、脉冲宽度 T_p、基值时间 T_b。波形中的其他参数有:平均电流 I_A、脉冲频率 f、脉宽比 K 等。

正确选择上述参数,不仅可以实现稳定的熔滴过渡,而且可以控制焊接热输入及控制焊缝成形。

对于熔滴过渡,在平均电流值一定的情况下,有如图 7-13 所示的三种规范区间,其中"一脉一滴"区间随脉冲宽度的增加而逐渐缩小。要获得一个脉冲过渡一滴或几滴(2、3 滴)的状态,需要把规范选择在"一脉一滴"或稍高些的区间范围内。脉冲各参数的作用与影响如下:

(1) 基值电流 I_b 和基值时间 T_b

其用于维持电弧稳定燃烧,同时对预热焊丝和母材提高一定的能量,使焊丝端头有少量的熔化。此外也是调节平均电流和焊接热输入的重要参数。但是基值参数不宜过大,否则脉冲焊特点就不明显,甚至在基值期间就出现熔滴过渡,将使过渡过程紊乱。

(2) 脉冲电流 I_p 和脉冲宽度 T_p

其是决定脉冲能量的重要因素。为使熔滴呈喷射过渡,脉冲电流值必须大于临界脉冲电流值,脉冲宽度必须使脉冲电流处于临界脉冲电流之上,并避免"一脉多滴"情况的出现。正常情况下,采用脉冲 MIG 焊的主要目的是控制熔滴过渡(脉冲 TIG 焊的主要目的是控制焊缝成形),然而通过叠加脉冲,可以使电弧力增加而增大熔深。脉冲电流增加后,母材熔深显著增加,而由于平均电流一定,母材熔化断面积几乎不变。因此可以通过调节脉冲电流来获得所需要的熔深。

(3) 平均电流 I

脉冲 MIG 焊的一个主要特征就是在平均电流低于临界电流下可以实现熔滴喷射过渡。而平均电流是决定对母材热输入量的重要指标,应根据焊件厚度、焊缝空间位置、焊接材质等进行选取。

（4）脉冲频率 f 和脉宽比 K

普通的脉冲 MIG 焊电源是通过可控硅整流控制获得脉冲电流的，脉冲频率等于电源频率（50/60Hz）或倍频数值（100/120Hz）。然而即使是这样的电源，对于铝、铜、不锈钢等几乎所有的材料都可以较好地实现熔滴喷射过渡。

在等速送丝情况下，一般希望熔滴过渡频率为 30～100 滴/s，过渡频率过高需要有很高的脉冲电流配合，工艺上没有必要；过渡频率过低，由于规范区间窄，因此使熔滴过渡的规律性受影响。一般典型的选择是：50Hz 用于焊钢，100Hz 用于焊铝。对于脉冲频率连续可调的电源，也应在上述规范附近选择焊接参数。

脉宽比 K（$=T_p/T_b$）反映了脉冲焊的强弱，一般在 50% 附近选取。

根据以上讲述，对脉冲 MIG 焊的工艺特点可归纳出如下几项：

在电流波形中，I_b 为基值电流，I_p 为周期性叠加的脉冲电流峰值。由于基值电流 I_b 小于临界电流，因此 I_b 期间只产生焊丝前端的加热熔化，而不产生熔滴的脱落。但脉冲电流 I_p 大于临界电流，在脉冲电流期间，电磁拘束力增大，使熔滴产生强制过渡。事实上焊接平均电流低于喷射过渡临界电流，用较小的焊接电流（平均电流）即可实现熔滴喷射过渡。

7.5.3 脉冲 MIG/MAG 焊的弧长调节作用

脉冲 MIG/MAG 焊的弧长调节方法现有两种方法：一种为 I/I 模式下的调节方法；另一种为 U/I 模式下的调节方法。

（1）I/I 模式下的弧长调节作用

电源的电弧自身调节作用是依靠电流的变化（也就是熔化速度的变化）调节弧长。而在脉冲 MIG/MAG 焊时，弧长的变化都不能直接影响电流的大小。因为这时脉冲电流与基值电流都是恒流源供电，它不受弧长影响，所以如果仍采用恒流特性电源将失去弧长调节作用。基于上述原因，这里检测大致与可见弧长的变化成比例的电弧电压，令它与基准电压比较后，控制脉冲频率。这样就实现了基于电弧电压反馈的焊接电流控制法，如图 7-14 所示，即 PFM（脉频调制）方式。

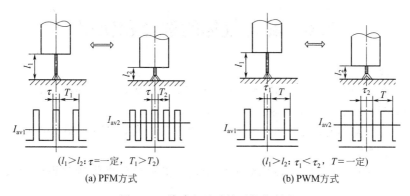

(a) PFM方式　　　　　　　　　　　(b) PWM方式

（$l_1 > l_2$：τ=一定，$T_1 > T_2$）　　　　（$l_1 > l_2$：$\tau_1 < \tau_2$，T=一定）

图 7-14　脉冲电弧时的弧长控制法

PFM 方式控制法已有产品，其基本电路框图如图 7-15 所示。这时回路电感较小，由于采用了大功率开关器件如大功率晶体管或 IGBT 管等，因此利用斩波控制方式或逆变控制方式来实现。

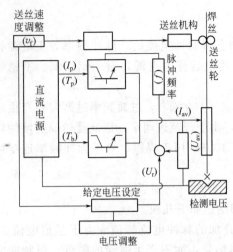

送丝速度调整 (v_f)

送丝机构　焊丝　送丝轮

直流电源

(I_p)
(T_p)

脉冲频率 (S)

(I_{av})

(T_b)

(U_{av})

(U_r)

给定电压设定　检测电压

电压调整

图 7-15　PFM 方式控制的弧长调节作用原理

如图 7-15 所示将电弧电压反馈信号与电弧的基准电压相比较，输出频率为 f 的信号，使脉冲晶体管输出单元脉冲（I_p 与 T_p 一定），基值电流时间（$T_b = T - T_p$）内保持较小基值电流 I_b。同时，焊丝送丝速度信号一方面控制送丝速度，一方面还作为基准电压的设定信号。这样就实现了送丝速度（v_f）电弧电压的协同控制。总之，在送丝速度 v_f 一定时，当弧长变化时，通过采样电弧电压而改变脉冲频率，同时也改变了焊接电流平均值和焊丝熔化速度 v_m，实现了 PFM 控制的弧长调节作用。

(2) U/I 模式下的弧长调节作用

近年来，脉冲 MIG/MAG 焊一般都采用 I/I 控制模式，也就是脉冲电流与基值电流均为恒流控制。如前所述，I/I 控制模式中，I_p 与 T_p 都是恒定值，这就保证了一脉一滴。当弧长发生变化时，利用压频转换法，通过调节频率 f 来调节平均电流 I_{av} 和焊丝熔化速度 v_m，达到与等速送丝 v_f 相平衡，同时脉冲频率 f 也恢复原有数值。

可是有些焊接工艺需要恒频控制，如双丝 MAG 焊时，要前、后两根焊丝同频率，以便实现交替导通。这时，如果任何一根焊丝的弧长发生变化，怎样进行调节呢？显然用上述变频调节方式是不可能的，于是又想到电源的电弧自身调节作用。当弧长发生变化时，自动引起电流 I_{av} 变化和焊丝熔化速度 v_m 变化，达到与等速送丝速度 v_f 相平衡。在脉冲 MIG 焊时，对焊丝熔化起主要作用的是脉冲电流 I_p。如果脉冲时采用恒压源，则当弧长变化时，脉冲电流 I_p 必然发生变化，这就达到了弧长调节的作用。

但是当脉冲电流 I_p 因弧长变化而变化时，还必须保证熔滴过渡为一脉一滴，也就是应满足 $I_p^n T_p = C$ 的关系式，当脉冲时间 T_p 选在较小值（$T_p \approx 2ms$），这时允许 I_p 值在较长范围内变化均能获得一个脉冲过渡一个熔滴。这样一来，就能在 U/I 模式下实现一脉一滴了。

7.6　混合气体的选择和使用

(1) Ar＋He

He 气也是惰性气体，但它的热导率大，和 Ar 气相比，在相同的电弧长度下，电弧电压较高，电弧温度也比 Ar 弧高得多。

钨极氦弧焊的焊接速度几乎可两倍于钨极氩弧焊，所以 He 气最大的优点是电弧温度高，母材热输入量大。

Ar 气的优点是在 Ar 气中电弧燃烧非常稳定，进行熔化极焊接时焊丝金属容易呈轴向射流过渡，飞溅极小。

以 Ar 气为基体，加入一定数量的 He 可获得两者所具有的优点。

焊接大厚度铝及铝合金时，采用 Ar＋He 混合气体可改善焊缝熔深、减少气孔和提高焊接生产率。He 的加入量视板厚而定，板越厚加入的 He 应越多。板厚为 10～20mm 时应加入 50％的 He，板厚大于 20mm 后则应加入 75％～90％的 He。图 7-16 示出 Ar、Ar＋He、

He 三种保护气的焊缝断面形状。

焊接铜及铜合金时，采用 Ar＋He 混合气最显著的好处是可改善焊缝金属的润湿性，提高焊缝质量，He 占的比例一般为 50％～75％。

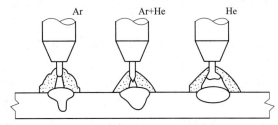

图 7-16　Ar、Ar＋He、He 三种不同保护气体下的焊缝断面形状（直流反接）

对于钛、锆等金属的焊接，用这种混合气也是为了改善熔深和焊缝金属的润湿性，这时 Ar 与 He 的比例通常为 75/25，这种比例对脉冲电弧、短路电弧、射流电弧都是适用的。

焊接镍基合金时，也常常采用 Ar＋He 混合气，焊缝金属的润湿性及熔深比使用纯 Ar 好，加入的 He 为 15％～20％。

（2）Ar＋H₂

利用 Ar＋H₂ 混合气体的还原性，可用于焊接镍及其合金，可以抑制和消除焊缝中的 CO 气孔，但 H₂ 含量必须低于 6％，否则会导致产生 H₂ 气孔。

（3）Ar＋N₂

Ar 中加入 N₂ 后，电弧的温度比纯 Ar 时高，主要用于焊接铜及铜合金（从冶金性质上讲，通常氮弧焊只在焊接脱氧铜时使用），其混合比 Ar/N₂ 为 80/20。这种气体与 Ar＋He 混合气比较，优点是 N₂ 的来源多，价格便宜；缺点是焊接时有飞溅，焊缝表面较粗糙，焊缝外观不如 Ar＋He 混合气好。由于 N₂ 的存在，因此焊接中还伴有烟雾。此外，在焊接奥氏体不锈钢时，在 Ar 中加入少量的 N₂（1％～4％），对提高电弧的挺直性以及改善焊缝成形有一定的效果。

（4）Ar＋O₂

Ar＋O₂ 混合气分两种类型：一种含 O₂ 量较低，为 1％～5％，用于焊接不锈钢等高合金钢及级别较高的高强钢；另一种含 O₂ 量较高，可达 20％，用于焊接低碳钢及低合金结构钢。用纯 Ar 焊接不锈钢时（包括焊接低碳钢及低合金钢），存在下面的问题：

① 液体金属的黏度及表面张力大，易产生气孔。焊缝金属的润湿性差，焊缝两侧容易形成咬边等缺陷。

② 电弧阴极斑点不稳定，产生阴极斑点漂移现象。电弧根部的不稳定，会引起焊缝熔深和焊缝成形的不规则。

由于上述原因，熔化极焊接时，用纯 Ar 保护焊接不锈钢等金属是不合适的，通常要在 Ar 中加入一定量的 O₂，使上述问题得到改善。

实践证明，加入 1％的 O₂ 到 Ar 中，阴极斑点漂移现象便可克服。另外，加入 O₂ 后有利于金属熔滴的细化，降低了射流过渡的临界电流值。

用 Ar＋O₂ 混合气焊接不锈钢，经焊缝抗腐蚀试验证明：Ar 中加入微量的 O₂，对接头的抗腐蚀性能无显著影响；当 O₂ 量超过 2％时，焊缝表面氧化严重，接头质量下降。

如果将混合气中的 O₂ 含量增加到 20％，则这种强氧化气体可以用来焊接碳素钢及低合金结构钢。Ar＋20％O₂ 混合气焊接除有较高的生产率外，抗气孔性能比加 20％CO₂ 及纯 CO₂ 都好，焊缝韧性也有所提高。这是因为焊缝金属的冲击韧性不取决于保护气的氧化性，而取决于焊缝金属中的含氧量。在保护气中加入适量的 O₂（比如 5％～10％），虽然气体的

第 7 章　熔化极氩弧焊

氧化性提高，但焊缝金属中的含氧量和夹杂物却有所减少，故焊缝金属的冲击韧性有所提高。

用 Ar+20％O_2 混合气进行高强钢的窄间隙垂直焊（立焊），可减小焊缝金属产生树枝状晶间裂纹的倾向。钢中含有一定量的氧时，能使硫化物变为球状或呈弥散分布。该混合气有较强的氧化性，应配用含 Mn、Si 等脱氧元素较高的焊丝。

用纯 Ar 作保护气还有另外一个问题，就是焊缝形状为蘑菇形（亦称"指形"）。纯 Ar 保护射流过渡焊接时，蘑菇形熔深最为典型，这种熔深无论是焊接哪种金属都是不希望得到的。在 Ar 中加入 20％CO_2 后，熔深形状得到改善。

（5）Ar+CO_2

Ar+CO_2 混合气被广泛用于焊接碳钢和低合金钢。它既具有 Ar 气的优点，如电弧稳定、飞溅少、容易获得轴向射流过渡等，又因为具有氧化性，所以克服了纯 Ar 气焊接时的阴极斑点漂移现象及焊缝成形不良等问题。

Ar 与 CO_2 的比例，通常为（70～80）/（30～20）。这种比例既可用于喷射过渡，也可用于短路过渡和脉冲过渡焊接。但在短路过渡电弧进行垂直焊和仰焊时，Ar 和 CO_2 的比例最好为 50/50，这样有利于控制熔池。

采用 Ar+CO_2 混合气焊接碳钢和低合金钢，虽然成本较纯 CO_2 焊高，但由于焊缝金属冲击韧性好及工艺效果好，特别是飞溅比 CO_2 焊少得多，所以应用很普遍。

为防止 CO 气孔及减少飞溅，须使用含有脱氧元素的焊丝，如 H08MnSiA 等（就气体的氧化性而言，Ar 中加入 10％CO_2 的，相当于加入 1％O_2）。

另外，还可以用这种气体焊接不锈钢，但 CO_2 的比例不能超过 5％，否则焊缝金属有渗碳的可能，从而降低接头的抗腐蚀性能。

在 Ar 气中加入 CO_2 或 O_2 对焊缝金属性能的影响却不一样。随着混合气中 CO_2 含量的增加，焊缝金属冲击韧性下降。采用纯 CO_2 保护时，焊缝冲击韧性趋于最低值。

（6）Ar+CO_2+O_2

试验证明，80％Ar+15％CO_2+5％O_2 混合气对于焊接低碳钢、低合金钢是最佳的。无论是焊缝成形、接头质量，还是熔滴过渡及电弧稳定性，都非常满意。焊缝的断面形状如图 7-17 所示，熔深呈三角形，较之其他保护气获得的焊缝更为理想。

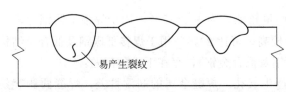

图 7-17　三种不同保护气体下的焊缝断面形状

（7）CO_2+O_2

CO_2+O_2 混合气具有下列一些特点：

① 熔敷速度快，熔深大　CO_2 中加入一定量的 O_2 后，加剧了电弧区的氧化反应。氧化反应放出的热量使焊丝熔化速率增加，熔池温度提高，熔深增大。75％CO_2+25％O_2 混合气比纯 CO_2 气体，熔池温度能提高 205～308℃。试验发现，当 O_2 的含量从 0 到 10％增加时，熔池温度上升很快，熔深也有显著增加。随后，O_2 含量继续增加时，熔池温度上升就缓慢了，而熔深几乎不增加。

CO_2+O_2 混合气焊接厚板时可以减小坡口角度。对于 10～12mm 厚的钢板，不开坡口可以一次焊透，因而是一种高效率焊接方法。

② 焊缝金属含氢量低　在焊丝具有较强脱氧能力的情况下，只要 O_2 含量控制在一定值以下，焊缝中总的含氧量不至于增高。但 O_2 的加入却降低了弧柱中的游离氢和溶入液态金

图中标注：易产生裂纹

属中的氢的浓度。据测定，CO_2+O_2 混合气焊接焊缝金属中含 H_2 量比纯 CO_2 焊低。例如，CO_2 焊焊缝含 H_2 量约为 0.07mL/100g，而 CO_2+O_2 混合气保护焊缝含 H_2 量约为 0.03mL/100g，因而 CO_2+O_2 混合气具有较强的抗氢气孔能力。

③ 能采用强规范（大电流）进行焊接 这时电弧稳定，飞溅很小，并且熔池表面覆盖有较多的熔渣，可以改善焊缝的表面成形。

CO_2+O_2 混合气中，O_2 的比例一般为 4%～30%，常用比例为 20%～25%，最多不超过 40%，否则，焊缝金属中的 O_2 含量将显著增加。

作为焊接用的 O_2，对其纯度要求较高，一般要求在 99.5% 以上，露点在 $-50℃$ 以下。

CO_2+O_2 混合气的氧化性很强，必须配用具有强脱氧能力的焊丝（提高焊丝中的 Si、Mn 含量或填加 Tl、Al 等脱氧元素）。

利用 CO_2+O_2 混合气焊接熔深大的特点，可以在焊接坡口中嵌入一定数量的焊条，将焊条和母材同时熔化，增加单位填充量，从而提高生产率，并且可以发挥焊条的熔渣保护作用，改善焊缝金属质量和焊缝表面成形。

各个国家由于气体资源不同，使用的混合气情况也不同。在美国，He 价格便宜，Ar+He 混合气应用很普遍，例如短路过渡焊接低合金钢时，也在 Ar 中加入大量的 He 气（60%～70%He+25%～35%Ar+4%～5%CO_2）。这种混合气，不仅焊缝熔透好，焊缝金属韧性也比 Ar+CO_2 混合气优良得多。在欧洲，常用 Ar+N_2 混合气焊铜。在日本，则对 CO_2+O_2 混合气研究得比较多。

还需要指出的是，保护气的电离能对弧柱电场强度及母材热输入的影响是轻微的，起主要作用的是保护气的热导率、比热容和热分解等性质。一般说来，熔化极反极性焊接时，保护气对电弧的冷却作用越大，对母材的热输入量也就越大。

7.7　MIG 焊工艺

7.7.1　熔滴过渡形式的选择

MIG 焊可采用短路过渡、射流过渡、脉冲射流过渡等熔滴过渡形式，其特点和选择方法已在第 2 章中作了介绍。

在用 MIG 焊接铝及铝合金时，如果采用射流过渡的形式，则因焊接电流大，电弧功率高，对熔池的冲击力太大，造成焊缝形状为"蘑菇"形，容易在焊缝根部产生气孔和裂纹等缺陷。同时，由于电弧长度较大，因此会降低气体的保护效果。为了解决上述问题，在焊接铝及铝合金时，常采用较小的电弧电压，其熔滴过渡是介于短路过渡和射流过渡之间的一种特殊形式，习惯上称之为亚射流过渡。图 7-18 为射流过渡和亚射流过渡的比较示意图。

亚射流过渡采用较小的电弧电压，弧长较短，当熔滴长大即将以射流过渡形式脱离焊丝端部时，即与熔池短路接触，电弧熄灭，熔滴在电磁力及表面张力的作用下产生缩颈断开，电弧复燃完成熔滴过渡。亚射流过渡的特点是：

① 短路时间很短，短路电流对熔池的冲击力很小，过程稳定，焊缝成形美观。

② 焊接时，焊丝的熔化系数随电弧的缩短而增大，从而使亚射流过渡可采用等速送丝配以恒流外特件电源进行焊接，弧长因熔化系数的变化实现自身调节。

③ 由于亚射流过渡时，电弧电压、焊接电流基本保持不变，所以焊缝熔宽和熔深比较

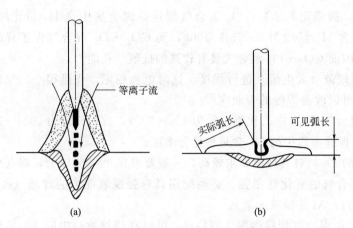

图 7-18　射流过渡和亚射流过渡的电弧形态及熔池形状比较示意图

均匀。同时，电弧下潜到熔池之中，热利用率高，加速焊丝的熔化，对熔池的底部加热也加强了，从而改善了焊缝根部熔化状态，有利于提高焊缝的质量。

④ 由于采用的弧长较短，因此可提高气体保护效果，降低焊缝产生气孔和裂纹的倾向。

7.7.2　焊接参数的选择

焊接参数主要有焊丝直径、焊接电流、电弧电压、焊接速度、保护气流量、焊丝伸出长度、喷嘴直径等。

(1) 焊丝直径

首先是根据焊件的厚度及熔滴过渡形式来选择焊丝直径。细焊丝以短路过渡为主，较粗焊丝以射流过渡为主。细焊丝主要用于焊接薄板和全位置焊接，而粗焊丝多用于厚板平焊位置。焊丝直径的选择见表 7-1。

表 7-1　焊丝直径的选择

焊丝直径/mm	熔滴过渡形式	可焊板厚/mm	焊缝位置	焊丝直径/mm	熔滴过渡形式	可焊板厚/mm	焊缝位置
0.5~0.8	短路过渡	0.4~3.2	全位置	1.6	短路过渡	3~12	全位置
	射流过渡	2.5~4	水平		射滴过渡(CO_2)	>8	水平
1.0~1.4	短路过渡	2~8	全位置	2.0~5.0	射流过渡(MAG)	>8	水平
	射滴过渡(CO_2)	2~12	水平		射滴过渡(CO_2)	>10	水平
	射流过渡(MAG)	>6	水平		射流过渡(MAG)	>10	水平

(2) 焊接电流

焊接电流是最重要的焊接参数，应根据焊件厚度、焊接位置、焊丝直径及熔滴过渡形式来选择。焊丝直径一定时，可以通过选用不同的焊接电流范围以获得不同的熔滴过渡形式，如要获得连续喷射过渡，其电流必须超过某一临界电流值。焊丝直径增大则其临界电流值也会增加。

在焊接铝及铝合金时，为获得优质的焊接接头，熔化极氩弧焊一般采用亚射流过渡，此时电弧发出"嘶嘶"声兼有熔滴短路时的"啪啪"声且电弧稳定，气体保护效果好，飞溅少，熔深大，焊缝成形美观，表面鱼鳞纹细密。

图 7-19 所示为不同熔滴过渡形式对应的焊丝直径及使用焊接电流范围。

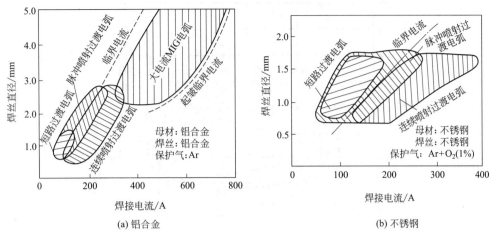

(a) 铝合金　　　　　　　　　　　　　(b) 不锈钢

图 7-19　不同熔滴过渡形式对应的焊丝直径及使用焊接电流范围

（3）电弧电压

电弧电压主要影响熔滴的过渡形式及焊缝成形，要想获得稳定的熔滴过渡，除了正确选用合适的焊接电流外，还必须选择合适的电弧电压与之相匹配。图 7-20 所示为 MIG 焊时电弧电压和焊接电流之间的关系，若超出图中所示范围，则容易产生焊接缺陷，如电弧电压过高，则可能产生气孔和飞溅；如电弧电压过低，则有可能短路。

（4）焊接速度

焊接速度和焊接电流一定要密切配合，焊接速度不能过大也不能过小，否则，很难获得满意的焊接效果。图 7-21 和图 7-22 所示为半自动熔化极氩弧焊及自动熔化极氩弧焊焊接不同位置、不同厚度铝板时，适用的焊接电流及焊接速度范围。

图 7-20　熔化极氩弧焊熔滴过渡
与焊接参数关系

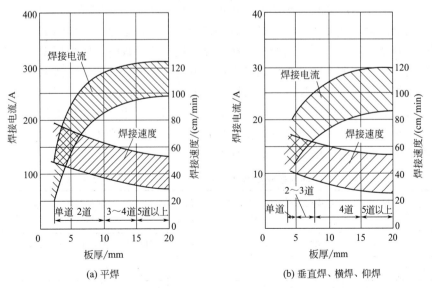

(a) 平焊　　　　　　　　　　　　(b) 垂直焊、横焊、仰焊

图 7-21　铝板半自动熔化极氩弧焊的焊接电流及焊接速度范围（对接）

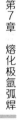

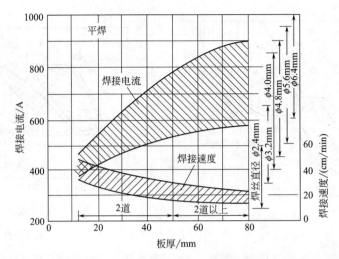

图 7-22   铝板自动熔化极氩弧焊的焊接电流及焊接速度范围（对接）

（5）焊丝位置

焊丝和焊缝的相对位置会影响焊缝成形，焊丝的相对位置有前倾、后倾和垂直三种。当焊丝处于前倾位置时形成的熔深大，焊道窄，余高也大；当处于后倾位置时形成的熔深小，余高也小；垂直位置介于两者之间。各种位置对焊缝形状和熔深的影响参见第 2 章。对于半自动熔化极氩弧焊，焊接时一般采用左焊法，便于操作者观察熔池，当倾角为 15°～20° 时熔深最大，但焊枪倾角一般不超过 25°。

（6）喷嘴直径和喷嘴端部至焊件的距离

由于熔化极氩弧焊对熔池的保护要求较高，焊接速度又高，如果保护不良，焊缝表面便起皱皮，因此喷嘴直径比钨极氩弧焊的大，为 20mm 左右；氩气流量也大，为 30～60L/min。自动熔化极氩弧焊的焊接速度一般为 25～150mm/h，半自动熔化极氩弧焊的焊接速度一般为 5～60mm/h。喷嘴端部至焊件的距离也应保持为 12～22mm。从气体保护效果方面来看，距离是越近越好，但距离过近容易使喷嘴接触到熔池表面，反而恶化焊缝成形，并且飞溅易损坏喷嘴。在环缝自动焊接时，焊丝置于逆焊件旋转的方向，而且应先焊外缝、后焊内缝，焊枪和焊件相对位置应有合适的偏移量。若偏移量过大，则熔深变小而熔宽增大；若偏反了方向，则熔深和余高增加，而熔宽变窄。在选择焊接工艺参数时，应先根据焊件厚度、坡口形状选择焊丝直径，再由熔滴过渡形式确定焊接电流，并配以合适的电弧电压，其他参数的选择应以保证焊接过程稳定及焊缝质量为原则。另外，在焊接过程中，焊前调整好的工艺参数仍需要随时进行调整．以便获得良好的焊缝成形。综上所述，各焊接工艺参数之间并不是独立的．需要相互之间配合，以获得稳定的焊接过程及良好的焊接质量。表 7-2～表 7-4 列出了不锈钢及铝合金的熔化极气体保护焊焊接工艺参数。

表 7-2   不锈钢的熔化极气体保护焊（短路过渡）焊接工艺参数

板厚 /mm	坡口形式	焊丝直径 /mm	焊接电流 /A	电弧电压 /V	送丝速度 /(m/min)	保护气体（体积分数）	气体流量 /(L/min)
1.6	I	0.8	85	21	4.5	He90%＋Ar7.5%＋CO₂2.5%	14
2.4	I	0.8	105	23	5.5	He90%＋Ar7.5%＋CO₂2.5%	14
3.2	I	0.8	125	24	7	He90%＋Ar7.5%＋CO₂2.5%	14

表 7-3 不锈钢的熔化极气体保护焊（射流过渡）的焊接工艺参数

板厚/mm	坡口形式	焊丝直径/mm	焊接电流/A	电弧电压/V	送丝速度/(m/min)	保护气体（体积分数）	气体流量/(L/min)
3.2	I（带垫板）	1.6	225	24	3.3	Ar98%＋$O_2$2%	14
6.4	Y（60°）	1.6	275	26	4.5	Ar98%＋$O_2$2%	16
9.5	Y（60°）	1.6	300	28	6	Ar98%＋$O_2$2%	16

表 7-4 铝合金喷射过渡和亚射流过渡的焊接工艺参数

板厚/mm	坡口尺寸/mm	焊道顺序	焊接位置	焊丝直径/mm	焊接电流/A	电弧电压/V	焊接速度/(cm/min)	送丝速度/(cm/min)	氩气流量/(L/min)	备注
6		1 1 2（背）	水平横 立 仰	1.6	200～250 170～190	24～27 （22～26） 23～26 （21～2）	40～50 60～70	590～770 （640～79） 500～560 （580～62）	20～24	使用垫板
8		1 2 1 2 3～4	水平横 立 仰	1.6	240～290 190～210	25～28 （23～2） 24～28 （22～2）	45～60 60～70	730～890 （750～100） 560～630 620～650	20～24	使用垫板， 仰焊时增加 焊道数
12		1 2 3（背） 1 2 3 1～8（背）	水平横 立 仰	1.6 或 2.4 1.6	230～300 190～230	25～28 （23～27） 24～28 （22～2）	40～70 30～45	700～930 （750～1000） 310～410 560～700 （620～75）	20～28 20～24	仰焊时增 加焊道数
18		4 道 4 道 10～12 道	水平横 立 仰	2.4 1.6 1.6	310～350 220～250 230～250	26～30 25～28 （23～25） 25～28 23～25	30～40 15～30 40～50	430～480 660～770 （700～790） 700～770 （720～790）	24～30	焊道数可 适当增加或 减少,正反两 面交替焊接 以减少变形
25		6～7 道 6 道约 15 道	水平横 立 仰	2.4 1.6 1.6	310～350 220～250 240～270	26～30 25～28 （23～25） 25～28 （23～26）	40～60 15～30 40～50	430～480 660～770 （700～790） 730～830 （760～860）	24～30	

注：括号内所给值均为亚射流过渡时的参数值。

7.7.3 熔化极氩弧焊焊接工艺实例

在施工现场需要进行安装焊接铝合金管子，被焊管子的材质为 6351-T4 铝合金，管子的直径为 150mm，壁厚为 5mm。由于属于全位置焊接，因此，采用自动熔化极氩弧焊方法进行现场安装焊接，如图 7-23 所示。

（1）焊接工艺装备

采用一种管内用的内撑式工具使管子对中并作为根部焊道的可卸衬垫用，该工具是利用

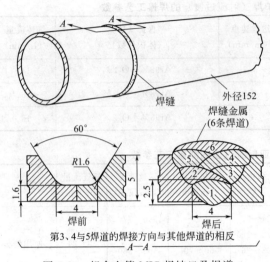

图 7-23　铝合金管 MIG 焊坡口及焊道
铝合金：6351-T4，焊丝 SAlMg-1

一个伸长的手柄，可以人工使其张开或收缩。使用这种对中工具不需要定位焊。根部焊道（图 7-23 中所示焊道 1）焊完之后，立即将对中工具收缩起来，以便用于下一个管子接头的对中。焊接时焊接机头环绕管子回转，机头上装有空冷焊枪及焊丝盘。在靠近管子的上端开始焊接，连续回转直至焊完 6 条焊道。根据焊道部位及深度调整焊枪。在焊接过程中有两次改变焊枪的回转方向，即在第 2、5 焊道焊完后反转。反转时不熄弧，以保证适当的熔深、熔合及正确的焊道成形。

（2）焊接工艺制订

① 焊前用溶剂仔细清理接头处。

② 坡口制备。采用 60°U 形坡口，钝边 1.6mm，不留间隙。熔敷 6 条焊道，共分 4 层。采用的焊丝直径为 0.9mm，焊接电流为 200A，焊接速度可达 2.54m/min，焊接生产效率是半自动焊的 2 倍。

（3）焊接工艺条件

接头形式：对接。

坡口形式：U 形。

根部间隙：0mm。

焊接电源：额定焊接电流为 300A。

夹具：胀开心轴。

焊丝：0.9mm，SAlMg-1。

保护气体：Ar，28L/min。

焊接电流：200A，直流，工件接负。

电弧电压：20～24V。

焊接速度：2.54m/min。

焊道数：6。

焊接层数：4。

7.8　高效熔化极气体保护焊

7.8.1　窄间隙 MIG 焊

窄间隙熔化极惰性气体保护焊是焊接大厚板对接焊缝的一种高效率的特种焊接技术。接头形式为对接接头，开 I 形坡口或小角度 V 形坡口，间隙范围为 6～15mm，采用单道多层或双道多层焊，可焊厚度为 30～300mm，见图 7-24。

（1）窄间隙熔化极惰性气体保护焊特点

① 窄间隙熔化极惰性气体保护焊焊接时，因接头不需开坡口，减少了填充金属量，焊后又不用清渣，故节省时间和材料，提高焊接生产率。

② 焊缝热输入较低，热影响区小，焊接应力和焊件变形都小，裂纹倾向小，焊缝力学性能高。

③ 窄间隙熔化极惰性气体保护焊可以应用于平焊、立焊、横焊及全位置焊接。

④ 窄间隙熔化极惰性气体保护焊焊接时，熔池和电弧观察比较困难，要求焊枪的位置能方便地进行调整。

（2）窄间隙熔化极惰性气体保护焊范围

窄间隙熔化极惰性气体保护焊可以焊接黑色金属和有色金属，目前主要用于焊接低碳钢、低合金高强度钢、高合金钢和铝、钛合金等。应用领域以锅炉、石油化

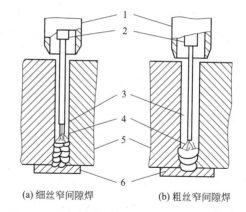

图 7-24　窄间隙熔化极惰性气体保护焊示意图
1—喷嘴；2—导电嘴；3—焊丝；4—电弧；
5—母材；6—衬垫

工行业的压力容器为最多，其次是机械制造和建筑结构，再次是管道海洋构造、造船和桥梁等。

（3）窄间隙熔化极惰性气体保护焊的焊接工艺

窄间隙熔化极惰性气体保护焊可分为两种：细丝窄间隙焊和粗丝窄间隙焊。

① 细丝窄间隙焊　细丝窄间隙焊一般采用的焊丝直径为 0.8～1.6mm，接头间隙为 6～9mm，为了提高生产率，采用双丝或三丝，每根焊丝都有独立的送丝系统、控制系统和焊接电源。焊接电源一般采用的是直流反极性法，熔深大，能够保证焊透，裂纹倾向性小。

细丝窄间隙焊由于焊丝细，必须采用导电嘴在坡口内的焊枪，且导电管要求绝缘、水冷。另外，由于接头坡口深而窄，要向坡口底部输送保护气体有困难，因此为了提高保护效果，必须采用特殊的送气装置，否则保护效果差，易产生气孔。保护气体一般采用的是混合气体，混合比例大约为 Ar 80%、CO_2 20%。

细丝窄间隙焊由于热输入低，熔池体积小，可以全位置焊接，且残余应力和焊件变形都小；采用的是多道焊，后道焊缝对前道焊缝有回火作用，而前道焊缝对后道焊缝又有预热作用，因此焊缝金属的晶粒细小均匀，焊缝的力学性能好。为了保证每一道焊层与坡口两侧均匀熔合，焊丝在坡口内应采取摆动措施。常用的摆动送丝方式见图 7-25。

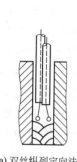  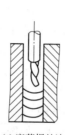 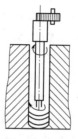 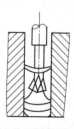

(a) 双丝纵列定向法　(b) 波状焊丝法　(c) 麻花焊丝法　(d) 偏心旋转焊丝法　(e) 导电嘴倾斜法

图 7-25　窄间隙焊接的送丝方式示意图

② 粗丝窄间隙焊　粗丝窄间隙焊一般采用焊丝直径为 2～4.8mm，接头间隙为 10～

15mm，焊丝可以用单丝也可用多丝。焊接电源一般采用直流正极性，熔滴细小且过渡平稳，飞溅小，焊缝成形系数大，裂纹倾向性小；若用反极性，则熔深大，焊缝成形系数小，容易产生裂纹。

粗丝窄间隙焊接时，导电嘴可不伸入间隙内，为了保证焊丝的伸出长度不变，导电嘴应随着焊缝的上升而提高，但喷嘴应始终保持在坡口的上表面，保证获得良好的气体保护效果，否则，保护效果差，易产生缺陷。

粗丝窄间隙焊接时，因导电嘴在坡口表面，焊丝的伸出长度较长，焊接规范参数也较大，故热输入大，焊接生产率高。由于受焊丝的伸出长度的限制，所焊焊件厚度小于150mm，因此只适合于平焊位置的焊缝。

7.8.2 双丝 MIG/MAG 焊

(1) 双丝焊的工作原理

双丝气体保护焊是由普通单丝 MAG 焊发展而来的。这时采用两根焊丝作为电极，同时作为填充金属。它们在同一保护气体环境下，由两个独立的相互绝缘的导电嘴送出后与工件之间形成两个电弧，并形成同一熔池。如图 7-26 所示。每个电极都能独立地调节熔滴过渡和弧长，这样就可以在高速焊下实现良好的焊接工艺和优质的焊接质量。

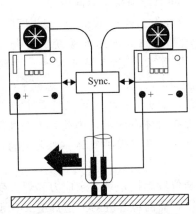

图 7-26　TANDEM 焊原理图
（两个导电嘴相互绝缘）

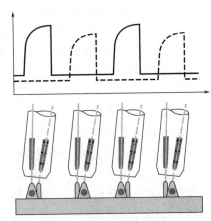

图 7-27　TANDEM 焊两台焊机的
焊接波形相位关系

TANDEM 焊由两个脉冲电源供电，形成两个电弧，由于都使用直流反接法，为了避免同向电弧相互吸引，而破坏电弧的稳定性，因此两个脉冲电源电流相位相差 180°，在两个电源之间附加一个协同装置，得到如图 7-27 所示的脉冲电流波形。这样，两个电源的参数调节互不影响，可以连续大范围调整。脉冲焊过程中双丝形成同一个熔池的方法不同于以往的单丝焊的特点。双丝焊改变了电弧的加热特点，按前后串联排列的两电弧，获得了椭圆状的熔池，由于两根焊丝交替燃弧对熔池进行搅拌作用，使得熔池的温度分布更均匀，从而有效地抑制了咬边的产生。这对高速焊丝十分必要。双丝焊的另一个特征是为了形成一个熔池，两根焊丝的距离为 5～7mm。由于焊丝距离很近，因此为防止干扰和确保电弧稳定，还应保证相位差 180°。这时两个电弧交替导通，如图 7-27 所示。

(2) 焊接工艺特点

① 焊接速度快，生产率高。双丝焊改变了熔池热量的分布特点，并保持较短的电弧，有利于实现高速焊，无论是 MIG 焊铝还是 MAG 焊钢，双丝焊均比单丝焊的焊速快得多，

快 1～2 倍。双丝焊不但焊接速度高，而且焊丝的熔敷速度也有很大提高，如图 7-28 所示。

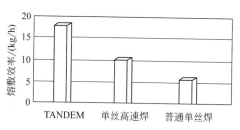

图 7-28　单丝焊和双丝焊熔敷效率比较

② 焊接线能量低。虽然双丝焊总的电弧功率较高，但是由于焊速提高更大，因此总的线能量还是很低了。所以减小了焊接变形和提高了焊接接头的性能。

③ 抑制焊接缺陷的产生。由于双丝焊的特点，使得在高速焊时不产生咬边缺陷。在双丝焊时两根焊丝均为射滴过渡形式，所以几乎没有飞溅，焊接过程十分稳定，焊缝成形好，熔滴温度较低，合金元素烧损少，因此特别适合于焊接铝和铝合金、铝镁合金等。

④ 因为焊接速度快，不宜采用手工操作，所以一般都是机器人焊和自动焊，同时对焊缝跟踪和焊前准备要求很高。

（3）焊接设备组成

双丝焊接设备由两台脉冲焊接电源组成，两个电源分为主电源和从电源，二者通过协同控制设备连接。负载持续率为 100%。总电流为 900A 左右（每台电源均为 TPS-500）；两台四轮驱动机构送丝机，送丝速度达到 30m/min。焊铝时推荐使用双丝推拉丝机构，送丝速度只有 22m/min，由一个协同器和一把双丝焊枪组成，如图 7-29 所示。

双丝焊专用焊枪如图 7-30 所示。焊枪结构紧凑，并配有一个大功率的双循环水冷系统，使导电嘴与喷嘴同时得到冷却。导电嘴间的距离为 5～7mm。

（4）双丝焊的应用

双丝焊主要应用在汽车及零部件制造业、造船、机车车辆制造、机械工程、压力容器制造和发电设备等行业，可对碳钢、低合金钢、不锈钢、铬合金等各种金属材料进行焊接，适用于搭接焊缝、平角焊缝、船形焊缝和对接焊缝等各种接头形式。图 7-31 所示为双丝焊应用实例。

图 7-29　双丝焊电源

图 7-30　双丝焊专用焊枪

汽车轮毂

锅炉

图 7-31　双丝焊的应用实例

7.8.3 T. I. M. E. 焊接工艺

T. I. M. E. (Transferred Ionized Molten Energy) 焊接工艺是 1980 年加拿大 J. Church 首先提出的。T. I. M. E. 焊接工艺，是在传统 MAG 焊工艺基础上，通过增大焊接电流（700A）、提高送丝速度（50m/min）、加大焊丝伸出长度（20～35mm）、用特殊的 T. I. M. E. 气体（65%Ar，26.5%He，8%CO_2，0.5%O_2）进行保护，实现高速焊接下的高熔敷率（30kg/h）的。T. I. M. E. 工艺中，增加焊丝伸出长度可以增加焊丝电阻热，提高熔敷率。四元保护气体中，He 具有高电离能，可提高弧压和电弧能量；Ar 的电离能较低，可保证电弧燃烧稳定，维弧容易；CO_2 分解成 CO 和自由氧，使电弧冷却，促使弧压增高；O_2 的存在有利于电弧的稳定，同时能够降低熔池的表面张力，改善润湿性。各种保护气体综合作用的结果，能够增加电弧电压，提高射流过渡临界电流值，以便在大电流下得到稳定的熔滴过渡方式，同时还能保证焊缝成形良好。

(1) T. I. M. E 焊工艺的优点

从 T. I. M. E 焊工艺的发展和应用情况来看，T. I. M. E 焊具有如下优点：

① 熔敷率　在连续大电流区间能够获得稳定的熔滴过渡，突破了焊接电流"瓶颈"限制。在平焊位置，焊丝熔敷率可达到 160g/min 以上。即使在非平焊位置施焊，熔敷率也可达到 80g/min。

② 良好的焊接质量　首先，采用 T. I. M. E 气体能够获得稳定的旋转射流过渡，几乎无飞溅，保证侧壁熔合和盆底状熔深。其次，He 气提高了电弧输入功率，提高了电弧的电离度和温度，因此改善了焊缝金属的流动性，降低了咬边缺陷发生的概率，焊缝金属表面平滑美观。再次，T. I. M. E 气体具有一定的氧化性，降低了焊接金属的含氢量，提高了焊接接头的低温韧性和抗冷裂缝的能力及降低气孔率。同时，降低了焊缝金属的 S、P 含量，所以改善了焊接接头的力学性能。

③ 扩大了使用范围　T. I. M. E 焊工艺覆盖了短路过渡、射流过渡和旋转射流过渡三种熔滴过渡形式，在射流过渡状态，熔滴沿焊丝轴线稳定地过渡到熔池中，不受重力影响，可以进行全位置焊接。其既可以焊接薄件和厚件等不同厚度的工件，又可以完成各种空间位置的焊接和全位置焊，以及各种材料的焊接。

④ 低成本　采用 1.2mm 直径焊丝时，传统 MAG 焊焊丝伸出长度为 10～15mm，许用最大电流为 400A；而 T. I. M. E 焊可以在很大的焊丝伸出长度（20～35mm）的情况下使用较大的焊接电流（700A），获得较大的焊接熔敷率。而且对于相同板厚的工件，可以减小坡口角度，降低熔敷金属量，在相同的送丝速度下，可以焊接更长的焊缝，不但降低了生产成本，提高了焊接生产率，而且缩短了焊接工人工作时间，从而降低劳动力成本。同时，尽管四元保护气体价格昂贵，但其卓越性能所带来的利润足以补偿其自身增加的成本。因此，T. I. M. E. 焊工艺从多角度、全方位降低了焊接生产成本，提高了焊接生产率，给予焊接产品以很强的市场竞争力。

(2) T. I. M. E. 焊工艺应用范围

T. I. M. E. 焊工艺在许多领域得到了成功的应用，如造船业、钢结构工程、汽车制造业、机械工程、罐结构及坦克装甲板和潜艇壳体等的焊接，特别适用于大厚板窄间隙焊及薄板的高速焊接。T. I. M. E 焊可用于多种材料的焊接，如低碳钢、低合金钢、细晶粒结构钢、高温耐热钢、低温钢、特高温耐热材料（13CrMo44）、特种钢（装甲板）和高屈服强度钢（HY80）等。

7.8.4　数字化焊接

数字化焊接采用的数字化焊机是将传统逆变焊机的模拟控制（即影响焊机品质的主要部分）改为数字化控制（DSP）。通过这种方法来实现以软件形式为基础的特性代替硬件形式的特性，这样所有有关电弧的要求都可以用数字化的形式由焊机提供。其可以在体积和重量方面比目前仍有少量使用的模拟控制设备进一步缩小，因为其功能可以用数字信号处理得到。软件化的优点是任何程序的执行或修改可以立即实现，例如可以实现机动性很高的焊机软件升级。如图 7-32 所示，用户可以通过笔记本电脑从远程无线下载焊机的控制软件对系统进行升级，而无需改变系统的硬件结构。

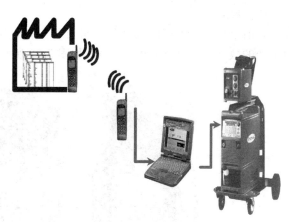

图 7-32　数字化焊机在无线控制下对软件系统升级

（1）数字化焊机的组成

全数字化焊机可以分为功率和控制两部分。功率部分，三相 380V 交流电经过整流和电容滤波得到 540V 的直流电，经过全桥逆变电路、主变压器和副边整流桥输出滤波电感，最后输出所需要的电流、电压。控制部分以 DSP 和单片机构成的双机系统为核心，控制中的电流和电压经过采样、A/D 转换，由 DSP 读取反馈值。电流、电压的给定值则由控制面板输入，传送给 DSP 处理器。DSP 处理器则根据电流、电压的给定与反馈量进行运算，得到相应的 IGBT 导通时间，产生 PWM 脉冲序列。

（2）数字化焊机的特点

数字化控制优越于模拟控制主要表现在灵活性好、稳定性强、控制精度高、接口兼容性好等几个方面。

① 灵活性　对于数字化焊机来说，同一套硬件电路可以实现不同的焊接工艺控制，对于不同焊接工艺方法和不同焊丝材料、直径可以选用不同的控制策略、控制参数，从而使焊机在实现多功能集成的同时，每一种焊接工艺方法的工艺效果也将得到大幅度的提高。

数字化焊机的控制软件可在线升级。目前技术上比较先进的数字化焊机在存储器的选择上从 E2PROM 过渡到了 Flash，在电路设计上也增加了在线的 Flash 编程功能。因此，对于这种数字化焊机的控制程序升级或在线调试修改，不再需要 E2PROM 的插拔、紫外线清除、编程写入，而是简单地通过通用的 RS232 串行通信接口进行 Flash 编程来完成。

② 稳定性　数字化焊机具有更强的稳定性。在数字化控制中，信号的处理或控制算法的实施是通过软件的加/减、乘/除运算来完成的，因此其稳定性好，产品的一致性也得到了很好的保证。

③ 控制精度　数字化焊机具有更高的控制精度。数字化控制的精度仅仅与模-数转化的量化误差及系统有限字长有关，如果对一个 $0\sim10V$ 变化的信号进行 10 位模-数转化的话，则模-数转化中的量化误差为 $|e|\leqslant0.0048828125$，因此数字化控制常常可以获得很高的控制精度。

④ 接口及软件升级　数字化焊机的接口兼容性好。

由于数字化焊机大量采用了单片机、DSP 等数字芯片，因此 PC 机与数字化焊机、数字化焊机与机器人以及数字化焊机内部的电源与送丝机、电源与水冷装置、电源与焊枪之间的通信接口就可以非常方便地实现连接。

(3) 典型产品

目前市场上国外产的数字化焊机有很多种，典型的产品是奥地利弗尼斯（Fronius）公司生产的数字化焊机（TPS 系列），如图 7-33 所示。

图 7-33　TPS 系列数字化焊机

它是全数字化控制脉冲逆变焊机，可焊各类碳钢、铝及铝合金、镀锌板、铬/镍材料，可用作 MIG/MAG 焊、TIG 焊及手工电弧焊的电源。

主要特征如下：

① 内存 56～80 种焊接程序；

② 钎焊镀锌板；

③ 焊铝用特殊起步程序；

④ 回烧脉冲（保护焊丝末端）；

⑤ 记忆工作模式（可存储）；

⑥ 每个脉冲单滴过渡，高效无飞溅（可用 $\phi 1.2mm$ 焊丝焊厚度为 0.8mm 的薄铝板）；

⑦ 自适应弧长恒定控制；

⑧ 数码接口 RS485＋RS232；

⑨ 温控风扇和冷却系统；

⑩ 四轮驱动送丝机构；

⑪ 数码显示焊接电流焊接电压弧长。

7.8.5　冷金属过渡焊（简称 CMT）

冷金属过渡（Cold Metal Transfer）法简称 CMT 法，是奥地利的 FRONIUS 公司推出的一种新的焊接方法，可适用于薄板铝合金和薄镀锌板的焊接，还可以实现镀锌板和铝合金板之间异种金属的连接。

(1) 冷金属过渡焊工作原理

CMT 冷金属过渡技术是在短路过渡基础上开发的，普通的短路过渡过程是"焊丝熔化形成熔滴→熔滴同熔池短路→短路桥爆断"，短路时伴有大的电流（大的热输入量）和飞溅。而 CMT 过渡方式正好相反，在熔滴短路时，数字化焊接电源输出电流几乎为零，同时焊丝的回抽运动帮助熔滴脱落，如图 7-34 所示，从根本上消除了产生飞溅的因素。整个焊接过程实现"热-冷-热"交替转换，每秒钟转换达 70 次。焊接热输入量大幅降低，可实现厚度在 0.3mm 以上薄板的无飞溅、高质量 MIG/MAG 熔焊和 MIG 钎焊。

图 7-34　CMT 焊接过程

（2）冷金属过渡焊的特点

CMT 焊同普通 MIG/MAG 焊不同，其特点如下：

① 送丝的运动同熔滴过渡过程相结合。熔滴的过渡过程是由送丝运动变化来控制的，焊丝的"前送-回抽"频率可高达 70 次/s。其整个焊接系统（包括焊丝的运动）的运行均为闭环控制，而普通的 MIG/MAG 焊的送丝系统都是独立的，并没有实现闭环控制。

② 熔滴过渡时电压和电流几乎为零，热输入量低。数字化控制的 CMT 焊接系统会自动监控短路过渡的过程，在熔滴过渡时，焊接电源将电流降至几乎为零，热输入量也几乎为零，如图 7-35 所示。整个熔滴过渡过程就是高频率的"热-冷-热"交替的过程，如图 7-36 所示，大幅降低了热输入量。

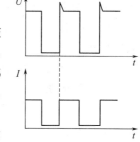

图 7-35　CMT 焊接波形

③ 焊丝的回抽运动帮助熔滴脱落，熔滴过渡无飞溅。焊丝的机械式回抽运动保证了熔滴的正常脱落，同时避免了普通短路过渡方式极易引起的飞溅，熔滴过渡过程中出现飞溅的因素被消除了，焊后清理工作量小。

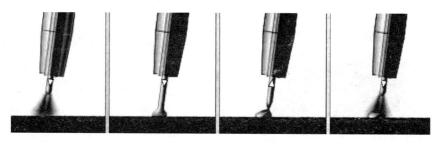

图 7-36　CMT 焊焊丝运动过程

④ CMT 焊弧长控制精确，电弧更稳定。普通 MIG/MAG 焊弧长是通过电压反馈方式控制的，容易受到焊接速度变化和工件表面平整度的影响，CMT 焊的电弧长度控制是机械式的，它采用闭环控制并监测焊丝回抽长度，即电弧长度。在干伸长或焊接速度改变的情况下，电弧长度也能保持一致。保证了 CMT 电弧的稳定性，即使在焊接速度极快的前提下，也不会出现断弧的情况。

⑤ 均匀一致的焊缝成形，焊缝的熔深一致，焊缝质量重复精度高。普通 MIG/MAG 焊在焊接过程中，焊丝干伸长改变时，焊接电流会增加或减少。而 CMT 焊焊丝干伸长改变时，仅仅改变送丝速度，不会导致焊接电流的变化，从而实现一致的熔深，加上弧长高度的

稳定性，就能达到非常均匀一致的焊缝外观成形。

⑥ 装配间隙要求降低到 1mm。板的搭接接头间隙允许达到 1.5mm。

(3) CMT 工艺的应用

CMT 焊接方法由于具有更快的焊接速度、更好的搭桥能力、更小的变形、更均匀一致的焊缝、没有飞溅等优点，因此拓展了普通 MIG/MAG 焊所不能涉及的领域。其主要的应用领域体现在：

① 薄板或超薄板（厚度为 0.3~3mm）的焊接，并且无需担心塌陷和烧穿。

② 电镀锌板或热镀锌板的无飞溅钎焊。

③ 钢与铝的异种连接。在过去铝和钢的连接仅仅可能通过激光或电子束焊接，现在 CMT 可实现这样的异种连接。

全数字化 MIG/MAG 焊机采用数字 DSP 技术，除具有 CMT 电弧焊接方式外，也可实现短路电弧、喷射电弧和脉冲电弧的过渡方式。一套系统具有四种电弧方式的应用，可同时满足多个场合的焊接需求。

7.8.6 激光-电弧复合焊

激光-电弧复合焊是奥地利的 FRONIUS 公司在 2001 年首次在 ESSEN 国际焊接展上展出的"Laser Hybrid 激光-MIG 复合焊"设备。它提供了生产的高速发展时迫切需求的优质高效的焊接方法。生产中采用这种焊接工艺，可获得更高的焊接速度和良好的搭桥性能的一种理想的焊接方法，因此引起了焊接界的极大兴趣。

(1) 工作原理

激光-MIG 复合焊是激光与 MIG 电弧同时作用于焊接区，通过激光与电弧的相互影响，从而产生良好的复合效应。图 7-37 描绘了激光-MIG 复合焊的基本原理。

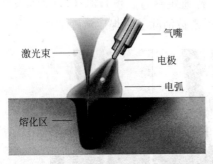

图 7-37　激光-MIG 复合焊原理图

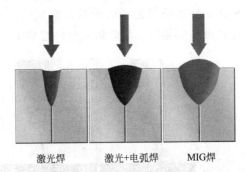

图 7-38　相同熔深的不同焊缝形状对比

焊接金属工件时，YAG 激光器输出的激光束能量密度约为 10^6W/cm^2。当激光束撞击在材料表面上时，受热表面立即达到蒸发温度并且因为流动的金属蒸汽的作用，在被焊金属中产生凹坑，能得到较大的焊缝熔深比。而 GMAW 电弧的能量密度略大于 10^4W/cm^2，它能得到较宽的焊缝，其深宽比小。从复合焊原理图（图 7-37）上可看到激光束与电弧在待焊处的同一区域合成。两者之间相互影响，提高了能量的利用率。激光-MIG 复合焊的焊缝形态与单一能源焊缝形态的比较示于图 7-38，从中可见复合焊的焊接效果更好。

激光束直径细，要求坡口装配间隙小。对焊缝跟踪精度要求高，同时尚未形成熔池时热效率很低。而激光与 MIG 电弧之间的相互作用的互补的强化，恰好可以弥补这些不足，主要反映在以下几点：

① 由于与 MIG 焊复合，因此熔池宽度增加，降低了坡口装配要求，焊缝跟踪容易。

② MIG 焊电弧首先加热工件面形成熔池，从而能提高对激光辐射的吸收率；MIG 焊的气流也可以保护激光焊的金属蒸气；MIG 焊产生的焊丝熔化金属能够填充焊缝避免咬边。

③ 激光产生的等离子体增强了 MIG 电弧的引燃和电弧维弧能力，使 MIG 电弧更加稳定，取得更好的焊接效果。

(2) 激光-MIG 焊复合焊的特点

① 焊接效率高，焊接速度可达到 9m/min。

② 焊接质量好。高能量密度与大焊速得到较低的线能量，所以可以得到窄的焊缝和热影响区、良好的焊缝组织和更好的塑性和强度。

③ 良好的工艺性。MIG 焊金属具有良好的搭桥性，为发挥激光焊的高能束作用效果奠定基础。

④ 复合焊的线能量低，则变形小，有利于精密焊接和焊后整形工序。

⑤ 可以焊接各种金属材料。

7.8.7 带极 GMA 焊

(1) 带极 GMA 焊的原理和特点

一般来说，高效焊接工艺的熔敷率（表示焊丝金属的熔化率）要达到大于 8kg/h 以上，在要求传统 GMA 焊保证良好的焊接接头性能的同时，对其高效、低成本的需求也在不断地增长。在提高送丝速度和熔敷率的同时，必须保证高性能的焊缝质量。

相对于在单丝焊中提高送丝速度，在双丝焊中可以用 TANDEM 方式，这种方式的特点是两根焊丝同时熔化。在单丝焊中要想获得高的熔敷率，也许会产生咬边现象，同样 TANDEM 焊的情况下也会产生其他问题，如焊枪的导向问题（特别是在弯曲的焊接路径中），这是因为在焊接方向中主焊丝和辅焊丝必须保持相对位置的一致性。

带状电极 GMA 焊工艺是由德国研究人员于 2001 年开始研究，并于近几年发展起来的一种高效焊接工艺。其熔敷率超过 11kg/h。与 TANDEM 双丝焊相比，该工艺只需一台焊接电源，而且非常容易设置焊接参数。带极 GMA 焊使用矩形截面的扁平状电极代替传统 GMA 的圆柱焊丝进行焊接，其工作原理如图 7-39 所示。带极 GMA 焊工艺实现的关键是根据采用的带状电极尺寸，设计恰当的导电电极夹；为保证带极连续稳定地送进，通常需要采用推拉式送带机构。与传统的圆柱焊丝 GMA 焊相比，带极 GMA 焊具有如下优点。

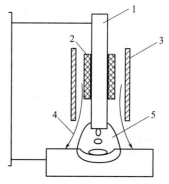

图 7-39 带极 GMA 焊工作原理
1—钢带；2—电极夹；3—喷嘴；
4—保护气；5—电弧

① 带极 GMA 焊接设备结构简单，焊接工艺参数调节控制方便，电弧电压低，焊缝金属稀释率小。

② 带极 GMA 焊电弧整体扩展，电弧截面梯度小，电弧压力小；在过渡过程中熔滴金属在带极端部不断移动，熔滴对熔池的冲击作用力较弱。因此，可以实现大电流高速焊接，与传统丝极焊接相比速度可提高 30%～50%，焊钢时熔敷率可达到 11kg/h，焊铝时可达 4kg/h。熔敷率介于双丝 GMA 焊和焊丝 GMA 焊之间，但焊接设备成本较双丝焊要低。

③ 焊缝不易产生咬边、气孔等焊接缺陷；对焊缝间隙的敏感性较小，大大降低了焊件的装配要求，尤其适合于薄板高速焊。

带极 GMA 焊的不足之处在于必须采用带状焊材,而且需要能够生产带状焊材生产线。目前,国内提供这种焊材的厂商很少。另外,在机器人柔性焊接中还可能会遇到送丝方面的问题。

(2) 焊接设备及填充焊材

① 焊接电源和焊枪 带极 GMA 焊的设备包括焊接电源、送丝机及焊枪。焊接电源与普通 GMA 焊电源相同,图 7-40 所示为带极 GMA 焊送丝机,只需将普通 GMA 焊的送丝机的送丝轮改造成能够送带状焊材即可。目前,能够提供商业化带极 GMA 焊设备的厂商有德国的 CLOOS 公司和奥地利的 Fronius 公司。在带极 GMA 焊中,钢焊丝脉冲峰值电流要达到 1200A,铝焊丝的脉冲峰值电流要达到 500A。

最满意的焊接质量需要在机械化焊接过程中施以高精度的跟踪方法才能获得,特别是当使用软铝带状电极时,必须使用推拉式送丝系统才能保证恒定的送丝速度。

图 7-41 所示为使用带状电极的 GMA 焊枪,它是专门适用于带状焊丝的推拉式焊枪。带极导电铜嘴设计成一字式使带状焊丝能正好穿过纵轴和横轴。当焊接电流很高的时候,气体喷嘴采用水冷方式的水冷系统。

图 7-40 带极 GMA 焊送丝机 (CLOOS)

图 7-41 带极 GMA 焊焊枪

② 带状填充焊材 表 7-5 列出了常用的几种带状填充焊材的尺寸规格。带状焊材的尺寸范围为:宽为 4.0~4.5mm,厚为 0.5~0.6mm,最大宽厚比为 9:10。

表 7-5 常用的几种带状电极尺寸规格

材　　料	G3Si1	AlMg4.5Mn	AlSi5
截面尺寸(宽×厚)/mm	4.5×0.5	4.0×0.6	4.0×0.6
截面面积/mm²	2.3	2.4	2.4
单位长度质量/(g/m)	17.6	6.5	6.6

带状焊材既可以用圆形焊丝轧制而成,也可以由带状焊丝制成。前者有圆形的边界,而后者的边界比较尖锐。从送丝的角度看,前者更合适。但从焊缝质量来看,带状焊材的直边界又非常重要,所以带状焊材能更好地保证这一点。无论使用哪种方法,平的带状焊材都比圆形焊丝有更大的深宽比,并且这些大的表面积能增强氧化物的附着能力。因此一般而言,带状焊材的质量是影响焊接结果好坏的关键。

复习思考题

1. 为什么熔化极氩弧焊通常采用直流反接?

2．熔化极氩弧焊设备通常由哪几部分组成？

3．试述熔化极氩弧焊的电弧自身调节系统在焊接过程中的弧长调节过程。

4．什么是熔化极氩弧焊的电弧固有的自调节作用？电弧固有的自调节系统中弧焊电源的外特性应该是什么形式？应匹配等速送丝还是变速送丝？

5．铝合金亚射流过渡有什么特点？用什么样的电源？怎样完成调节过程？

6．试述熔化极氩弧焊的不同保护气体（纯氩气或混合气体）的工艺特点及其适用焊接材料的种类。

7．脉冲熔化极氩弧焊的特点有哪些？如何选择脉冲参数？

8．铝合金亚射流电弧焊接优点是什么？

9．TIG 焊和 MIG 焊各有什么特点？在生产中怎样应用？

第8章 CO₂气体保护电弧焊

CO₂ 气体保护电弧焊是 20 世纪 50 年代初期发展起来的一种焊接技术，目前已经发展成为一种重要的焊接方法。与其他电弧焊方法相比有更大的适应性、更高的效率、更好的经济性以及更容易获得优质的焊接接头。本章主要讨论 CO₂ 电弧焊的特点及应用、CO₂ 电弧焊冶金特点、减少飞溅的措施、焊接规范参数选择以及焊接设备特点等，并对其他形式的 CO₂ 电弧焊作了扼要的介绍。

8.1 CO₂ 电弧焊的原理、特点与应用

8.1.1 CO₂ 电弧焊的原理

CO₂ 气体保护电弧焊是利用 CO₂ 作为保护气体的熔化极电弧焊方法。这种方法以 CO₂ 气体作为保护介质，使电弧及熔池与周围空气隔离，防止空气中氧、氮、氢等对熔滴和熔池金属的有害作用，从而获得优良的机械保护性能。生产中一般是利用专用的焊枪，形成足够的 CO₂ 气体保护层，采用送丝机构将焊丝送入焊接区，依靠焊丝与焊件之间的电弧热，进行自动或自半动熔化极气体保护焊接。CO₂ 焊的原理示意如图 8-1 所示。

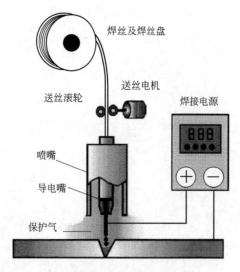

图 8-1 CO₂ 电弧焊的原理

8.1.2 CO₂ 电弧焊的特点

CO₂ 电弧焊与其他电弧焊相比，有以下一些特点：

① 生产率高。焊接时焊丝的电流密度大，CO₂ 电弧的穿透力强，熔深大而且焊丝的熔化率高，所以熔敷速度快，生产率可比手工焊高 2～3 倍。

② 焊接成本低。CO_2 气体是工业生产中大量使用的一种产品，来源广，价格低。因而 CO_2 保护焊的成本只有埋弧焊和手工焊的 1/2 左右，具有较好的经济性。

③ 能耗低。CO_2 电弧焊和药皮焊条手弧焊相比，对于 3mm 厚低碳钢板对接焊缝，每米焊缝消耗的电能，CO_2 电弧焊为焊条手弧焊的 2/3 左右；对于 25mm 厚低碳钢板对接焊缝，每米焊缝消耗的电能，CO_2 电弧焊仅为焊条手弧焊的 40%。所以，CO_2 电弧焊也是较好的节能焊接方法。

④ 适用范围广。不论何种位置都可进行焊接。薄板可焊到 1mm 左右，而且焊接薄板时，较之气焊速度快，变形小。采用多层焊时厚度几乎不受限制。

⑤ 抗锈能力较强，焊缝含氢量低，抗裂性好。

⑥ 焊后不需清渣，又因为是明弧，所以便于监视和控制，有利于实现焊接过程的机械化和自动化。

CO_2 气体密度较大，并且受电弧加热后体积膨胀也较大，所以在隔离空气保护焊接熔池和电弧方面，效果良好。但是它的物理化学性质又给焊接带来一些问题。如焊接过程中有金属飞溅，焊缝外形较为粗糙，以及电弧气氛具有较强的氧化性，必须采用含有脱氧剂的焊丝等。金属飞溅是 CO_2 电弧焊中较为突出的问题。不论从焊接电源、焊接材料及工艺上采用何种措施，也只能使其飞溅减少，并不能完全消除。与氩弧焊、埋弧焊等相比，这是 CO_2 电弧焊不足之处。

8.1.3　CO_2 电弧焊的应用

目前 CO_2 电弧焊在焊接设备、焊接材料、焊接工艺方面已发展到一个较高的水平。在造船、机车制造、汽车制造、石油化工、工程机械、农业机械、冶金机械、钢结构建筑等工业部门中，CO_2 电弧焊已获得了广泛的应用。

实心焊丝 CO_2 电弧焊主要用于焊接低碳钢及低合金钢等黑色金属。对于不锈钢，焊缝金属有增碳现象，影响抗晶间腐蚀性能。因此，不宜采用实心焊丝焊接不锈钢焊件，可选用药芯焊丝进行焊接。除了对接焊接外，选用合适的焊接材料（实心焊丝、药芯焊丝等），CO_2 电弧焊还可用于耐磨零件的堆焊、铸钢件的补焊以及电铆焊等方面。

按操作方式，CO_2 电弧焊可分为自动焊及半自动焊两种。对于较长的直线焊缝和规则的曲线焊缝，可采用自动焊。而对于不规则的或较短的焊缝，则采用半自动焊，也是现在生产中用得最多的形式。

8.2　CO_2 电弧焊的冶金特性

8.2.1　合金元素的氧化

CO_2 电弧焊时，CO_2 气体在电弧高温作用下产生如下分解反应：

$$CO_2 == 1/2O_2 + CO$$

分解度与温度有关，如图 8-2 所示。实际上在电弧区中只有 40%～60% 左右的 CO_2 气体分解，CO_2 分解后气体成分与温度的关系如图 8-2 所示；图中的曲线是指在平衡状态下的情况，而在焊接过程中不可能达到这种状态。因此在电弧气氛中同时有 CO_2、CO、O_2 存在。在高温下 O_2 进一步分解为氧原子：

$$O_2 == 2O$$

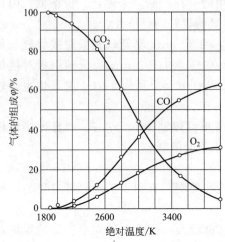

图 8-2　CO_2 分解后成分与温度关系

所以 CO_2 气体在高温时有强烈的氧化性。

CO_2 电弧可以从两个方面使 Fe 及其他合金元素氧化。

一是与 CO_2 直接作用：

$$CO_2 + Fe \longrightarrow FeO + CO \tag{8-1}$$

$$2CO_2 + Si \longrightarrow SiO_2 + 2CO \tag{8-2}$$

$$CO_2 + Mn \longrightarrow MnO + CO \tag{8-3}$$

二是与高温分解出的原子氧作用：

$$Fe + O \longrightarrow FeO \tag{8-4}$$

$$Si + 2O \longrightarrow SiO_2 \tag{8-5}$$

$$Mn + O \longrightarrow MnO \tag{8-6}$$

$$C + O \longrightarrow CO \tag{8-7}$$

一般认为，第一种反应是在低于金属熔点（1500℃左右）的温度下进行的，在金属氧化中不占主要地位。合金元素的氧化烧损主要是产生于第二种反应。

上述氧化反应既发生在熔滴中，也发生在熔池中。氧化反应的程度则取决于合金元素在焊接区的浓度和它们对氧的亲和力。

熔滴和熔池金属中 Fe 的浓度最大，因此 Fe 的氧化比较激烈。Si、Mn、C 的浓度虽然较低，但它们与氧的亲和力比 Fe 大，所以也有相当数量被氧化。

反应生成物（SiO_2、MnO、CO、FeO 等）中，SiO_2 和 MnO 成为杂质浮于熔池表面。

生成的 CO 气体，因具有表面性质（这时 C 的氧化反应是在液体金属的表面进行的）而逸出到气相中去，不会引起焊缝气孔，只是使 C 受到烧损。至于 FeO 则按分配律：一部分成杂质浮于熔池表面，另一部分溶入液态金属中，并进一步与熔池及熔滴中的合金元素发生反应使其氧化。

在 CO_2 电弧中，Ni、Cr、Mo 过渡系数最高，烧损最少。Si、Mn 的过渡系数则较低，因为它们中的相当一部分要耗于熔池中的脱氧。Al、Ti、Nb 等元素的过渡系数更低，烧损比 Si、Mn 还要多。

当焊丝中含碳量在 0.07％以上时，碳会被烧损掉一部分，熔敷金属中的含碳量比焊丝低，而当焊丝中含碳量低于 0.07％时，则熔敷金属中有增碳现象。焊接不锈钢时，焊缝金属会因此而增碳，从而使焊缝的抗腐蚀性能降低。

溶入熔池的 FeO 与碳元素作用，产生 CO 气体。如果此气体不能析出熔池，就会形成气孔。反应方程如下：

$$FeO + C \longrightarrow Fe + CO$$

便在焊缝溶入熔滴中的 FeO 与碳元素作用产生的 CO 气体，则在电弧高温下急剧膨胀，使熔滴爆破而引起金属飞溅。

CO_2 电弧焊中三个主要问题是：

① 合金元素氧化烧损。

② CO 气孔。

③ 飞溅。

这三方的问题都和 CO_2 气体的氧化性有关，因此必须从冶金上采取措施予以解决。但应指出，金属飞溅除和 CO_2 气体的氧化性有关外，还和其他因素有关。

8.2.2　脱氧及焊缝金属的合金化

在 CO_2 电弧中，溶入液态金属中的 FeO 是引起气孔、飞溅的主要因素。同时，FeO 残留在焊缝金属中将使焊缝金属的含氧量增加而降低力学性能。如果能使 FeO 脱氧，并在脱氧的同时对烧损掉的合金元素给予补充，则 CO_2 气体的氧化性所带来的弊病便基本上可以克服。

对 FeO 进行脱氧通常是在焊丝中（或药芯焊丝的药粉）加入一定量的脱氧剂（和氧的亲和力比 Fe 大的合金元素），使 FeO 中的 Fe 还原。完成脱氧任务，所剩余的量便作为合金元素留在焊缝中，起着提高焊缝力学性能的作用。

作 CO_2 电弧焊用的脱氧剂，主要有 Al、Ti、Si、Mn 等合金元素。

① Al　Al 是最强的脱氧剂之一。因此它可以很容易地使 FeO 脱氧。在 2273K 以下时，它对氧的亲和力比 C 还大，所以能有效地抑制 CO 气体的产生。但是 Al 会降低焊缝金属的抗热裂缝的能力，因而焊丝中加入的 Al 不宜过多。

② Ti　Ti 也是强脱氧剂之一。除脱氧外它还可以在钢中起到细化晶粒的作用。另外，Ti 能与氮形成非常牢固的钛的氮化物，且不溶于钢，可以防止钢的时效。在 CO_2 电弧焊中常将 Ti 和 Si、Mn 结合起来使用。

③ Si　Si 也具有较强的脱氧能力，而且价廉易得，是 CO_2 电弧焊中主要的脱氧剂。但单独用 Si 脱氧时，生成的 SiO_2 熔点较高（1983K）、颗粒又较小，不易浮出熔池，会在焊缝中形成夹渣。

④ Mn　单独用 Mn 脱氧时，其脱氧能力较小，并且生成物 MnO 密度较大不易浮出熔池表面。Mn 除可作脱氧剂外，还能与硫化合，提高焊缝金属的抗热裂缝能力。

四种合金元素中，单独用 Al 或 Ti 来脱氧，其效果不理想；单独用 Si 或 Mn 脱氧，其效果也不佳。实践表明，采用 Si、Mn 联合脱氧时，能得到满意的结果，可以焊出高质量的焊缝。目前国内外应用最广泛的 H08Mn2SiA 焊丝，就是采用 Si、Mn 联合脱氧的。

Si、Mn 脱氧的反应方程式如下：

$$2FeO + Si =\!=\!= 2Fe + SiO_2$$
$$FeO + Mn =\!=\!= Fe + MnO$$

SiO_2 和 MnO 能结合成复合化合物 $MnO \cdot SiO_2$（硅酸盐），其熔点只有 1543K，密度也较小（$3.6g/cm^3$），且能凝聚成大块，易浮出熔池，凝固后成为渣壳覆盖在焊缝表面。

焊丝中加入的 Si 和 Mn，在焊接过程中一部分被直接氧化掉和蒸发掉，一部分耗于 FeO 的脱氧，其余部分则遗留在焊缝金属中充作合金元素，所以焊丝中加入的 Si 和 Mn 需要有足够的数量。但焊丝中 Si、Mn 的含量也不能过多。Si 含量过多会降低焊缝的抗热裂缝能力，Mn 含量过多会降低焊缝金属的冲击值。

此外，Si 和 Mn 之间还必须有适当的比例。否则不能很好地结合成硅酸盐浮出熔池，而会造成一部分 SiO_2 或者 MnO 夹杂物残留在焊缝中，使焊缝的塑性和冲击值下降。

试验结果表明，焊接低碳钢和低合金钢用的焊丝，一般含 1% 左右的 Si。经过在电弧中和熔池中烧损和脱氧后，可在焊缝金属中剩下约 0.4%～0.5%。Mn 在焊丝中的含量一般为 1%～2%。

在 CO_2 电弧焊的冶金中，碳也是一个关键元素，它和氧的亲和力比 Fe 大。为了防止气孔和减少飞溅以及降低焊缝产生裂缝的倾向，焊丝中的含碳量一般都限制在 0.15% 以下。但碳是保证钢的机械强度的不可缺少的元素。焊丝中的碳被限制在 0.15% 以下后，这就往往往使焊缝的含碳量比母材的含碳量低，降低了焊缝的强度。焊接低碳钢和一般低合金钢时，依靠脱氧后遗留在焊缝中的 Si 和 Mn 已可弥补碳的损失，而使焊缝的强度得到了保证。但在焊接 30CrMnSiA 这类高强度钢时，母材含碳量高达 0.3% 左右，和焊丝中的含碳量相差悬殊，为了补偿焊缝金属，由于含碳量大幅度下降，因此在焊丝中除需要有足够的 Si，Mn 外，还要再适量添加 C、Mo、V 等强化元素。

8.2.3 气孔问题

焊缝中可能产生的气孔主要有三种：一氧化碳气孔、氢气孔和氮气孔。

(1) 一氧化碳气孔

产生 CO 气孔的原因，主要是熔池中的 FeO 和 C 会进行下列反应：

$$FeO + C = Fe + CO$$

这个反应在熔池处于结晶温度时，进行得比较剧烈，由于这时熔池已开始凝固，CO 气体不易逸出，于是在焊缝中形成气孔。如果焊丝中含有足够的脱氧元素 Si 和 Mn，以及限制焊丝中的含碳量，就可以抑制上述的氧化反应，有效地防止 CO 气孔的产生。所以在 CO_2 电弧焊中，只要焊丝选择适当，产生 CO 气孔的可能性就是很小的。

(2) 氢气孔

如果熔池在高温时溶入了大量氢气，成为气孔，在结晶过程中又不能充分排出，则留在焊缝金属中。电弧区的氢主要来自焊丝、工件表面的油污及铁锈，以及 CO_2 气体中所含的水分。油污为碳氢化合物，铁锈中含有结晶水，它们在电弧高温下都能分解出 H_2 气。减少熔池中氢的溶解量，不仅可防止氢气孔，而且可提高焊缝金属的塑性。所以一方面焊前要适当清除工件和焊丝表面的油污及铁锈，另一方面应尽可能使用含水分少的 CO_2 气体。CO_2 气体中的水分常常是引起氢气孔的主要原因。

当在焊接区有氧化性的 CO_2 气体存在时，增加了氧的分压，使自由状态的氧被氧化成不溶于金属的水蒸气与羟基，从而减弱了氢气的有害作用。氢被氧化的过程如下：

$$H + CO_2 = CO + H_2O$$
$$H + CO_2 = CO + OH$$
$$H + O = OH$$

CO_2 气体的氧化性对消除 CO 气孔和飞溅方面是不利的，但在约制氢的危害方面却又是有益的。所以 CO_2 电弧焊对铁锈和水分没有埋弧焊和氩弧焊那样敏感。

(3) 氮气孔

氮气的来源，一是空气侵入焊接区，二是 CO_2 气体不纯。

一些试验研究表明，在短路过渡时 CO_2 气体中加入 3% 的 N_2（按体积），在射流过渡时 CO_2 气体中加入 4% 的 N_2（按体积），仍不会引起气孔。而正常 CO_2 气体中 N_2 含量很小，最多不超过 1%（按体积）。由上述可推断：由于 CO_2 气体不纯而引起氮气孔的可能性不大，焊缝中产生氮气孔的主要原因，是保护气层遭到破坏，大量空气侵入焊接区。

造成保护气层失效的因素有：过小的 CO_2 气体流量，喷嘴被飞溅物部分堵塞，喷嘴与工件的距离过大，以及焊接场地有侧向风等。

实践表明，在 CO_2 电弧焊中，采用含有脱氧剂的 H08Mn2Si 等焊丝焊接低碳钢、低合金钢时，如果焊前对焊丝和工件表面的油污、铁锈作了适当清理，CO_2 气体中的水分也较低的情况下，则焊缝金属中产生的气孔主要是 N_2 气孔。而 N_2 是来自于空气的入侵。因此在焊接过程中保证保护气层稳定、可靠，是防止焊缝中气孔的关键。

工艺因素如电弧电压、焊接速度、电源极性等，对气孔的产生也有影响。电弧电压越高，空气侵入的可能性越大。电弧电压高达一定值后，焊缝中就出现气孔，见表8-1。焊缝中含 N_2 量增加，即使不出现气孔，也将显著降低焊缝金属的塑性。焊接速度主要影响熔池的结晶速度。焊接速度慢，熔池结晶也慢，气体容易排出；焊接速度快，熔池结晶快，则气体排出要困难一些。

表 8-1 电弧电压变化对焊缝中 N_2 含量及气孔的影响

电弧电压/V	焊缝中 N_2 含量(体积分数)/%	焊缝气孔情况
26～28	0.007	无气孔
30～32	0.011	无气孔
34～36	0.026	无气孔
38—40	0.035	无气孔
43～45	0.055	有气孔

氢是以离子形态溶于熔池的。直流反接时，熔池为负极，它发射大量电子，使熔池表面的氢离子又复合为原子，因而减少了进入熔池的氢离子数量。所以直流反接时，焊缝中含氢量为正接的 $1/3～1/5$，产生氢气孔的倾向也比正接小。

8.3　CO_2 气体保护电弧焊焊接材料

8.3.1　CO_2 气体

(1) CO_2 气体的性质

① CO_2 气体是一种无色、无味的气体。在 0℃ 和 1.013kPa 气压时，它的密度为 1.9768g/L，为空气的 1.5 倍。当它溶于水中时稍有酸味。在常温下很稳定，但在高温下（5000K 左右）几乎能全部分解。

② CO_2 有三种状态：固态、液态和气态。气态 CO_2 只有受到压缩才能变成液态。当不加压力冷却时，CO_2 气体将直接变成固态（干冰）。固态 CO_2 在温度升高时能直接变成气体，而不需经过液态的转变。

③ 液态 CO_2 是无色液体，其密度随温度变化而变化。当温度低于 $-11℃$ 时比水重；而当温度高于 $-11℃$ 时则比水轻。由于 CO_2 由液态变为气态的沸点很低，为 $-78℃$，因此工业用 CO_2 都是使用液态的，常温下它自己就汽化。在 0℃ 和 1.013kPa 气压下，1kg 液态 CO_2 可以汽化成 509L 的气态 CO_2。

④ 容量为 40L 的标准钢瓶可以灌 25kg 的液态 CO_2。25kg 液态 CO_2 约占钢瓶容积的 80%，其余 20% 左右的空间则充满汽化了的 CO_2。气瓶压力表上所指示的压力值，就是这部分气体的饱和压力。只有当气瓶内液态 CO_2 已全部挥发成气体后，瓶内气体的压力才会随着 CO_2 气体的消耗而逐渐下降。

⑤ 液态 CO_2 中约可溶解 0.05% 的水，其余的水则呈自由状态沉于瓶底。CO_2 气瓶通常漆成黑色，并标有黄字"CO_2"字样。

(2) CO_2 气体纯度对焊缝质量的影响

CO_2 气体的纯度对焊缝金属的致密性有较大的影响。对于焊接来说，CO_2 气体中的主要有害杂质是水分和氮气。焊接用 CO_2 的纯度不应低于 99.5%，更高的标准要求 CO_2 的纯度＞99.8％。

(3) CO_2 气体的提纯

液态 CO_2 中可溶解约 0.05％ 的水分（质量），还有一部分自由状态的水分沉于钢瓶的底部。在焊接现场采取以下措施，对减少气体中的水分有显著效果。

① 将新充装气瓶倒立静置 1～2h 使瓶内自由状态的水沉积到瓶口部位，然后打开阀门排出水分。根据瓶中含水量的不同，可放水 2～3 次，每隔 30min 左右放一次。结束后，仍将气瓶放正。

② 放水后的气瓶，使用前放气 2～3min。放掉气瓶上部的气体和空气。

③ 要求较高时在气路系统中设置高压、低压干燥器，进一步减少 CO_2 气体中的水分。用硅胶或脱水硫酸铜作干燥剂，用过的干燥剂经烘干后可反复使用。

④ 瓶中气压降到 980kPa（10 个工程大气压）时，不再使用；在焊接对水分比较敏感的金属时，瓶内气压剩 1470kPa（15 个工程气压）左右就不宜再用了。

8.3.2　焊丝

CO_2 电弧中在进行低碳钢和低合金钢焊接时，为了防止气孔、减少飞溅和保证焊缝具有较高的力学性能，必须采用含有脱氧元素 Si、Mn 等的焊丝。其中 H08Mn2SiA 焊丝是 CO_2 电弧焊中应用最广泛的一种焊丝。它具有良好的工艺性能、力学性能以及抗热裂纹能力，适宜焊接低碳钢和 $\sigma_s \leqslant 5 \times 10^8$ Pa 的低合金钢，以及焊后热处理强度 $\sigma_b \leqslant 12 \times 10^6$ Pa 的低合金高强度钢。

通过降低焊丝的含碳量，并添加钛、铝、锆等合金元素，不仅减少飞溅，还有利于提高抗气孔能力及焊缝力学性能，焊丝中加入适量的 Ti 可减少金属飞溅损失 2％～6％，但 Ti 的含量不宜超过 0.2％，否则，会降低焊缝金属的冲击韧性。

H08MnSiAl、H08Mn2SiAl 等铝焊丝，其含铝量大都为 0.4％～0.8％。焊丝化学成分除对焊接的工艺性能（如金属飞溅、电弧稳定性、焊缝成形等）有影响外，也使焊缝中含氢量显著不同。焊接合金钢或大厚度低碳钢时，应采用机械、化学或加热办法消除掉焊丝上的水分和污染物。焊缝中含氢量增加，将使焊缝金属的塑性下降。

活化处理焊丝，是在焊丝表面涂一薄层碱金属、碱土金属或稀土金属的化合物，来提高焊丝发射电子的能力和降低弧柱的有效电离势，这样可细化金属熔滴，减少飞溅，改善焊缝成形。

常用的活化剂是 Cs 的盐类，如 Cs_2CO_3 等。试验证明，若在 Cs 盐类中同时加上 K 或 Na 的盐类（K_2CO_3、Na_2CO_3），则效果更显著。试验结果表明：只要铯（Cs）的含量为焊丝质量的 0.0024％～0.0065％，就可大大降低金属熔滴从粗滴向细滴转变的临界电流。在焊丝表面涂以极薄的活化涂料对于焊丝的导电性没有影响，对焊缝性能也没有不良影响，但却使飞溅大大减少，焊缝成形有所改善。

活化剂除可涂在实心焊丝表面外，也可包裹在焊丝内部类似药芯焊丝中的粉芯那样。

8.4　CO_2 电弧焊工艺

在 CO_2 电弧焊中，为获得稳定的焊接过程，通常采用短路过渡和细颗粒自由飞落过渡这两种熔滴过渡形式。短路过渡焊接在我国应用最为广泛。

8.4.1 短路过渡焊接

(1) 短路过渡焊接的特点

短路过渡焊接的特点是电压低、电流小，适合于焊接薄板及进行全位置焊接；焊接薄板时，生产率高，变形小；而且操作上容易掌握，对焊工技术水平要求不高；还由于焊接规范小，焊接过程稳定，因而在生产上易于推广和应用。短路过渡焊接主要采用 $0.6 \sim 1.4\text{mm}$ 直径的细焊丝。随着焊丝直径增大，飞溅颗粒和飞溅数量都相应增大。实际应用中，焊丝直径最大用到 1.6mm。直径大于 1.6mm 的焊丝，如采用短路过渡焊接，飞溅相当严重，所以生产上很少应用。

(2) 短路过渡焊接规范参数选择

短路过渡焊接时，主要的规范参数有：焊接电流、电弧电压、焊接回路电感、焊接速度、气体流量以及焊丝伸出长度等。

① 电弧电压及焊接电流　电弧电压是焊接规范中关键的一个参数。它的大小决定了电弧的长短和熔滴的过渡形式，它对焊缝成形、飞溅、焊接缺陷以及焊缝的力学性能有很大的影响。实现短路过渡的条件之一是保持较短的电弧长度。所以就焊接规范而言，短路过渡的一个重要特征是低电压。

在一定的焊丝直径及焊接电流（亦即送丝速度）下，若电弧电压过低，则电弧引燃困难，焊接过程不稳定；若电弧电压过高，则由短路过渡转变成大颗粒的长弧过渡，焊接过程也不稳定。只有电弧电压与焊接电流匹配得较合适时，才能获得稳定的焊接过程，并且飞溅小，焊缝成形好。表 8-2 所示为三种不同直径焊丝典型的短路过渡焊接规范。采用这种典型规范焊接时飞溅最少。

表 8-2　不同直径焊丝典型的短路过渡焊接规范

焊丝直径/mm	0.8	1.2	1.6
电弧电压/V	18	19	20
焊接电流/A	$100 \sim 110$	$120 \sim 135$	$140 \sim 180$

在实际焊接生产中，考虑到生产率等其他因素，实际使用的焊接电流范围远比典型规范大得多。图 8-3 所示为四种直径焊丝适用的电流和电弧电压范围。规范参数选择在这个范围内，则焊接的质量和焊接过程稳定性均是满意的。

② 焊接回路电感　进行短路过渡焊接时，焊接回路中一般要串接附加电感。串接电感的作用主要有以下两方面：

a. 调节短路电流增长速度 $\text{d}i/\text{d}t$。短路电流的增长速度 $\text{d}i/\text{d}t$ 过大或过小时，对飞溅和焊接过程的稳定性都是不利的。$\text{d}i/\text{d}t$ 过小，则会发生大颗粒飞溅甚至焊丝成大段爆断使电弧熄灭；$\text{d}i/\text{d}t$ 过大，则会产生大量小颗粒的金属飞溅。在焊接回路中串联电抗器，电感对 $\text{d}i/\text{d}t$ 的影响可以近似地用下面等式来表示：

$$\text{d}i/\text{d}t = U_0 - iR/L$$

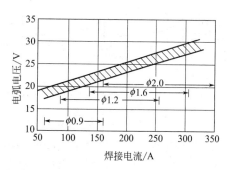

图 8-3　短路过渡焊接及中等焊接规范参数

式中　U_0——电源空载电压；

　　i——瞬时电流；

　　R——焊接回路中的电阻；

　　L——焊接回路中的电感。

焊接回路内的电感在 $0\sim0.2\mathrm{mH}$ 范围内变化时，对短路电流上升速度的影响特别显著。短路电流增长速度应与焊丝的最佳短路频率相适应。细焊丝熔化快，熔滴过渡的周期短，因此需要较大的 $\mathrm{d}i/\mathrm{d}t$。粗焊丝熔化慢，熔滴过渡的周期长，则要求较小的 $\mathrm{d}i/\mathrm{d}t$。

b. 调节电弧燃烧时间，控制母材熔深。在短路过渡的一个周期中，在短路期间，短路电流的能量大部分传输到焊丝中去（焊丝伸出部分）。只有电弧燃烧期间，电弧的大部分热量才输入工件，并形成一定的熔深。焊丝直径较细时，由于需要较大的 $\mathrm{d}i/\mathrm{d}t$，因此焊接回路中加入的电感很小，甚至可以不加。在这种情况下，在一个周期中短路过程结束后的电弧燃烧时间较短，从而减少了输往工件的热量，对于薄板焊接是有利的。但是对于较厚的板材，由于母材熔化不足，可能会造成未焊透现象。

未加电感时，电弧燃烧时间很短。加入电感后，电弧燃烧时间加长，如图 8-4 所示。一般说来，短路频率高的电弧，其燃烧时间很短，因此在某些工厂中，由于焊接电缆比较长，因此常常将一部分电缆盘绕起来，这相当于在焊接回路中串入了一个附加电感，由于回路电感值的改变，使飞溅情况、母材熔深都将发生变化。因此，焊接过程正常后，电缆盘绕的圈数就不宜变动。

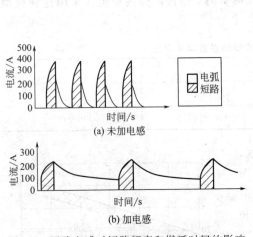

图 8-4　回路电感对短路频率和燃弧时间的影响

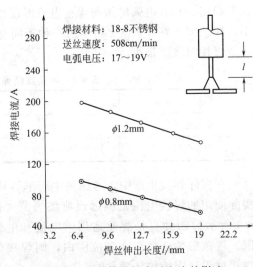

图 8-5　焊丝伸出长度对电流的影响

③ 焊接速度　焊接速度对焊缝成形、接头的力学性能以及气孔等缺陷的产生都有影响。随着焊接速度增大，焊缝熔宽降低，熔深及余高也有一定减少。焊接速度过快会引起焊缝两侧咬肉；焊接速度过慢则容易产生烧穿和焊缝组织粗大等缺陷。此外，焊接速度影响到焊接单位能。在焊接高强度钢等材料时，为了防止裂缝，保证焊缝金属的韧性，需要选择合适的焊接速度来控制单位能。

④ 焊丝伸出长度　由于短路过渡焊接时均采用较细直径的焊丝焊接，因此焊丝伸出长度上产生的电阻便成为焊接规范中不可忽视的因素。其他规范参数不变时，随着焊丝伸出长度增加，焊接电流下降，熔深亦减小。直径越细、电阻率越大的焊丝影响越大。图 8-5 所示为不锈钢焊丝外伸长度与焊接电流之间的关系。在半自动焊时，有时因受焊接部位的限制而

使焊丝伸出长度增加，于是焊接电流和熔深都减小。此外，随着焊丝伸出长度增加，焊丝上的电阻热增大，焊丝熔化加快，从提高生产率上看这是有利的。但是当焊丝伸出长度过大时，焊丝容易发生过热而成段熔断，飞溅严重，焊接过程不稳定。同时，伸出长度增大后，喷嘴与工件间的距离亦增大，因此气保护效果变差。当然，焊丝伸出长度过小势必缩短喷嘴与工件间的距离，飞溅金属容易堵塞喷嘴。

根据生产经验，焊丝伸出长度应为焊丝直径的 10～12 倍比较合适，一般取 10～20mm 之内，一般不超过 20mm。

⑤ 气体流量 细直径焊丝小规范焊接时气体流量的范围通常为 5～15L/min；中等规范焊接时约为 20L/min；粗丝大规范（颗粒过渡）自动焊时则为 25～50L/min。

在焊接电流较大、焊接速度较快、焊丝伸出长度较长以及在室外作业等情况下，气体流量要适当加大，以使保护气体有足够的挺度，提高其抗干扰的能力。

⑥ 电源极性

a. 一般 CO_2 电弧焊都采用直流反极性。因为反极性时飞溅小，电弧稳定，成形较好，而且反极性时焊缝金属含氢量低，并且焊缝熔深大。

b. 在堆焊及焊补铸件时，则采用正极性。因为阴极发热量较阳极大。正极性时焊丝为阴极，熔化系数大，约为反极性的 1.6 倍，金属熔敷率高，可以提高生产率。此外，正极性时工件为正极，热量较小，熔深浅，对保证堆焊金属的性能有利。

在实际工作中，焊接电流、电弧电压、回路电感及焊接速度的具体数值，须通过试焊来确定。一般先根据板厚、坡口形式、焊接位置等选好焊丝直径，然后确定焊接电流。为了有较高的生产率；在不引起烧穿和焊缝能良好成形的条件下，应尽可能选取大一点直径的焊丝和焊接电流。电流及电弧电压确定后，再调节回路电感，使飞溅降低到最小。焊接速度的大小则视焊缝成形而定。至于焊丝伸出长度、气体流量，都有经验数据可参考，无须试焊。

8.4.2 细颗粒过渡 CO_2 焊接工艺

(1) 颗粒过渡焊接特点

在 CO_2 电弧焊中，对于一定直径的焊丝，在电流增大到一定数值并配以适当的电弧电压后，焊丝金属熔滴可以较小的尺寸自由飞落进入熔池，这种熔滴过渡形式称之为细颗粒过渡。

细颗粒过渡 CO_2 焊的特点是电弧电压比较高，焊接电流比较大。此时电弧是持续的，不发生短路熄弧的现象。焊丝的熔化金属以细滴形式进行过渡，所以电弧穿透力强，母材熔深大，适合于进行中等厚度及大厚度焊件的焊接。

细颗粒过渡大都采用较粗的焊丝。目前以 1.6mm 和 2.0mm 直径的焊丝用得最多，3～5mm 直径的焊丝则用得少一点。据试验，直径在 3mm 以上的粗丝焊接，其生产率可比埋弧焊高 0.5～1 倍。

对于直径为 1.0mm 和 1.2mm 的细焊丝，采用细颗粒过渡焊接时，焊丝伸出长度上的电阻热相当大，容易成段发红变软，甚至熔化产生飞溅。因此对规范参数的影响比较敏感，对焊接设备的稳定性要求较高，操作时应特别注意。

(2) 颗粒过渡焊接规范参数选择

常用焊丝细颗粒过渡的最低电流值和电弧电压范围如表 8-3 所示。

表 8-3 细颗粒过渡的电流和电弧电压范围

焊丝直径/mm	电流下限值/A	电弧电压/V
1.2	300	
1.6	400	
2.0	> 500	35～45
3.0	650	
4.0	750	

随着焊接电流增大，电弧电压须相应提高，否则电弧对熔池金属有冲刷作用，使焊缝成形恶化。适当提高电弧电压可克服这种现象。然而，电弧电压太高会显著增大飞溅。在同样的电流下，随着焊丝直径增大，电弧电压须相应降低。

细颗粒过渡焊接仍采用直流反极性。回路电感对抑制飞溅已不起作用，因而焊接回路中可以不加电抗器。但有些焊机中仍然照加，因为对减少整流器输出电流、电压的脉动程度以及改善引弧特性有好处。

细颗粒过渡焊接的优点是生产率高、成本低。只要规范参数选择适当，焊缝成形和焊缝力学性能就是可以满意的，气孔也是可以防止的。飞溅仍然是个问题，喷嘴堵塞情况比短路过渡焊接时严重。当电流达 600～700A 后，光辐射和热辐射十分强烈，劳动强度较大。

(3) 混合过渡（或称半短路过渡）

除短路过渡和细颗粒过渡外，还有一种介于两者之间的过渡形式，这就是混合过渡（或称半短路过渡）。半短路过渡的电流和电压数值，比短路过渡大，比细颗粒过渡小。其焊丝金属熔滴以短路过渡为主，伴随有少量颗粒过渡。由于熔滴过渡频率较低，熔滴尺寸较大，因而飞溅也较大。但比起短路过渡来，其母材输入热量多，熔深较大，所以对于中等厚度工件的焊接，生产上也有所应用。

需要注意的是，CO_2 细颗粒过渡和 Ar 弧中的喷射过渡有着实质性的差别，CO_2 电弧中细颗粒过渡是非轴向的，仍有一定的金属飞溅；而 Ar 弧中的喷射过渡是轴向的。另外，Ar 弧喷射过渡临界电流有明显的转变点，尤其是焊接不锈钢及黑色金属时，而 CO_2 细颗粒过渡则没有。

另外，在 CO_2 电弧中使熔滴呈细颗粒过渡的电流比 Ar 弧大得多。例如 $\phi2.0mm$ 钢焊丝，在 Ar 弧中焊接电流只要达到 320A 就可获得典型的喷射过渡，而在 CO_2 电弧中必须使电流大于 500A 才能使熔滴变为细颗粒过渡。再次，在电弧形态等方面这两种过渡也有显著不同，焊丝伸出长度从 20mm 增至 30mm，飞溅量增加约 5%，因而焊丝伸出长度应尽可能缩短。

8.5 减少飞溅的方法及措施

8.5.1 由冶金因素引起的飞溅控制措施

(1) 采用低飞溅率焊丝

① 对于实心焊丝，在保证力学性能的前提下应尽可能降低其中含碳量，并添加适量的钛、铝等合金元素。无论是颗粒过渡焊接还是短路过渡焊接都可显著减少由 CO_2 等气体引起的飞溅。

② 采用以 $CsCO_3$、K_2CO_3 等物质活化处理过的焊丝，电弧弧柱横向尺寸增大，减小阻

碍熔滴脱落的电磁力。由于电弧稳定,因此电弧活性斑点稳定在电极的端部,熔滴温度升高,表面张力减小而易于脱落。

③ 采用药芯焊丝。药芯焊丝的金属飞溅率约为实心焊丝的1/3。

自从CO_2焊接方法在生产上获得应用以来,各种防护涂料亦应运而生。施焊之前将防护涂料涂刷在工件表面及喷嘴内壁上,焊后可节省清理飞溅物所花费的时间。国内外防护涂料的品种非常多。好的防护涂料可达到以下效果:60%～80%的飞溅金属将不会粘连在工件及喷嘴上,即使有少量粘连上去,也很容易去除掉,焊件焊后刷油漆时,此涂料自行溶解在油漆层中;涂料也不会影响焊缝金属的力学性能。

（2）在保护气体中加入一定量的 Ar 气

在CO_2中加入一定量的 Ar 气,Ar 的比例增大,可降低表面张力,细化熔滴,缩短熔滴的存在时间,降低气体的有效电离电位,促进弧根的扩展,使电弧的形态得以改善,熔滴轴向过渡强化,大大减少飞溅。

8.5.2　由力学因素引起的飞溅控制措施

（1）电流切换法

在每个熔滴过渡过程中,在液桥缩颈达到临界尺寸之前允许短路电流自然增大,保证其电磁收缩力的有利作用。一旦缩颈尺寸达到临界尺寸后,立即进行电流切换,将电流迅速从高值切换到低值,使液桥缩颈处在小电流下爆断。试验表明,若将电流从 400A 降至 30A,则飞溅率可降低到 2%～3%。进行电流切换,需要通过试验先确定反映小桥临界尺寸的电压U_n作为给定电压,在焊接过程中由"小桥状态传感器"发出小桥中瞬时的电压信号,并将其与给定值U_n进行比较。当小桥电压达到U_n值时,焊机控制系统能在$10～15\mu s$时间内,使输出电流从高值快速降到低值。但在CO_2短路过渡焊接中存在着固有的非正常切换。正常切换率只能达到 85%左右。

（2）采用脉动送丝方式

脉动送丝是通过特殊的送丝机构,采用"一送一停"的送丝方式,使送丝速度周期性变化,对熔滴过渡进行控制,图8-6所示为焊丝送进过程。在焊丝"停"的过程中,电弧烧长并在焊丝端头形成熔滴;电弧逐渐拉长,当电弧反烧到一定程度,焊丝高速送进,将熔滴强制推向熔池;电弧逐渐缩短,惯性力促使熔滴完成短路过渡。每次送进都进行一次短路过渡,即一步一个熔

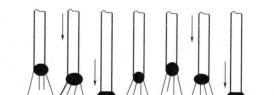

图 8-6　脉动送丝示意图

滴,其大小决定于送丝步距。由于脉动送丝时,其强制性的短路过渡方式可以有效地克服斑点压力,使熔滴顺利过渡到熔池,因此大大降低飞溅,且不必过分降低电弧电压。脉动送丝可采用凸轮脉动送丝、送丝回抽和焊接电流联合控制方式实现。但在实际应用中,检测和控制系统的动态响应、电机和减速机系统的动态响应及焊丝在送丝软管中运动的动态响应比液桥后期的收缩过程要慢得多,系统很难做到送丝与熔滴过渡的同步。

8.5.3　电源外特性控制

利用电源外特性控制的方法有双阶梯形外特性控制法和复合外特性控制法。与电流波形控制方法类似,只是电流不是固定波形,而是固定的外特性。因而电弧具有较好的弧长调节

作用，在保证液桥顺利过渡的前提下，短路期间的外特性可以对短路电流进行一定限制。

（1）双阶梯形外特性控制

双阶梯形电源特性控制焊接电弧的方法不仅可以改善 CO_2 气体保护焊的熔滴过渡过程，

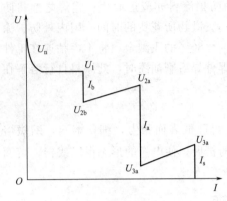

图 8-7 双阶梯恒电流外特性曲线

还可以获得稳定的焊丝熔化和送丝过程平衡的作用。图 8-7 为电源的双阶梯形外特性示意图，外特性包括 1 条恒电压特性 U_1，3 条恒电流特性 I_a、I_b、I_s，2 条上升特性。电弧工作点在 3 条恒电流特性之间跳动。当弧长由于外界干扰发生变化时，若变化较小，则电弧仍在 I_a 段燃烧，使电弧变得坚韧；若弧长改变较大，则会有很强的自身调节作用。当弧长加长，电弧电压大于 U_{2a} 时，电弧工作点由 I_a 段跳至 I_b 段，因电弧在 U_{2b}-U_{2a} 上没有稳定工作点，只维持电弧燃烧，焊丝基本不熔化；当弧长变短使弧压低于 U_{2b} 时，电弧工作点又跳回正常燃弧电流 I_a 段。U_{2b}-U_{2a} 的斜率大于电弧的静态斜率，既可避免电弧工作点在斜线段的停留，又可避免工作点在 I_a 与 I_b 间的频繁跳动。当弧长变短使弧压小于 U_{3a} 时，电流工作点跳至恒电流段 I_a 上，电流增加，大大加快了焊丝的熔化，使弧长又增长，待弧压大于 U_{3a} 时，电弧工作点又回至 I_a 段上。研究结果表明，该控制方法具有以下特点：

① 燃弧能量的提高可以通过提高电弧电压，使工作点位于恒电流段的上半部分来实现。

② 燃弧电流恒定，电弧柔顺稳定。

③ 燃弧后期由于弧长变短，电弧电压降低，有利于弧根的爬升，从而使阻碍熔滴过渡的斑点压力有可能变为有利于使熔滴过渡的轴向推力，因而有利于减少飞溅。但是，这种电源外特性曲线控制系统复杂，而且焊接参数变化时，外特性曲线也需作相应调整。

（2）复合外特性控制

这种控制方法是将短路液桥收缩过程和电弧过程分为燃弧、短路瞬间、液桥的缩颈、爆断以及电弧重新引燃等瞬时过程，根据每一瞬时过程理想状态下需要的电流、电压值，设计出相应的理想外特性，并实现这些外特性段的自动连接和自动转换。图 8-8 为复合外特性控制示意图，这种控制的特点为：

① 当熔滴与熔池发生短路时，电源输出一个很小的电流，让熔滴在熔池表面铺展，防止瞬间短路飞溅的发生。

② 当熔滴在熔池表面铺展，形成稳定的液桥后，电流以较高的增长率上升到适当的短路峰值电流，使短路液桥在该电流下收缩，形成缩颈。

③ 到了短路液桥收缩的后期及将爆断前的瞬间，短路电流迅速降低，液桥在小电流下断开，减少液桥爆断时飞溅的产生。

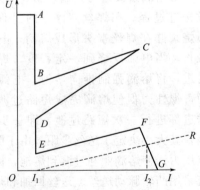

图 8-8 复合外特性控制曲线

④ 在液桥断开、电弧重新引燃的同时，电源会立即在一段时间内输出熔深控制特性，产生一个较强的燃弧脉冲电流，增加燃弧能量和焊缝熔深，该熔深控制外特性的作用时间可以根据熔深的要求进行调节和预置，以便在相同的送丝速度下获得不同的熔深。

⑤ 在燃弧脉冲过后，电弧会自动进入弧长检测和控制状态，使电弧长度和熔滴大小受

到控制。

（3）波形控制

随着逆变技术和对飞溅机理研究的深入，产生了具有分时控制特点的波形控制法。该波形控制法就是通过控制输出电流波形，使金属液桥在较低的电流上升速度和较低的短路峰值电流下断开，即使液桥在低的爆炸能量下破断，以减小飞溅。液桥破断、电弧再引燃后，立即提高燃弧电流，经一段时间燃弧电流再从高值过渡到稳定值，这样来增加燃弧期间母材热输入量，从而达到增加熔深和改善焊缝成形的目的。

① 自然短路电流波形控制法 传统的 CO_2 焊接电源中，在焊接回路中串接电感、电阻或增大电源变压器的阻抗，或者是这几种方法的综合采用，在短路期间由于电感的存在，短路电流增长速度及短路峰值电流受到抑制，从而控制了飞溅。尤其是平硬（或缓降）外特性电源加电抗器，在目前应用仍十分普遍。电感还起着储能作用，在短路期间将电能转化为磁能，待燃弧期间再向电弧放出，这就有助于增加燃弧能量，有利于改善焊缝成形。

但是，过大的电感在抑制电流上升和短路峰值的同时，也延长了短路时间，有助于增大燃弧能量，但是电感量不能太大也不能太小，否则会严重影响焊接质量，只有对不同的焊接电流选取不同的电感，才能起到减小飞溅的效果。

② AWP 电流波形控制法 AWP 波形控制法主要针对 CO_2 焊中因瞬时短路形成的大颗粒飞溅和因电爆炸而形成的细颗粒飞溅，并兼顾焊缝成形。图 8-9 为 AWP 波形控制示意图。其要点是：

① 当检测到熔滴与熔池发生短路后，启动控制系统，运用脉宽调制技术降低回路电流，让熔滴在较低电流值下与熔池充分接触，以避免瞬时短路现象发生。

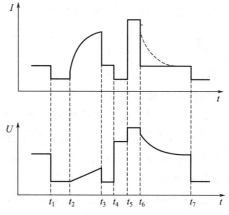

图 8-9　AWP 电流波形控制

② 电流在较低水平下维持一段时间后，取消电流下降措施，使液桥中流过的电流按指数规律增长，以保证足够的电磁压缩作用。

③ 当检测到缩颈形成后，再次启动控制系统强迫短路电流迅速降低，使液桥在较低电流值下柔顺地被表面张力拉断，以杜绝电爆炸现象的发生。

④ 液桥断开后，电压达到了重新燃弧所需要的较高值，但电流需控制在较低值并维持一段时间，使液态金属在较低的电流下向熔池铺展，以降低熔池的不稳定因素。

⑤ 燃弧初期维持较低电流一段时间后，迅速增加电流，熔池在较大电流的电弧作用下，铺展良好，改善焊缝成形，随后迅速减小电流，达到正常稳定的燃弧状态并等待下一次短路的发生。

8.6　CO_2 电弧焊设备

CO_2 电弧焊所用的设备有半自动 CO_2 焊设备和自动 CO_2 焊设备两类。在实际生产中，半自动 CO_2 焊接设备由于操作灵活、方便被大量使用。半自动 CO_2 焊设备由焊接电源、送丝机构、焊枪、供气系统、冷却水循环装置及控制系统等几部分组成，如图 8-10 所示。而自动 CO_2 焊设备则除上述几部分外还有焊车行走机构。下面以半自动 CO_2 焊机为主介绍 CO_2 焊设备。

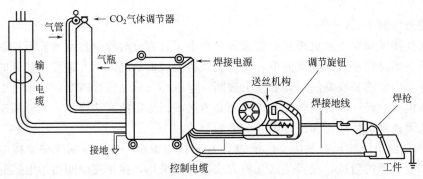

图 8-10 半自动 CO_2 焊设备的构成

8.6.1 焊接电源

由于 CO_2 电弧的静特性曲线是上升的，因此平（恒压）和下降外特性电源都可以满足电源电弧系统的稳定条件。根据不同直径焊丝 CO_2 焊的焊接特点，一般细焊丝采用等速送丝式焊机，配合平特性电源。粗焊丝采用变速送丝式焊机，配合下降特性电源。CO_2 焊一般采用直流电源且反极性连接。

对电源特性的要求如下：

(1) 平外特性电源

等速送丝焊机配用平或缓降外特性电源。采用平外特性电源有以下优点：

① 电弧燃烧稳定。在等速送丝条件下，平外特性电源的电弧自身调节灵敏度较高。弧长变化时引起较大的电流变化，依靠电弧自身调节作用，使电弧燃烧稳定。另外，平外特性电源由于短路电流较大，因此引弧比较容易。

② 规范调节比较方便。可以对焊接电压和焊接电流单独地加以调节。通过改变送丝速度来调节电流，改变电源外特性来调节电压，两者之间的影响比较小。

③ 焊丝伸出长度变化时，产生的静态电压误差小，也就是说焊接电压基本上不受焊丝伸出长度变化的影响。

④ 平外特性电源对防止焊丝回烧和粘丝有利。当焊接电弧回烧时，随着电弧拉长，电弧电流很快减小，使得电弧在回烧到导电嘴前已熄灭。当焊丝黏结在工件上时，平特性电源有足够大的短路电流使黏结处爆开，从而可避免粘丝。

目前用于 CO_2 焊接的（如变压器抽头式、自饱和电抗器式以及晶闸管整流式等）平外特性整流电源，其外特性都有一些下倾，下降率一般不大于 5V/100A。

漏抗式缓降外特性整流电源的输出回路已具有一定的感抗，短路过渡焊接时，可抑制短路电流增长速度和短路峰值电流，从而对减少飞溅起有利作用，因此，用于 CO_2 电弧焊中，引弧性能和焊接过程稳定性都能满足要求。

缓降外特性的下降率可允许达到 8V/100A 左右。若下降率太大，则稳态短路电流值很小。

(2) 下降外特性电源

粗丝 CO_2 焊的熔滴过渡一般为细滴过渡过程，宜采用变速送丝式焊机，配合下降的外特性电源。此时 CO_2 焊接参数的调节，往往因为电源外特性的陡降程度不同，要进行两次或三次调节。如先调节电源外特性粗略确定焊接电流，但调节电弧电压时，电流又有变化，所以要反复调节最后达到要求的焊接参数。

（3）对电源动特性的要求

电源动特性是衡量焊接电源在电弧负载发生变化时，供电参数（电流及电压）的动态响应品质。良好的电源动特性是焊接过程稳定的重要保证。颗粒过渡焊接时对焊接电源的动特性没有什么要求，而短路过渡焊接时则要求焊接电源有良好的动态品质。其含义指两方面：一是要有足够大的短路电流增长速度 di/dt、短路峰值电流 I_{max} 和焊接电压恢复速度 du/dt，二是当焊丝成分及直径不同时，短路电流增长速度 di/dt 要能够进行调节。

8.6.2　送丝系统

根据使用焊丝直径的不同，送丝系统可分为等速送丝式和变速送丝式，通常焊丝直径大于和等于 3mm 时采用变速送丝方式，焊丝直径小于和等于 2.4mm 时采用等速送丝式。CO_2 焊时采用的弧压反馈送丝式设备与埋弧焊时的设备类似。下面介绍 CO_2 焊时普遍使用的等速送丝系统。对等速送丝系统的基本要求是：能稳定、均匀地送进焊丝，调速要方便，结构应牢固轻巧。

（1）送丝系统的组成及送丝方式

送丝系统分为半自动焊送丝系统和自动焊送丝系统两类，半自动焊送丝类型较多。以半自动焊送丝系统为例，也是由送丝机构、送丝软管、焊丝盘等组成的。根据送丝方式不同，半自动焊的送丝系统也包括推丝式、拉丝式和推拉丝式三种基本送丝方式。这几种送丝系统的共同特点是借助于一对或几对送丝滚轮压紧焊丝，将电动机的扭矩转换成送丝的轴向力。

（2）送丝机构

送丝机构是由送丝电动机、减速装置、矫直机构、送丝滚轮和压紧机构等组成的，如图 8-11 所示。送丝电动机一般采用直流印刷电动机。选用直流印刷电动机时，因其转速较低，所以减速装置只需几级齿轮传动。其传动比应根据电动机的转速、送丝滚轮直径和所要求的送丝速度来确定。送丝速度一般应在 $2\sim16m/min$ 范围内均匀调节。为保证均匀、可靠的送丝，送丝轮表面应加工成 V 形或 U 形槽，滚轮的传动形式有单主动轮传动和双主动轮传动两种，如图 8-12 所示。送丝机构工作前要仔细调节压紧轮的压力，若压紧力过小，则滚轮与焊丝间的摩擦力小；如果送丝阻力稍有增大，则滚轮与焊丝间便打滑，致使送丝不均匀。如压紧力过大，又会在焊丝表面产生很深压痕或使焊丝变形，使送丝阻力增大，甚至造成导电嘴内壁的磨损。

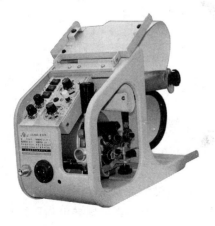

图 8-11　半自动焊送丝系统

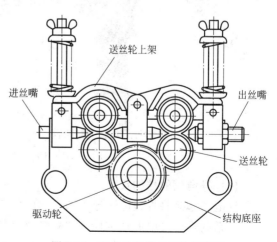

图 8-12　双主动轮送丝机构原理图

(3) 送丝软管

送丝软管是导送焊丝的通道，送丝软管应有良好的使用性能，一是软管应具有一定的刚度，即送焊丝时软管本身应具有一定的抗拉强度，受力时尽可能不拉长，以保证焊丝平稳输送；二是软管应具有较好的柔性，以便于焊工操作。另外，送丝软管应内壁光滑，保证均匀送丝；应具有足够的弹性，能承受较大的弯曲，而不产生永久变形。目前，最常用的送丝软管为送丝、送气和输电三者合一式一线式软管。

送丝软管的结构一般采用弹簧软管，并在最外层加套塑料软管。弹簧软管是采用一定直径的弹簧钢丝制成密绕的螺旋管，外面用一层扁弹簧钢丝以适当的螺距用反螺旋方向包扎起来，并在两端用锡钎焊与内层弹簧软管封牢，以免松脱。

送丝软管的内径对送丝阻力有很大的影响。焊丝直径一定，如果软管内径过小，则焊丝与软管内壁的接触面积增大，必须相应地增加送丝力方可使送丝稳定。反之，如果软管内径较大，则焊丝在软管中就容易弯曲，由此焊丝产生波浪起伏的周期变化，使强压力触点的数目增多，摩擦阻力迅速增加，甚至造成送丝停止。因此，应合理地选定软管的内径，一般要求焊丝直径和软管之间的间隙小于焊丝直径的20%。另外，操作中应尽可能减小送丝软管的弯曲。

(4) 焊枪

焊枪的功用有如下几方面：向焊接区输送出保护气；通过送丝装置向焊接区送进焊丝；通过导电嘴将电流通入焊丝使之与母材产生电弧。半自动焊焊枪具有重量轻、易于进行手工操作的特点，同时能经受住电弧的高温。CO_2 电弧焊与 MIG 焊相比，其喷嘴的温度上升较少，因此更多地采用空冷式焊枪。为了进行狭窄区的焊接作业，焊枪前端常常呈弯曲型。如图 8-13 所示为两种鹅颈式半自动焊焊枪。焊接中的飞溅会附着在焊枪喷嘴内壁上，需要进行清理。自从 CO_2 电弧焊在生产上推广应用以来，各种防护涂料亦应运而生。施焊前将防护涂料涂刷在工件表面和喷嘴内壁，焊后可节省清理飞溅所花费的时间。国内外防护涂料的品种很多，好的涂料可达到以下效果：60%～80%的飞溅金属将不会粘连在工件和喷嘴上，即使有少量粘连上去，也能很容易去除掉；焊件焊后刷油漆时，涂料自行溶解在油漆层中；涂料也不会影响焊缝金属的力学性能。

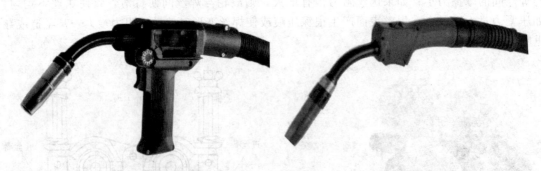

(a) 鹅颈推拉丝式半自动焊焊枪　　　　　　　　　　(a) 鹅颈推丝式半自动焊焊枪

图 8-13　鹅颈式半自动焊焊枪

(5) 导电嘴的结构尺寸

导电嘴起到将焊接电流导入到焊丝的作用，其孔径和长度不仅关系到送丝的稳定性，而且还关系到焊丝导电的稳定性。如果焊丝直径与导电嘴结构尺寸匹配得当，则导电嘴还能对焊丝起一定的矫直和定向作用，使焊丝挺直送进；反之，孔道长度和孔径过大或过小，都会引起送丝或接触导电不稳定。孔道长度长而孔径小的导电嘴，送丝阻力大；孔道长度短而孔径大的导电嘴，对焊丝的矫直和定向作用差，容易引起焊丝与导电嘴接触不良，焊接过程中产生顶丝现象，甚至还可能在焊丝与导电嘴内壁间产生打弧现象，致使二者黏结，增加送丝阻力，使送丝速度不稳定。

CO_2 焊时当焊丝直径 ≤0.8mm 时，导电嘴孔径一般取 $(d+0.1)$mm（d 为焊丝直径）；当焊丝直径 ≥1.0mm 时，导电嘴孔径一般取 $[d+(0.2\sim0.3)]$mm，长度为 20～30mm。

8.6.3 供气系统

CO_2 焊供气系统由 CO_2 气瓶、预热器、干燥器、减压器、气体流量计和电磁气阀等组成。它与熔化极氩弧焊的不同之处是气路中一般都要接入预热器和干燥器。

(1) 预热减压流量器

焊接过程中钢瓶内的液态 CO_2 不断地汽化成 CO_2 气体，汽化过程要吸收大量的热能。同时，钢瓶中的 CO_2 气体是高压的，为 $(50\sim65)\times10^5$Pa，经减压阀减压后，气体体积膨胀也会使气体温度下降。为了防止 CO_2 气体中的水分在钢瓶出口处及减压表中结冰，使气路堵塞，在减压之前要将 CO_2 气体通过预热器进行预热。目前，预热器与减压流量器一般做成一体，如图 8-14 所示。预热器一般采用电热式，用电阻丝加热。采用 36V 交流电供电，功率为 100～150W。

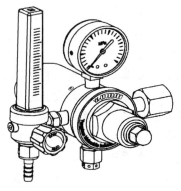

图 8-14　加热减压流量器

供气系统的温度降低程度和 CO_2 气体的消耗量有关。气体流量越大，供气系统温度降得越低。长时间、大流量地消耗气体，甚至可使钢瓶内的液态 CO_2 冻结成固态。相反，若气体流量比较小（如 10L/min 以下），则虽然供气系统的温度有所降低，但不会降低到零度以下，这时预热器可以断电停止工作。

(2) 干燥器

干燥器的主要作用是吸收 CO_2 气体中的水分和杂质，以避免焊缝出现气孔。干燥器分为高压和低压两种，其结构如图 8-15 所示。高压干燥器是气体在未经减压之前进行干燥的装置；低压干燥器是气体经减压后再进行干燥的装置。在一般情况下，气路中只接高压干燥器，而无须接低压干燥器。如果对焊缝质量要求不太高或者 CO_2 气体中含水分较少时，这两种干燥器均可不加。

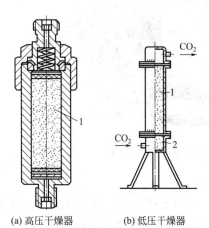

(a) 高压干燥器　　(b) 低压干燥器

图 8-15　干燥器结构

1—干燥剂；2—碎铜层

8.6.4 控制系统

CO_2 电弧焊设备的控制系统应具备如下功能：

① 焊接空载时，可进行手工调节下列参数：焊接电流、电弧电压、焊接速度（自动焊设备）、保护气体流量以及焊丝的送进与回抽等。

② 焊接时，实现程序自动控制，即：a. 提前送气、滞后停气；b. 自动送进焊丝进行引弧与焊接；c. 焊接结束时，先停止丝送后断电。CO_2 焊

的程序循环如图 8-16 所示。

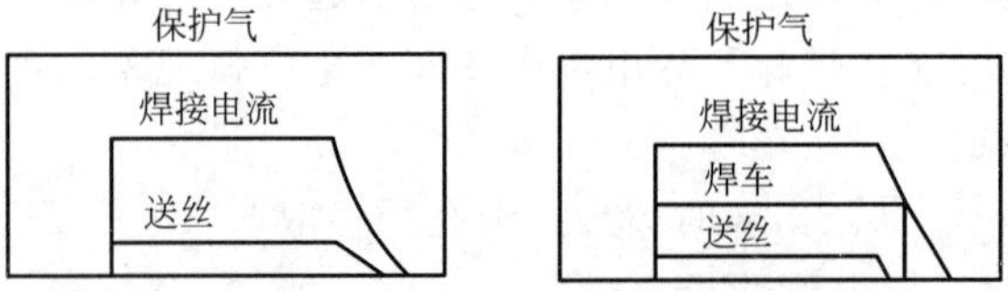

保护气	保护气
焊接电流	焊接电流
送丝	焊车
	送丝
(a) 半自动焊	(b) 自动焊

图 8-16　CO_2 焊的程序循环图

8.6.5　NBC-250 型 CO_2 电弧焊设备

随着焊接技术的发展，CO_2 电弧焊设备在焊接电源及控制方面都得到了快速发展，焊接电源种类也由变压器抽头式焊接整流电源扩展到磁放大器式、晶闸管整流式和逆变式多种形式焊接电源，其功能也不断完善。控制系统也由分立元件发展到集成电路、单片机控制、数字控制等多种方式。目前 CO_2 电弧焊设备大多为焊接电源与控制系统一体式结构，有自动焊机和半自动焊机两类，如图 8-17 所示为两种晶闸管整流式和逆变式半自动 CO_2 电弧焊设备实物照片。熔化极自动焊机半自动焊机的控制电路包括引弧、熄弧焊接程序控制、规范参数自动调节以及坡口自动跟踪等电路。一般来说，自动焊机和半自动焊机具有的控制环节越多，功能越完善，设备越复杂，价格也越昂贵。在实际生产中应按产品对象、质量要求、生产具体条件、经济效益等综合因素来考虑选择适宜的自动焊机或半自动焊机。以国产 NBC 系列 CO_2 半自动焊机（NBC-160、NBC-250、NBC-400）为例，这类系列焊机的引弧、熄弧均由手工操作，只具有简单的气体导前、气体滞后和送丝电机的调速控制等电路。但由于运行可靠、维修方便，在生产上应用仍然比较普遍。

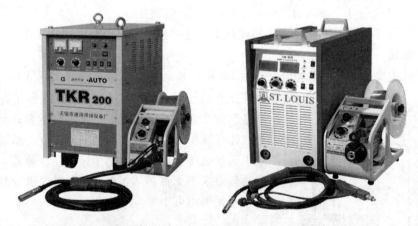

图 8-17　晶闸管整流式和逆变式半自动 CO_2 电弧焊设备实物照片

（1）NBC-250 型 CO_2 半自动焊机的主要技术性能

此焊机主要由焊接电源、焊接控制系统、送丝机构、焊枪及供气系统等部分组成。由于送丝机构可以单独整体移动，并接 3～4m 长的送丝软管与焊枪相连接，采用推丝式送丝，使用时比较灵活方便。焊接电源由三相变压器降压后经三相桥式整流输出直流电，采用三相变压器初级抽头调节方式调节电源外特性，这是目前国内外普遍应用的一种较为简单和可靠的电源结构。它有良好的静态特性和动态特性。通过粗调和细调转换开关；一共可获得 20

级输出电压调节，焊接电压调节范围为17～27V；焊接电流调节范围为60～250A；焊接电源输出具有平外特性，如图8-18所示。该焊机主要用来对低碳钢和低合金钢等材料进行全位置半自动对接、搭接及角接等焊缝的焊接。

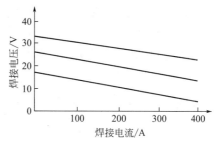

图 8-18　NBC-250 焊接电源外特性

（2）NBC-250 控制电路的工作过程

图 8-19 为 NBC-250 型 CO_2 半自动焊机的电气原理图。工作过程如下：

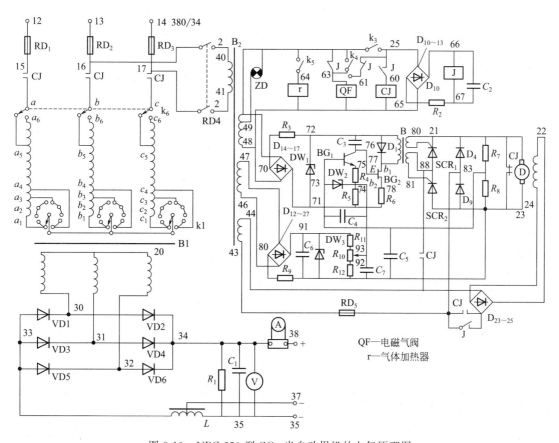

图 8-19　NBC-250 型 CO_2 半自动焊机的电气原理图

焊接前合上开关 K5 使气体加热器工作，开关 K4 向上闭合检测并调节 CO_2 气体流量，检测调节完后使开关 K4 向下闭合，焊接时按动位于焊枪上的微动开关 K3，电磁气阀 QF 动作，向焊接区输送 CO_2 保护气体。整流桥 VD10～VD18 输出约 30V 直流电压，经 R_2 向电容 C_2 充电。大约 1s 后 24V 的直流继电器 J 动作，使交流接触器 CJ 工作，于是接通电源主电路，输出空载电压。

CJ 动作同时，送丝控制电路接通，直流电动机 D 运转，焊丝正常输送，即可引弧焊接。焊接结束时断开微动开关 K3，接触器 CJ 断电，电源主电路和送丝电路均切断，电弧熄灭。但由于电容 C_2 向继电器 J 的绕组放电，经过大约 1s 后 J 的触点才释放，使电磁气阀 QF 断电，停止送气。

送丝直流电动机 D 采用单相半控桥式整流电路供电，通过单结晶体管触发电路调节晶闸管的控制角，改变直流电动机 D 的转速即送丝速度，当调节电阻 R_{10} 改变给定电压时实现焊接规范的调节，即实现焊接电流（送丝速度）的调节；从电阻 R_8 获得电枢电压负反馈与 R_{10}、R_{12} 串联取得给定电压反极性串联后送入晶体管 VT1 的基极，用于稳定送丝直流电动机的转速。

8.7　CO_2 电弧焊的焊接技术

8.7.1　焊前准备

CO_2 电弧焊时，为了获得良好的焊接质量，除正确选择焊接设备和焊接工艺参数外，还应做好焊前各项准备工作。

（1）坡口形状的选择

CO_2 电弧焊时推荐使用的坡口形式见表 8-4。短路过渡的细焊丝 CO_2 电弧焊主要焊接薄板或中厚板。一般开 I 形坡口，细颗粒过渡的粗焊丝 CO_2 电弧焊主要焊接中厚板及厚板，可以开较小的坡口。开坡口不仅是为了熔透，而且要考虑到焊缝成形的形状及熔合比。坡口角度过小易形成指状熔深，在焊缝中心可能产生裂纹。特别是焊接厚板时，必须注意，由于拘束应力大，这种倾向很强。

表 8-4　CO_2 焊推荐坡口形状

坡口形状		板厚/mm	有无垫板	坡口角度 α/(°)	根部间隙 b/mm	钝边高度 p/mm
I 形		<12	无	—	0~2	—
			有	—	0~3	—
单边 V 形		<60	无	45~60	0~2	0~5
			有	25~50	4~7	0~3
Y 形		<60	无	45~60	0~2	0~5
			有	35~60	0~6	0~3
K 形		<100	无	45~60	0~2	0~5
X 形		<100	无	45~60	0~2	0~5

（2）坡口加工方法与清理

坡口的加工方法主要有气割和碳弧气刨、机械加工等。坡口加工精度对焊接质量影响很大。坡口尺寸偏差能造成未焊透和未焊满等缺陷。CO_2 电弧焊时对坡口加工精度的要求比焊条电弧焊时更高。

焊缝附近有污物时，会严重影响焊接质量。焊前应将坡口周围 10～20mm 范围内的油污、油漆、铁锈、氧化皮及其他污物清除干净。厚度在 6mm 以下的薄板上的氧化物几乎对质量无影响。而在焊接厚板时，氧化皮能影响电弧稳定性、恶化焊道外观和产生气孔。实际生产中常用氧乙炔火焰烘烤的方法去除水分、油渍和氧化皮等。

（3）焊缝定位焊

定位焊是为防止由于焊接所产生的变形对坡口尺寸的影响。通常 CO_2 电弧焊与焊条电弧焊相比要求更牢固的定位焊缝。定位焊缝本身易生成夹渣和气孔，在随后进行 CO_2 焊时易产生气孔和夹渣等焊接缺陷。所以定位焊缝的焊接质量也必须得到保证。焊接薄板时定位焊缝应该细而短，长度为 3～10mm，间距为 30～50mm。它可以防止变形及焊道不规整。焊接中厚板时定位焊缝间距较大，达 100～150mm，为增加定位焊缝的强度，应增大其长度，一般为 15～50mm。若为熔透焊缝时，点固处难以实现反面成形，应从反面进行点固。

8.7.2　CO_2 电弧焊的引弧与收弧

（1）引弧工艺

半自动 CO_2 电弧焊时，喷嘴与工件间的距离不易控制。当焊丝以一定速度下送至工件表面时，往往把焊枪顶起，结果使焊枪远离工件，从而破坏了正常保护。所以，半自动 CO_2 焊时习惯的引弧方式是焊丝端头与焊接处划擦的过程中按焊枪按钮，通常称为"划擦引弧"。这时引弧成功率较高。引弧后必须迅速调整焊枪位置、焊枪角度及导电嘴与焊件间的距离。引弧处由于焊件的温度较低，熔深都比较浅，特别是在短路过渡时容易引起未焊透。为防止这种焊接缺陷

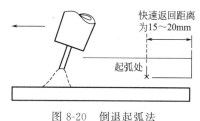

图 8-20　倒退起弧法

的产生，可以采取倒退引弧法，如图 8-20 所示。引弧后快速返回工件端头，再沿焊接方向移动，在焊道重合部分进行摆动，使焊道充分熔合，达到完全消除弧坑。

（2）收弧方法

焊道收尾处往往出现被称为弧坑的凹陷，弧坑处易产生火口裂纹及缩孔等缺陷。CO_2 电弧焊比一般焊条电弧焊用的焊接电流大，所以弧坑也大。为此，应设法减小弧坑尺寸，目前主要采用以下方法：

① 采用带有电流衰减装置的焊机时，用较小电流填充弧坑，一般是焊接电流的 50％～70％，易填满弧坑。最好以短路过渡的方式处理弧坑。这时沿弧坑的外沿移动焊枪，并逐渐缩小回转半径，直到中间停止。

② 没有电流衰减装置时，在弧坑未完全凝固的情况下，应在其上进行几次断续焊接。这时只是交替按动与释放焊枪按钮，而焊枪在弧坑填满之前始终停留在弧坑上，电弧燃烧时间应逐渐缩短。

③ 使用工艺板，也就是把焊接电弧引到工艺板上，弧坑留在工艺板上，焊完之后去掉。

（3）焊道的接头方法

直线焊接时，接头方法是在弧坑稍前 10～20mm 处引弧，然后将电弧快速移到原焊道

的弧坑中心，当熔化金属与原焊缝相连后，再返回向焊接方向移动，如图8-21(a)所示。在摆动焊接情况下，按图8-21(b)所示的"①—②—③"顺序进行，从②点返回，先做较小的摆动，不应超出焊缝宽度，随后一点一点地加宽摆幅，达到焊缝宽度。

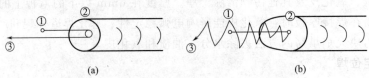

图 8-21　焊道的接头方法

8.7.3　CO_2 电弧的平焊焊接技术

(1) 单面焊双面成形技术

从正面焊接同时获得背面成形的焊道称为单面焊双面成形，常用于焊接薄板及厚扳的打底焊道。

① 悬空焊接。无垫板的单面焊双面成形焊接时对焊工的技术水平要求较高，对坡口精度、装配质量和焊接参数也提出了严格要求。

坡口间隙对单面焊双面成形的影响很大。坡口间隙小时，焊丝应对准熔池的前部，增大穿透能力，使焊缝焊透；坡口间隙大时，为防止烧穿，焊丝应指向熔池中心，并进行适当摆动。当坡口间隙为 0.2~1.4mm 时，一般采用直线式焊接或小幅摆动。当坡口间隙为 1.2~2.0mm 时，应采用月牙形的小幅摆动，在焊缝中心稍快些移动，而在两侧作片刻停留。当坡口间隙更大时，摆动方式应在横向摆动的基础上增加前后摆动，这样可避免电弧直接对准间隙，防止烧穿。不同板厚推荐的根部间隙值见表8-5。

表 8-5　不同板厚推荐的根部间隙值　　　　　　　　　　　　　　mm

板　厚	根部间隙	板　厚	根部间隙
0.8	<0.2	4.5	<1.6
1.6	<0.5	6.0	<1.8
2.3	<1.0	10.0	<2.0
3.2	<1.6	—	

采用细焊丝短路过渡焊接时，典型单面焊双面成形的焊接参数见表8-6。

② 加垫板的焊接。单面焊双面成形加垫板比悬空焊接容易控制，而且对焊接参数的要求也较低。

垫板材料通常为纯铜板，如图8-22所示；为防止铜垫板与焊件焊到一起，最好采用水冷铜垫板。加垫板时单面焊双面成形的典型焊接参数见表8-7。

铜垫板

图 8-22　加垫板的熔透焊情况

表 8-6　典型单面焊双面成形的焊接参数

板厚/mm	坡口形式	焊　接　参　数
<1.6	I 形	焊接电流 60~120A,电弧电压 16~19V,焊丝直径 ϕ0.8~1.0mm
1.6~3.2	I 形	焊接电流 80~150A,电弧电压 17~20V,焊丝直径 ϕ0.9~1.2mm
>6	V 形	焊接电流 120~130A,电弧电压 18~19V,焊丝直径 ϕ1.2mm

表 8-7 加垫板焊接的典型焊接参数

板厚/mm	根部间隙/mm	焊丝直径/mm	焊接电流/A	电弧电压/V
0.8～1.6	0～0.5	0.9～1.2	80～140	18～22
2.0～3.2	0～1.0	1.2	100～180	18～23
4.0～6.0	0～1.2	1.2～1.6	200～420	23～38
8.0	0.5～1.6	1.6	350～450	34～42

（2）平焊对接焊缝的焊接技术

薄板对接焊一般都采用短路过渡焊接技术，中厚板对接大都采用细颗粒过渡焊接技术。坡口可采用 I 形、Y 形、U 形、X 形和单边 V 形等形状。通常 CO_2 焊时的坡口角度较小，最小可达 $45°$，左右面钝边较大。

坡口角度较小时，如果在坡口内焊接，则熔化金属容易流到电弧前面去，而引起未焊透，所以在根部焊道焊接时，应该采用右焊法和直线式移动。当坡口角度较大时，应采用左焊法和小幅摆动焊接根部焊道。

平焊对接焊缝的典型焊接参数见表 8-8。

表 8-8 平焊对接焊缝的典型焊接参数

板厚/mm	坡口形式	有无垫板	焊丝直径/mm	坡口角度 α/(°)	根部间隙 b/mm	钝边 p/mm	焊接电流/A	电弧电压/V	气体流量/(L/min)	自动焊速度/(m/h)
1.0～2.0	I 形	无	0.5～1.2		0～0.5		35～120	17～21	6～12	18～35
		有			0～1.0		40～150	18～23		18～30
2.0～4.5	I 形	无	0.8～1.2		0～2.0		100～230	20～26	10～15	20～30
		有	0.8～1.6		0～2.5		120～260	21～27		20～30
5.0～9.0	I 形	无	1.2～1.6		1.0～2.0		200～400	23～40	15～20	20～42
		无	1.2～1.6		1.0～3.0		250～420	26～41	15～25	18～35
10～12	I 形	无	1.6		1.0～2.0		350～450	32～43	20～25	20～42
5～60	Y 形	无	1.2～1.6	45～60	0～2.0	0～5.0	200～450	23～43	15～25	20～42
		有	1.2～1.6	30～50	4.0～7.0	0～3.0	250～450	26～43	20～25	18～35
10～100	K 形	无	1.2～1.6	40～60	0～2.0	0～5.0	200～450	23～43	15～25	20～42
	X 形	无	1.2～1.6	45～60	0～2.0	0～5.0	200～450	23～43	15～25	20～42

8.7.4 自动 CO_2 气体保护焊焊接工艺实例

后桥是汽车的关键零部件之一，其焊接质量的好坏关系到汽车的安全性问题。它不但要承重和传力，还要承受由动载荷和静载荷所引起的较大的弯矩和扭矩，为此要求后桥应具有足够的强度、刚度和韧性，这就对桥壳的焊接质量提出了很高的要求。某车桥有限公司生产的后桥壳由两端法兰盘、2 个变形轴管和桥壳中段组成，如图 8-23 所示。桥壳连接处的环焊缝为 4 处。桥壳环焊缝，特别是变形轴管与桥壳中段的 2 个环焊缝质量的好坏直接关系到汽车的安全。

（1）后桥零部件母材的性质

桥壳采用 SAPH440 板材冲压而成。SAPH440 钢板是含有锰和硅的低碳合金汽车结构用钢，焊接时的淬硬倾向要比 Q235 碳钢稍大一些，冷裂倾向也较大。当焊件刚性很大时，

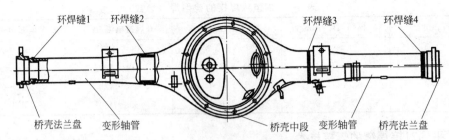

图 8-23 后桥桥壳示意图

为防止在焊接时冷裂纹的产生，焊接接头结构设计时应尽量避免一些焊接短焊缝（或焊脚尺寸较小的角焊缝）。同时可进行定位焊，定位焊长度应大于 50～100mm，间隙要小，并采用较大的焊接电流，放慢焊接速度，熄弧前填满弧坑。

变形轴管是该汽车后桥的重要组成部件，连接桥壳中段和两端法兰盘。采用 20 钢管扩管成形。

法兰盘采用 20 钢，经锻打成形，与变形轴管材质相同。

（2）焊接方法和焊接材料的选择

桥壳焊接方法，选择 CO_2 气体保护焊。焊丝选择目前国内普遍使用 ER50-6 焊丝。焊丝的塑性与韧性优良，能得到性能良好的焊缝，而且其硫、磷控制也较严，对保证焊缝的力学性能有利。

（3）后桥壳焊接工艺

该后桥为分段式车桥，共有桥壳两端法兰盘与变形轴管对接以及变形轴管与桥壳中段对接 4 处环焊，在此采用的桥壳焊接工艺是先将桥壳各附件焊接到变形轴管和桥壳中段上，再将桥壳两端法兰盘、变形轴管以及桥壳中段进行点固后进行 4 处环焊缝整体焊接。桥壳两端法兰盘与变形轴管焊缝处的连接形式采用两端法兰盘，一端车出台阶与变形轴管进行间隙配合。变形轴管与桥壳中段焊缝处连接是在桥壳中段与变形轴管之间用一衬环（内衬环）进行连接，然后施焊，内衬环起到焊缝的垫板作用。

（4）主要焊缝焊接参数

4 处环焊缝要求焊接熔深率达 100%，焊缝宽度达 12mm 以上。为了保证 4 环焊缝焊接质量的稳定性，采用 CO_2 气体保护焊接专用设备进行自动焊接，通过多次对焊缝检测和焊接参数评价，制订焊接工艺参数规范如表 8-9 所示。

表 8-9　桥壳焊接工艺参数

焊缝位置	焊丝直径 ϕ/mm	电弧电压 U/V	焊接电流 I_s/A	焊接时间 t/s	焊丝伸出长度 L_s/mm	焊缝搭接量 l/mm	气体流量 Q/(L/min)
法兰盘与变形轴管处	1.2	30～32	280～300	35	16	15	18～20
变形轴管与桥壳中段处	1.2	28～30	260～280	35	16	18	18～20

为保证焊缝质量，避免焊接缺陷，使用的 CO_2 气体纯度达 99.5% 以上，其含水量不超过 0.01%。

采用上述后桥焊接工艺，并通过对焊接母材、焊丝材料和施焊参数严格控制，生产出的后桥进行疲劳强度试验时循环次数均达 120 万次以上，通过对 2 种接头形式进行焊缝检测以及后桥壳焊接强度台架试验，结果表明该焊接接头形式能满足后桥壳强度设计要求。

8.8 CO₂ 气体保护电弧焊的其他方法

8.8.1 药芯焊丝 CO₂ 电弧焊

CO_2 气体作为焊接保护气体，在焊接过程中对焊接熔池起到良好的保护作用，有着突出的优点，在 CO_2 气氛中燃烧的电弧热效率高，焊丝熔化速度快，母材熔深大，生产率高。但它又有着固有的缺点，如焊接中飞溅较大、焊缝外形不良等。

采用气-渣联合保护焊接方法，可以克服 CO_2 电弧焊中的一些不足，而且兼有焊条手弧焊的一些优点。气-渣联合保护的方法很多，如药芯焊丝 CO_2 电弧焊和涂药焊丝 CO_2 电弧焊等。焊丝涂药 CO_2 电弧焊由于焊丝制造复杂，国内生产中还未采用。药芯焊丝 CO_2 电弧焊在国外已获得广泛的应用，近几年我国药芯焊丝 CO_2 电弧焊发展也较快，在造船、汽车、水力发电设备、石油化工及金属结构行业中得到广泛的推广应用。药芯焊丝自保护焊接，这几年在我国也取得广泛的应用。

（1）药芯焊丝 CO₂ 电弧焊的特点

药芯焊丝 CO_2 电弧焊的焊缝成形过程如图 8-24 所示。它有以下一些优点：

① 与焊条手弧焊相比，由于 CO_2 电弧的热效率高，加上焊接电流密度比手弧焊大（可达 $100A/mm^2$），所以焊丝熔化快，生产率是焊条手弧焊的 3～5 倍。又因熔深大，焊接坡口可以比手弧焊时小，钝边高度则可以加大。在焊接角焊缝时药芯焊丝 CO_2 焊的熔深可比手弧焊大 50% 左右，既节省了焊丝金属填充量，又可提高焊接速度。

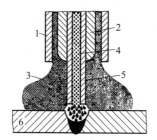

图 8-24 药芯焊丝 CO_2 电弧焊焊缝成形示意图

1—喷嘴；2—导电嘴；3—CO_2 气体；4—药芯；
5—焊丝钢皮；6—母材；7—工件焊缝金属；8—渣壳

② 由于药芯成分改变了纯 CO_2 电弧气氛的物理、化学性质，因而飞溅少，且飞溅颗粒细，容易清除。同时熔池表面有熔渣覆盖，所以焊缝成形类似手弧焊，成形比用纯 CO_2 时美观。

③ 通过调整药芯成分可以焊接不同的钢种，而不必通过冶炼获得成分复杂的实心焊丝，在实际生产中和堆焊研究试验更加方便。

④ 焊接过程中焊接熔池受到 CO_2 气体和熔渣的联合保护，所以抗气孔能力比实心焊丝 CO_2 电弧焊强。

但药芯焊丝 CO_2 电弧焊也有如下不足：

① 焊接烟尘太大，影响环保和操作者健康。

② 药芯焊丝粉剂易吸潮，焊丝外表容易锈蚀，应加强保管。使用前药芯焊丝必须在 250～300℃ 温度下进行烘烤，否则，粉剂中吸收的水分将会在焊缝中引起气孔。

③ 焊丝的外皮薄且材质软，使送丝困难，须采取特殊措施，为减轻送丝轮的压力，应使用四轮双驱动送丝机。

（2）药芯焊丝的结构

药芯焊丝是由 08A 冷轧薄钢带（经光亮退火）经轧机纵向折叠加粉后拉拔而成。截面

O形　　　　　梅花形

T形　　　　　E形　　　　中间填丝形

图 8-25　药芯焊丝的截面形状结构

形状种类很多，但主要可以分成两大类：简单断面的 O 形和复杂断面的折叠形。折叠形中又分为 T 形、E 形、梅花形和中间填丝形等，如图 8-25 所示。

O 形断面的焊丝通常称为管状焊丝。管状焊丝由于芯部粉剂不导电，电弧稳定性较差，因此电弧容易沿四周的钢皮旋转。而折叠焊丝因钢皮在整个断面上分布比较均匀，焊丝芯部亦能导电，所以电弧燃烧稳定，焊丝熔化均匀，冶金反应充分。

由于小直径折叠焊丝制造较困难，因此一般 $d \leqslant 2.4\text{mm}$ 时的焊丝均制成 O 形；$d > 2.4\text{mm}$ 时，焊丝制成折叠形。

药芯焊丝芯部粉剂的成分和焊条的药皮类似，含有稳弧剂、脱氧剂、造渣剂和铁合金等，起着造渣保护熔池、渗合金、稳弧等作用。按粉剂成分可分为钛型、钙型和钛钙型几种。粉剂的粒度应大于 100 目，不应含吸湿性强的物质并有良好的流动性。在粉剂中一般含有较多的铁粉，其目的在于增加焊丝的熔敷速度，增加焊丝整个截面的熔化均匀性和粉剂的流动性。目前国内生产的药芯焊丝多属钛型，直径有 1.6mm、2.0mm、2.4mm、2.8mm、3.2mm 等几种，主要用于低碳钢和低合金钢的焊接。

药芯焊丝的制造质量对焊接过程的稳定性和焊缝质量有很大的影响。粉剂为各种成分的机械混合物，必须拌和均匀。沿焊丝长度，粉芯的致密度亦应均匀。否则，焊丝通过送丝滚轮时会被压扁造成送丝困难，引起焊接过程的不稳定。另外，焊丝外壳的接缝必须吻合紧密，不应有局部开裂。焊丝拔制后应有一定的刚度，以保障在软管中送丝通畅。

(3) 药芯焊丝 CO_2 电弧焊对焊接设备的要求

CO_2 电弧焊时，实心焊丝对焊接电源的外特性和动特性有较高的要求。在药芯焊丝 CO_2 电弧焊中，由于焊丝药芯粉剂改变了电弧特性，因此具有平特性或下降特性的直流、交流电源均可使用。直流电源时仍采用直流反极性。

药芯焊丝 CO_2 电弧焊要求的电弧电压在 25～35V 之间，焊接电流为 200～700A（视焊丝直径而定），既可采用半自动焊也可采用自动焊。半自动焊时不像手弧焊那样需要更换焊条，可连续进行焊接。自动焊时也不像埋弧焊那样要输送和回收焊剂。

8.8.2　CO_2 电弧点焊

(1) CO_2 电弧点焊的特点

CO_2 电弧点焊是利用在 CO_2 气体中燃烧的电弧来熔化上下金属构件，形成连接。焊接过程中焊枪不移动。由于焊丝的熔化，在上板的表面形成一个铆钉的形状，因此也称为电铆焊，如图 8-26 所示。

CO_2 电弧点焊主要用于连接薄板框架结构，在汽车制造、农业机械、化工机械等部门中有着广泛的应用。CO_2 电弧点焊与电阻点焊相比较有如下特点：

① 焊接设备简单，电源功率小，无需特殊加压装置，不受焊接场所的限制，使用方便、灵活。

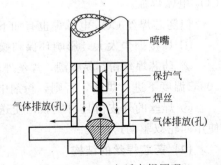

图 8-26　CO_2 电弧点焊原理

② 焊点距离及板厚不受限制，适用性强。

③ 抗锈能力强，对工件表面质量要求不高。

④ 焊接质量好，焊点强度比电阻点焊高。

此外，电弧点焊对上、下板之间的装配精度要求也不太严格。

(2) CO_2 电弧点焊设备

CO_2 电弧点焊每个焊点的焊接过程都是自动进行的。其程序如下：提前送气→送丝→通电→停止送丝→停电→停气。

因此要求点焊设备能准确控制电弧点焊时间及一定的焊丝回烧时间。焊丝回烧的作用是为了防止焊丝与焊点粘在一起。但是如果回烧时间过长，则焊丝末端的溶滴尺寸会迅速增大，这样相当于增大了焊丝直径，使下一次引弧变得困难，并产生大颗粒飞溅。一般回烧时间应控制在 0.1s 以下。

CO_2 电弧点焊可以采用普通的 CO_2 电弧焊电源，但要求具有较高的空载电压（70V 左右），以保证频繁引弧时能够稳定可靠。普通 CO_2 电弧焊设备、控制线路和焊枪，略经改装后即可作为 CO_2 电弧点焊设备。

此外，CO_2 电弧点焊焊枪上的喷嘴要经得住支撑，以便点焊时可将焊枪垂直压紧在工件表面。

(3) CO_2 电弧点焊接头形式及焊接规范

CO_2 电弧点焊常用的接头形式，如图 8-27 所示。

水平位置 CO_2 电弧点焊板厚均在 1mm 以下，为提高剪切强度、防止烧穿，点焊时应加垫板。当上板厚大于 6mm，熔透上板所需的电流又不足时，则可在上板先开一个锥孔，然后再施焊（即"塞焊"）。仰面位置 CO_2 电弧点焊时，为防止熔池金属下落，在规范选择上应尽量采用低电压、大

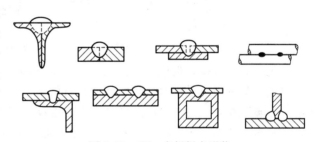

图 8-27　CO_2 点焊焊点形状

电流，短时间及大的气体流量。对于垂直位置 CO_2 点焊，其焊接时间比仰焊时要更短。CO_2 电弧点焊的焊丝直径一般为 0.8～1.6mm。CO_2 电弧点焊的工艺参数互相依赖性很强，往往改变一个参数就要求改变其他一个或几个参数。具体应用中工艺参数的设置要求通过实验来确定。推荐工艺参数值列表于 8-10。

表 8-10　碳钢 CO_2 电弧点焊工艺参数的推荐值（熔核直径为 6.4mm）

焊接直径/mm	板厚/mm	电弧点焊时间/s	焊接电流/A	电弧电压/V
0.8	0.56	1	90	24
	0.81	1.2	120	27
	0.94	1.2	120	27
0.9	0.99	1	190	27
	1.50	2	190	28
	1.83	5	190	28
1.2	1.83	1.5	300	30
	2.79	3.5	300	30
	3.15	4.2	300	30
1.6	3.15	1	490	32
	4.0	1.5	490	32

8.8.3 CO_2 气电立焊

气电立焊是厚板立焊时，在接头两侧使用成形器具（固定式或移动式冷却块）保持熔池形状，强制焊缝成形的一种电弧焊，通常加 CO_2 气体保护熔池。其优点是可不开坡口焊接厚板，生产率高，成本低。

气电立焊设备主要由焊接电源、导电嘴、水冷滑块、送丝机构、焊丝摆动机构和供气装置等组成。图 8-28 是气电立焊的示意图，它利用水冷滑块挡住熔化金属，使之强迫成形，以实现立向位置焊接，保护气体可采用单一的 CO_2 气体也可采用混合气体（如 $CO_2 + Ar$），焊丝连续向下送入由焊件坡口面和两个水冷滑块面形成的凹槽中，在焊丝与母材金属之间形成电弧，并不断熔化和流向电弧下的熔池中；随着熔池上升，电弧与水冷滑块也随着上移，原先的凹槽被熔化金属填充，形成焊缝。

气电立焊通常用于较厚的低碳钢和中碳钢等材料的焊接，也可用于奥氏体不锈

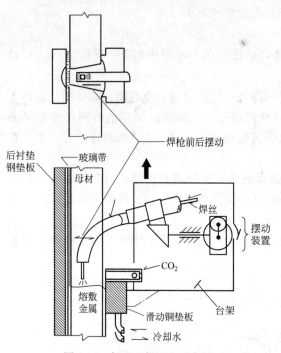

图 8-28 气电立焊原理示意图

钢和其他合金的焊接。板材厚度在 12～80mm 之间最为适宜。

气电立焊的熔深是指对接接头侧面母材的熔入深度。通常熔深随焊接电流增加而减小，即焊缝熔宽减小，同时焊接电流增加，送丝速度、熔敷率和接头填充速度（即焊接速度）将提高，焊接电流通常为 750～1000A。随电弧电压增高，熔深增大，而焊缝宽度增加，电弧电压通常是 30～55V。焊丝伸出长度为 38～40mm，因此焊丝熔化速度较高。板材厚度大于 30mm 的焊件一般要作横向摆动，摆动速度为 7～8mm/s。导电嘴在距每侧冷却滑块约 10mm 处停留，停留时间为 1～3s，以抵消水冷滑块对金属的冷却作用，使焊缝表面完全熔合。

8.8.4 表面张力过渡焊接法（STT 法）

STT 法是前苏联学者宾丘克在 20 世纪 80 年代初申报的专利，并由美国林肯电气公司 E. K. Stava 发表了论文和研制了产品。它打破了焊接设备恒压或恒流控制的传统模式，在研究了熔滴短路过渡的物理模型后提出了一种依靠熔池的表面张力将液体金属小桥拉断，实现了无飞溅过渡，所以称为 STT 法，如图 8-29 所示。

（1）表面张力过渡（STT 法）工艺特点

与传统的焊接工艺相比，具有以下优点：

① 热输入减少，可以减少根部焊缝的焊接变形以及热影响区的范围。

② 同传统的 MIG/MAG 焊方法相比，可减少 90% 左右的飞溅，烟尘可减少 50%～70%，因此焊缝以及周围非常洁净。

③ 对焊工的技术要求降低，同时正反面成形均匀一致，边缘熔合得更好。甚至可以进

行厚度为 0.6mm 的板材的仰焊。

④ 降低了焊缝装配误差的要求，如厚度为 3mm 的板材，间隙可以达到 1.2mm。

⑤ 在薄板焊接和根部打底焊中，可以取代 TIG 焊，从而提高生产效率。

⑥ 适用范围广，适合于焊接各种非合金钢、低合金钢、高合金钢和电镀钢。

⑦ 可以使用各种保护气体，包括纯氩气、氦气和 CO_2 气体。

STT 是一种类似于短路过渡或短弧过渡的新的过渡方式，与标准的气体保护焊设备不同。STT 的焊接电源在整个焊接周期内精确地控制着流过焊丝的电流，其响应时间以微秒计。STT 的一个重要特点是其焊接电流与送丝速度无关，由此可以更好地控制热输入而得到合适的熔深，并可以消除传统工艺可能产生的冷搭接现象。

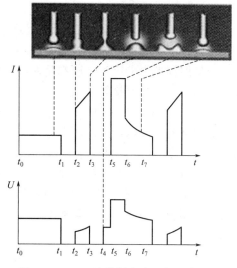

图 8-29　STT 法控制电流、电压波形图

(2) STT 的工艺原理和特点

图 8-29 所示为 STT 的电流电压波形。一般认为，在 CO_2 短路过渡焊接过程中，飞溅产生的主要原因为：当熔滴与熔池接触时，熔滴成为焊丝与熔池的连接桥梁（液体小桥），并通过该液桥使电弧短路；短路之后电流逐渐增加，小桥处的电流密度很快增加，对小桥急剧加热，造成过剩热量的积聚，最后导致小桥发生汽化爆炸，同时引起金属飞溅。飞溅的多少与爆炸能量有关，此能量是在小桥完全破坏之前的 $100 \sim 150 \mu s$ 内积聚起来的，由这时的短路电流（即短路峰值电流）和小桥直径所决定。因此，防止小桥中能量的积聚就能防止飞溅的产生。

从电弧中熔滴过渡物理过程出发，在整个熔滴过渡过程中，电流波形根据电弧瞬时热量的变化进行实时变化。在表面张力过渡理论中，熔滴的每个过渡周期被分为以下几个阶段：

STT 法中每个短路周期都经过以下 7 个阶段的控制：

① 维弧阶段（$t_0 - t_1$）：为燃弧后期的维弧阶段，电流较小（$I_1 = 50 \sim 100A$）。

② 过渡阶段（$t_1 - t_2$）：随熔滴长大和焊丝送进，熔滴和熔池开始接触和短路，立即减小电流为 I_2，以防止瞬时短路。

③ 颈缩段（$t_2 - t_3$）：小桥形成后，电流以双曲线状迅速上升达 I_3，将产生较大的电磁收缩力使细颈收缩。

④ 爆断阶段（$t_3 - t_4$）：随着颈缩减小，小桥电阻增大，同时还连续检测反映电阻变化的电阻变化率。当电压变化率达到某一临界值时，说明小桥即将断裂。在数微秒内将电流降到最小值，这时即使没有电磁力，只依靠表面张力也会促进小桥进一步收缩，直到拉断（t_4）。

⑤ 再引燃阶段（$t_4 - t_5$）：焊丝脱离熔池后，电弧又重新引燃，此时维持一段时间的小电流，以免气动冲击熔池。

⑥ 燃弧阶段（$t_5 - t_6$）：熔滴过渡完成后，电流很快恢复至较大的燃弧电流给定值 I_4，一方面加热熔池产生一定的熔深，另一方面加热焊丝产生所要求的熔滴尺寸。

⑦ 回复阶段（$t_6 - t_7 - t_0$）：电流从 I_4 逐渐衰减到基值电流 I_1，随着电流的减小，削弱了电弧对熔滴的排斥作用，使熔滴呈下垂状，实现对熔滴的整形，为下一次的短路做

准备。

STT 法科学地和严格地剖析了短路过渡过程的物理模型，并在全过程中对电流和电压等参数进行了适时的快速的控制，获得了基本上无飞溅的焊接方法。这种方法的主要特点是每一个短路周期中电流和电压都呈两高两低状态，两高时输入能量，两低时保证过程稳定，既使熔滴与熔池柔顺接触，又使焊丝和熔池平静分开，也就是抑制了飞溅的产生。技术难点有两个，一个是短路飞溅的多少与焊接能量有关，此能量是在小桥爆断之前的 $100\sim150\mu s$ 内积聚起来的，所以较大的短路电流必须在爆断之前的 $150\mu s$ 时降下来，这个时刻可以用短路电压上升率 du/dt 为特征。但该信号在小电流时能可靠地采集，而在较大电流时却不能采集，所以该法目前只是在较小的电流时能可靠应用。另一个是应在几微秒时间内快速以较大的短路电流下降到 50A 左右。目前焊接回路都有较大电感，电路的动态响应能力较差，常常是采用辅助电路来提高动态响应能力。这样做又增加了设备的复杂性和成本。

复习思考题

1. 试述 CO_2 气体保护焊的特点及适用范围。

2. CO_2 有什么冶金特点？为什么会具有较高的抗锈、低氢能力？

3. CO_2 焊设备包括哪几部分？分别加以说明。

4. 试述用于 CO_2 焊的保护气体的特点和要求。

5. CO_2 焊的飞溅是如何产生的？

6. CO_2 焊的焊接参数选择有什么特点？

7. 简要叙述药芯焊丝 CO_2 焊和波形控制的工作原理。

8. CO_2 气体保护焊对电源特性有何要求？为什么？

9. 现有厚度为 2mm 的碳钢板，用什么焊接方法，什么规范？若用同厚度的铝板又该如何选用合适的焊接方法？

10. 某厂有一台工程用三相变压器，输出电压变化范围为 $18\sim40V$，电流为 300A，可否改成 CO_2 焊接电源，进行细丝 CO_2 气体保护焊？要注意哪些问题？

第9章　等离子弧焊接与切割

等离子弧是电弧的一种特殊形式，是自由电弧被压缩后形成的。从本质上讲，它仍然是一种气体放电的导电现象。本章先重点讲述等离子弧的形成及其特性、分析双弧对等离子弧的影响；接着介绍等离子弧焊接及切割的特点、工艺及设备。

9.1　等离子弧的产生及其特性

9.1.1　等离子弧的产生

（1）等离子弧概念

现代物理学认为等离子体是除固体、液体、气体之外物质存在的第四种形态。它是充分电离了的气体，是由带负电的电子、带正电的正离子及部分未电离的中性的原子和分子组成。产生等离子体的方法很多。目前，焊接领域中应用的等离子弧实际上是一种压缩电弧，是在钨极氩弧焊基础上发展而来的。钨极氩弧焊的电弧常被称为自由电弧，它燃烧于惰性气体氩的保护下的钨极与焊件之间，其周围没有约束，当电弧电流增大时，弧柱直径也伴随增大，二者不能独立地进行调节，因此自由电弧弧柱的电流密度、温度和能量密度的增大均受到一定限制。实验证明，借助水冷铜喷嘴的外部拘束作用，使弧柱的横截面受到限制而不能自由扩大时，就可使电弧的温度、能量密度和等离子体流速都显著增大。这种通过外部拘束作用使自由电弧的弧柱被强烈压缩所形成的电弧就是通常所称的等离子弧。所以也把等离子弧叫做"拘束电弧"或"压缩电弧"。

自由电弧受到外部拘束形成等离子弧后，电弧的温度、能量密度、等离子流速都显著提高，对喷嘴的热作用也会增强，因此为保证电弧拘束能力和使用安全性，等离子弧喷嘴需要采取水冷。

（2）等离子弧的工作形式

等离子弧按焊接电源供电方式分为三种工作形式：转移型等离子弧、非转移型等离子弧即等离子焰、混合型等离子弧。

① 非转移型等离子弧即等离子焰　如图 9-1(a) 所示，在钨电极与喷嘴内壁之间引燃等

离子弧，电弧电源正、负极分别接到电极和喷嘴上。由于保护气通过电弧区被加热，流出喷嘴时带出高温等离子焰流，对被加工工件进行加热，因此称作"等离子焰流"。

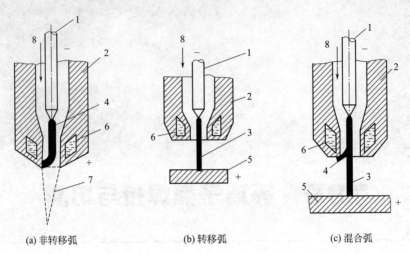

(a) 非转移弧　　　　(b) 转移弧　　　　(c) 混合弧

图 9-1　等离子弧的类型

1—钨极；2—喷嘴；3—转移弧；4—非转移弧；5—工件；6—冷却水；7—弧焰；8—离子气

② 转移型等离子弧　如图 9-1(b) 所示，在喷嘴内电极与被加工工件间产生等离子弧，主电源正、负极分别接到工件和电极上。由于电极到工件的距离较长，引燃电弧时，首先在电极与喷嘴内壁间引燃一个小电弧，称作"引燃弧"，电极被加热，空间温度升高，高温气流从喷嘴孔道中流出，喷射到工件表面，在电极与工件间有了高温气层，其间也含有带电粒子，随后在主电源较高的空载电压下，电弧能够自动转移到电极与工件之间燃烧，称作"主弧"或"转移弧"。主弧引燃后，通过开关切断引燃弧。

③ 混合型等离子弧　如图 9-1(c) 所示，当电弧引燃并形成转移弧后仍然保持引燃弧（称作"小弧"）的存在，即形成两个电弧同时燃烧的局面，效果是转移弧的燃烧更为稳定。

混合型等离子弧和转移型等离子弧都需要有两套电源供电，引燃弧电源相对功率较小，一般只需要有几安培的输出。

9.1.2　等离子弧的特性及用途

(1) 电弧静特性

等离子弧的静态特性的含义是指一定弧长的等离子弧在稳定的工作状态时，电弧电压 U_f 与电弧电流 I_f 之间的关系称为等离子弧的静态伏安特性，简称静特性。其静特性仍然呈现 U 形特性，如图 9-2 所示。与 TIG 电弧相比，等离子弧的静态特性有如下几方面特点：

① 由于水冷喷嘴对孔道壁的拘束作用，弧柱截面积小，弧柱电场强度增大，电弧电压明显提高，从大范围电流变化看，静特性曲线中平特性区不明显，上升特性区斜率增加。

② 混合式等离子弧中的小弧电流对转移弧特性有明显影响，小弧电流值增加，有利于降低转移弧电压，这在小电流电弧（主弧）中表现最显著。

③ 拘束孔道的尺寸和形状对静特性有明显影响，喷嘴孔径越小，静特性中的平特性区间越窄，上升特性区的斜率越大，即弧柱电场强度越大。

④ 在电极腔及喷嘴孔道中流过的气体称作"工作气"或"离子气"，离子气种类和流量

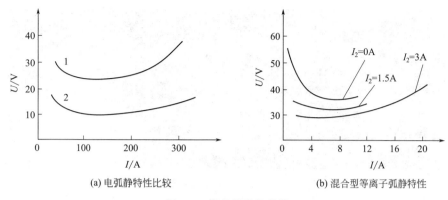

(a) 电弧静特性比较　　　　　　　　(b) 混合型等离子弧静特性

图 9-2　等离子弧静特性

1—转移型等离子；2—钨极氩弧；I_2—非转移弧电流

对弧柱电场强度有明显影响，因此，等离子弧供电电源的空载电压应按所用等离子气种类而定。

（2）热源特性

与 TIG 电弧相比，等离子弧在热源特性方面有如下特点：

① 等离子弧温度更高，能量密度更大。普通 TIG 弧的最高温度为 $1.0 \times 10^4 \sim 2.4 \times 10^4$ K，能量密度小于 10^4 W/cm^2。等离子弧温度可达 $2.4 \times 10^4 \sim 5.0 \times 10^4$ K，能量密度可达 $10^5 \sim 10^6$ W/cm^2。图 9-3 和图 9-4 所示是两者的对比情况。

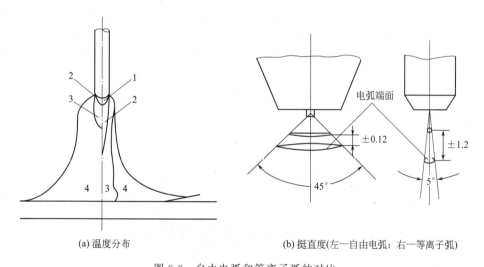

(a) 温度分布　　　　　　　　(b) 挺直度(左—自由电弧；右—等离子弧)

图 9-3　自由电弧和等离子弧的对比

1—24000～50000K；2—18000～24000K；3—14000～18000K；4—10000～14000K

自由电弧 200A，15V，40×28L/h；压缩电弧 200A，30V，40×28L/h，压缩孔径 ϕ2.4mm

等离子弧温度和能量密度提高的原因是：

a. 机械压缩效应。水冷喷嘴孔道对电弧的机械压缩作用，使电弧弧柱截面积减小，能量更为集中。

b. 热压缩效应。喷嘴水冷作用使靠近喷嘴内壁的气体受到一定程度的冷却，其温度和电离度下降，迫使弧柱区带电粒子集中到弧柱中的高电离度区流动，这样由于冷壁而在弧柱四周产生一层电离度趋近于零的冷气膜，使弧柱有效截面积进一步减小，电流密度进一步提

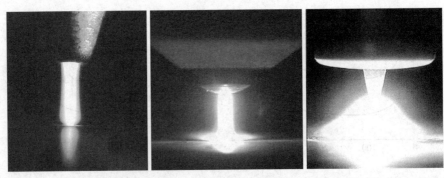

图 9-4　微束等离子弧、普通等离子弧与普通 TIG 弧外观对比

高。这种使弧柱温度和能量密度提高的作用称作热压缩效应。

c. 电磁压缩效应。由于以上两种压缩效应的存在，在弧柱电流密度增大以后，弧柱电流线之间的电磁收缩作用也进一步增强，使弧柱温度和能量密度进一步提高。

以上三个因素中，喷嘴机械拘束是前提条件，而热压缩是最本质的原因。

② 热源成分中传导和辐射热量明显增加。普通 TIG 电弧用于焊接时，加热工件的热量主要来源于阳极斑点热（阳极区热量），弧柱辐射和传导热仅起辅助作用。在等离子弧中，弧柱高速高温等离子体通过接触传导和辐射带给焊件的热量明显增加，甚至可能成为主要的热量来源，而阳极产热则降为次要地位。

（3）等离子弧的应用

因高温、高能量密度等热源特点，等离子弧可以对各种金属材料进行焊接、堆焊、喷涂、切割等热加工。利用等离子焰流可以对某些非金属材料进行加工。等离子焊在一定厚度范围内，工件可在不开坡口、不留间隙的情况下实现单面焊双面成形，电弧稳定。其热量集中，热影响区小，焊接变形小，生产率高；相对其他焊接方法，等离子焊的设备投资较大，对操作要求高，难以手工操作，焊接参数精度高。

① 直流等离子弧焊接。直流等离子焊可以焊接碳钢、不锈钢、耐热钢、铜及合金等。还可用来焊接难熔、易氧化、热敏感性强的材料，如：钼、钨、铍、铬、钽、镍、钛等合金焊接。

② 交流等离子弧焊接：交流等离子弧焊接，主要用于铝及铝合金、镁及镁合金、铍青铜、铝青铜等材料的焊接。

9.2　等离子弧焊接设备

按操作方式不同，等离子弧焊接设备可分为手工焊设备和自动焊设备两大类。手工等离子弧焊接设备主要由焊接电源、焊枪、程序控制系统、气路系统和水路系统等部分组成，如图 9-5 所示；自动等离子弧焊设备除上述部分外，还有焊接小车和送丝机构（焊接时需要加填充金属）。按焊接电流的大小，等离子弧焊设备可分为大电流等离子弧焊设备和微束等离子弧焊设备。

9.2.1　焊接电源

（1）焊接电源特性

等离子弧的静特性曲线呈微上升状，因此钨电极等离子弧焊接电源应具有陡降特性或垂

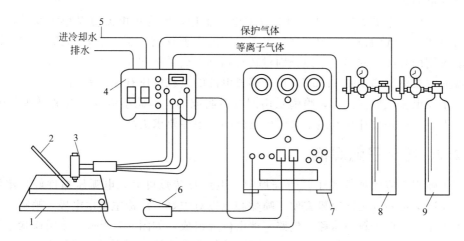

图 9-5　等离子弧焊设备组成

1—焊件；2—填充焊丝；3—焊枪；4—控制系统；5—水冷系统；6—启动开关；7—焊接电源；8,9—供气系统

直下降特性（恒流特性）。用纯氩作为离子气时，电源空载电压需要达到 $60\sim80V$；用氢、氩混合做离子气时，空载电压需要达到 $110\sim120V$。

电源形式分为：

① 直流等离子弧焊接电源。

② 直流脉冲等离子弧焊接电源。

③ 交流等离子弧焊接电源。交流电源主要用于铝及铝合金的焊接，由于等离子弧焊接对电弧稳定性要求较高，因此交流焊接一般使用方波电源或变极性电源。

（2）单电源工作

当焊接电流较大时一般采用转移型等离子弧焊接方式，以高频振荡引弧方式在电极与喷嘴内壁间引燃非转移弧，随后电弧转移到电极和工件间燃烧，通常可以从焊接电源正极串联一个电阻接到焊枪喷嘴上，如图 9-6(a) 所示，此时可以通过接触器动作切断非转移弧，进入正常焊接过程。

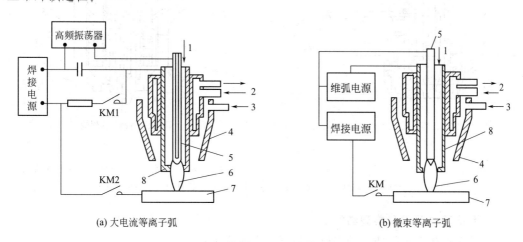

(a) 大电流等离子弧　　　　　　　　　　(b) 微束等离子弧

图 9-6　典型等离子弧焊接系统示意图

1—离子气；2—冷却水；3—保护气；4—保护罩；5—电极；6—离子弧；7—工件；

8—喷嘴；KM，KM1，KM2—接触器触点

（3）双电源工作

30A以下的小电流焊接时要采用混合型电弧工作，因为小电流电弧稳定性差，在较长的电弧通道和离子气的强烈冷却下容易熄灭，因此需要保持小弧（非转移弧）的连续燃烧。一般需要采用两套独立的焊接电源分别对转移弧和非转移弧供电，如图9-6(b)所示，非转移弧电源的空载电压为100～150V，而转移弧电源的空载电压有80V即可。

由于小弧电流一般都很小，喷嘴是用铜材料制成的，因此小弧也可以采取弹簧压缩-回抽的办法引燃，只是设计和制造上对焊枪电极的对中性要求更高。

9.2.2 等离子弧焊枪

等离子弧焊枪应保证等离子弧燃烧稳定，引弧及转弧可靠，电弧压缩件好，绝缘、通水、通气及冷却可靠，更换电极方便，喷嘴和电极对中好。焊枪主要由电极、喷嘴、中间绝缘体、上下枪体、保护罩、水路、气路、馈电体等组成，如图9-7所示。使用棒状电极的焊枪，其水、电、离子气及保护气接头一般都从枪体侧面连接。镶嵌式电极的水、电、离子气及保护气接头可从焊枪顶端接入。

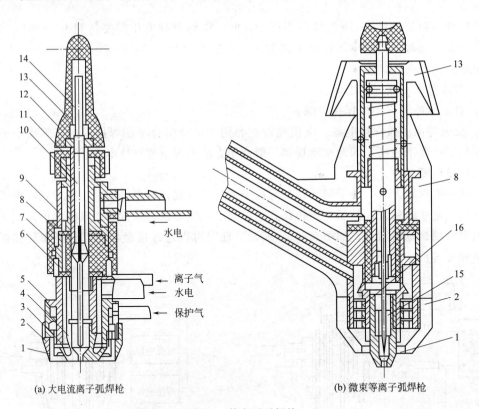

(a) 大电流离子弧焊枪　　　　　　　　　　(b) 微束等离子弧焊枪

图 9-7　等离子弧焊枪

1—喷嘴；2—保护套外环；3,4,6—密封圈；5—下枪体；7—绝缘柱；8—绝缘套；9—上枪体；10—电极夹头；
11—套管；12—螺母；13—胶木套；14—钨极；15—瓷对中块；16—透气网

（1）焊枪基本要求和典型结构

等离子弧焊接对设计使用的焊枪有如下几方面要求：

① 能固定喷嘴与钨极的相对位置，并可进行调节；

② 对喷嘴和钨极进行有效的冷却；

③ 喷嘴与钨极之间要绝缘，以便在钨极和喷嘴内壁间引燃小弧；

④ 能导入离子气流和保护气流；

⑤ 便于加工和装配，特别是喷嘴的更换；

⑥ 尽可能轻巧，便于使用中进行观察。

图 9-7 所示为两种实用焊枪的结构，其中图 9-7(a) 所示的结构用于较大电流下的焊接（300A），图 9-7(b) 所示的结构用于小电流焊接（16A），一般称作"微束等离子弧焊接"，两者的差别在于喷嘴采用直接或间接水冷。冷却水从下枪体 5 进，从上枪体 9 出。上、下枪体之间有绝缘柱 7 和绝缘套 8 隔开，进、出水口也是水冷电缆的接口。钨电极安置在电极夹头 10 中，电极夹从上冷却套（上枪体）插入，通过螺母 12 锁紧电极。离子气和保护气分两路进入下枪体。微束等离子弧焊接枪体在电极夹上有一压紧弹簧，按下电极夹头顶部可实现接触短路回抽引弧。

等离子弧焊接采用双气路焊枪，在内腔中流动的气体称作"离子气"或"工作气"，在外层气道中流动的是保护气。

（2）焊枪喷嘴

喷嘴是等离子弧焊枪中的关键部件，其结构是否合理，对保证等离子弧的稳定及应用性能具有决定性作用。

焊枪喷嘴有如下几项主要的结构参数：

① 喷嘴孔径 d　当电流和离子气流量给定时，孔径越大则压缩作用越小，孔径过大则无压缩效果，孔径过小易被烧损或容易引起双弧，破坏等离子弧的稳定性。因此对于给定的孔径，有一个合理的电流范围。

等离子弧切割时，使用的气流量远大于焊接，故对相同的喷嘴孔径可以使用大一些的电流。

② 喷嘴孔道长度 l　d 给定后，l 增加，则压缩作用增强，常以孔道比（l/d）表征喷嘴孔道压缩特征。

③ 锥角 α　又称压缩角，实际上对等离子弧的压缩状态影响不大，特别是离子气流量较小、l/d 较小时，30°～180°均可用。但应考虑与钨极端部形状相配合，以利于阴极斑点处于钨极顶端而不上爬。

④ 压缩孔道形状　大多数喷嘴均采用圆柱形压缩孔道，但也可采用圆锥形、台阶圆柱形等扩散形喷嘴，如图 9-8 所示，这类喷嘴压缩程度降低，有利于提高等离子弧稳定性和延长喷嘴使用寿命，分别在焊接、切割、堆焊、喷涂中使用。

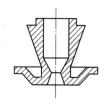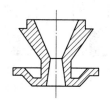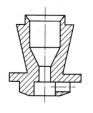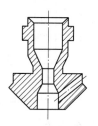

图 9-8　扩散形喷嘴结构

等离子弧喷嘴采用导热性良好的紫铜制成，大功率喷嘴必须直接水冷，并保证有足够的冷却水流量和水源压力，最好配用专用高压水源［压力为（5～8）×10^5Pa］。大功率枪有采用高压循环蒸馏水直接冷却枪体，再经换热器用自来水散热的复合冷却方法的。为提高冷却效果，喷嘴壁厚不宜大于 $2\sim2.5$mm，壁厚过薄，会影响使用寿命。

（3）电极内缩和同心度（图 9-9）

钨电极安装位置确定的电极内缩长度 l_g 是另一个对等离子弧有很大影响的参数。内缩长度增加可以提高对等离子弧的压缩程度，但过大的内缩也容易引起双弧。一般焊枪中取 $l_g=l\pm0.2$mm。$l_g<l$ 时可使等离子弧稳定性明显提高。

钨电极与喷嘴的同心度也是一个很重要的因素。钨电极偏心会造成等离子弧偏斜，可能使焊缝出现单侧咬边，也是促成双弧的一个诱因，在焊枪设计上最好考虑调整同心的环节。

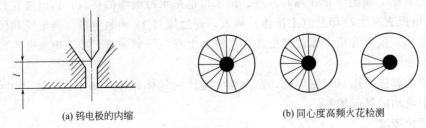

(a) 钨电极的内缩　　　　　　　　　　(b) 同心度高频火花检测

图 9-9　钨电极的内缩和同心度高频火花检测

（4）电极选择

等离子弧焊接中使用的电极一般都是钍钨极或铈钨极，也有采用锆钨极或锆电极的。表 9-1 示出离子弧焊接电极直径与焊接电流的使用范围。为便于引弧和增加电弧稳定性，电极前端一般磨成 $60°$ 尖角。电流小或电极直径用得较大时，尖角可以更小一些；直径大的电极端部可采用圆台形、圆台尖锥形、锥球形、球形等，以减缓烧损，如图 9-10 所示。当电流较大时一般采用镶嵌式水冷电极，如图 9-11 所示。

表 9-1　电极直径与焊接电流

电极直径/mm	使用电流/A	电极直径/mm	使用电流/A
0.25	<15	2.4	150~250
0.50	5~20	3.2	250~400
1.0	15~80	4.0	400~500
1.6	70~150	5.0~9.0	500~1000

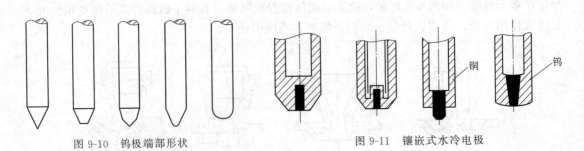

图 9-10　钨极端部形状　　　　　　　图 9-11　镶嵌式水冷电极

（5）送气方式

等离子弧离子气送气可采用两种方式，即切向或轴向向焊枪中送入气体，如图 9-12 所示。

① 切向送气时经一个或多个切向气道送入，气流形成的旋涡流入喷嘴孔道时其中心为低压区，有利于弧柱稳定于孔道中心。

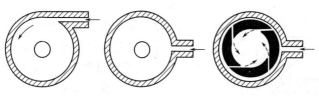

图 9-12 喷嘴送气方式

② 轴向送气时气流将从焊枪径向进入沿弧柱轴向流动。有研究结果表明，切向送气的弧柱压缩程度较高一些。

(6) 等离子弧焊接程序控制

等离子弧焊多数都是采用自动焊方法进行焊接，自动焊控制系统一般包括高频引弧电路、控制电路等部分。控制系统一般应具备如下功能：

① 可预调气体流量并实现离子气流递增、离子气流的衰减。

② 焊前能进行电极的对中调试。

③ 提前送气，延迟停气。

④ 可靠地高频引弧及转移弧燃烧。

⑤ 实现起弧电流递增，熄弧电流衰减。

⑥ 实现焊接行走、焊丝填充。

⑦ 无冷却水时不能开机，发生故障及时停机。

图 9-13 示出等离子弧焊接动作时序。

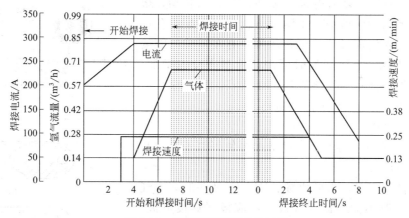

图 9-13 等离子弧焊接动作时序

9.3 等离子弧焊接

9.3.1 等离子弧焊接的基本原理及特点

(1) 等离子弧焊接的基本原理

等离子弧焊是借助水冷喷嘴对电弧的拘束作用，获得高能量密度的等离子弧进行焊接的方法，国际统称为 PAW（Plasma Arc Welding）。其基本原理如图 9-14 所示。按焊缝成形原理，等离子弧焊有下列三种基本方法：穿孔型等离子弧焊、熔透型等离子弧焊、微束等离子弧焊。此外，还有一些派生类型，如脉冲等离子弧焊、交流等离子弧焊、熔化极等离子弧

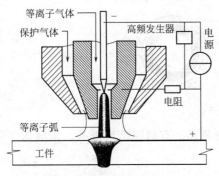

图 9-14　等离子弧焊接的基本原理

焊等。

（2）等离子弧焊接的特点

与钨极氩弧焊相比，等离子弧焊接有以下优点：

① 电弧能量集中，因此焊缝深宽比大，截面积小；焊接速度快，特别是厚度大于 3.2mm 的材料尤为显著；薄板焊接变形小，厚板焊接时热影响区窄。

② 电弧挺度好，以焊接电流 10A 为例，等离子弧喷嘴高度（喷嘴到焊件表面的距离）达 6.4mm，弧柱仍较挺直，而钨极氩弧焊的弧长仅能达到 0.6mm。

③ 电弧的稳定性好，微束等离子弧焊接的电流小至 0.1A 时仍能稳定燃烧。

④ 由于钨极内缩在喷嘴之内，钨极与焊件无接触条件，因此没有焊缝夹钨问题。

等离子弧焊接的不足如下：

① 由于需要双层气流，因而使焊接过程的控制和焊枪的结构及加工复杂化。

② 由于电弧的直径小，要求焊枪喷嘴轴线更准确地对准焊缝。

9.3.2　穿孔型等离子弧焊接

（1）基本特点（图 9-15）

等离子弧把工件完全熔透并在等离子流力作用下形成一个穿透工件的小孔，熔化金属被排挤在小孔的周围，随着等离子弧在焊接方向移动，熔化金属沿电弧周围熔池壁向熔池后方流动，于是小孔也就跟着等离子弧向前移动。穿孔现象只有在足够的能量密度下才能出现。板厚增加时所需的能量密度也增加。由于等离子弧的能量密度难以进一步提高，因此穿孔型等离子弧焊接只能在有限板厚内进行。

（2）参数选择

① 离子气流量　离子气流量增加可使等离子流力和电弧穿透能力增大。

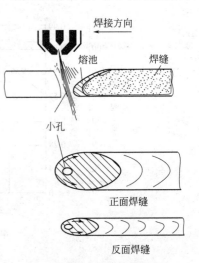

图 9-15　穿孔型等离子弧焊接

其他条件给定时，为形成穿孔需要有足够的离子气流量，但过大时不能保证焊缝成形，应根据焊接电流、焊速、喷嘴尺寸和高度等参数条件确定。采用不同种类或混合比的气体时，所需流量也是不相同的。用得最多的是氩气，焊不锈钢时可采用 $Ar+（5\%\sim15\%）H_2$，焊钛时可采用 $Ar+（50\%\sim75\%）He$，焊铜时也可采用 $100\% N_2$ 或 $100\% He$。

② 焊接电流　其他条件给定时，焊接电流增加，等离子弧穿透能力提高。与其他电弧焊方法相同，焊接电流是根据板厚或焊透要求首先选定的。电流过大，小孔直径过大，熔池脱落，不能形成稳定的穿孔焊接过程；电流过小，小孔直径减小或者不能形成小孔。因此在喷嘴结构尺寸确定的条件下，实现稳定穿孔焊过程的电流有一个适宜的范围。离子气流量也有一个使用范围，而且与电流是相互制约的。当喷嘴结构、焊速等参数给定后，通过实验方法对 8mm 厚不锈钢板焊接测定的小孔焊接电流和离子气流量的规范匹配关系如图 9-16（a）所示。

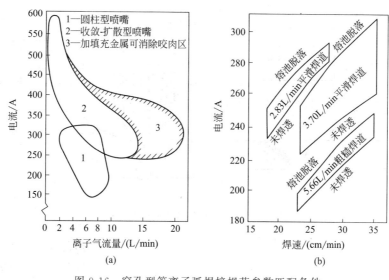

图 9-16 穿孔型等离子弧焊接规范参数匹配条件

③ 焊接速度 其他条件给定时，焊接速度增加，焊缝热输入量减少，小孔直径减小，因此只能在一定速度范围内获得小孔焊接过程。焊速太小会造成熔池脱落，正面咬边，反面突出太多。对于给定厚度的工件，为了获得小孔焊接过程，离子气流量、焊接电流、焊接速度这三个参数要保持适当的匹配关系，如图 9-16（b）所示。

④ 喷嘴高度 喷嘴到焊接工件表面的距离一般取 3～5m。距离过高会使电弧穿透能力降低，过低会使喷嘴粘上飞溅物，易形成双孔，也不利于对焊接状态的观察。

⑤ 保护气流量 保护气流量应与离子气有一个恰当的比例，保护气流太大会造成气流的紊乱，影响等离子弧的稳定性和保护效果。

（3）等离子弧焊接的应用

穿孔型等离子弧焊接最适用于焊接 3～8mm 厚度不锈钢、12mm 以下厚度的钛合金、2～6mm 厚度的低碳钢或低合金结构钢，以及铜、黄铜、镍及镍基合金的对接缝。利用变极性等离子弧焊接电源，单面焊可以焊接 12mm 厚度的铝及铝合金。被焊材料在上述厚度范围内可不开坡口一次焊透，并实现单面焊双面成形。为保证穿孔焊接过程的稳定性，装配间隙、错边等必须严格控制。填充焊丝可以降低对装配精度的要求，有利于防止焊穿并形成一定的焊缝余高，图 9-17（a）所示为焊丝填充方法。对更厚的板进行开坡口多层焊时，第 2 层以后可以采取图 9-17（b）所示的对焊丝通电加热的填丝方法，提高焊接效率。

9.3.3 等离子弧焊接工艺实例

目前不锈钢管的一种制造方法是把一定厚度的不锈钢带用制管机卷成一定长的管坯，然后在专用焊管机上对管坯的纵缝进行等离子弧焊接。

焊管机由送管辊、导向辊、压边辊、压紧辊等组成，如图 9-18 所示。

送管辊均为主动辊，以保证管坯运动均匀。导向辊上的导向片插在管坯的对接缝间隙中，以保证待焊缝始终朝上。压紧辊用以压紧管坯间隙，等离子弧在两压紧辊中心连线与对接缝交点上进行焊接。为保证焊接位置的错边尽可能小，压边辊用以压下错边。一定长度的管坯送入送管辊形槽中向前运动；导向辊上的导向片插入对缝间隙以便导向；压边辊把两待焊边缘压平；压紧辊压紧间隙，然后进行焊接。焊成的钢管由送管辊送出。

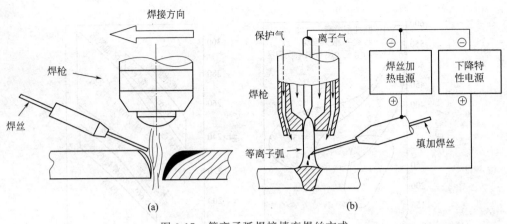

图 9-17 等离子弧焊接填充焊丝方式

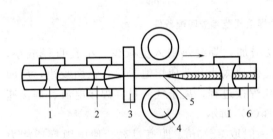

图 9-18 纵缝等离子弧焊管机示意图

1—送管辊；2—导向辊；3—压边辊；4—压紧辊；
5—焊接位置；6—焊接管

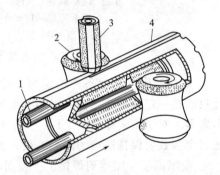

图 9-19 纵缝等离子弧焊接管机示意图（立体）

1—背面气体进口；2—压紧辊；3—等离子
弧焊枪；4—焊接的不锈钢管

在不锈钢管坯的纵缝等离子焊接中，焊接位置十分重要。两压紧辊中心连线与接缝的交叉处间隙最小，在两边配合最紧、错边最小的地方进行焊接时，才能保证焊接钢管成品率。对接缝的间隙影响液态金属的桥接。若间隙过大，则两侧液态金属在表面张力作用下向两侧收缩，不能桥接在一起，焊缝不能形成。特别是钢带的对接边通常均为剪切而成，一般切口与上、下表面垂直，卷成管坯后对接边配合时自然形成一个上大下小的张角。这相当于一个上大下小的间隙，减少了焊缝液态金属的数量。在这种情况下，对间隙的要求就更严格。

一般当壁厚为 2mm 左右时，间隙不得大于 0.4mm。这可通过调整压紧辊来保证，如图 9-19 所示。当壁厚小于 2mm 时，采用等离子弧熔透焊方式焊接；壁厚为 2mm 时，既可进行熔透焊又可进行穿孔焊；壁厚大于 2mm 时，进行等离子弧穿孔焊接。不论采用哪种方式，均采用直流正极性。

不锈钢管的自动等离子弧焊焊接工艺参数如表 9-2 所示。焊后经检查，焊接质量良好。

表 9-2 不锈钢管纵缝自动等离子弧焊的焊接参数

规格 /mm	焊接电流 /A	焊接速度 /(mm/min)	等离子气流量 Ar/(L/h)	保护气 Ar 流量 /(L/h)	喷嘴孔径 /mm	弧长/mm	焊透
$\phi 27 \times 1.5$	90	450	45	200	2.5	2	熔入
$\phi 27 \times 2$	120	450	60	200	2.5	2	熔入
$\phi 27 \times 2$	130	500	150	200	2.5	2	穿孔
$\phi 27 \times 2.5$	150	500	150	200	2.5	2	穿孔
$\phi 27 \times 3$	170	450	150	200	2.5	2	穿孔

9.3.4 其他形式等离子弧焊接

(1) 熔入型等离子弧焊接

当离子气流量减小、穿孔效应消失时，等离子弧仍可以进行对接、角接焊。熔池形态与 TIG 焊相似，称作熔入型焊接，可适用于薄板、多层焊缝的上面层、角焊缝焊接等，可填加焊丝或不加焊丝，优点是焊接速度比电弧焊快。

(2) 微束等离子弧焊接

15～30A 以下的熔入型等离子弧焊接通常称作微束等离子弧焊接，已广泛地应用在设备制造业中对各种形式的接头进行焊接，如医疗设备、真空装置、薄板加工、波纹管、仪表、传感器、汽车部件、化工密封件等的焊接。其可应用于大多数金属的焊接，如铝及其合金、不锈钢、康铜、铁/镍、白铜、镍银、钛/钽/锆、金等。由于喷嘴的拘束效应和小弧的存在，小电流等离子弧也十分稳定。利用这一特性，能够实现 1A 以下电流的等离子弧焊接，这在电子产品及极薄板的焊接中得以应用。而对于普通的 GTA 电弧，要维持电流值处于 1A 以下是很困难的。因此微束等离子弧焊接成为焊接金属薄膜的有效方法。

微束等离子弧焊接应采用精密的装配夹具保证装配质量并防止焊接变形。

(3) 脉冲等离子弧焊接

小孔型、熔入型及微束等离子弧焊接均可采用脉冲焊接方法，通过对热输入量的控制，提高焊接过程稳定性，保证全位置焊的焊缝成形，减小热影响区宽度和焊接变形。其对坡口精度的要求可以降低。脉冲频率一般在 15Hz 以下。

(4) 变极性等离子弧焊接

主要在铝合金的焊接中采用，特别在厚板铝合金焊接中，由于变极性电源输出的正负半波比例、幅值均可独立调节，在控制穿孔稳定性、保证单面焊双面成形上更具优势，目前的技术水平单道焊接可以一次焊透 25mm 厚的铝板。

(5) 熔化极等离子弧焊接

把等离子弧与 MIG 电弧联合使用的焊接方法，称作熔化极等离子弧焊接，如图 9-20 所示。等离子弧仍然在钨电极与工件或者喷嘴与工件燃烧，高温等离子弧包围着熔化极焊丝，焊丝的熔化速度大幅度增加，熔滴过渡比较顺畅，飞溅受到抑制。但焊丝电流如果大于某一临界电流，熔滴将出现旋转射流，对普通的焊接是不适用的（可以用于堆焊）。

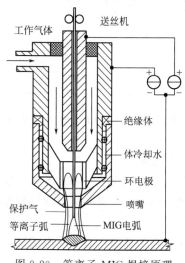

图 9-20　等离子-MIG 焊接原理

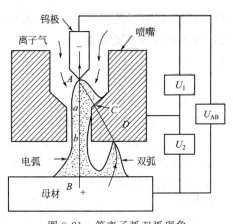

图 9-21　等离子弧双弧现象

9.3.5 等离子弧的稳定性

在正常的焊接或切割过程中，转移型等离子弧应稳定在钨极和工件之间燃烧，由于某些原因，有时会形成另一个燃烧于钨极-喷嘴-工件之间的串联电弧，从外部可观察到两个电弧同时存在，这就是双弧现象，如图 9-21 所示。形成双弧后，主弧电流降低，正常的焊接受到破坏，喷嘴过热，甚至导致漏水、烧毁，焊接过程中断。

（1）双弧形成机理

关于双弧的形成机理有许多不同的假设，比较一致的观点是：等离子弧稳定燃烧时，在弧柱和喷嘴孔道之间存在一层冷气膜，使等离子弧稳定燃烧在钨极和工件之间，这时：

$$U_{AB} = U_{cW} + U_{Aa} + U_{ab} + U_{bB} + U_{aj} \tag{9-1}$$

式中，U_{AB} 为等离子弧稳定电压；U_{cW} 为钨极上的阴极压降；U_{Aa}、U_{ab}、U_{bB} 分别为弧柱中 Aa、ab、bB 段压降；U_{aj} 为工件处的阳极压降。

实践表明，隔着冷气膜跟等离子弧弧柱接触的喷嘴是带电的，实测可证明：

$$U_{AB} = U_1 + U_2 \tag{9-2}$$

式中，U_1、U_2 分别为钨极与喷嘴、喷嘴与工件间的电压。这一现象说明冷气膜中仍然有着少的带电粒子，因此等离子弧电流中有一部分是通过喷嘴传导的，这部分电流称作"喷嘴电流"。显然，等离子弧的电流数值越大、冷气膜厚度越小时，喷嘴电流数值将越大，这就使实际等离子弧弧柱电流比实测值要小一些。喷嘴电流增大到足够数值时，冷气膜中带电粒子数量增多，于是很容易产生雪崩式击穿而形成双弧。副弧是由 Ac、dB 组成的。

当形成双弧时：$U'_{AB} = U_{cW} + U_{Ac} + U_{aCu} + U_{cd} + U_{cCu} + U_{dB} + U_{aj}$ (9-3)

式中，U'_{AB} 为旁路串联电压之和；U_{cd} 为喷嘴上 cd 段电阻压降，近似为 0；U_{cW}、U_{cCu} 分别为钨、铜的阴极压降；U_{aj}、U_{aCu} 分别为工件、铜的阳极压降；U_{Ac}、U_{dB} 分别为 Ac、dB 旁路电弧的弧柱压降。

显然，要形成双弧必须穿透冷气膜的隔离作用，因此：

$$U_{AB} \geqslant U'_{AB} + U_T \tag{9-4}$$

式中，U_T 为冷气膜对激发旁路电弧的位障电压。

假定主弧和旁路电弧的弧柱电场强度相同，且认为 $U_{Aa} = U_{ac}$，$U_{Bb} = U_{dB}$。

把式（9-1）和式（9-3）代入式（9-4），可得：

$$U_{ab} \geqslant U_{aCu} + U_{cCu} + U_T \tag{9-5}$$

式（9-5）可认为是焊接等离子弧的双弧形成条件。

（2）影响双弧形成的因素

由式（9-5）可知：

① 喷嘴结构参数对双弧形成有决定性作用，喷嘴孔径 d 减小，孔道长度 l 或内缩长度 l_g 增大时，都会使 U_{ab} 增加，容易形成双弧。

② 喷嘴结构确定后，电流增加，U_{ab} 增大，会导致形成双弧。

③ 离子气流量增加虽然也使 U_{ab} 增加，但同时也使冷气膜厚度增加，U_T 增加，双弧形成的可能性反而减小。钨极与喷嘴的不同心会造成冷气膜不均匀，使局部区域冷气膜厚度和 U_T 减小，常常是导致双弧的主要诱因。

采用切向进气，可使外围气体密度高于中心区域，既有利于提高中心区域电离度，又有利于降低外围区域温度，提高冷气膜厚度，防止双弧的形成。

④ 喷嘴冷却不良，温度提高，或表面有氧化膜污染（含金属蒸气污染），或金属飞溅附着成凸起物时，也增加了双弧形成的可能。

⑤ 离子气成分不同，导致双弧的倾向也不一样，比如使用氢-氩混合气时，等离子弧发热量可增加，但引起双弧的临界电流会降低。

9.4 等离子弧切割原理及特点

9.4.1 等离子弧切割原理

等离子弧切割是利用等离子弧的热能实现切割的方法。

等离子弧切割的原理与氧气乙炔的切割原理有着本质的不同。氧气乙炔切割主要是靠氧与部分金属的化合燃烧和氧气流的吹力，使燃烧的金属氧化物熔渣脱离基体而形成切口的。因此氧气切割不能切割熔点高、导热性好、氧化物熔点高和黏滞性大的材料。等离子弧切割过程不是依靠氧化反应，而是靠熔化来切割工件的。等离子弧的温度高（可达 $5 \times 10^4 K$），目前所有金属材料及非金属材料都能被等离子弧熔化，因而它的适用范围比氧气切割要大得多。

9.4.2 等离子弧切割特点

① 切割速度快，生产率高　它是目前常用的切割方法中切割速度最快的。

② 切口质量好　等离子弧切割切口窄而平整，产生的热影响区和变形都比较小，特别是切割不锈钢时能很快通过敏化温度区间，故不会降低切口处金属的耐腐蚀性能；切割淬火倾向较大的钢材时，虽然切口处金属的硬度也会升高，甚至会出现裂纹，但由于淬硬层的深度非常小，通过焊接过程可以消除，因此切割边可直接用于装配焊接。

③ 应用面广　由于等离子弧的温度高、能量集中，因此能切割几乎所有金属材料，如不锈钢、铸铁、铝、镁、铜等。在使用非转移型等离子弧时还能切割非金属材料，如石块、耐火砖、水泥块等。

9.4.3 等离子弧切割工艺

(1) 切割工艺参数的选择

等离子弧切割工艺参数较多，主要有离子气种类和流量、喷嘴孔径、空载电压、切割电流和切割电压、切割速度和喷嘴高度等。各种参数对切割过程的稳定性和切割质量均有不同程度的影响，切割时必须依据切割材料种类、工件厚度和具体要求来选择。

(2) 离子气的种类和流量

等离子弧切割时，气体的作用是压缩电弧，防止钨极氧化，吹掉割缝处的熔化金属，保护喷嘴不被烧坏。离子气的种类和流量对上述作用有直接影响，从而影响切割质量；一般切割厚度在 100mm 以下的不锈钢、铝等材料时，可以使用纯氮气或适当加些氢气，既经济又能保证切割质量；当使用 Ar、H_2（35％）混合气体时，由于 H_2 的热导率高，对电弧的压缩作用更强，气体喷出时速度极高，电弧吹力大，有利于切口熔化金属的去除，因此切割效果更佳，一般用于切割厚度大于 100mm 的板材。提高离子气流量，既能提高切割电压又能增强对电弧的压缩作用，有利于提高切割速度和切割质量。但离子气流量过大，反而使切割能力下降和电弧不稳定。一种割枪使用的离子气流量大小，在一般情况下不变动，当切割厚度变化较大时才作适当改变。切割厚度小于 100mm 的不锈钢时，离子气流量一般为 2500～3500L/h；切割厚度大于 100mm 的不锈钢时，离子气流量一般为 4000L/h。

(3) 喷嘴

喷嘴孔径的大小应根据切割工件厚度和选用的离子气种类确定。切割厚度较大时，要求喷嘴孔径也要相应增大；使用 Ar、H_2 混合气体时，喷嘴孔径可适当小一些，使用 N_2 时应大一些。

每一直径的喷嘴都有一个允许使用的电流极限值，如超过这个极限值，则容易产生双弧现象。因此，当工件厚度增大时，在提高切割电流的同时喷嘴直径也要相应增大（孔道长度也应增大）；切割喷嘴的孔道比 l/d 一般为 1.5～1.8。

(4) 空载电压

等离子弧切割要求电源有较高的空载电压（一般不低于 150V），因空载电压低将使切割电压的提高受到限制，故不利于厚件的切割。切割厚度大的工件时，空载电压必须在 220V以上，最高可达 400V，由于等离子弧切割空载电压较高，因此操作时必须注意安全。

(5) 切割电流和切割电压

切割电流和切割电压是决定切割电弧功率的两个重要参数。选择切割电流时，应根据选用的喷嘴孔径 d 的大小而定，其相互关系大致为 $I=(30～100)d$。电流增大会使弧柱变粗，切口加宽，且易烧损喷嘴；对于一定的喷嘴孔径存在一个最大许用电流，超过时就会烧损喷嘴。因此切割大厚度工件时，以提高切割电压最为有效。但电压过高或接近空载电压时，电弧难以稳定，为保证电弧稳定，要求切割电压不大于空载电压的 2/3。

(6) 切割速度

切割速度应根据等离子弧功率、工件厚度和材质来确定。在切割功率相同的情况下，由于铝的熔点低，因此切割速度应快些；钢的熔点较高，切割速度应较慢；铜的导热性好、散热快，故切割速度应更慢些。

(7) 喷嘴高度

喷嘴端面至工件表面的距离为喷嘴高度。随着喷嘴高度的增大，等离子弧的切割电压提高，功率增大；但同时使弧柱长度增大，热量损失增大，导致切割质量下降。喷嘴高度太小时，既不便于观察，又容易造成喷嘴与工件短路。一般在手工切割时取喷嘴高度为 8～10mm；自动切割时取 6～8mm。

9.4.4 其他等离子弧切割方法

(1) 空气等离子弧切割

采用压缩空气作为离子气的等离子弧切割称为空气等离子弧切割。一方面由于空气来源广，因而切割成本低，为使等离子弧切割用于普通钢材开辟了广阔的前景；另一方面用空气作离子气时，等离子弧能量大，加之在切割过程中氧与被切割金属发生氧化反应而放热，因而切割速度快，生产率高。近年来，空气等离子弧切割发展较快，应用越来越广泛。不仅能用于普通碳钢与低合金钢的切割，也可用于切割铜、不锈钢、铝及其他材料。空气等离子弧切割特别适合切割厚度在 30mm 以下的碳钢、低合金钢。

空气等离子弧切割中存在的主要问题有两个：一是电极受到强烈的氧化烧损，电极端头形状难以保持；二是不能采用纯钨电极或含氧化物的钨电极。因此限制了该方法的广泛应用。在实际生产中，采用的措施有：

① 采用镶嵌式铪（或锆）电极，并采用直接水冷式结构，由于在空气中工作可形成铪

（或锆）的氧化物，易于发射电子且熔点高，因此延长了电极的使用寿命。

② 增加一个内喷嘴，单独对电极通以惰性气体加以保护，减小电极的氧化烧损。

空气等离子弧切割方法如图 9-22 所示，分为两种形式。图 9-22 所示的为单一空气式，它的离子气和切割气都为压缩空气，因而割枪结构简单，但压缩空气的氧化性很强，不能采用钨电极，而应采用纯铬、纯锆或其合金做成镶嵌式电极。

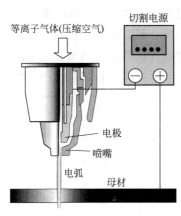

图 9-22　空气等离子弧切割

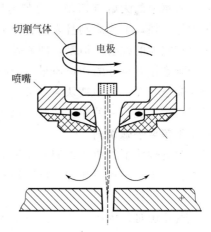

图 9-23　水再压缩等离子弧切割

（2）水再压缩等离子弧切割

该方法是在普通的等离子弧外围再用高速水束进行压缩。切割时，从割枪喷出的除等离子气体外，还伴有高速流动的水束，共同迅速地将熔化金属排开，形成切口。其切割方法如图 9-23 所示，高速水束有三种作用：①增强喷嘴的冷却，从而增强等离子弧的热收缩效应；②一部分压缩水被蒸发，分解成氢与氧一起参与构成切割气体；③由于氧的存在，特别在切割低碳钢和低合金钢时，引起剧烈的氧化反应，增强了材质的燃烧和熔化。压缩水有两种喷射形式，其中径向喷水式对电弧的压缩作用最强烈。

水再压缩等离子弧切割由于高速水束的水压很高，切割时水喷溅严重，因此一般是在水槽中进行的。将件浸入水中切割，可有效防止切割时产生的金属蒸气、烟尘、弧光等，大大改善了工作条件。同时，由于水的冷却作用，可使切口平整、宽度小，割后工件变形小，因而提高了切口质量。

水再压缩等离子弧切割的缺点是：

① 由于割枪置于水中，引弧时先要排开枪体内的水，因而离子气流量增大，引弧困难，必须提高电源的空载电压；

② 水对引弧高频电有强烈的吸收作用，因而在割枪结构上要增强枪体与水的隔绝，必须提高高频振荡器的功率；

③ 水中切割降低了电弧的热能效率，为保证一定的切割生产率，则必须提高切割电流或电压；

④ 水的电阻比空气小得多，因而易形成双弧现象。

高速水流由一高压水源提供，在割枪中既对喷嘴起冷却作用，又对等离子弧起再压缩作用。同时，割枪喷出的水束一部分被电弧蒸发分解成氧与氢，它们与工作气体共同组成切割气体，使等离子弧具有更高的能量；另一部分对电弧有强烈的冷却作用，使等离子弧的能量更为集中，因而可增加切割速度。

（3）氧等离子弧切割

采用氧气作为切割介质，可以明显地提高切割碳素钢的速度和质量。然而，由于电极尖端处的高温和纯氧化气氛会引起钨极的快速氧化，因此只能使电极维持很短的时间，致使氧气作为等离子弧切割气体的方法无法正常使用。到 20 世纪 70 年代初，人们发现了锆和铪能阻止电极在等离子弧条件下的快速氧化，使氧气等离子弧切割又成为开发的重点。该方法可以实现对所有钢材的无熔渣切割，切割速度可提高 30%；并可以使用比较小的切割电流，获得成形度好、切口上缘规则且表面更光滑的切口，切割后的材料在焊接性能和塑性加工性能等方面也有很大的改善。但是，即使是用铪制作的电极，其工作寿命仍然比较短。考虑到该方法切割碳素钢时良好的切口质量、较高的切割速度以及能够降低切割总成本的情况，较短的电极寿命已经在工程中被认为是可以接受的。目前，氧等离子弧切割已经逐渐取代了氮气等离子弧切割，成为一种先进的碳素钢切割方法。

（4）水下等离子弧切割

为了适应各种水下作业，人们开发了水下等离子弧切割，水下等离子弧切割可以在淡水或海水中进行。水下等离子弧切割可以切割厚度超过 100mm 的不锈钢，也可以切割其他金属。该方法采用转移弧方式。由于水的冷却和水深压力的影响，水下等离子弧的起弧和稳定性都比在大气中困难。因此，该方法对电源和引弧设施的要求比在大气中的要求要高，如电源的空载电压要求高；引弧高频的电压和功率是常规方法的 1 倍以上。由于水的快速导热，使切割能力会有所降低，即切割同样厚度的钢板，水下切割要求的电弧功率会更高。考虑到水下切割的操作困难，切割设备的控制系统也要有相应的变化，先进的方法是采用水下机器人进行等离子弧切割。另外，因为水特别是海水的导电性，所以水下切割设备和操作必须要有很好的绝缘措施并满足相关的规程要求。为了降低等离子弧切割的噪声和烟尘，在欧洲又开发出了专门在水下进行等离子弧切割下料的方法，目前这种方法已经获得了广泛应用，如图 9-24 所示。

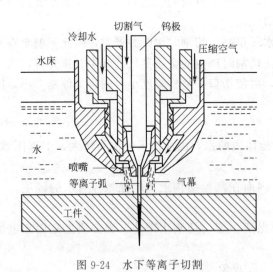

图 9-24　水下等离子切割

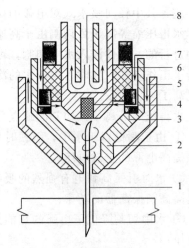

图 9-25　精细等离子切割

1—电弧；2—喷嘴；3—旋涡气环；4—电极；
5,8—冷却水；6—陶瓷导向环；7—空气

水下等离子弧切割时，将被切割材料浸没在水中，材料上表面有 8～80mm 的水层，等离子弧切割枪的前端也浸没在水里。切割前首先要用气体将枪体中的水完全排出，并用气体

或水幕（由特殊设计的枪体喷嘴和高压水形成）使枪口与被切割金属表面间形成空腔，然后引燃非转移弧，再引导转移弧进行切割。这样的切割条件下所产生的切割噪声水平在85dB以下，同时也极大地降低了烟尘和电弧的弧光对环境的污染。

（5）精细等离子弧切割

20世纪90年代，日本人首先开发了精细等离子弧切割技术，图9-25是其枪体结构的简图。精细等离子弧切割的主要技术在于：

① 采用高电压和小的喷嘴孔径。

② 使用环形磁场聚焦、压缩并旋转电极上的弧根，使电弧更加稳定，并使电极的烧损均匀、寿命更长，避免了影响切割质量的偏弧问题。

③ 利用超高速旋转的二次压缩气流，使离子弧束在长度方向更均匀，进一步降低了切口面的倾斜角，切割面倾斜角可达到1.5°。

④ 使用数控系统和精密的机械传动系统，保证切割路径的误差最小。

⑤ 割枪的外喷嘴用陶瓷材料制成，能有效防止双弧产生，还可以将喷嘴高度降低，以利于提高切割能力和切口的精度。

使用二次气流的双喷嘴时，还可有效地保护内喷嘴，延长了喷嘴的寿命，获得了压缩程度更高和直径更细的等离子束流，并且使氧等离子切割的最大电流由过去的250A提高到400A以上，使每平方毫米孔径的电流由常规方法的50A左右提高到90A，其能量密度可达到$5 \times 10^4 \text{W/nm}^2$，已经接近了激光束$1.0 \times 10^5 \text{W/nm}^2$的水平。在进行切割时，其切口宽度可以很窄，切口表面更光滑，几乎无熔渣。精细等离子弧切割可以直接加工要求尺寸误差很小的零部件，甚至可以直接在薄板上切割直径接近于板厚的孔，例如，在6mm厚的板上切割高质量的8mm直径的孔。

（6）水蒸气等离子焊接、切割

水作为生命的源泉，给了我们星球生态的洁净与天蓝的色彩。我们使用水时，就像在使用最原始的能源，水蒸气等离子焊接、切割是全新的等离子技术的运用，不使用对人体有害的气体（如丙烷、乙炔、氮气、压缩空气等），而是将水蒸气作为离子气，实现了在生态焊接、切割等材料加工环保性技术上的突破。电离的水蒸气分子产生等离子射束，阻击扬起的金属碎末，并将其瞬间冷却，阻止这些碎末进入人的呼吸器官，工作时加工材料不会燃烧和氧化，可在无排风的封闭空间内进行操作，这对环保也有积极意义。

Multiplaz 3500便是一款采用水蒸气作为离子气的便携式多功能等离子设备，所使用的液体根据情况可以是日常用水（当用于切割时），也可以是浓度为45%～50%的酒精（当用于焊接时），主要用于熔接、焊接以及金属与非金属的切割，是俄罗斯科学家世界性伟大发明的成果。

便携式等离子设备Multiplaz 3500是通过将事先注入射枪的液体加热产生蒸汽直至电离的低温等离子发生器。设备包括机箱和等离子射枪两个部分。

① 射枪（等离子发生器） 射枪是设备的一个主要部分，负责产生低温等离子，如图9-26所示。

② 射枪工作原理 使用时首先为射枪注入液体，取注液器装满水，打开射枪注液孔塞，将注液器伸入注液孔向射枪内注水，直至从射枪喷嘴孔向外渗水为止。开启机箱向电极上供送电压（按下按钮"ON"），快速按下射枪启动按钮以产生电弧，此时射枪内的电极与喷嘴接触。当松开射枪启动按钮时，电极与喷嘴间便产生了电弧（非转移电弧），电弧加热喷嘴，喷嘴加热蒸发器，蒸发器再加热液体使其变为蒸汽，蒸汽在内部气压（0.4～1.2Pa）的作

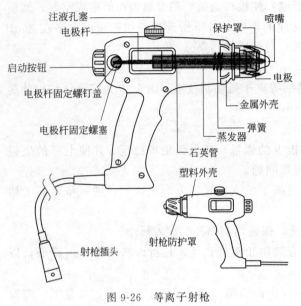

注液孔塞
电极杆
启动按钮
电极杆固定螺钉盖
电极杆固定螺塞

保护罩　喷嘴
电极
金属外壳
弹簧
蒸发器
石英管

塑料外壳

射枪防护罩

射枪插头

图 9-26　等离子射枪

用下涌向喷嘴的出孔，蒸汽压缩电弧，而压缩后的电弧温度升高，并将蒸汽加热到电离的程度。

该设备可在两种模式下工作：

a. 间接电弧模式"模式Ⅰ"（MODE Ⅰ）：电弧在电极与喷嘴间产生，到达工件上的只是等离子火束。

b. 直接电弧模式"模式Ⅱ"（MODE Ⅱ）：被切割（焊接）加工的导电材料接入地线，等离子火束中的电弧产生于工件与射枪内电极之间，产生了转移电弧，因此到达工件上的热能大幅度地提高。

工作结束，按下机箱按钮"OFF"关闭射枪，将喷嘴的 3～5cm 伸入水中 2～3min，对射枪进行冷却及自动补水。

③ 机箱　机箱由带强制送风冷却的逆变器组成，实现变压及稳压的特性，使输到射枪上的电压在大的范围内实现射枪内电弧电流的稳定。

复习思考题

1. 什么是等离子弧？它是怎样形成的？它有何特点？

2. 如何选取喷嘴的材料及主要结构参数？

3. 双弧产生原因及防止措施是什么？

4. 穿透型等离子弧焊接有何特点？主要用于什么材料的焊接？焊接工艺要点有哪些？

5. 等离子弧除了穿透型焊接以外，还有哪些焊接工艺方法？各自有何特点？

6. 对等离子弧焊接电源的特性有何要求？以图示形式说明等离子弧焊接的程序控制过程。

7. 等离子弧的特点是什么？几种压缩作用的原理及电和热有什么特性？

8. CO_2 气体保护焊、铝合金 TIG 焊、MIG 焊、等离子焊各用什么特性电源？怎样选择极性？

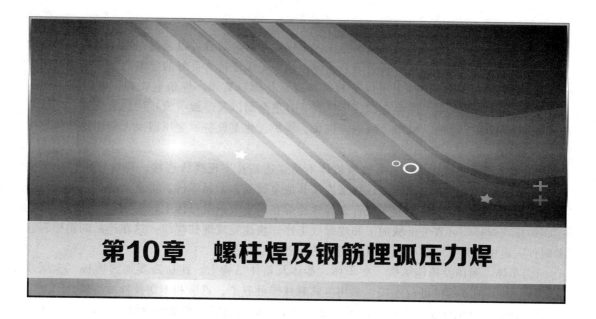

第10章 螺柱焊及钢筋埋弧压力焊

随着现代工业的快速发展，螺柱的使用率越来越高，焊接的螺柱数量也随之增加。螺柱焊接技术及工艺具有快速、可靠、简化、操作简便、低成本等优点，可替代铆接、钻孔、手工电弧焊、电阻焊和钎焊等螺柱的连接工艺，可焊接碳钢、不锈钢、铝、铜及其合金等金属材料。因而，这种新工艺自20世纪出现在工业制造业以来，引起了世界各国的普遍关注，现已广泛应用于汽车、船舶、锅炉、航空航天、电器、建筑装修、电子、仪表、厨房设备、空调、医疗器械等行业。而随着高层建筑业的发展对钢筋的焊接要求，不论是焊接质量还是焊接生产的效率方面都提出越来越高的要求，而钢筋埋弧压力焊在保证焊接质量的前提条件下与一般焊接方法相比具有较高的焊接效率，具有较高的推广应用价值。在此阐述螺柱焊、钢筋埋弧压力焊的设备和工艺。

10.1 螺柱焊的特点、应用和分类

螺柱焊接是指将螺柱一端与待焊工件（板件或管件）表面接触，在这两者之间产生电弧，待接合面熔化时迅速给螺柱施加一定压力，从而形成牢固连接的工艺方法。

（1）螺柱焊的特点

① 与普通的电弧焊相比，螺柱焊焊接时间短（通常小于1s），焊缝和热影响区小，焊件变形小、生产率高。

② 熔深浅，焊接过程不会对焊件背面造成损害，焊后无须清理。

③ 与螺纹拧入的螺柱相比所需母材厚度小，因而节省材料，还可减少连接部件所需的机械加工工序，成本低。

④ 易于将螺柱与薄件连接，且焊接带（镀）涂层的焊件时易于保证质量。

⑤ 与其他焊接方法相比，可使紧固件之间的间距达到最小，对于需防渗漏的螺柱连接，容易保证密封性要求。

⑥ 与焊条电弧焊相比，所用设备轻便且便于操作，焊接过程简单。

⑦ 易于进行各位置的焊接。

⑧ 对于易淬硬金属，容易在焊缝和热影响区形成淬硬组织，接头延性较差。

（2）螺柱焊的应用

螺柱焊是一种快速焊接紧固件的方法，不仅效率高，而且可以通过专用设备对接头质量进行有效的控制，能够得到全断面熔合的焊接接头，保证接头良好的导电性、导热性和接头强度，在紧固件固定于焊件上可以代替铆接或钻孔螺钉紧固、焊条电弧焊、电阻焊、钎焊等，它可以焊接低碳钢、低合金钢、不锈钢、有色金属以及带镀（涂）层的金属等，广泛应用于汽车、仪表、造船、机车、航空、机械、锅炉、化工设备、变压器及大型建筑结构等行业。其应用如下：

① 重型机械制造。一些重型机械机体不易穿透钻孔实现螺栓连接，可将较粗直径螺柱用电弧螺柱焊焊接在大型母体上，用来连接其他金属或非金属零件。更重要的是，可将合金钢、不锈钢、铝合金、铜合金、钛合金等螺栓焊在同质或钢质母体上，实现与另外材料的栓接、铆接或焊接，可省去机械加工和攻螺纹工序，快速完成螺柱焊接，这在产品的箱柜制造和附件固定中得到了广泛应用，具有明显的经济效益。

② 车体、船体及箱体结构。在车体、船体及箱体结构上，往往需要加内墙板（金属或非金属）和其他零部件进行连接，采用电弧螺柱焊可省工、省事和不伤及外墙母体。

③ 锅炉和石化行业。电弧螺柱焊广泛应用于固定保温层和夹壁水冷槽。

④ 桥梁建设。很多公路桥大多采用钢梁与钢筋混凝土桥面组合为一体的组合结构，在正常受力情况下主要是受剪力。上海南浦大桥就在钢梁上焊上 16 万个栓钉；芜湖长江大桥在玄杆上焊上 28 万个栓钉，与钢筋混凝土桥面连接。

⑤ 高层建筑及其他工业及水上建筑工程。在高层建筑及其他工业建筑工程中，几乎都有钢柱与钢筋混凝土基础或钢柱与横向钢筋混凝土现浇构件的连接，需在钢制构件上用电弧螺柱焊焊接栓钉，在浇灌混凝土时起预埋件作用。

⑥ 异种金属的焊接。一般情况下，异种金属的焊接难度较大，而采用电容储能螺柱焊则可快速、优质地完成异种金属的焊接，如钢和铜合金的焊接、低碳钢和高合金属或铸铁的焊接、钢和铝合金的焊接、铜和铝合金的焊接等，不仅可节约贵重金属，同时也能降低制造成本，广泛应用于各种机械和电器制造。

⑦ 金属与非金属零件的连接。金属与非金属是不能焊接的，但可以通过在金属母体上焊上螺柱、螺母、销钉或铆钉以固定非金属材料或零件。如在铁锅、铝锅或办公机械上焊金属螺钉固定木质或塑料把手，在电力行业、锅炉行业、保温仓库和温室建筑行业的金属桶体或壁体上固定非金属材料隔热层、保温层或隔音层等。

⑧ 微电子和精密件的焊接。用微型电容储能焊设备焊接各种电子器件，如电器触点和引线的焊接，电子元件引线与外壳的焊接，电子管与灯的基线与电极的焊接，半导体、集成块、封装电路等引线或端子的焊接等。测试仪表中，有热电偶丝的焊接、热电偶与测试对象的焊接等。

（3）螺柱焊的分类

螺柱焊根据所用焊接电源和接头形成过程的差别通常可分为电弧螺柱焊（也称作标准螺柱焊）、电容储能螺柱焊（也称作电容放电螺柱焊）以及短周期螺柱焊（也称作短时间螺柱焊）三种基本形式。各种螺柱焊方法的分类及特点见表 10-1。

表 10-1 螺柱焊分类与特点

序号	项目	电容储能螺柱焊			电弧螺柱焊	短周期螺柱焊
		预接触式	预留间隙式	拉弧式		
1	焊接时间/ms	1～3	1～3	4～10	100～2000	20～100

序号	项目	电容储能螺柱焊			电弧螺柱焊	短周期螺柱焊
		预接触式	预留间隙式	拉弧式		
2	可焊螺柱直径/mm	3～10	3～10	3～10	3～25	310
3	可焊板厚/mm	0.3～3.0	0.3～3.0	0.3～3.0	0.3～3.0	0.4～3.0
4	熔池深度/mm	<0.2	<0.2	<0.2	2.5～5	<0.2
5	螺柱直径/板厚(d/δ)	8	8	8	3～4	8
6	螺柱端部形状	圆法兰和凸台	圆法兰和凸台	圆法兰、平头钉	圆、方、异形，均可加工成锥形	圆法兰、平头钉
7	可焊金属材料	碳钢、不锈钢、镀层钢板	碳钢、不锈钢、铝合金、铜合金	碳钢、不锈钢、铝合金	碳钢	碳钢、不锈钢、铝合金
8	生产率（个/min）	2～15	2～15	手动 2～15 自动 40～60	2～15	手动 2～15 自动 40～60

10.2 电容储能螺柱焊

10.2.1 电容储能螺柱焊基本原理

电容储能螺柱焊是利用电容充电储存的能量、焊接时放电形成能量脉冲，加热焊接部位加压焊接的。焊接电源的组成和调节原理如图 10-1 所示。如图 10-1(a) 所示，由三相 380V 或单相 220V 整流器对电容器组充电，控制晶闸管导通时间，放电释放能量经变压器实现脉冲焊接，其能量 $W_c = CU^2/2$；由小到大调整电容 C 时，电流 i 增幅不大，放电时间 t 延长，能量增加 [图 10-1(b)]；由小到大调整电压 U 时，电流 i 增幅增大，放电时间 t 不变，能量增加 [图 10-1(c)]；由小到大调整变压器匝数比 k 时，电流 i 增幅下降，放电时间 t 延长，能量不变 [图 10-1(d)]。电容储能螺柱焊可用于点焊、缝焊、对焊和螺柱焊，可不用变压器直接放电。

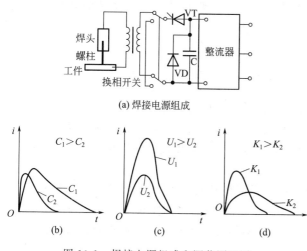

图 10-1 焊接电源组成和调节原理图

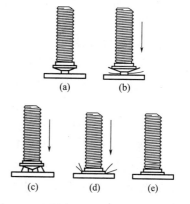

图 10-2 预接触式电容储能螺柱焊过程
（箭头表示螺柱运动方向）

10.2.2 电容储能螺柱焊焊接工艺

根据引弧方式，电容储能螺柱焊可以分为预接触式、预留间隙式及拉弧式三种方法。

(1) 预接触式螺柱焊

预接触式螺柱焊也叫接触引弧式螺柱焊。这种方法必须在螺柱法兰端部加工出一个凸台。预接触式电容储能螺柱焊焊接过程如图10-2所示。操作步骤如下：

① 将螺柱小凸台与工件接触 [图10-2(a)]。

② 按下焊枪上的启动开关，使电容中储存的电能瞬间通过螺柱端部凸台释放，小凸台熔化、气化产生电弧后，在焊枪中的弹簧压力作用下，螺柱开始向下运动 [图10-2(b)]。

③ 电弧热使螺柱整个端部及焊件表面形成熔化薄层，同时螺柱继续向下运动 [图10-2(c)]。

④ 螺柱插入熔池，电弧熄灭，在弹簧压力下螺柱端部与焊件形成接头 [图10-2(d)]。

⑤ 焊接结束 [图10-2(e)]。

为减少熔化金属被氧化的程度并防止螺柱插入熔池前焊缝金属发生凝固，应调整好定时器使螺柱在电容器中储存的能量未全释放和电弧仍燃烧时插入熔池，以提高接头焊接质量。

(2) 预留间隙式螺柱焊

预留间隙式螺柱焊也叫直冲式螺柱焊。这种方法使用的螺柱与预接触式电容储能螺柱焊所使用的螺柱形状相似，均带有小凸台，但在电容器组储存的能量特别大的条件下（$10^6\mu F$）也可以焊螺柱端部为168°的近似平头钉。预留间隙式螺柱焊焊接过程如图10-3所示。操作步骤如下：

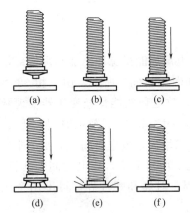

(a) (b) (c)
(d) (e) (f)

图 10-3 预留间隙式电容储能螺柱焊过程（箭头表示螺柱运动方向）

① 按下螺柱焊枪上的启动开关，利用焊枪中提升机构将螺柱从焊件表面预留间隙 [图10-3(a)]。

② 在螺柱与焊件提升一段距离后，螺柱与焊件之间加上一个放电电压（150V左右），同时电容器放电开关接通，螺柱在焊枪弹簧压力下又开始向下运动 [图10-3(b)]。

③ 在螺柱带电向下运动过程中，螺柱端部凸起与焊件接触，电容放电，将小凸起熔化产生电弧。螺柱继续下落，电弧热使螺柱整个端面与焊件相应部分形成熔化层，电弧长度逐渐缩短 [图10-3(c)、(d)]。

④ 螺柱插入熔池，电弧熄灭 [图10-3(e)]。

⑤ 焊接结束 [图10-3(f)]。

(3) 拉弧式螺柱焊

拉弧式电容储能螺柱焊原理与电弧螺柱焊相似，但焊接时的电弧由先导电弧与焊接电弧两部分组成。先导电弧由整流电源供电，焊接电弧由电容器组供电，所以这种方法既可以归类于电容储能螺柱焊又可以归类于短周期螺柱焊。焊接过程同预接触预接触式电容储能螺柱焊相似，如图10-4所示，操作步骤如下：

① 将螺柱与焊件垂直接触，启动焊枪开关，焊接整流电源开始供电（图10-4中a）。

② 利用焊枪中电磁铁将螺柱提升，产生电弧，此时的电弧称作小电弧或先导电弧（先导电弧电流30～100A）。该电弧维持40～100ms，对螺柱端部及焊件表面进行清理（图10-4中b）。

③ 焊枪中电磁铁释放，弹簧压力作用使螺柱下落，弧柱缩短。在下落过程中电容器组

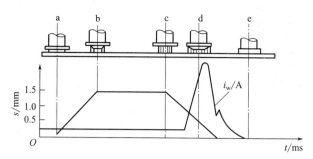

图 10-4　拉弧式电容放电螺柱焊接过程及其时序图

储存的能量向小电弧负载放电，引发大电弧，这个大电弧称为焊接电弧（图 10-4 中 c、d）。

④ 螺柱继续下落，焊接电弧维持 4~6ms，使焊件表面形成熔池、螺柱端部形成熔化层（图 10-4 中 d）。

⑤ 螺柱插入熔池，电弧熄灭，焊接结束（图 10-4 中 e）。

10.2.3　焊接工艺参数

储能式螺柱焊机的主要焊接参数有：螺柱直径、焊接电压、焊接时间和螺柱伸出长度。焊接时间（1~3ms）不可调节；螺柱伸出长度（夹套端部与螺柱台阶之间的距离）根据经验值也基本确定，所以实际焊接操作中影响焊接质量的因素主要是焊接储存的能量。焊接能量的输入依赖于储能式螺柱焊机的电容容量和充电电压。

$$W = 1/2CU^2 \tag{10-1}$$

式中，W 为焊机的额定储存能量，J；C 为电容器组的总电容量，F；U 为充电电压，V。

储能式螺柱焊机的瞬间焊接峰值电流约为 1000~10000A，这取决于焊机电容器组的电容量、充电电压、焊接回路电阻和电感。当然，电容器的放电快慢也是一个重要的影响因素，这是电容器本身的品质问题，也是不同储能式螺柱焊机性能差异的一个很重要的原因。一般来讲，从焊接设备本身的安全性考虑，充电电压在 200V 以下，且不同的焊机在这个范围内能够调节；另外，储能式螺柱焊机都设有限电流保护装置或恒电流充电装置和自动放电装置。电容量出厂时就已经固定。所以在实际焊接时，根据式（10-1），只需调节充电电压大小即可。根据实际螺柱直径和板厚，选择合适的电压值，即可进行焊接。

10.2.4　电容储能螺柱焊设备

电容储能螺柱焊的焊接设备由供电电源、控制系统和焊枪三部分组成，增加自动送钉机等配件可配置成半自动和自动焊螺柱焊设备。供电电源与控制系统一般装在同一个箱体内。供电电源是电容器组；电容器在螺柱端部与焊件表面间的放电过程是不稳定的电弧过程，电弧电压和电流每瞬时都在变化，焊接过程是不可控的。根据引弧方式，电容储能螺柱焊可以分为预接触式、预留间隙式及拉弧式三种。预接触式及预留间隙式电容储能螺柱焊的电源相同，可以通用。根据焊接电源和所需焊接的螺柱的规格不同，手工焊效率可达 18 个/min，自动焊可达 60 个/min。操作简单、灵活、设备轻巧，适合用于直径小于等于 10mm、普通强度要求的螺柱焊接。

电容储能螺柱焊的焊枪中，预接触式电容储能螺柱焊枪最简单，如图 10-5 所示，只有螺柱夹持机构与弹簧下压机构。预留间隙式和拉弧式两种电容储能螺柱焊的焊枪构造相似，

图 10-5　电容储能螺柱焊焊枪

除也有螺柱夹持机构与弹簧下压机构外，还需要一个提升机构。三种方法因各有自己的特殊性，故焊枪不能互换。

我国生产的电容储能螺柱焊设备规格较齐全，如 JLR-1600 型电容储能螺柱焊机，其额定电容量 $14 \times 10^4 \mu F$，可焊直径为 3～10mm 的碳钢、不锈钢及直径为 3～7mm 的铜、铝螺柱，可采用预接触式或预留间隙式进行焊接，此外还有 DLR4-1000 型、CD 系列、RSR 系列电容储能螺柱焊机。如图 10-6 所示为两种电容储能螺柱焊机的实物照片。

图 10-6　电容储能螺柱焊机

10.3　短周期螺柱焊

短周期螺柱焊可看作普通电弧螺柱焊的一种特殊形式，但因为二者焊接接头形成的本质不同，所以将其单独分类成一种方法。焊接过程如图 10-7 所示，也是由短路、提升、焊接、落钉、带电顶锻等几个过程组成，但焊接时间只有电弧螺柱焊的几十分之一到十分之一，所以叫短周期螺柱焊，其操作步骤如下：

① 首先将螺柱垂直落下与焊件接触，螺柱与焊件定位短路，启动焊枪开关，螺柱与焊件间通电（图 10-7 中 a）。

② 焊枪电磁铁将螺柱提升，引燃小电弧，并对螺柱端部与焊件表面进行清理（图 10-7 中 b）。

③ 延时数十毫秒后焊接电源自动接通输出大电流，产生焊接电弧，使焊件表面形成熔池、螺柱端部金属形成熔化层（图 10-7 中 c）。

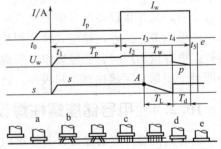

图 10-7　短周期螺柱焊工作循环图
I_w—焊接电流；U_w—电弧电压；T_w—焊接时间；T_d—有电顶锻阶段；I_p—先导电流；T_p—先导电弧时间；T_L—落钉时间；s—螺柱位移；p—焊接中弹簧对螺柱压力

④ 螺柱焊枪的电磁铁释放，螺柱下送端部插入熔池，电弧熄灭，同时焊枪弹簧压力作用在螺柱上对螺柱施压（图 10-7 中 d）。

⑤ 在弹簧压力作用下螺柱端部与焊件表面形成焊接接头，焊接结束。整个焊接过程不超过 1ms（图 10-7 中 e）。

短周期螺柱焊作为热源的电弧是稳定燃烧的，不像电容储能螺柱焊的电弧那样每瞬时都在变化，但电弧电流经过了波形调制。短周期螺柱焊设备包括电源、控制装置、送料机及焊枪，其中电源、控制箱通常装在同一箱体内。电源可以是整流器、电容器组，也可以是逆变器。一般情况下是两个电源并联，分别为先导电弧及焊接电弧供电，只有以逆变器作电源时可以用同一电源，经调制后为电弧分别提供先导电流与焊接电流。

10.4 电弧螺柱焊

10.4.1 电弧螺柱焊原理

电弧螺柱焊实际上就是一个杆与板或其他型体的电弧压力焊过程。由于电容储能螺柱焊功率有限，只适于小直径杆件的瞬时快速焊接，因此对较大直径杆件则用电弧螺柱焊。整个焊接循环包括：准备→提升引弧→电弧熔化金属形成熔池→压下并挤出熔池的熔化金属→停压断电形成焊缝→冷却结晶完成焊接。为方便引弧，加引弧结或将杆件待焊端部加工成带锥度和小接触面；为了使电弧气流压力阻止空气侵入，要采用与杆件直径相匹配并经过干燥的陶瓷环，将气流和飞溅金属一起由陶瓷环的空间排出。在压力作用下后约束焊缝成形。

10.4.2 电弧螺柱焊焊接工艺

(1) 电弧螺柱焊焊接过程

电弧螺柱焊的焊接过程大致如下：依据被焊螺柱尺寸调整好焊接电流和燃弧时间，将待焊螺柱装入焊枪夹头，并将陶瓷保护套装入瓷圈夹头中。调整好螺柱伸出瓷圈的长度和提弧长度，调整焊机电压输出，确认设备能够正常运行后，准备工作完成。

首先在螺柱与焊件间引燃电弧，使螺柱端面和相应的焊件表面加热到熔化状态，达到适宜的温度时，将螺栓挤压到熔池中，使两者熔合形成焊缝。电弧螺柱焊靠预先加在螺柱引弧端的焊剂或陶瓷圈来保护熔融金属。电弧螺柱焊的电弧放电是持续而稳定的电弧过程，焊接电流不经过调制，焊接过程中焊接电流基本上是恒定的，其电源是一般普通的直流或交变电源。

电弧螺栓焊的操作顺序如图 10-8 所示。操作步骤如下：

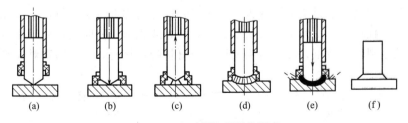

图 10-8　电弧螺柱焊操作顺序

(箭头表示螺柱运动方向)

① 焊枪置于焊件上 [图 10-8(a)]。

② 施加预压力使螺柱与陶瓷保护圈同时紧贴焊件表面 [图 10-8(b)]。

③ 扣压焊枪上的按钮开关，接通焊接回路，螺柱被自动提升，在螺柱与焊件之间引燃电弧 [图 10-8(c)]。图 10-9 所示为引弧瞬间电弧形态。

④ 螺柱被提升期间，电弧扩展到整个螺柱端面，并使端面少量熔化；电弧同时使螺柱

图 10-9　引弧瞬间电弧形态

下方的焊件表面熔化形成熔池 [图 10-8(d)]。

⑤ 电弧按设定时间熄灭，螺柱受弹簧压力作用，其熔化端被快速压入到熔池，焊接回路断开 [图 10-8(e)]。

⑥ 将焊枪提起，打碎并除去保护套圈 [图 10-8(f)]。

(2) 螺柱焊接工艺参数

拉弧式螺柱焊接工艺参数主要有：焊接电流、焊接时间、预引弧电流（或时间）、提升高度、螺柱伸出长度、保护方式等。

① 焊接电流选定。焊接电流主要根据螺柱的直径选定，各种不同机型可调节的范围也不同，在 300～3000A 内连续可调。就非合金钢而言，焊接电流和螺柱直径的关系为：

$$I = (75～85)d, \quad d = 3～16mm \tag{10-2}$$

$$I = (85～95)d, \quad d = 16～30mm \tag{10-3}$$

对于合金钢，焊接电流相应地降低 5% 左右。在实际的焊接过程中要视板厚和强度要求而定。短周期拉弧式螺柱焊机的焊接电流一般是固定的，大小与电源有关（600～11500A）。所以，这类焊接电源在使用中的焊接能量由焊接时间来控制。当然，短周期拉弧式螺柱焊机的大机型也有通过焊接电流和焊接时间来调节热输入量的。

② 焊接时间的选定。焊接时间（单位：ms），又称焊接电流持续时间，主要是影响焊接热输入量。可用式(10-4)、式(10-5) 进行估算：

$$T_W = (2～4)d, \quad d \leqslant 12mm \tag{10-4}$$

$$T_W = (4～5)d, \quad d > 12mm \tag{10-5}$$

这个参数与焊接电流配合调节。

③ 引弧电流（时间）很大程度上决定了母材的熔深。引弧电流一般为 40～50A，可调范围较窄。很多焊接电源的预引弧电流是固定的，在面板上设置预引弧时间来替代。短周期焊接电源的引弧时间为 40～100ms，长周期的引弧时间调节范围更宽。

④ 提升高度是维持焊接电弧的稳定和获得良好焊缝外观成形的一个重要的焊接参数。它与螺柱直径成正比，为 1.5～8mm。提升高度可防止因熔滴过渡时短路所造成的电弧不稳和焊缝质量不良。特别是穿透焊时，由于弧柱的温度要比阳极和阴极的温度高，因此通过增加提升高度获得的高温电弧烧穿镀锌板，从而得到良好的焊缝接头。但是，提升的高度过高也会使电弧的弧柱增长，易发生磁偏吹现象，影响焊缝成形；同时使焊缝气孔增加，以及降低优良焊缝的重现性。特别是在进行铝及铝合金材料的焊接时，这一因素对焊接质量的影响较敏感。

⑤ 螺柱伸出长度实际是螺柱的熔化长度，也与螺柱直径成正比，经验值为 1.5～6mm。当所选保护方式为陶瓷环保护时，此长度也与要求的焊脚高度有关。另外，在焊接时，这个参数常常和提升高度配合调节。因为螺柱提升后，电弧的长度可以认为等于提升高度减去螺柱伸出长度。当提升高度值确定后，螺柱伸出长度过短，则电弧变长，金属熔化量不够，焊缝成形不良；螺柱伸出长度过长，电弧太短不稳定，造成未熔合、飞溅、夹渣等焊接缺陷。

⑥ 保护方式。螺柱焊接的保护方式主要有无外加保护、气体保护和陶瓷环保护三种。其中，无外加保护方式主要是用于直径小于等于 6mm 的拉弧式螺柱焊接工艺；后两种保护方式则常用于拉弧式螺柱焊接工艺中，保护气体主要有 CO_2、Ar；陶瓷环的形式则根据螺

柱焊脚的外观要求而选择。

焊接电流、焊接时间、提升高度、伸出长度是拉弧式螺柱焊接工艺的 4 个主要参数，在实际焊接中，应根据螺柱直径和母材厚度、材质匹配。不同焊接设备由于焊接工艺参数有所差别，因此要进行多次试焊，对焊缝外观成形、力学性能（弯曲、拉伸、抗扭）等方面综合评定，调节出适合的焊接工艺参数。

10.4.3　电弧螺柱焊设备

电弧螺柱焊的焊接设备由焊接电源、控制系统和焊枪三大部分组成。如图 10-10 所示为额定电流为 1500A 的电弧螺柱焊设备实物照片。

(1) 电弧螺柱焊焊接电源

电弧螺柱焊要求使用直流电源，以便得到稳定的焊接电弧，对螺柱焊电源的要求是：

① 高的空载电压。其电压范围为 70～100V。这样能在需要较大的提升高度时满足需求。

② 陡降的外特性。焊接主电源具有陡降外特性，才能维持电弧的稳定性，保证焊接质量；同时焊接主电源应该有预引弧电流（有的焊机上调节预引弧电流的持续时间为 30～270ms），以确保引弧的高成功率。

③ 输出电流能迅速达到设定值。

图 10-10　电弧螺柱焊设备

④ 能在短时间内输出大焊接电流。螺柱焊接的最大特点是瞬间大电流，所以要求焊接电源在接通后能在短时间内使焊接电流达到峰值，短周期拉弧式螺柱焊机的攀升时间更短；供电电网电源的容量要足够满足螺柱焊接的瞬间功率，否则在焊接时，会由于电网电源的容量不足而导致电源电压的降低超出额定值的波动范围，将会出现电压不稳的情况，这就很难保证焊接质量了。

大部分螺柱焊机的焊接电源采用的是晶闸管控制弧焊整流器，而较先进的拉弧式螺柱焊接电源则采用了逆变式焊接电源，并能实现螺母的焊接。小直径螺柱焊也可以采用焊条电弧焊的电源，以手工焊直流焊接电源作为螺柱焊电源时，都能获得良好的效果。能满足上述要求的直流焊接电源可以用于螺柱焊。

焊机控制部分较为先进地采用了微处理器控制和液晶显示屏，能更直观、精确地设置和适时控制焊接参数。但是无论哪种螺柱焊机，都必须符合相关的安全规定。

(2) 螺柱焊焊枪

螺柱焊焊枪是螺柱焊设备中实现螺柱焊接的执行机构。焊枪有手提式和固定式两种，其工作原理是相同的，手提式焊枪的应用较为普遍，结构上较固定式轻便，其质量为 1.5～3kg 不等。常用的有大、小两种类型。小型焊枪用于焊接直径为 12mm 以下的螺柱，应用较为广泛，如我国生产的 JL-A 型螺柱焊枪，其枪壳用硬塑料制成，质量约为 1.5kg。大型手提式焊枪为金属体焊枪，用于焊接大尺寸的螺柱，如国产 JL-B 型焊枪，可焊螺柱的最大直径为 25mm，焊枪质量约为 2kg。图 10-11 所示为手提式螺柱焊焊枪。固定式焊枪是为焊接某些特定产品专门设计的。如图 10-12 所示为一种 CNC 控制的自动螺柱焊机构。焊枪被固定在支架上，在一定工位上完成螺柱焊接，焊枪均设有启动焊接用的开关，装有控制线与焊接电缆，焊枪中主要构成部分为夹持机构、电磁力提升机构、弹簧下压机构（有时还有阻尼机构）等。焊枪的可调参数是提升高度、螺柱外伸长度及螺柱与瓷圈夹头的同心度。夹持机构即为焊枪前端的螺柱夹头和陶瓷套圈夹头，两者的相对位置可通过支架粗调，通过瓷圈夹头在枪足上的轴向位置细调，可以定位螺柱外伸长度和调整螺柱与瓷圈的同心度。电磁力提升机构由离合器、线圈与弹簧构成。采用离合器可以分别调整提离高度和螺柱外伸长度，可调的提升量常在3.2mm以下。利用弹簧下压机构可在焊接开始前保持螺柱伸出端与工件表面的接触预压，而在伸出端表面完全熔化后可将螺柱压入焊接熔池。当焊接大尺寸螺柱时，为了控制螺柱插入熔池的速度，需要在焊枪中安装阻尼机构，以便适当降低这个速度，从而可减少飞溅，改善焊缝成形和保证焊接接头焊缝质量。

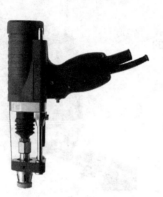

图 10-11　电弧螺柱焊焊枪

图 10-12　自动螺柱焊机构

10.5　螺柱焊方法的选择

　　电弧螺柱焊、电容储能螺柱焊以及短周期螺柱焊三类焊接方法，既有共同点又分别有各自最佳的应用范围。选择焊接方法时考虑的依据主要是被焊件厚度、材质和紧固件的尺寸。

　　① 螺柱直径大于8mm的一般是受力接头，适合用电弧螺柱焊方法。虽然电弧螺柱焊可以焊直径为3～25mm的螺柱，但8mm以下的螺柱采用其他方法如电容储能螺柱焊或短周期螺柱焊更为合适。

　　② 螺柱直径和焊件厚度有一个适当的比例关系。对于电弧螺柱焊，这一比例为3～4；对于电容储能螺柱焊和短周期螺柱焊，这个比例可以达到8～10。所以板厚在3mm以下最好采用电容储能螺柱焊或短周期螺柱焊，而不宜采用电弧螺柱焊，虽然电弧螺柱焊也勉强可以焊2～3mm厚的钢板。

　　③ 对于碳钢、不锈钢及铝合金，电弧螺柱焊、电容储能螺柱焊及短周期螺柱焊都可以选择，但对于铝合金、铜及涂层钢薄板或异种金属材料最好选择电容储能螺柱焊。

10.6　螺柱焊焊接材料

　　如图10-13所示为工业生产中的各种螺柱焊用焊接材料。

(1) 螺柱

电容放电螺柱焊可焊接的材料有低碳钢、不锈钢、铝和黄铜等，螺柱体可以做成任何形状，如圆的、方的、锥形的、带沟槽的等，但螺柱被焊端必须是圆形的，且大多数螺柱端都带有凸肩。预接触式和预留间隙式电容放电螺柱焊方法中所采用的螺柱端部小凸端的尺寸和形状很重要，因为它关系到能否获得优质焊缝。圆柱体状凸端应用最为普遍，它可在高速冷镦机上制成。由于电容放电螺柱焊焊接所需时间非常短，无需像电弧螺柱焊方法那样对电弧采取附加保护措施，因此，其焊接螺柱端无需加助焊剂，焊接时也不使用保护套圈。这就简化了整个焊接工序。与电弧螺柱焊相比较，在电容放电螺柱焊方法中螺柱的熔化量几乎可以忽略不计，其熔化长度一般只有 0.2～0.3mm。

电弧螺柱焊时，螺柱可以做成不同的式样和尺寸。横断面为圆形的螺柱焊接端常做成锥形的，横断面为方形的紧固件则做成楔形的，以利于引弧和对焊接表面均匀加热。因为螺柱必须穿过保护套圈并伸出等于熔化量的长度（取决于螺柱直径，一般为 3～5mm），所以设计螺柱的长度时应考虑到夹持量、套圈高度及熔化量，一般最短长度约为 20mm。

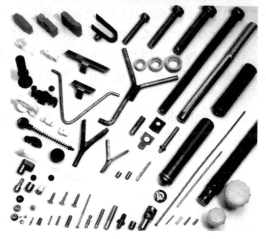

图 10-13　螺柱焊焊接材料

（2）螺柱焊保护方式

螺柱焊接的保护方式主要有无外加保护、气体保护和陶瓷环保护三种。其中，无外加保护方式主要是用于储能式螺柱焊接工艺和直径小于等于 6mm 的拉弧式螺柱焊接工艺；后两种保护方式则常用于拉弧式螺柱焊接工艺中，使用的保护气体主要有 CO_2、Ar；陶瓷环的保护形式则根据螺柱焊脚的外观要求而选择。

电弧螺柱焊时，在焊接钢制螺柱时，需加铝作助焊剂，用以脱氧和稳定电弧。一般将焊剂固定在螺柱焊接端的中心或敷于螺柱焊接端的表面。对于直径小于 9mm 的螺柱，除有特殊要求外，一般不需助焊剂。电弧螺柱焊时通常要使用保护套圈，保护套圈有下述的重要作用：

① 焊接时，使电弧热量集中于焊接区域；

② 防止空气侵入焊接区域，从而可降低熔化金属被氧化的程度；

③ 防止熔化金属流失，有助于焊缝在各种空间位置成形。

图 10-14　螺柱焊用陶瓷套圈

套圈有两种基本形式：消耗性的和半永久性的。消耗性的套圈在工业上广泛应用，它用陶瓷材料制成，易于打碎除去。由于消耗性的套圈是一次性使用的，因此尺寸可尽量小。陶瓷套圈上设计有排气孔和焊缝成形穴。如图 10-14 所示为工业生产中螺柱焊用陶瓷套圈。采用陶瓷套圈可以更好地控制焊脚形状和焊接质量，由于焊后无需从螺柱体上方取出，因此螺柱形状可不受限制，套圈尺寸与形状亦可做成最佳状况。

半永久性套圈很少采用，它用于特殊场合，如用于自动送进螺柱系统，这时对焊角控制要求不高。这种半永久性套圈一般能使用 2500～7500 次。

10.7　拉弧式螺柱焊工艺的磁偏吹现象

虽然螺柱焊接时许多时候采用了两根地线钳用以平衡磁场，但是在施焊工件上往往由于结构的不对称性和地线钳的夹持点不合理，使得焊接点周围磁场分布不均匀，因此造成电弧的偏移，致使被焊螺柱周围熔化的金属分布不均匀、不对称。这种现象就是螺柱焊的磁偏吹，在气体保护的拉弧式螺柱焊接工艺中常常出现。陶瓷环保护方式的螺柱焊接中，由于有陶瓷环的强迫成形，因此磁偏吹不明显。产生磁偏吹时，焊缝的外形表现现象是一边没焊肉或少焊肉，或者某边有大量气孔、飞溅，在螺母焊接时更严重。

解决的办法有：
① 改变电线钳的夹持位置，使被焊螺柱处于磁场的中心点；
② 在焊肉多或气孔多的那边增加额外的导磁性金属物体，以平衡螺柱周围磁场；
③ 撤除焊缝焊肉多或气孔多的那边的地线钳；
④ 将焊接电缆绕圈放置焊接点；
⑤ 使用磁场均衡器。

另外在螺柱焊过程中，并不是所有的焊缝不均匀现象都是磁偏吹造成的。

10.8　钢筋埋弧压力焊

进入 20 世纪 90 年代以来，建筑施工行业相继出现了竖向钢筋埋弧电渣压力焊。这种焊接是集埋弧焊、电渣焊、压力焊工艺特点于一体的综合性的钢筋焊接工艺。该焊接工艺的问世，彻底抛弃了建筑史上的捆绑扎、搭接焊、坡口焊等旧工艺。因其生产率高、操作简单、质量直观可靠，尤其是节能节材、成本低的特点，使其一出现就体现出强大的生命力。

10.8.1　钢筋埋弧压力焊的特点

自动或手动钢筋埋弧电渣压力焊可应用于现场浇铸混凝土结构中竖向、横向或 4∶1 的斜向钢筋的连接，它具有以下特点：

① 焊接质量高。埋弧电渣压力焊焊接过程中，整个焊接接头均被焊剂覆盖，无弧光、无金属飞溅，液态熔渣与熔池的冶金反应完全，熔池保护好，焊缝中氮、氢、氧等有害杂质含量低；接头冷却时由于熔渣和焊剂的包覆，冷却速度慢，接头的力学性能得到改善。

② 焊接成本低。与传统的搭接焊、绑条焊、开坡口电弧焊相比，可节约钢材 30%，节电 80% 以上，成本为钢筋气压焊的 2/3。一般的高层框架柱筋大部分都采用直径在 25mm 以上的螺纹钢筋，按 JGJ18—2012《钢筋焊接及验收规范》规定，采用绑扎法时钢筋搭接长度不应小于 35 倍钢筋直径。以 25mm 钢筋为例，每个接头的搭接长度为 875mm，质量为 3.4kg，一个建筑面积为 $2×10^4 m^2$ 的框架结构，施工时约有 $1.4×10^4$ 个接头，使用埋弧电渣压力焊可节约钢筋 48t，并可实现短钢筋的对接。

③ 焊接效率高。埋弧电渣压力焊焊接速度快，可提高工效 6 倍以上。埋弧电渣压力焊在钢筋装夹、焊剂填装、施焊、卸夹具全过程只需 3min 左右，若两套夹具轮换流水作业，则每小时可焊接 20～25 个焊接接头。

④ 焊接操作技术易于掌握，对焊工要求低；焊接劳动强度低，劳动条件好。

⑤ 对钢筋切断面无特殊的处理要求。焊前将钢筋端部油污、水泥、锈蚀等杂物清除干净，并保证端部平直即可进行焊接。

10.8.2　钢筋埋弧压力焊基本原理

钢筋埋弧压力焊是集埋弧焊、电渣焊和压力焊三种工艺特点的焊接技术，其工艺是将焊剂包在被焊的两钢筋端部周围，利用燃烧在两钢筋端部间的电弧热量熔化焊剂和钢筋端部，电弧稳定燃烧使钢筋端头熔化为液态形成熔池，焊剂呈热熔状态形成渣池。从而建立起熔池和渣池，再从电弧熔化过程过渡到电渣过程，通过渣池对熔化金属进行精炼。当钢筋端头金属熔化一定数量时（一般为15～20mm），将上钢筋迅速下送，使得渣池和熔池挤出钢筋端部再加一定压力后断电，靠塑态金属的塑性变形、重结晶和再结晶，最后形成具有压力焊性质的永久性的对接接头。

10.8.3　钢筋埋弧压力焊焊接工艺过程

钢筋埋弧压力焊的焊接过程大致可分为引弧、弧熔、电渣和顶压四个阶段，如图10-15（a）～（d）所示。图中所示上、下钢筋分别被固定在焊接卡具的两个卡子上，通过焊把线与焊接电源的两输出端相连，上钢筋在上卡子的带动下可以上下运动。焊剂盒中装有高锰高硅低氟焊剂，焊剂有助燃、精炼、为接头补充适量合金元素和刷平钢筋端面等作用。

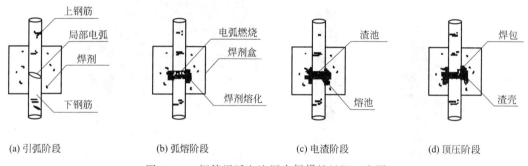

(a) 引弧阶段　　　　(b) 弧熔阶段　　　　(c) 电渣阶段　　　　(d) 顶压阶段

图 10-15　钢筋埋弧电渣压力焊焊接过程示意图

（1）引弧阶段

钢筋埋弧压力焊的开始是在两钢筋端部靠通电短路时提升上钢筋而引燃电弧。引弧是整个焊接过程得以开始的关键，必须严格控制钢筋通电瞬间提升上钢筋的速度和高度。上钢筋提升过快或过高时会使电弧瞬时熄灭，而提升过慢或太低时又会出现钢筋端头粘连短路。

在手动电渣压力焊设备中，由手动操作来实现电压的逐渐提升；在全自动电渣压力焊设备中，电弧的建立和控制由控制电路来完成。随着两钢筋端头的间隙逐渐加大，电弧电压缓慢升高，使得电弧一经引燃就稳定燃烧下去。

（2）弧熔阶段

弧熔阶段是电弧稳定燃烧熔化焊剂和钢筋的阶段。电弧引燃后，保证两钢筋端部间被施加的电压为35～45V，电弧保持稳定燃烧，在电弧热的作用下，钢筋端头部分金属熔为液态且熔化量逐渐增加，同时钢筋端头周围的焊剂被熔化。随着电弧热和焊剂的助燃，钢筋端头整个截面被熔化，液态金属被焊剂包围，在钢筋端头处形成熔池，熔化的焊剂逐渐形成为渣池，渣池包在熔池金属的外面，并且不断扩大和加深。在手动钢筋埋弧压力焊中，为保证弧熔阶段两钢筋端头电压稳定在35～45V，应依靠仪表由操作工手动调节来实现。在自动钢筋埋弧压焊中，利用电压的负反馈来控制电机的正反转，使电压稳定在35～45V范围之间，保证了电弧的稳定燃烧，这样也避免了手动操作调节中焊接过程不稳定的情况。

（3）电渣阶段

电弧燃烧一段时间，渣池形成一定深度后，需要将上钢筋逐步下送，使之插入到渣池内，此时电弧熄灭，开始进入电渣阶段，由渣池熔炼钢筋端部。强大电流直接通过渣池产生大量电阻热，使钢筋进一步熔化，并由渣池对上钢筋端面逐渐刷平，形成有利于对接的端面形状。电渣阶段的电压范围为25～30V，比弧熔阶段电压低，工作电流略有增加。手动钢筋埋弧压焊采用指示灯提示操作工下送钢筋进入电渣阶段。而自动埋弧压焊通过控制电路使电机反转带动钢筋下降，保证此时电压稳定在25～30V，实现电渣阶段焊接过程的自动控制。

（4）顶压阶段

电渣过程到预定时间后，需及时将上钢筋迅速下压，将液态渣池和熔池挤出端部，再施加一定压力后断电。靠两钢筋端面的塑态金属受压产生的塑态变形，经重结晶、再结晶形成具有压力焊性质的对接接头。整个焊接过程结束，此时被挤出的钢水包覆在上下钢筋端头的内层周围，熔渣包覆在外层周围。未熔焊剂包覆在最外面，待冷却后敲去渣壳，露出黑亮的焊包，如图10-16所示。

(a) 未去渣壳前　　(b) 去掉渣壳后

图 10-16　钢筋电渣压力焊接头外形

10.8.4　钢筋埋弧压力焊工艺参数及其选择

钢筋埋弧压力焊的主要工艺参数有焊接电流、焊接电压和焊接时间，合理选择这些工艺参数是保证焊接质量的关键。焊接电流过小，电弧不易引燃，易造成反复引弧、难于顺利进入电弧阶段，钢筋熔化量不易掌握，易造成焊不满；焊接电流过大，则熔化量过大，也不易掌握钢筋熔化量。实践表明，焊接电流的大小可按钢筋直径的2倍选取，焊接电压在引弧阶段为35～45V，可保证电弧稳定燃烧；进入电渣过程后，电压为25～30V，焊接时间按钢筋直径（mm）±25选取，其中电弧过程和电渣过程应占总焊接过程的3/4以上。只有正确选用焊接电流、焊接电压，准确控制熔化量，才能保证焊接接头均匀。手工操作时，焊工操作经验极为重要。在同一批同一直径钢筋焊接开始前，应用不同的参数试焊几组接头，经外观检验和力学性能试验合格后，用试验合格的参数施焊。为了保证焊接电压，在施工过程中，焊机输出电缆的压降和电网波动压降不得超过8%，焊机输出电缆线的截面积应大于

$16mm^2$，长度不超过 30m。典型的焊接工艺参数如表 10-2 所示。

表 10-2　电渣压力焊焊接工艺参数

钢筋直径/mm	焊接电流/A	弧熔时间/s	电渣时间/s
14	250～300	11	7
16	300～350	12	8
18	300～350	13	8
20	350～400	15	9
22	400～450	18	10
26	400～500	20	12
28	500～550	22	13
30	300～550	24	13
32	550～600	25	14
36	600～650	28	15

10.8.5　电渣压力焊焊接缺陷及消除措施

① 轴线偏移：矫直钢筋端部；正确安装夹具和钢筋；避免过大的顶压力；及时修理或更换夹具。

② 弯折：矫直钢筋端部；注意安装和扶持上钢筋；避免焊后过快卸夹具；修理和更换夹具。

③ 咬边：减少焊接电流；缩短焊接时间；注意上钳口的起点和止点，确保上钢筋顶压到位。

④ 未焊合：增大焊接电流；避免焊接时间过短；检修夹具，确保上钢筋下送自如。

⑤ 焊包不匀：钢筋端面力求平衡；填装焊剂尽量均匀；延长焊接时间，适当增加熔化量。

⑥ 气孔：按规定要求烘熔焊剂；清除钢筋焊接部位的铁锈；确保接缝在焊剂中合适埋入深度。

⑦ 烧伤：钢筋导电部位除净铁锈；尽量夹紧钢筋。

⑧ 焊包下淌：彻底封堵焊剂筒的漏孔；避免焊后过快回收焊剂。

10.8.6　电渣压力焊、接头质量检验

（1）取样数量

当进行力学性能试验时，应从每批接头中随机抽取 3 个试件做拉伸试验，且应按下列规定抽取试件。

① 在一般构筑物中，应以 300 个同级别钢筋接头作为一批。

② 在现浇钢筋混凝土多层结构中，应以每一楼层或施工区段中 300 个同级别钢筋接头作为一批，不足 300 个接头仍应作为一批。

（2）外观检查

电渣压力焊接头外观检查结果应符合下列要求：

① 四周焊包凸出钢筋表面的高度应大于或等于 4mm。

② 钢筋与电极接触处应无烧伤缺陷。

③ 接头处的弯折角不得大于 4°。

④ 接头处的轴线偏移不得大于钢筋直径的 0.1 倍，且不得大于 2mm。

外观检查不合格的接头应切除重焊，或采用补强焊接措施。

（3）拉伸试验

电渣压力焊接头拉伸试验结果中，3 个试件的抗拉强度均不得小于该级别钢筋规定的抗拉强度。

当试验结果中有 1 个试件的抗拉强度低于规定值，应再取 6 个试件进行复验。复验结果，当仍有 1 个试件的抗拉强度小于规定值，应确认该批接头为不合格品。

10.8.7 钢筋埋弧电渣压力焊设备和焊剂

（1）钢筋埋弧电渣压力焊设备的构成

钢筋埋弧电渣压力焊设备由焊接电源、控制箱和操作机构组成，如图 10-17 所示。

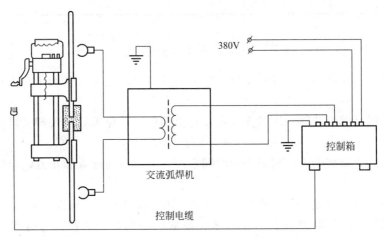

图 10-17 钢筋埋弧电渣压力焊设备构成示意图

① 焊接电源 焊接电源使用容量在 32kV·A 以上的空载电压较高的具有下降外特性的交流或直流电焊机，也可将同型号同规格的两台焊机并联使用。常用弧焊电源有 ZX7-630 型、BX3-500 型、BX3-630 型、BX3-750 型、BX3-1000 型等。

② 焊接夹具 焊接夹具由立柱、传动机械、上下夹钳、焊剂筒等组成，其上安装有监控器，即控制开关、次级电压表、时间显示器（蜂鸣器）等。焊接夹具应具有足够的刚度，在最大允许荷载下应移动灵活，操作便利；焊剂筒的直径应与所焊钢筋直径相适应；监控器上的附件（如电压表、时间显示器等）应配备齐全。

③ 控制箱 控制箱的主要作用是通过焊工操作，使弧焊电源的初级线接通或断开。控制箱正面板上装有初级电压表、电源开关、指示灯、信号电铃等，也可刻制焊接参数表，供操作人员参考，操作机构有自动和手动之分。自动钢筋埋弧电渣压力焊设备如国产 SK-1、SK-2 型专用竖向钢筋自动埋弧电渣压力焊机的焊接过程由凸轮曲线自动设定；手动钢筋埋弧电渣压力焊设备适用于横向、竖向钢筋的焊接，专用操作夹具有 GZH-36A、MH-36 型等，其中 GZH-36A 型专用夹具可实现钢筋竖向、横向对焊和手工电弧焊三用。这些专用夹具按其结构形式可分为摇臂式、杠杆式，在施工现场使用方便，在高层建筑施工中得到了广泛应用。如图 10-18 所示为摇臂式专用夹具及手动钢筋埋弧电渣压力焊设备。

（2）焊剂

① 焊剂的作用　熔化后产生气体和熔渣，保护电弧和熔池，保护焊缝金属，更好地防止氧化和氮化；减少焊缝金属中化学元素的蒸发和烧损；使焊接过程稳定；具有脱氧和掺合金的作用，使焊缝金属获得所需要的化学成分和力学性能；焊剂熔化后形成渣池，电流通过渣池产生大量的电阻热；包托被挤出的液态金属和熔

图 10-18　手动钢筋埋弧电渣压力焊夹具及设备

渣，使接头获得良好熔合；渣壳对接头有保温和缓冷作用。

② 常用焊剂　焊剂牌号为"焊剂×××"，其中第一位数字表示焊剂中氧化锰含量，第二位数字表示二氧化硅和氟化钙含量，第三个数字表示同一牌号焊剂的不同品种。

施工中最常用的焊剂牌号为"焊剂431"，它是高锰、高硅、低氟类型的，可交、直流两用，适合于焊接重要的低碳钢钢筋及普通低合金钢钢筋。与"焊剂431"性能相近的还有"焊剂350""焊剂360""焊剂430""焊剂433"等。焊剂使用前应在250℃温度下烘干2h，以防焊剂中水分造成接头产生气孔。

复习思考题

1. 叙述螺柱焊的分类，特点及适用材料的种类。
2. 电容储能螺柱焊与电弧螺柱焊有何不同？生产中怎样选择？
3. 电弧螺柱焊对焊接电源有何要求？
4. 叙述钢筋埋弧压力焊基本原理及钢筋埋弧压力焊的特点。
5. 叙述钢筋埋弧压力焊焊接工艺过程。
6. 叙述钢筋埋弧压力焊设备的组成及对焊接电源的要求。

参 考 文 献

[1] 林三宝. 高效焊接方法 [M]. 北京：机械工业出版社，2013.

[2] 殷树言. 气体保护焊工艺基础 [M]. 北京：机械工业出版社，2007.

[3] 姜焕中. 电弧焊及电渣焊 [M]. 北京：机械工业出版社，1988.

[4] 郑宜庭，黄石生. 弧焊电源 [M]. 北京：机械工业出版社，1991.

[5] 殷树言. 气体保护焊技术问答 [M]. 北京：机械工业出版社，2004.

[6] 安腾弘平，长谷川光雄. 焊接电弧现象 [M]. 施雨湘译. 北京：机械工业出版社，1988.

[7] 杨春利，林三宝. 电弧焊基础 [M]. 哈尔滨：哈尔滨工业大学出版社，2003.

[8] 杨立军. 材料连接设备及工艺 [M]. 北京：机械工业出版社，2009.

[9] 王宗杰. 熔焊方法及设备 [M]. 北京：机械工业出版社，2007.

[10] 雷世明. 焊接方法与设备 [M]. 北京：机械工业出版社，2004.

[11] 中国机械工程学会焊接学会等. 焊工手册（埋弧焊、气体保护焊、电渣焊、等离子弧焊）[M]. 北京：机械工业出版社，2003.

[12] 王新民. 焊接技能实训 [M]. 北京：机械工业出版社，2005.

[13] 李德元，赵文珍，董晓强等. 等离子弧技术在材料加工中的应用 [M]. 北京：机械工业出版社，2005.

[14] 李亚江，刘鹏，刘强. 气体保护焊工艺及应用 [M]. 北京：化学工业出版社，2005.

[15] 陈伯蠡. 焊接工程缺陷分析与对策 [M]. 北京：机械工业出版社，1998.

[16] 李志远，钱乙余，张九海等. 先进连接方法 [M]. 北京：机械工业出版社，2000.

[17] 耿正，张广军，邓元召. 铝合金变极性 TIG 焊工艺特点 [J]. 焊接学报，1997，(4)：232-257.

[18] 王喜亮，廖辉江. 汽车后桥焊接生产工艺 [J]. 电焊机，2006，6；63-65.

[19] 王元良. 螺柱焊接技术的发展及应用. 电焊机，2006，1；15-18.

[20] 汪建华. 焊接数值模拟技术及其应用 [M]. 上海：上海交通大学出版社，2003.

[21] 张忠礼. 钢结构热喷涂防腐蚀技术 [M]. 北京：化学工业出版社，2004.

[22] 刘金合，高能密度焊 [M]. 西安：西北工业大学出版社，1995.

[23] 罗保. 钢筋埋弧电渣压力焊技术 [J]. 安装，1996，2；21，22.

[24] 翟玉喜，曹玉玺. 一种数字化送丝调速系统 [J]. 电焊机，2006，11；56，57.

[25] 曹明翠等. 激光热加工 [M]，武汉：华中理工大学出版社，1995.

[26] 中国机械工程学会焊接分会. 焊接字典 [M]. 第 2 版. 北京：机械工业出版社，1998.

[27] 余燕，吴祖乾. 焊接材料选用手册 [M]. 上海：上海科学技术文献出版社，2005.

[28] 王文翰. 焊接技术手册 [M]. 郑州：河南科学技术出版社，2000.

[29] 陈祝年. 焊接工程师手册 [M]. 北京：机械工业出版社，2002.

[30] 龙红，李福元. 埋弧焊技术的创新——切换导电增加焊丝通电长度的热丝埋弧焊 [J]. 焊接技术，2001，12：46-48.

[31] 唐忠，张燕，张明玉. 钢筋电渣压力焊全自动控制的研究与实现 [J]. 电焊机，1996，3；34-36.

[32] 于天才. GDH-36 型钢筋电渣压力焊机的工作原理及应用 [J]. 电焊机，1994，5；42，43

[33] 王振民，董飞，薛家祥，冯福庆. GMAW 焊送丝机 PWM 可逆调速系统 [J]. 电焊机，2007，2；34-36.

[34] 田松亚，孙烨，吴冬春，李万刚，李蜻. CO_2 气体保护焊飞溅控制的研究 [J]. 电焊机，2006，8；8-11.

[35] 王家金. 激光加工技术 [M]. 北京：中国计量出版社，1992.

[36] 中国机械工程学会焊接分会. 焊接手册：第一卷 [M]. 第 2 版. 北京：机械工业出版社，2001.